计算机应用基础项目化教程

主　编　吕　岩
副主编　俞　明　孙晓妍　胡　颖　赵国东
参　编　王永刚　董丽英　侯宪忠

北京理工大学出版社
BEIJING INSTITUTE OF TECHNOLOGY PRESS

内容简介

本书编写“以项目为导向，以任务为驱动”，设计6个项目20项任务，内容涵盖计算机基础知识、Windows操作系统的使用、Word文字处理软件的使用、Excel电子表格处理软件的使用、PowerPoint演示文稿制作软件的使用、互联网应用与计算机安全知识。本书编写注重知识学习与技能训练的融合，各项目前提出知识目标与能力目标要求，每个项目设计若干任务，项目结束后附小结和习题，以强化知识理解和技能训练。

本书可作为高职院校计算机基础课程教材，也可以作为普及计算机基础知识用书及计算机一级考试参考书，同时也可作为各类计算机初学者的参考资料和自学用书。

图书在版编目（CIP）数据

计算机应用基础项目化教程/吕岩主编．—北京：北京理工大学出版社，2019.9（2023.3重印）

ISBN 978-7-5682-7583-5

Ⅰ.①计…　Ⅱ.①吕…　Ⅲ.①电子计算机-高等职业教育-教材　Ⅳ.①TP3

中国版本图书馆CIP数据核字（2019）第206835号

出版发行／北京理工大学出版社有限责任公司
社　　址／北京市海淀区中关村南大街5号
邮　　编／100081
电　　话／（010）68914775（总编室）
　　　　　（010）82562903（教材售后服务热线）
　　　　　（010）68944723（其他图书服务热线）
网　　址／http：//www. bitpress. com. cn
经　　销／全国各地新华书店
印　　刷／唐山富达印务有限公司
开　　本／787毫米×1092毫米　1/16
印　　张／19
字　　数／450千字
版　　次／2019年9月第1版　2023年3月第11次印刷
定　　价／46.90元

责任编辑／王玲玲
文案编辑／王玲玲
责任校对／周瑞红
责任印制／施胜娟

前　　言

随着社会的发展和信息技术的普及应用，计算机知识已成为当代人类知识结构中不可或缺的重要组成部分，计算机应用技能已成为从业人员必备的基本素质，计算机应用基础课程的教学内容与方法也随之不断更新。

教育部《关于深化职业教育教学改革全面提高人才培养质量的若干意见》中提出："注重教育与生产劳动、社会实践相结合，突出做中学、做中教，强化教育教学实践性和职业性。"同时也提出，"把职业岗位所需知识、技能和职业素养融入相关专业教学中""推广项目教学、案例教学、情景教学、工作过程导向教学"等。本书编写遵循相关文件精神，体现"工学结合、知行合一"的教学改革思想，强化职业素质和职业能力培养。本书主要具有以下特点。

第一，内容组织系统化。充分考虑职业教育特点，根据计算机基础课程教学目标，坚持知识与技能并重，通过 Windows 操作系统、Office 办公软件使用，着重培养计算机实践操作技能；通过计算机基础知识、互联网应用与计算机安全学习，着重掌握计算机系统知识。

第二，体例结构模块化。打破传统教材编写体例，"以项目为导向、以任务为驱动"，全书设计 6 个项目 20 项任务。每个项目为相对独立的单元，包括若干个任务，按"任务描述""知识准备""任务实施""知识拓展""实践提高"框架结构编写，教学目标明确、学做任务突出、案例具体实用、知识拓展充分。

第三，理论实践一体化。从计算机应用实际出发，兼顾知识性、趣味性、综合性和实用性，设计典型工作任务，按照知识和能力目标要求逐级展开，将相关知识融于典型工作任务，内容由浅入深，图文并茂，讲练结合，理论与实践教学一体化。

为方便教学和学习，本书提供了课件、案例素材等教学资源，可以从课程资源网站上下载，课程资源网址为 www.ykdx.net/jsjjc/index.html。

本书由吕岩担任主编，俞明、孙晓妍、胡颖、赵国东担任副主编，参加本书编写工作的还有王永刚、董丽英、侯宪忠。在本书编写过程中，同行提出了许多宝贵的意见和建议，在此表示感谢。在编写过程中，参考了大量的图书和网站，特向相关作者表示衷心感谢。

由于编者水平有限，书中难免存在一些疏漏之处，敬请读者批评和指正。

编　者

2019 年 8 月

目　　录

项目 1

认识计算机

- **知识目标：**

◇ 了解计算机的产生与发展、特点、应用和分类。

◇ 掌握计算机中信息的表示。

◇ 掌握计算机系统的组成及基本工作原理。

- **能力目标：**

◇ 能够说明计算机的应用领域。

◇ 能够理解计算机信息处理技术，能够进行数制之间的转换。

◇ 能够理解计算机系统的基本工作原理。

◇ 能够识别计算机的硬件系统，能够组装微型计算机。

任务 1　认识计算机

计算机是一种能够自动、高速、精确地存储和加工信息的电子设备。自从第一台计算机诞生以来，计算机得到了迅猛的发展，人们研制出了各种类型的计算机，其广泛应用于社会生活、学习和工作等各个领域，发挥着巨大的作用。

1.1.1　学习计算机的历史

了解计算机产生的背景、发展历史和发展趋势。

知识准备

在人类发展的历史长河中，计算工具经历了从简单到复杂、从低级到高级的发展过程，如算盘、计算尺、手摇机械计算机、电动机械计算机等，它们在不同的历史时期发挥了各自的作用，也孕育了电子计算机的设计思想。

1946 年 2 月 15 日，世界上第一台电子计算机 ENIAC（Electronic Numerical Integrator And Calculator，电子数字积分计算机）在美国诞生。它的诞生把科学家们从烦琐的计算中解放出来。它的问世奠定了电子数字计算机的基础，是计算机发展史上一个重要的里程碑。

任务实施

1. 计算机的诞生

图 1-1 第一台电子计算机

ENIAC 的研制者是宾夕法尼亚大学教授莫奇利（John W. Mauchly）和埃克特（J. Presper Eckert），它的研制完全是出于军事上的需要。第一台计算机采用电子管作为基本部件，它由 18 000 多个电子管、1 500 多个继电器组成，重达 30 吨，占地 170 m^2，耗电 150 kW/h，耗资约 48 万美元，如图 1-1 所示。

20 世纪 40 年代末，出现了 EDVAC（The Electronic Discrete Variable Automatic Computer）计算机，它的研制者是现代电子计算机的奠基人美籍匈牙利科学家冯·诺依曼（John Von Neumann）。他确立了现代计算机的基本结构，提出了“存储程序”的工作原理。时至今日，尽管计算机科学及硬件与软件技术得到了飞速的发展，但就计算机本身的体系结构而言，仍没有明显的突破，鉴于冯·诺依曼在计算机发展过程中所起的作用，他被西方人誉为“计算机之父”。

2. 计算机的发展

自 ENIAC 问世以来，计算机技术以前所未有的速度迅速发展，电子元器件的更新是其发展的重要标志之一。

（1）第一代电子计算机（1946—1957 年）

采用电子管元器件。其体积庞大、耗电量高、价格高昂、运算速度低、存储容量小、可靠性差，主要应用于军事和科学研究领域。

（2）第二代电子计算机（1958—1964 年）

采用晶体管元器件。与第一代相比，具有体积小、质量小、成本低、功耗低、速度快、功能强和可靠性高等特点，应用范围扩大到数据处理和事务处理领域。

（3）第三代电子计算机（1965—1970 年）

采用小规模集成电路（SSI）、中规模集成电路（MSI）。这一阶段计算机的体积和耗电量大大减少，计算机的兼容性更好，成本降低，应用范围扩大到工业控制等领域。

（4）第四代电子计算机（1971 年至今）

采用大规模集成电路（LSI）、超大规模集成电路（VLSI）。其比第三代计算机有很大的发展，尤其是以大规模集成电路（LSI）为基础发展起来的微处理器和微型计算机，其性能、价格优于其他类型计算机，因而得到了广泛应用和迅速普及。

（5）第五代计算机

从 20 世纪 80 年代开始，美国、日本等国开始投入大量的人力、物力研制第五代计算机。第五代计算机是智能电子计算机，它是一种有知识、会学习、能推理的计算机。第五代计算机的产生推动了计算机通信技术的发展，促进了综合业务数字网络的发展，将多种多样

的通信业务集中于统一的系统之中，实现通信业务的多样化，推进社会信息化的进程。

知识拓展

21 世纪是信息革命的时代，信息科技将成为最活跃、发展最迅速、影响最广泛的科技领域。计算机结构和功能将向着微型化、超强功能、智能化和网络化的方向发展。当前计算机总的趋势是朝着巨型化、微型化、网络化、智能化方向发展。

1. 巨型化

巨型化是指发展运算速度快、存储容量大和具有超强功能的计算机，主要用于满足尖端科学技术飞速发展的需要等。

2. 微型化

微型化是利用微电子技术和超大规模集成电路技术，将计算机的体积进一步缩小，价格进一步降低。现在除了放在办公桌上的台式微机外，还有可随身携带的笔记本计算机，以及可以拿在手上进行操作的掌上电脑。

3. 网络化

网络化是指利用现代通信技术和计算机技术把分布在不同地点的计算机互连起来，组成一个规模大、功能强的计算机网络，目的是使网络内的计算机灵活、方便地收集和传递信息，共享硬件、软件和数据等资源。

4. 智能化

智能化是指让计算机具有模拟人的感觉和思维过程的能力，这是新一代计算机要实现的目标。预计人工智能计算机不仅能模仿人的左脑进行逻辑思维，而且能模仿人的右脑进行形象思维，把计算机设计得像人一样，模拟人的思维、说话及感觉，达到以假乱真的效果。

可以预测，随着超导技术和电子仿生技术应用于计算机，超导计算机和人工智能计算机等全新概念的计算机将会相继出现并得到发展，计算机将会发展到一个更高、更先进的水平。

实践提高

1. 计算机发展可分为几个阶段？各阶段的主要特征是什么？
2. 你身边的计算机有哪些？

1.1.2　了解计算机的特点和分类

任务描述

了解计算机的特点和分类。

知识准备

计算机运算速度可以达到每秒上亿次。一台普通微型计算机在一分钟内完成的计算量相当于人工计算几年甚至几十年的工作量。

计算机具有足够的计算精度。关于圆周率的计算，有记载的人工计算最多位数是800多；而采用计算机计算的圆周率，突破3 000万位。

计算机存储能力强。随着微电子技术的发展，计算机存储器的容量越来越大，达到TB级。

计算机的逻辑判断能力使其在自动控制、人工智能、专家系统和决策支持等领域发挥着越来越重要的作用。

任务实施

1. 计算机的特点

（1）运算速度快

计算机最显著的特点是能进行高速运算。

（2）计算精度高

计算机具有很高的计算精度，可达到几百位至万亿位以上的有效数字精度。

（3）存储功能强、容量大

计算机的存储功能类似于人脑，它能够把数据、指令等信息存储起来，当需要这些信息时再将其调出。

（4）具有逻辑判断能力

计算机一个重要的特点是具有逻辑判断能力。计算机不仅可以进行算术运算，还可以进行逻辑运算。

（5）具有自动运行能力

当用户将事先编好的应用程序输入计算机后，计算机就能够按照程序自动运行，完成预定的处理任务。

（6）可靠性高、通用性强

计算机采用了大规模和超大规模集成电路，具有非常高的可靠性。

2. 计算机的分类

计算机有多种分类方式：按工作原理，可以分为电子模拟计算机和电子数字计算机；按用途，可以分为专用计算机和通用计算机。在通常情况下，按照计算机的主要性能指标，分成巨型机、小巨型机、大型计算机、小型计算机、微型计算机和工作站。

（1）巨型机

巨型机（Super Computer）是一种超大型电子计算机，它具有很强的计算、数据处理、高速运算和大容量的存储能力，配有多种外部和外围设备及丰富的、高功能的软件系统。巨型计算机主要应用于国家级高尖端科学技术的研究及军事国防领域，我国研制的“银河”“曙光”系列都属于巨型机。2013年中国的“天河二号”以浮点运算速度33.86千万亿次/s的绝对优势成为全球最快超级计算机。

（2）大型计算机

大型计算机（Mainframe Computer）包括大型机和中型机，它通用性最强，具有运算速度快、可靠性高、通信网络功能完善、系统软件和应用软件丰富等特点。大型计算机一般用来为大中型企业的数据提供集中存储、管理和处理，承担服务器的功能，在信息系统中起核

心作用。IBM 公司曾是大型主机的主要生产厂家，它生产的 IBM－360、IBM－370、IBM－900 系列都是著名的大型机主机型号。

（3）小型计算机

小型计算机（Mini Computer）又称为迷你电脑，多应用于中小型企业或综合部门。小型计算机中比较优秀的有美国 DEC 公司的 VAX 系列、IBM 公司的 AS/400 系列。

（4）微型计算机

微型计算机（Micro Computer）也称个人计算机（Personal Computer），简称微机或 PC 机。微机于 1971 年问世，短短三十几年的时间，经历了几代变迁，平均每 2～3 个月就有新产品出现，平均每两年芯片集成度提高一倍，性能提高一倍，价格降低一半。微型计算机的发展使计算机渗透到社会生活的各个领域并进入家庭，真正成为大众化的信息处理工具。

知识拓展

超级计算机是指能够处理一般个人计算机无法处理的大量资料与执行高速运算的计算机。超级计算机的主要特点是极大的数据存储容量和极快速的数据处理速度。一般来说，超级计算机的运算速度平均每秒 1 000 万次以上，存储容量在 1 000 万位以上。

超级计算机是计算机中功能最强、运算速度最快、存储容量最大的一类计算机，多用于国家高科技领域和尖端技术研究，是国家科技发展水平和综合国力的重要标志。

超级计算机应用于科学领域，促进时代发展。超级计算机强大的数据处理能力帮助人们改变了解自然世界的方式，为社会提供巨大的帮助，它模拟大气、气候和海洋，可以精准预测地震和海啸，可以让人们更好地理解龙卷风和飓风等。

超级计算机应用于生产领域，节省人力资源。对于一些事故发生率较高，对生命安全造成极大威胁的高危行业，如地下采煤、高空作业、爆破工作和石油勘探等，以超级计算机代替人工进行作业，对数据进行处理和分析。

超级计算机应用于医学制药、先进制造、人工智能等新兴领域。生物信息学成为超级计算机新的应用领域，人类基因组测序过程中产生的海量数据处理离不开超级计算机；在医学领域利用超级计算机来模拟人体各个器官的工作机理及人体内各种生化反应等，开发一种新的药品，研制和实验的步骤通常很多，一般需 15 年的时间，而利用超级计算机则可以对药物研制、治疗效果和不良反应等进行模拟实验，将新药的研发周期缩短 3～5 年且显著降低研发成本。

实践提高

1. 根据计算机运算速度快的特点，列举计算机在实际工作生活中应用的实例。
2. 根据计算机逻辑判断能力的特点，列举计算机在实际工作生活中应用的实例。

1.1.3　了解计算机的应用

任务描述

了解计算机在科学技术、国民经济和社会生活等方面的应用。

知识准备

计算机最早应用于科学计算和数据处理。随着计算机技术的发展和普及，计算机的应用已融入社会生活的方方面面，在科学技术、国民经济和社会生活等各个方面得到广泛的应用，取得了明显的社会效益和经济效益。

任务实施

1. 科学计算

科学计算又称数值计算，是计算机的重要应用领域之一，也是它最早的应用领域。利用计算机可以实现人工无法完成的各种科学计算问题。例如，建筑设计中的计算，气象预报中气象数据的计算，火箭运行轨迹、高能物理及地质勘探等许多尖端科学技术的计算，都需要借助计算机来完成。

2. 数据处理

数据处理又称信息处理，是指利用计算机管理、操纵各种形式的数据。利用计算机进行信息处理已成为计算机应用的一个重要方面。例如，企业管理、人事管理、物资管理、报表统计、财务计算、信息情报检索等都属于数据处理范畴。

3. 过程控制

过程控制又称实时控制，是指利用计算机实时地采集、检测被控制对象运行情况的数据，并对这些数据进行分析处理，然后按照某种最佳方案发出控制信号，实现对动态过程的控制、指挥和协调。过程控制在机械、冶金、石油化工、电力、建筑和轻工等领域得到了广泛的应用，在卫星、导弹发射等国防尖端科学技术领域更是离不开计算机的实时控制。

4. 计算机辅助系统

计算机辅助系统（Computer - aided System）是利用计算机辅助完成各类任务的系统总称。计算机辅助系统包括计算机辅助设计（Computer Aided Design，CAD）、计算机辅助制造（Computer Aided Manufacturing，CAM）、计算机辅助测试（Computer Aided Test，CAT）和计算机辅助教育（Computer Based Education，CBE）等。CAD、CAM、CAT 技术有效地结合起来，可实现产品设计、制造和测试的自动化完成，大大降低了工程技术人员和工人的劳动强度。

5. 人工智能

人工智能（Artificial Intelligence，AI）又称为智能模拟，是用计算机模拟人的智能行为（如感知、思维、推理和学习等）的理论和技术。人工智能是在计算机科学、控制论等基础上发展起来的边缘学科，包括专家系统、机器翻译和自然语言理解等。例如，用计算机模拟人脑部分功能进行学习、推理、联想和决策，模拟医生给病人诊病的医疗诊断专家系统等。

6. 系统仿真

系统仿真（System Simulation）是利用模型来模仿真实系统的技术。通过仿真模型可以

了解实际系统或过程在各种因素变化的条件下，其性能的变化规律。例如，将反映自动控制系统的数学模型输入计算机，利用计算机研究自动控制系统的运行规律；利用计算机进行飞行模拟训练、航海模拟训练等。

7. 办公自动化

办公自动化（Office Automation，OA）是将现代化办公和计算机技术结合起来的一种新型的办公方式。办公自动化可以用计算机或数据处理系统来处理日常例行的各种事务，它具有完善的文字、表格、图像处理功能和网络通信能力，可以进行文档的存储、查询和统计等工作。例如，起草文稿，签阅文件，收集、加工和输出各种资料信息等。办公自动化系统中的设备除计算机外，一般还包括复印机、传真机和通信设备等。

8. 电子商务和电子政务

电子商务或电子政务是指将 Internet 技术与传统信息技术相结合，通过计算机网络在 Internet 上展开网上相互关联的动态商务活动或政务活动。

知识拓展

1. 计算机辅助设计

计算机辅助设计（CAD）是利用计算机帮助人们进行工程设计，以提高设计工作的自动化程度。它在机械、建筑、服装及电路等设计中都有着广泛的应用。

2. 计算机辅助制造

计算机辅助制造（CAM）是利用计算机进行生产设备的管理、控制和操作。例如，在产品的制造过程中，用计算机来控制机器的运行、处理生产过程中所需要的数据、控制和处理材料的流动及对产品进行测试和检验等。

3. 计算机辅助测试

计算机辅助测试（CAT）是利用计算机作为工具来采集和处理零部件的各种参数，从而检验零部件是否满足加工或装配要求。

4. 计算机辅助教育

计算机辅助教育（CBE）是计算机技术在教育领域中应用的统称，涉及教学、科研和管理等教育领域的各个方面。多媒体技术和网络技术的发展大大推动了 CBE 的发展，引发了教育理念、教学方式和教学手段等方面的改革。

计算机辅助教学（Computer Aided Instruction，CAI）是将教学内容、教学方法及学生的学习情况等存储在计算机中，帮助学生轻松地学习所需要的知识。

计算机辅助学习（Computer Aided Learning，CAL）是利用计算机来帮助学习，强调“学”，只是辅助学习而不是代替教学，如查询教学信息、资料等。

计算机辅助教学管理（Computer Managed Instruction，CMI）是利用计算机实现各种教学管理，如制订教学计划、安排课程、计算机评分和日常教务管理等。

实践提高

1. 举例说明计算机的应用领域。
2. 未来计算机还会在哪些领域广泛应用？

任务2　认识计算机中的信息

数据是指人们能够识别或计算机能够处理的符号，是对客观事物的具体表示。数据不仅是用数字符号表示的数值数据，也可以是用文字、语言、图形和图像等表示的非数值数据。信息是指经过加工处理后用于决策或具体应用的数据。信息根据其属性，分为事实性信息、预测信息和决策信息。

1.2.1　学习计算机中数据的表示

任务描述

了解数据在计算机中的表示形式；掌握数制的基本概念及其相互转换方法。

知识准备

1. 数制

数制是数的表示和计算方法，也称为计数制。常用的数制有十进制、二进制、八进制和十六进制等。任何一种数制，都具有3个要素，即数码、基数和进位规则。任意R进制数N都可以表示成下面按权展开多项式和的形式：

$$N = a_{n-1}R^{n-1} + a_{n-2}R^{n-2} + \cdots + a_1R^1 + a_0R^0 + \cdots + a_{-m}R^{-m} = \sum_{i=-m}^{n-1} a_iR^i$$

式中，a_i 称为数码，i 取 0，1，…，n－1 中的任意一个数字；R 称为基数，R^i 表示数位中的权；m 和 n 为正整数。按上述公式展开计算，可以将任意进制数转换为十进制数。常用数制的数码、基数和进位规则见表1－1。

表1－1　常用数制的数码、基数和进位规则

数制	数码	基数	进位规则
十进制	0、1、2、3、4、5、6、7、8、9	10	逢十进一
二进制	0、1	2	逢二进一
八进制	0、1、2、3、4、5、6、7	8	逢八进一
十六进制	0、1、2、3、4、5、6、7、8、9、A、B、C、D、E、F	16	逢十六进一

在计算机中，通常用数字后面跟一个英文字母表示该数进位计数制。十进制数一般用D（Decimal）或d表示、二进制数用B（Binary）或b表示、八进制数用O（Octal）或o表示、十六进制数用H（Hexadecimal）或h表示。常用数制对照见表1－2。

表 1－2　各种数制对照表

十进制	二进制	八进制	十六进制	十进制	二进制	八进制	十六进制
0	0	0	0	8	1000	10	8
1	1	1	1	9	1001	11	9
2	10	2	2	10	1010	12	A
3	11	3	3	11	1011	13	B
4	100	4	4	12	1100	14	C
5	101	5	5	13	1101	15	D
6	110	6	6	14	1110	16	E
7	111	7	7	15	1111	17	F

2. 数制的转换

在日常生活中，人们习惯采用十进制数，而计算机内部采用二进制数；在计算机科学中，书写时又多采用八进制数或十六进制数。因此，各种进位计数制之间需要进行相互转换。

（1）任意数制（R）转换为十进制数

位权相加法：把 R 进制数每位上的权数与该位上的数码相乘，求和即得要转换的十进制数值。

（2）十进制数转换为任意数制（R）

将十进制数转换为任意数制（R）时，需对整数部分和小数部分分别进行处理。

整数部分：除基取余法，即连续除以基数 R，直到商为零为止，将所得余数倒序排列。

小数部分：乘基取整法，即连续乘以基数 R，直到小数部分为零或满足精度要求为止，将所得整数顺序排列。

任务实施

1. 任意数制（R）转换为十进制数

【例 1.1】　将二进制数 11011 转换成十进制数。

$(11011)_2=1\times2^4+1\times2^3+0\times2^2+1\times2^1+1\times2^0=16+8+0+2+1=(27)_{10}$

【例 1.2】　将八进制数 125 转换成十进制数.

$(125)_8=1\times8^2+2\times8^1+5\times8^0=64+16+5=(85)_{10}$

【例 1.3】　将十六进制数 16B 转换成十进制数。

$(16B)_{16}=1\times16^2+6\times16^1+11\times16^0=256+96+11=(363)_{10}$

2. 十进制数转换为任意数制（R）

【例 1.4】　将十进制数 13. 125 转换成二进制数。

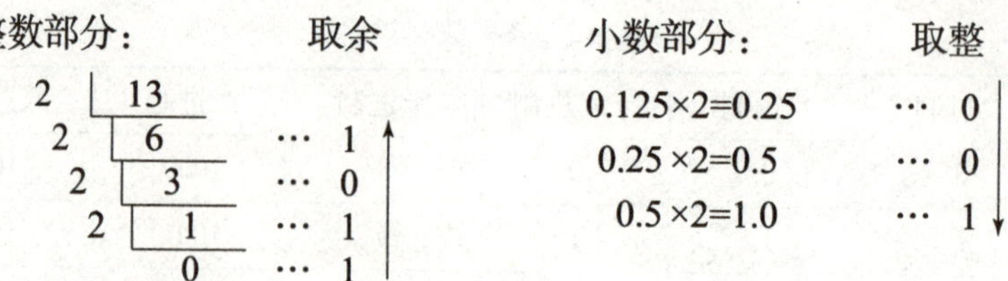

转换结果：$(13.125)_{10}=(1101.001)_2$

【例 1.5】 将十进制数 47.125 转换成八进制数。

整数部分：　　取余　　小数部分：　　取整

8 | 47
8 | 5 … 7
0 … 5

0.125×8=1.0 …1

转换结果：$(47.125)_{10}=(57.1)_8$

【例 1.6】 将十进制数 44.125 转换成十六进制数。

整数部分：　　取余　　小数部分：　　取整

16 | 44
16 | 2 … 12
0 … 2

0.125×16=2.0 …2

转换结果：$(44.125)_{10}=(2C.2)_{16}$

【知识拓展】

从表 1－2 可以看出，任意 3 位二进制数相当于 1 位八进制数，任意 4 位二进制数相当于 1 位十六制数，因此二进制数与八进制数、十六进制数之间的转换很容易实现。

1. 二进制数转换成八进制数或十六进制数

从小数点开始，分别向左和向右将每 3 位（或 4 位）二进制数分成一组，不足位数，整数部分高位补 0，小数部分低位补 0，然后按对应位置写出每组与二进制数等值的八进制数或十六进制数。

【例 1.7】 将二进制数 $(10011010110)_2$ 转换成八进制数。

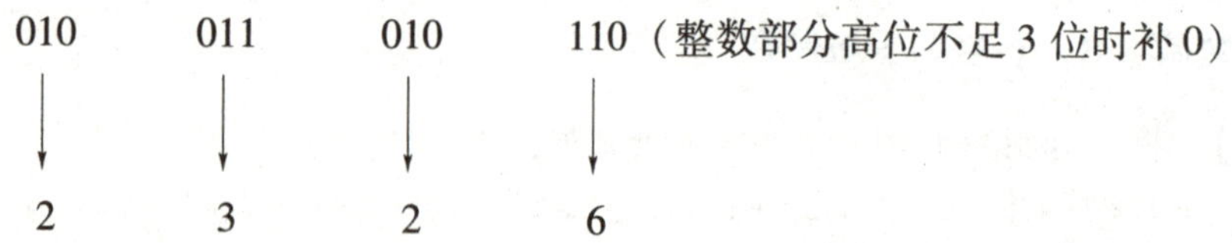

转换结果：$(10011010110)_2=(2326)_8$

【例 1.8】 将二进制数 $(1001.1010110)_2$ 转换成十六进制数。

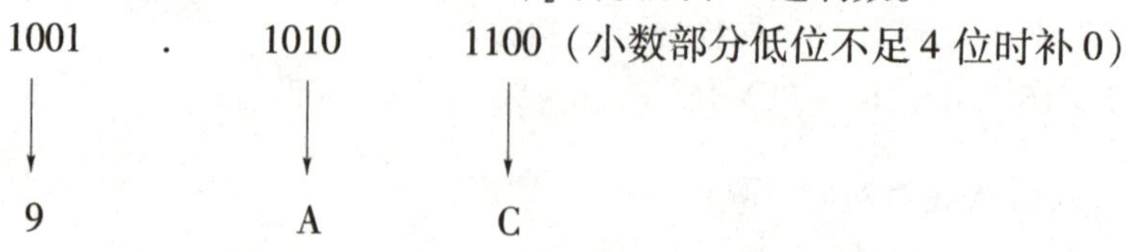

转换结果：$(1001.1010110)_2=(9.AC)_{16}$

2. 八进制数或十六进制数转换成二进制数

将每位八进制数或十六进制数用 3 位或 4 位二进制数代替即可，小数点位置不动。

【例 1.9】 将八进制数 $(715)_8$ 转换成二进制数。

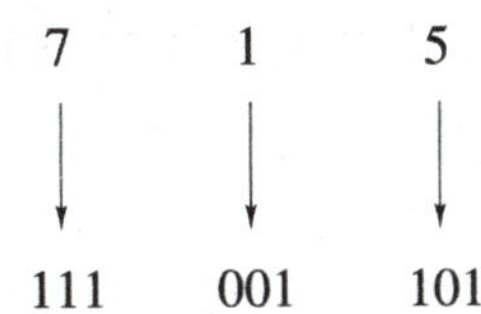

转换结果：$(715)_8=(111001101)_2$

【例 1.10】 将十六进制数 $(9B2)_{16}$ 转换成二进制数。

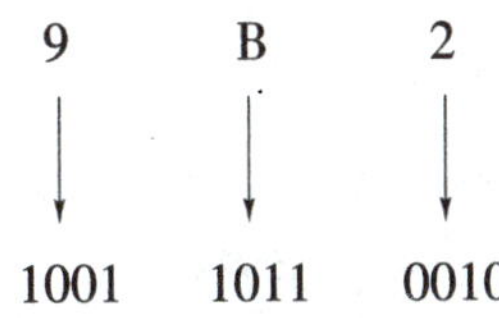

转换结果：$(9B2)_{16}=(100110110010)_2$

3. 八进制数与十六进制数之间的转换

它们之间不能直接转换，可通过二进制数间接实现转换。

【例 1.11】 将八进制数 $(467)_8$ 转换成十六进制数。

$(476)_8=(100111110)_2=(13E)_{16}$

【例 1.12】 将十六进制数 $(3C45)_{16}$ 转换成八进制数。

$(3C45)_{16}=(0011110001000101)_2=(36105)_8$

实践提高

1. $(346)_{10}=(\quad\quad)_2=(\quad\quad)_8=(\quad\quad)_{16}$
2. $(101101101)_2=(\quad\quad)_8=(\quad\quad)_{16}=(\quad\quad)_{10}$

1.2.2　学习计算机中信息的表示

任务描述

掌握计算机中数据存储的单位及换算；了解计算机中字符编码知识。

知识准备

1. 信息的单位

（1）位

位（Bit，缩写为 b）又称比特，是计算机表示信息的数据编码中的最小单位。1 位二进制的数码用 0 或 1 来表示。

（2）字节

字节（Byte，缩写为 B）是计算机存储信息的最基本单位。1 个字节用 8 位二进制数表示。通常计算机以字节为单位来计算存储容量。存储容量的单位除了用字节表示外，还可以用千字节（KB）、兆字节（MB）、吉字节（GB）、太字节（TB）等表示。它们之间的换算关系如下：

$$1\ \text{KB} = 2^{10}\ \text{B} = 1\ 024\ \text{B} \qquad 1\ \text{MB} = 2^{10}\ \text{KB} = 2^{20}\ \text{B}$$

$$1\ \text{GB} = 2^{10}\ \text{MB} = 2^{20}\ \text{KB} = 2^{30}\ \text{B} \qquad 1\ \text{TB} = 2^{10}\ \text{GB} = 2^{20}\ \text{MB} = 2^{30}\ \text{KB} = 2^{40}\ \text{B}$$

在计算机中，数据单位之间的进制并不是1 000，而是1 024，即2^{10}。

（3）字

字（Word）由若干个字节组成（一般为字节的整数倍），如16位、32位、64位等。它是计算机进行数据处理和运算的单位，其包含的二进制位个数称为字长。不同档次的计算机有不同的字长，字长是计算机的一个重要性能指标。

2. 信息的表示

计算机只识别0和1，信息只有转换成数字编码形式，计算机才能进行处理。在计算机中，数字、字符及汉字都要用二进制的形式来表示，这就是计算机中的编码。

（1）数值数据的编码

数值数据指日常生活中所说的数，它有正负、大小之分，还有整数和小数之分，在计算机中用二进制代码表示。一个数在计算机内部表示成的二进制形式称为机器数，机器数有不同的表示方法，常用的有原码、反码、补码、移码等。

（2）非数值数据的编码

非数值数据是指除数值数据之外的字符，如各种符号、数字、字母、汉字等，它们也用二进制代码表示。常用的有字符编码、BCD码、汉字编码等。

任务实施

【例1.13】 32 GB的U盘相当于多少MB？

32 GB = 32 × 1 024 MB = 32 768 MB。

【例1.14】 2 TB的移动硬盘相当于多少GB？相当于几个32 GB U盘的存储量？

2 TB = 2 × 1 024 GB = 2 048 GB。

2 048 GB/32 GB = 64(个)。

知识拓展

1. 美国标准信息交换码

美国标准信息交换码（American Standard Code for Information Interchange，ASCII码），是计算机中使用最广泛的字符编码，被国际标准化组织确定为世界通用的国际标准，见表1-3。

表1-3 ASCII字符编码表

$d_3d_2d_1d_0$	$d_6d_5d_4$							
	000	001	010	011	100	101	110	111
0000	NUL	DLE	SP	0	@	P	、	p
0001	SOH	DC1	!	1	A	Q	a	q

续表

$d_3d_2d_1d_0$	$d_6d_5d_4$							
	000	001	010	011	100	101	110	111
0010	STX	DC2	“	2	B	R	b	r
0011	ETX	DC3	#	3	C	S	c	s
0100	EOT	DC4	$	4	D	T	d	t
0101	ENQ	NAK	%	5	E	U	e	u
0110	ACK	SYN	&	6	F	V	f	v
0111	BEL	ETB	‘	7	G	W	g	w
1000	BS	CAN	(	8	H	X	h	x
1001	HT	EM	)	9	I	Y	i	y
1010	LF	SUB	*	:	J	Z	j	z
1011	VT	ESC	+	;	K	[	k	{
1100	FF	FS	,	<	L	\	l	
1101	CR	GS	–	=	M	]	m	}
1110	SO	RS	.	>	N	↑	n	~
1111	SI	US	/	?	O	–	o	DE

ASCII 码中的每个字符都用 7 位二进制码表示，一个字符在计算机内用 1 个字节 8 位表示，基本 ASCII 字符编码的最高位为 0，扩充 ASCII 字符编码的最高位为 1。基本 ASCII 码共有 128 个字符，其中 95 个编码对应计算机终端输入并可以显示的字符，如英文大小写字母各 26 个、0 ~ 9 十个数字符、标点符号等，另外 33 个字符是控制码，控制着计算机某些外围设备的工作特性和软件运行情况。根据字符在表中所处行和列对应的编码，可确定其 ASCII 码值。例如，字符“A”的 ASCII 码是“1000001”，用十六进制表示为“41H”，用十进制表示为“65D”。

2. 汉字编码

汉字编码主要用于解决汉字输入、处理和输出的问题。根据对汉字输入、处理和输出的不同要求，汉字的编码主要分为 4 类：汉字输入码、汉字内部码、汉字字形码和汉字交换码。

（1）汉字输入码

输入汉字时使用的编码称为汉字输入码，也称为汉字的外码（简称外码），其作用是实现按照某一方式输入汉字。目前我国的汉字输入码编码方案有上千种，主要分为 4 类：数字编码（国际区位码、电报码）、拼音编码（全拼、双拼）、字型编码（五笔）和音形编码（自然码）。

（2）汉字内部码

汉字内部码是指在计算机内部处理汉字信息时所使用的汉字编码，汉字内部码也称为汉字机内码（简称内码）。汉字输入计算机后，计算机系统一般都会把各种不同的汉字输入编码转换成唯一的机内码。在汉字信息系统内部，对汉字信息的采集、传输、存储、加工运算的各个过程都要用到汉字机内码。

（3）汉字字形码

汉字字形码是指文字字形存储在字库中的数字化代码。当需要显示或打印汉字时，通常是把单个汉字离散成网点，每点以一个二进制位表示，由此组成的汉字点阵字形（字模）称为汉字字形码。一个汉字信息系统所有的汉字字形码的集合构成了该系统的汉字库。

根据输出汉字的要求不同，汉字点阵的多少也不同。汉字点阵点数的多少直接影响汉字的造型和质量，点数越多，汉字的质量越高。目前普遍采用 16×16、24×24、32×32、48×48 等点阵。字模点阵信息量很大，占用存储空间也很大，以 16×16 点阵汉字为例，一个汉字就要占用 16×16/8 = 32 个字节。

（4）汉字交换码

为了适应汉字信息处理技术日益发展的需要，国家标准局于 1981 年发布了《中华人民共和国标准信息交换用汉字编码字符集·基本集》（GB 2312—80），简称国标码，共收录一级汉字 3 755 个、二级汉字 3 008 个、各种符号 682 个，总计 7 445 个。其中规定每个汉字由两个字节组成，每个字节最高位为 1，其余 7 位用于组成各种不同的码值。

汉字各种编码之间的关系如图 1－2 所示，其间转换需要各自的转换程序实现。

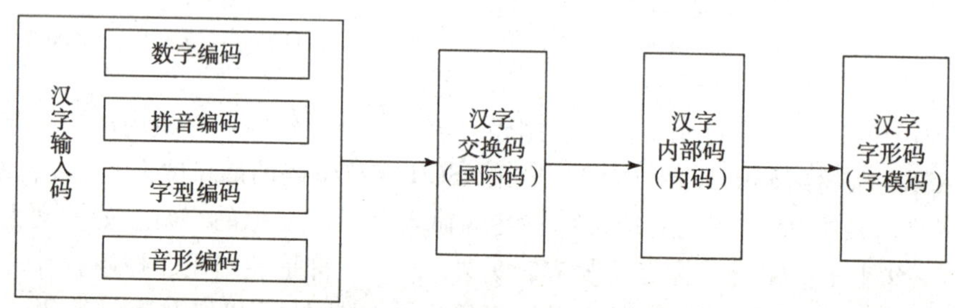

图 1－2　汉字各种编码之间的关系

实践提高

1. 计算机中信息的存储单位有哪些？
2. 10 TB =（　　）GB =（　　）MB；64 GB =（　　）MB =（　　）B。

任务 3　认识计算机系统

计算机系统是由硬件和软件两大部分组成的。一个完整的计算机系统的组成如图 1－3 所示。

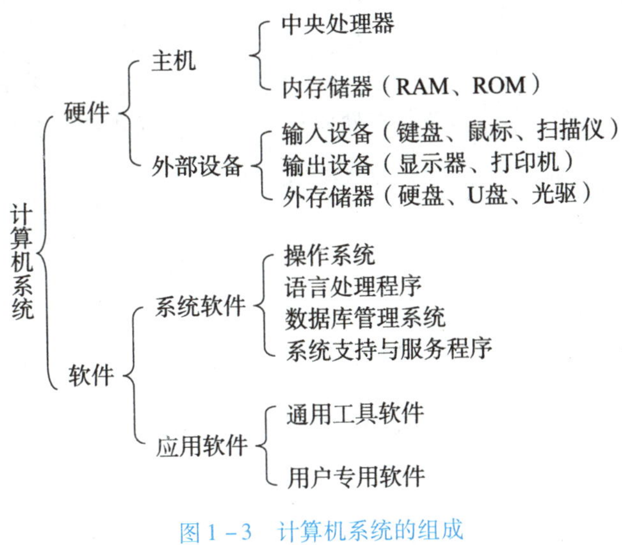

图 1－3　计算机系统的组成

1.3.1　认识计算机硬件系统

任务描述

掌握硬件系统的组成及各个部件的主要功能；了解计算机的外设。

知识准备

计算机硬件是指计算机中看得见、摸得着的电子线路和物理装置的总称，由运算器、控制器、存储器、输入设备和输出设备五大部件组成。运算器、控制器、存储器三个部件是信息加工、处理的主要部件，所以把它们合称为“主机”，而输入和输出设备及外存储器则合称为“外部设备”。

1. 运算器

运算器（Arithmetic Logic Unit，ALU）是对数据信息进行加工和处理的中心，能够完成各种算术运算和逻辑运算。在运算过程中，运算器从存储器获得数据，运算后又把结果送回存储器保存起来。整个运算过程是在控制器统一指挥下，按照程序中编排的操作顺序进行的。

运算器主要由算术逻辑运算单元和寄存器两部分组成，其性能是影响整个计算机性能的重要因素。

2. 控制器

控制器（Controller）是分析和执行指令的部件，是控制计算机各个部件有条不紊地协调工作的指挥中心。控制器从存储器中逐条取出指令、分析指令，然后根据指令要求完成相应操作，产生一系列控制命令，使计算机各部分自动、连续并协调动作，成为一个有机的整体，实现程序输入、数据输入及运算并输出结果。

运算器和控制器通常集成在一块芯片上，统称为中央处理器（Central Processing Unit，CPU）。CPU 是计算机的核心和关键，计算机的性能主要取决于 CPU。

3. 存储器

存储器（Memory）是用来存放输入设备送来的程序和数据，以及运算器送来的中间结果和最后结果的记忆装置。存储器分内存储器和外存储器，如图1－4所示。

- 存储器
  - 内存储器（内存或主存）
    - 随机存储器（RAM）
    - 只读存储器（ROM）
      - 可编程只读存储器（PROM）
      - 可改写只读存储器（EPROM）
  - 外存储器（外存或辅存）

图1－4　存储器的分类

（1）内存储器

内存储器简称内存，又称主存，是CPU根据地址线能直接寻址的空间，由半导体器件制成。内存是主机的一部分，它用来存放正在执行的程序或数据，与CPU直接交换信息。其特点是存取速度快，但容量相对较小。内存按其功能和存储信息的原理，又可分成两大类，即随机存储器（RAM）和只读存储器（ROM）。

①随机存储器（Random Access Memory，RAM）是一种在计算机正常工作时可读/写的存储器，RAM中的信息掉电后会失去，因此，用户在操作过程中应养成随时存盘的习惯，以防断电丢失数据。通常所说的内存容量是指RAM容量。

②只读存储器（Read Only Memory，ROM）。ROM与RAM的不同之处是它在计算机正常工作时只能读出信息，而不能写入信息。ROM的最大特点是不会因断电而丢失信息。利用这一特点可以将操作系统的基本输入/输出程序固化其中。计算机在通电后立即执行其中的程序，ROM BIOS就是指含有这种基本输出程序的ROM芯片。只读存储器电路简单，集成度高，根据其特点和功能，又可分为可编程只读存储器（PROM）和可改写只读存储器（EPROM）。ROM中的信息在生产过程中由制造厂家写入，不能改写；PROM中的信息可由用户自己在编程器上做一次性写入；EPROM中的信息可由紫外线擦除，由用户重新写入。

（2）外存储器

外存储器简称外存，又称辅存，它作为一种辅助存储设备，不能与CPU直接交换信息，主要用来存放一些暂时不用而又需长期保存的程序或数据。当需要执行外存中的程序或处理外存中的数据时，必须通过CPU输入/输出指令，将其调入RAM中才能被CPU执行和处理，其性质与输入/输出设备的相同，所以一般把外存储器归属于外部设备。外存储器的特点是存储容量大，但存取速度相对较慢。

①硬盘。硬盘是微型计算机的重要外存储器，被固定在密封的盒内，一般置于主机箱内。系统和用户的程序、数据等信息通常保存在硬盘上。

硬盘的主要性能指标有容量（单位为MB或GB）、接口类型、转数（单位为转/分，r/min）等。硬盘有两种，一种为固定式，另一种为移动式。固定式就是固定在主机内，而移动硬盘可以轻松携带、共享和存储资料。

②光盘。利用激光原理进行信息读写的存储器。它分为只读型（CD－ROM）、只写一次型（CD－R）、可擦写型（CD－RW）和DVD光盘等几类。

③U盘。便携存储器（USB Flash Disk），也称闪存，采用USB接口，无须外接电源，即插即用，具有断电后数据不丢失的特点，一般作为外部存储器使用，实现在不同计算机间的信息交流。

4. 输入设备

输入设备（Input Device）是用户向计算机输入信息的设备。最基本的输入设备有键盘和鼠标，它们已成为计算机的标准配置。此外，扫描仪、话筒、摄像头、条形码阅读器、触摸屏也是较常见的输入设备，如图1－5所示。

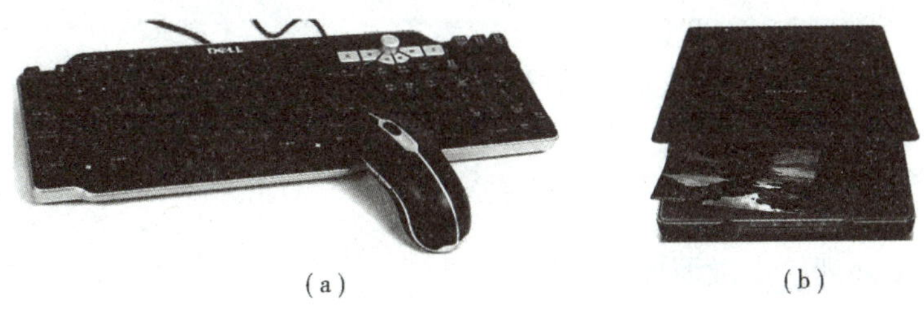

(a)　　(b)

图1－5　输入设备

(a) 键盘与鼠标；(b) 扫描仪

(1) 键盘

键盘是计算机系统中最基本的输入设备，通过电缆线与主机相连接，用来键入命令、程序和数据。按键的开关类型一般可分为机械式、电容式、薄膜式和导电胶皮式。

(2) 鼠标

随着Windows操作系统的广泛应用，鼠标已成为计算机系统必不可少的输入设备，通过单击和拖动鼠标，用户可以很方便地对计算机进行操作。鼠标按工作原理，分为机械式、光电式和光学式三大类。

(3) 扫描仪

扫描仪是利用光电技术和数字处理技术，以扫描方式将图形或图像信息转换为数字信号的装置。

5. 输出设备

输出设备（Output Device）是计算机向用户输出信息的设备。最常用的输出设备是显示器和打印机。此外，投影仪、绘图仪等也是较常见的输出设备。光盘、硬盘、U盘等，其本身既可作为输入设备，也可作为输出设备。

(1) 显示器

显示器是计算机的重要输出设备之一，用来显示有关的输出结果。分辨率是显示器的一项重要技术指标，是指显示器屏幕在水平和垂直方向上最多可以显示的“点”数，即像素数。分辨率越高，屏幕可以显示的内容越丰富，图像也越清晰，如图1－6所示。

图1－6　显示器

(2) 打印机

打印机是常用的输出设备之一。近年来在集成电路技术和精密机电技术发展的推动下，打印机技术也得到了突飞猛进的发展。常见打印机有针式打印机、喷墨打印机和激光打印机三类，如图1－7所示。打印质量常用DPI（点数/英寸）来衡量。

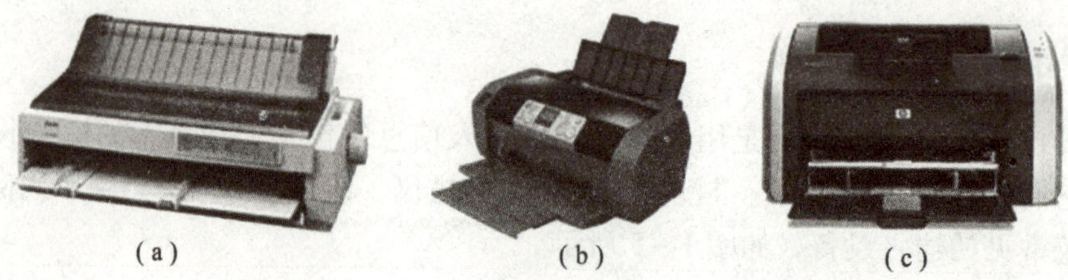

图 1-7　打印机

(a) 针式打印机; (b) 喷墨打印机; (c) 激光打印机

任务实施

1. 认识计算机外观（以微型计算机为例）

①认识主机、显示器、键盘和鼠标等，如图 1-8 所示。

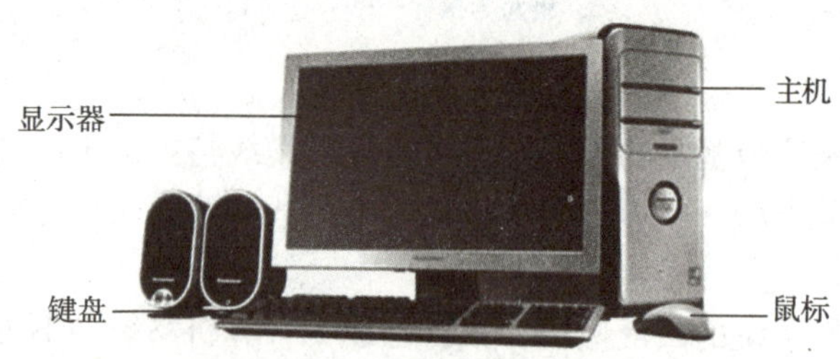

图 1-8　计算机外观

②观察机箱正面面板，识别电源开关、复位按钮、光盘驱动器、USB 及其他部件插口，如图 1-9（a）所示。

③观察机箱背面面板，识别电源插口、键盘插口、鼠标插口及连接显示器、打印机、网线等的插口，如图 1-9（b）所示。

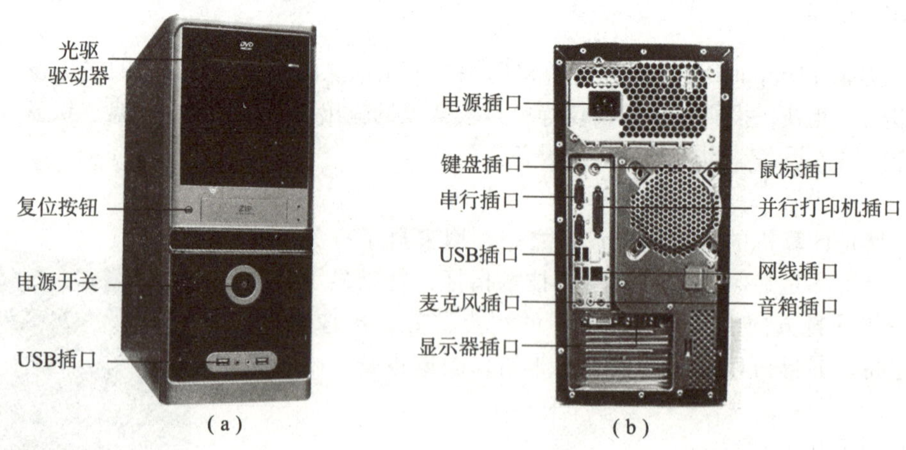

图 1-9　主机面板

(a) 正面面板; (b) 背面面板

2. 识别主机箱内的部件

准备好组装计算机硬件常用的工具，包括十字螺丝刀、一字螺丝刀、镊子、尖嘴钳等。

在教师指导下，打开主机箱，识别主机内的主要部件。

(1) 认识中央处理器

在主机箱内查看CPU，外观如图1－10所示。

(2) 认识内存

在主机箱内查看内存，外观如图1－11所示。

图1－10　CPU

图1－11　内存

(3) 认识硬盘驱动器和光盘驱动器

在主机箱内观察硬盘驱动器和光盘驱动器，查看型号、数据线和电源线接口，外观如图1－12和图1－13所示。

图1－12　硬盘驱动器

图1－13　光盘驱动器

(4) 认识适配器

在主机箱内观察显卡、声卡、网卡等，外观如图1－14所示。

(5) 认识电源

在主机箱内观察电源，查看电源的接线，外观如图1－15所示。

(a)

(b)

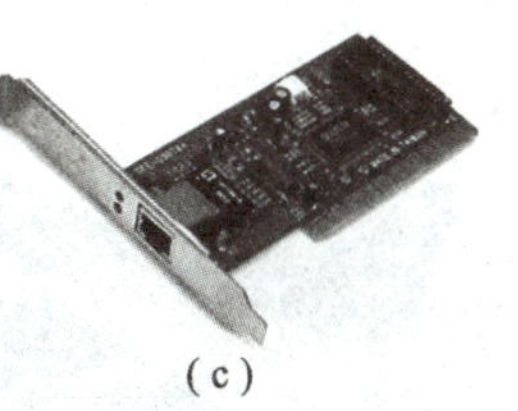

(c)

图1－14　显卡、声卡和网卡

(a) 显卡；(b) 声卡；(c) 网卡

图1－15　电源

【知识拓展】

1. 主板

主机中的微处理器和内存都固定在主板上。主板（Mainboard）也称为系统主板或母板，是一块多层印刷线路板，安装在主机箱内，用来控制和驱动整个微型计算机。主板性能的好坏对微型计算机总体指标具有重要的影响。主板上布置各种插槽、接口、电子元件，系统总线也集成在主板上，如图 1-16 所示。

图 1-16　主板

在主机箱内观察主板上面的芯片组、CPU 插座、电源插槽、内存条插槽、PCI 总线扩展槽、AGP 显卡插槽、ATA 接口及外设接口插槽，外观如图 1-16 所示。

①CPU 插座。用来连接和固定 CPU。

②内存条插槽。用来连接和固定内存。不同内存插槽的引脚、电压、性能及功能不尽相同，不同的内存在不同的内存插槽上不能互换使用。

③PCI 总线扩展槽。为显卡、声卡、网卡、电视卡等设备提供了连接接口。

④AGP 显卡插槽。专供 3D 加速卡（3D 显卡）使用的接口。

⑤ATA 接口。用来连接硬盘和光驱等设备。

⑥外设接口插槽。主板的外设接口统一集成在主板后半部，不同的接口用颜色、形状加以区分。

2. 主机箱面板连线

主机箱面板上有电源指示灯、硬盘指示灯、前置 USB 接口、电源开关和复位按钮等，用连线将它们与主板上的 POWER SW、RESET SW、POWER LED、SPEAKER、HDD LED、前置 USB 接口及 COM 串行口外置接口等相连。机箱面板连线如图 1-17 所示，连线与主板插口的对应关系见表 1-4。

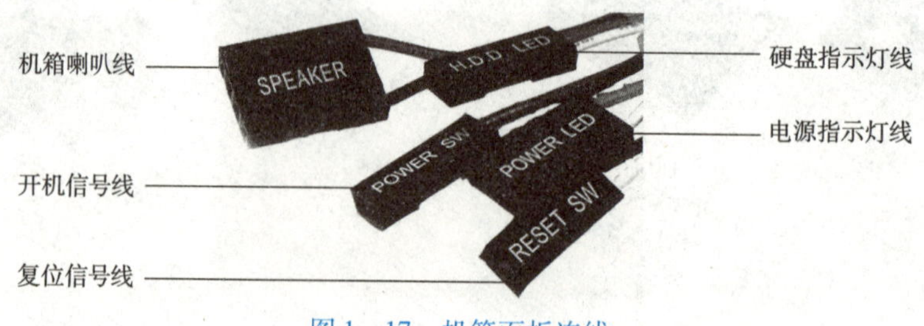

图 1-17　机箱面板连线

表1-4 主机箱面板连线一览表

连线	标注	作用	连线颜色	主板插口
开机信号线	POWER SW	连接开机按钮	白色和红色	PWR
复位信号线	RESET SW	连接 RESET 按钮	蓝色和白色	RESET
硬盘指示灯线	POWER LED	提示硬盘工作状态	白色和红色	HDD LED
机箱喇叭线	SPEAKER	开机声音报警	黑色和红色	SPR

3. 微型计算机机箱外的接口与连接

①将显示器连接到 VGA 接口。认识显示器面板上的电源开关及调节按钮，调节按钮将显示器中图像大小、位置及亮度等调节到合适状态，如图1-18所示。

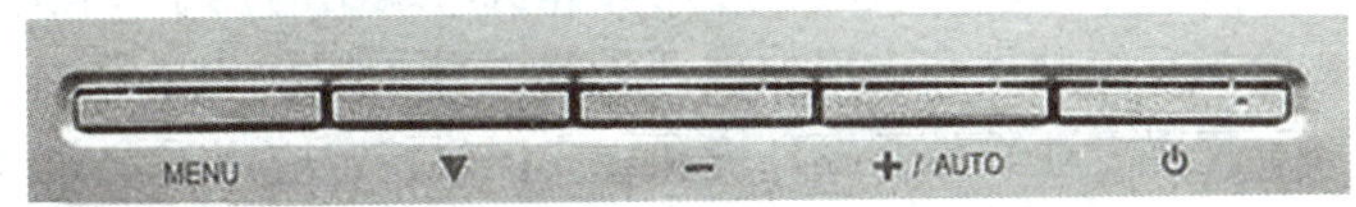

图1-18 显示器调节按钮

②连接键盘与鼠标。

③连接打印机到并行口。

④连接音箱、麦克风及其他 USB 设备，如扫描仪等。

4. 开机

①检查微型计算机各部件、设备连接和安装是否正确。

②打开外部设备（显示器、打印机）电源开关。

③按下主机箱上的电源开关（通常标记为“Power”），系统首先进行硬件自检，然后自动对内存进行测试，稍后自动启动操作系统。

5. 常用外设的使用

（1）打印机的使用

将打印机数据线与主机并行口（或U口）连接，打开打印机电源开关，打开主机开关，启动计算机，观察计算机启动时打印机的响应。

在打印机纸架上放置纸张，打印文件（或照片），观察打印机的工作过程和打印效果。

（2）扫描仪

将扫描仪通过 USB 线与主机连接，打开电源开关；抬起扫描仪的上盖，放入一张待扫描的照片；设置不同的分辨率来多次扫描同一张照片，观察扫描速度；将在不同分辨率下扫描的照片分别打印输出，比较照片效果。

（3）音箱

在播放音乐时，通过音箱上的音量调节按钮或 Windows 桌面上的音量控制按钮调节音量。

实践提高

1. 什么是计算机硬件系统？
2. 计算机硬件系统包括哪几部分？各部分的主要功能是什么？

1.3.2 认识计算机软件系统

任务描述

掌握软件系统的分类及各类软件的功能；了解操作系统的作用。

知识准备

计算机软件是指为运行、维护、管理和应用计算机所编制的程序及程序运行所需要的数据文档资料的总和，分为系统软件和应用软件两大类。其主要作用是控制和管理硬件资源、提供友好的操作界面、提供专业软件开发环境和完成用户特定应用需求。

任务实施

系统软件是指面向计算机管理，支持应用软件开发和运行的软件。其主要功能是管理、监控、服务和维护计算机资源（包括硬件和软件）及开发应用的软件。系统软件主要包括操作系统、语言处理程序、数据库管理系统、系统支持和服务程序等。

1. 操作系统

操作系统（Operating System，OS）是计算机能够运行的基本程序。它的主要功能是管理计算机硬、软件资源，使之有效地被应用；组织协调计算机各组成部分的运行，以增强系统的处理能力；提供良好的人机界面，为用户操作提供方便。操作系统是用户与计算机硬件之间的操作平台，只有通过操作系统，才能使用户在不必了解计算机系统内部结构的情况下正确使用计算机。所有的应用软件和其他系统软件都是在操作系统下运行的。

操作系统一般分为批处理操作系统、分时操作系统、实时操作系统、网络操作系统等，其功能各具特色，适用于不同的场合，常用的操作系统有 Windows、Linix、UNIX 等。

2. 语言处理程序

语言处理程序又称为程序设计语言，它是人与计算机交流时所使用的语言。随着计算机技术的发展，为解决各类问题，逐步产生了程序设计语言。按其接近人类自然语言的程度，划分为机器语言、汇编语言和高级语言。

3. 数据库管理系统

数据库管理系统（DataBase Management System，DBMS）是在计算机应用于生产经营活动过程中逐渐发展起来的。数据库管理系统的功能包括对数据库的建立与维护，对数据库中的数据进行排序、检索和统计，数据或查询结果的输出，方便的编程功能，数据的安全性、完整性及并发性控制等。数据库系统实际是一个综合体，它包括数据库、数据库管理系统、

计算机的软硬件系统、数据库管理等，其中数据库管理系统是整个数据库系统的核心。Microsoft Office 中的 Access 也是常用的数据库管理程序。

【任务拓展】

应用软件是指用户利用计算机及其提供的系统软件为解决某些具体问题而编制的各种程序和相关资料。应用软件相当丰富，根据应用范围，可划分为通用工具软件和用户专用软件。

1. 通用工具软件

通用工具软件是指由软件公司等单位或个人开发的通用软件或工具软件，例如文字处理软件、图形及图像处理软件、网络工具软件等。

2. 用户专用软件

用户专用软件是指为解决各种具体问题而开发编制的用户程序，例如财务管理系统、仓库管理系统、人事档案管理系统等。

实践提高

1. 什么是计算机软件系统？
2. 计算机软件包括哪两类？各类软件的作用是什么？

1.3.3　学习计算机工作原理

任务描述

了解冯·诺依曼体系结构计算机工作原理，掌握微型计算机的主要性能指标。

知识准备

到目前为止，尽管计算机的制造技术产生了极大的变化，但就其体系结构和工作原理而言，一直沿袭着美籍匈牙利数学家冯·诺依曼于1946年提出的计算机组成和工作方式的思想，冯·诺依曼体系结构计算机如图1－19所示。

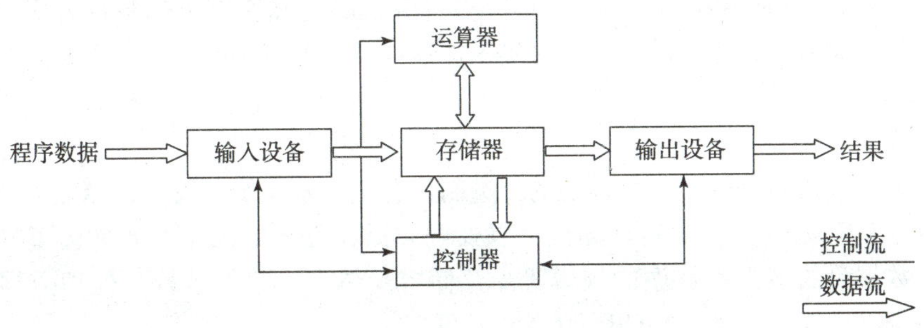

图1－19　冯·诺依曼体系结构计算机

计算机要完成一项任务，首先要编写程序，然后将程序装入存储器，最后运行程序。运行程序的过程就是执行程序中指令的过程，执行指令有以下3个步骤：

1. 获取指令

CPU 根据内部程序计数器的内容，从存储器中的某个单元取出对应的指令，将其送到 CPU 内部指定的寄存器中，同时改变程序计数器值，使其成为下一条指令的地址。

2. 分析指令

CPU 对取入的指令通过译码器进行分析判断，确定该指令要完成的操作。

3. 执行指令

CPU 根据指令分析的结果，向有关部件发出相应的控制信号，相关部件进行工作，完成指令规定的操作，并为执行下一条指令做好准备。

任务实施

计算机性能由其系统结构、指令系统、硬件组成、软件配置等多方面的因素综合决定，可以用其性能指标来评价计算机的性能。

1. 字长

字长一般是指 CPU 一次能直接处理的二进制代码的位数，是计算机的一个重要技术指标。字长决定了计算机的运算速度和精度，字长越长，表示一次读写和处理的数据范围越大，处理数据速度越快，运算精度越高。然而字长受器件及制造工艺的限制，字长越长，计算机硬件成本越高。目前常用的是 64 位微型计算机。

2. 主频

主频是指计算机的时钟频率，由于计算机内部逻辑电路均以时钟脉冲作为同步脉冲来触发电子器件工作，所以主频在很大程度上决定了计算机的工作速度。主频以 GHz 为单位，中高端计算机主频一般在 3 ~4 GHz。

3. 运算速度

运算速度是指计算机每秒钟所执行的指令的条数，一般用 MIPS（每秒百万条指令，Million of Instructions Per Second）为单位，当今计算机的运算速度可达每秒万亿次。计算机的运算速度与主频有关，还与内存、硬盘等工作速度及字长有关。

4. 存储容量

存储容量一般指主存储器可以容纳的二进制信息量，是衡量计算机存储能力的指标，单位是 B、KB、MB 或 GB。它决定计算机可以处理数据和程序的大小，通常会影响计算机处理的速度、数据量的多少和程序的规模等。存储容量越大，速度越快，处理数据的范围越广。目前市场上内存的容量为 8 GB、16 GB 或更高。

5. 输入/输出数据传输速率

输入/输出数据传输速率反映了计算机与外部设备交换数据的速度。提高计算机的输入/

输出传输速率可以提高计算机的整体速度。

6. 外设扩展能力

外设扩展能力主要指计算机系统配接外部各种设备的可能性、灵活性和适应性。一台计算机允许配接外部设备的数量和型号对系统接口和软件研制都有重大影响，微型计算机系统中的打印机型号、显示器分辨率、外存储器容量等都是外设配置中需要考虑的问题。

7. 软件配置

微型计算机需配置功能很强、满足应用要求的操作系统及其他系统软件，提供可供选用的应用软件，这些直接关系到计算机性能的好坏和效率的高低，是购置微型计算机时必须考虑的问题。

8. 可靠性和兼容性

可靠性是指计算机连续无故障运行时间的长短，可靠性好，表示无故障运行时间长。一般情况下，微型计算机的中高档计算机向下兼容低档运行的大部分软件。

知识拓展

微型计算机是计算机发展到第四代的产物，是计算机发展史中最伟大的里程碑。微型计算机具有体积小、价格低廉、灵活方便、外设扩展能力强、可靠性和兼容性好等特点，广泛应用于社会、生活、学习的各个领域，是目前普及最广、使用最多的计算机。

微型计算机是大规模集成电路技术与计算机技术相结合的产物，其设计的主要特点是采用了微处理器和总线结构等。大规模集成电路技术将运算器和控制器集成在一个体积小、功能强大的微处理器芯片上，主机的各部件之间通过总线相连接，而外部设备则通过相应的接口电路与总线相连，微型计算机硬件系统的逻辑结构如图 1－20 所示。

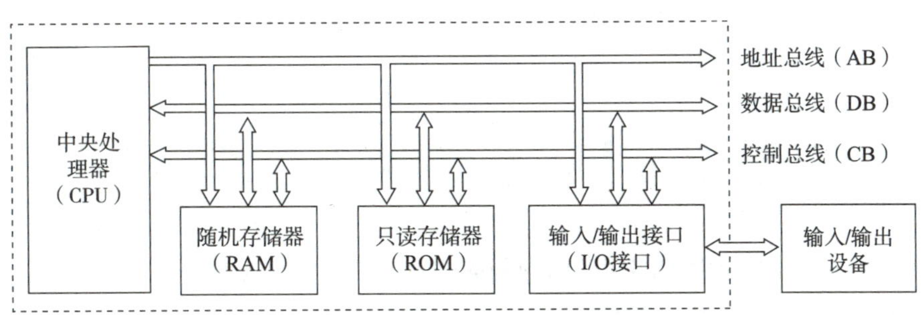

图 1－20　微型计算机硬件系统的逻辑结构

1. 微处理器

微处理器（Central Processing Unit，CPU）也称为中央处理器，是微型计算机的核心部件，负责完成指令的读取、解释和执行。微处理器主要由运算器、控制器和寄存器组成，有的还包含了高速缓冲存储器（Cache）。

2. 存储器

存储器是指计算机内部存储器，主要分为随机存储器（RAM）和只读存储器（ROM）

两类。微型计算机内存由一个个内存单元组成，每个单元一般存放一个字节（8 位）的二进制数据，内存单元的总数称为内存总量。

3. 输入和输出设备接口电路

输入和输出设备接口电路（I/O）是微型计算机系统的重要组成部分，微型计算机通过它与外部的设备交换信息。

输入和输出设备种类繁多，结构原理各异，因此微型计算机与输入/输出设备之间的连接与信息交换不能直接进行，而必须设计一个接口电路作为两者之间的桥梁，这种输入/输出接口电路又称为输入/输出适配器。

4. 总线

总线是一组各种信号公共线的总称，是微型计算机中各功能部件间传递信息的公共通道。微型计算机的总线有 3 种，包括数据总线（DB）、地址总线（AB）和控制总线（CB）。

实践提高

1. 计算机执行指令的步骤有哪些？
2. 微处理器的作用和组成是什么？

小　　结

通过本项目的学习，了解计算机的发展过程、特点、分类及应用范围；了解信息在计算机中的表示形式；理解计算机系统的基本组成和工作原理；了解硬件系统的组成及各个部件的主要功能；了解软件的概念及分类；掌握微型计算机的硬件组成、主要技术指标及基本操作等。

习　　题

一、选择题

1. 计算机问世至今经历了四代，而划分成四代的主要依据是计算机的（　　）。

A. 规模　　B. 功能　　C. 性能　　D. 构成器件

2. 计算机当前的应用领域无处不在，但其最早的应用领域是（　　）。

A. 数据处理　　B. 科学计算　　C. 人工智能　　D. 过程控制

3. 计算机应用最广泛的领域是（　　）。

A. 数据处理　　B. 科学计算　　C. 辅助设计　　D. 过程控制

4. 用来表示计算机辅助设计的英文缩写是（　　）。

A. CAI　　B. CAM　　C. CAD　　D. CAT

5. 下列四组数据依次为二进制数、八进制数和十六进制数，符合要求是的（　　）。

A. 11，78，19　　B. 2，77，10　　C. 12，80，10　　D. 11，77，19

6. 十进制数向二进制数进行转换时，十进制数 91 相当于二进制数（　　）。

A. 1101011　　B. 1101111　　C. 1110001　　D. 1011011

7. 与二进制数 11111110 等值的十进制数是（　　）。

A. 251　　B. 252　　C. 253　　D. 254

8. 7 位二进制编码的 ASCII 码可表示的字符个数是（　　）。

A. 127　　B. 255　　C. 256　　D. 128

9. 计算机中用来表示存储容量大小的基本单位是（　　）。

A. 位（Bit）　　B. 字节（Byte）

C. 字（Word）　　D. 双字（Double Word）

10. 计算机配置内存的容量为 16G 或以上，其中的 16G 是指（　　）。

A. 16×1 000×1 000×1 000 个字节　　B. 16×1 000×10 000×1 000×8 个字节

C. 16×1 024×1 024×1 024 个字节　　D. 16×1 024×1 024×1 024×8 个字节

11. 在计算机内部，数据加工、处理和传送的形式是（　　）。

A. 二进制码　　B. 八进制码　　C. 十进制码　　D. 十六进制码

12. 在计算机中，应用最普遍的字符编码是（　　）。

A. 机器编码　　B. 汉字编码　　C. BCD 码　　D. ASCII 码

13. 计算机中的所有信息都以二进制方式表示的主要原因是（　　）。

A. 运算速度快　　B. 节约元件

C. 所需的物理元件最简单　　D. 信息处理方便

14. 一个完备的计算机系统应该包含计算机的（　　）。

A. 主机和外设　　B. 硬件和软件

C. CPU 和存储器　　D. 控制器和运算器

15. 计算机主机的组成是（　　）。

A. 运算器和控制器　　B. 中央处理器和主存储器

C. 运算器和外设　　D. 运算器和存储器

16. 计算机硬件的五大基本部件包括运算器、存储器、输入设备、输出设备和（　　）。

A. 显示器　　B. 控制器　　C. 硬盘存储器　　D. 鼠标

17. 通常所说的“裸机”仅有（　　）。

A. 硬件系统　　B. 软件系统　　C. 指令系统　　D. CPU

18. CPU 可直接读写的计算机部件是（　　）。

A. 内存　　B. 软盘　　C. 外存　　D. 硬盘

19. 微型计算机的技术指标有很多，而最主要的应该是（　　）。

A. 语言、外设和速度　　B. 主频、字长和存储容量

C. 外设、存储容量和体积　　D. 软件、速度和重量

20. 衡量微型计算机性能的综合指标是（　　）。

A. 功能　　B. 性价比　　C. 运算速度　　D. 操作次数

21. 微型计算机的主频是指（　　）。

A. 计算机运行速度　　B. 微处理器时钟工作频率

C. 基本指令操作次数　　D. 单位时间的存取数量

22. 冯·诺依曼型计算机的基本原理是（　　）。

A. 程序外接　　B. 逻辑连线　　C. 数据内置　　D. 存储程序

23. 计算机的主存储器是（　　）。

A. RAM 和磁盘　　B. ROM　　C. RAM 和 ROM　　D. 硬盘和控制器

24. 下列设备既可作为输入设备又可作为输出设备的是（　　）。

A. 显示器　　B. 硬盘　　C. 打印机　　D. 扫描仪

25. 一般情况下，计算机的内存储器比外存储器（　　）。

A. 便宜　　B. 存储量大

C. 存取速度快　　D. 虽贵但能存储更多的信息

二、操作题

1. 观察微型计算机的外观，指出主要部件，包括主机、显示器、键盘、鼠标等。

2. 熟悉微型计算机的组成。在主机箱面板上找出电源开关、复位按钮、光盘驱动器、USB 插口等；在主机箱背面查看电源、键盘、鼠标、显示器等插口，并进行接插线练习；打开主机箱，指出主板、CPU、硬盘、内存等。

3. 通过市场调研确定微型计算机配置方案，填写表 1 – 5。

要求：根据最新市场报价，提供满足用户学习和娱乐需求各两种计算机配置方案，一种是经济型的，一种为豪华型的。

表 1 – 5　组装微型计算机配置清单

序号	部件名称	型号	是否主板集成	价格/元
1	机箱与电源			
2	主板			
3	CPU			
4	内存			
5	显卡			
6	显示器			
7	硬盘			
8	光驱			
9	声卡			
10	键盘			
11	鼠标			
12	刻录机			
13	网卡			
14	音箱			
15	其他			
总计				

项目 2

Windows 操作系统的使用

- **知识目标：**

◇ 了解 Windows 操作系统桌面、窗口、对话框及任务管理器的操作和使用方法。

◇ 掌握文件资源管理器和磁盘的使用方法。

◇ 掌握 Windows 系统设置的使用方法。

◇ 掌握 Windows 内置程序的使用方法。

- **能力目标：**

◇ 能够运用键盘和鼠标完成桌面、窗口、对话框和任务管理器的操作。

◇ 能够进行文件、文件夹操作。

◇ 能够进行系统环境设置。

◇ 能够熟练使用 Windows 内置应用程序。

任务 1　认识 Windows 操作系统

2.1.1　认识操作系统

了解操作系统的基本概念、功能、类型及主流操作系统的发展历程。

1. 操作系统的基本概念

操作系统（Operating System，OS）是计算机系统中最基本的系统软件，它直接控制和管理计算机硬件、软件资源，方便用户充分、有效地利用资源，增强整个计算机的处理能力。

（1）操作系统是用户与计算机硬件的接口

操作系统是软件和硬件之间的接口。用户不仅包括一般用户、系统管理员，还包括系统实用软件的设计者。用户在操作系统的支持下能够方便、快捷、安全、可靠地操纵计算机硬件和运行自己的程序。

(2) 操作系统是扩充计算机硬件功能的软件

一台没有任何软件支持的计算机（即裸机）只有在操作系统的支持下，才能为用户提供良好的编程及运行环境。

(3) 操作系统是计算机系统资源的管理者

计算机系统资源既包括中央处理器、存储器、输入/输出设备等硬件设备，也包括程序和数据等软件资源，操作系统能够合理地组织计算机的工作流程，使这些软硬件资源为多个用户所共享。

2. 操作系统功能

操作系统负责管理与配置内存、决定系统资源使用的优先次序、控制输入与输出设备、操作网络与管理文件系统等。通常设有处理器管理、存储器管理、设备管理、文件管理、作业管理等功能模块。

(1) 处理器管理

处理器管理主要包括处理中断事件和调度处理器。用户在使用过程中发生的中断事件由操作系统负责调度和处理。处理器可能是一个，也可能是多个，不同类型的操作系统将针对不同情况采取不同的调度策略。

(2) 存储器管理

存储器管理主要是指针对内存储器的管理。主要任务是：分配内存空间，保证各作业占用的存储空间不发生矛盾，并使各作业在自己所属存储区中不互相干扰。

(3) 设备管理

设备管理是指负责管理各类外围设备（简称外设），包括分配、启动和故障处理等。主要任务是接受外设的中断请求，按照一定的顺序处理这些中断请求、驱动外设等。

(4) 文件管理

在操作系统中，将负责存取管理信息的部分称为文件系统。文件管理主要包括文件的存储、检索和修改等操作及文件的保护。

(5) 作业管理

每个用户请求计算机系统完成的一个独立的操作称为作业。作业管理包括作业的输入和输出、作业的调度与控制（根据用户的需要控制作业运行的步骤）。

3. 操作系统的类型

计算机技术的快速发展促使操作系统也逐步完善和多样化起来。

(1) 批处理操作系统

批处理（Batch Processing）操作系统的工作方式是：许多用户的作业组成一批作业，操作系统自动、依次执行每个作业。

(2) 分时操作系统

分时（Time Sharing）操作系统的工作方式是：一台主机连接了若干个终端，每个终端有一个用户在使用。将 CPU 的时间划分成若干个片段，称为时间片。操作系统以时间片为单位，轮流为每个终端用户服务。

(3) 实时操作系统

实时操作系统（Real – time Operating System，RTOS）是指使计算机能及时响应外部事件的请求，在规定的严格时间内完成对该事件的处理，并控制所有实时设备和实时任务协调一致地工作的操作系统。

(4) 网络操作系统

网络操作系统是基于计算机网络的，是在各种计算机操作系统上按网络体系结构协议标准开发的软件，包括网络管理、通信、安全、资源共享和各种网络应用。

(5) 分布式操作系统

它是为分布式计算系统配置的操作系统。大量的计算机通过网络被连接在一起，可以获得极高的运算能力及广泛的数据共享，这种系统被称作分布式系统（Distributed System）。分布式操作系统负责分布式系统的管理。

4. 主流操作系统

(1) MS – DOS 操作系统

DOS 是 Disk Operating System（磁盘操作系统）的简称，是一个单用户单任务的操作系统。其中以微软公司的 MS – DOS 流行最广、影响最大。

(2) UNIX 操作系统

UNIX 操作系统是一个多用户多任务的分时操作系统，1969 年诞生于美国贝尔实验室。UNIX 操作系统因其具有简洁和易移植等特点而得到快速的发展和普及，成为跨越从微型计算机到巨型机范围的唯一操作系统。

(3) Linux 操作系统

Linux 操作系统是 UNIX 操作系统的一种克隆系统，是一套免费使用和自由传播的操作系统，是一个性能稳定的多用户网络操作系统。

(4) Windows 操作系统

1985 年，微软首次发布 Windows 1.0 操作系统。2015 年，微软正式发布了 Windows 10。Windows 10 是新一代全平台操作系统，支持传统 PC、平板电脑、二合一设备、手机等。

任务实施

1. 启动 Windows 操作系统

打开显示器等外部设备电源后，再打开主机电源，启动计算机的同时系统自动启动 Windows 操作系统。Windows 启动后，呈现在用户眼前的整个屏幕区域称为桌面，如图 2 – 1 所示。

2. 退出 Windows 操作系统

单击“开始”按钮■，在“开始”菜单中选择“关机”按钮⏻，打开“关机”菜单，如图 2 – 2 所示。单击“关机”按钮，退出 Windows 操作系统，同时自动关闭主机电源。

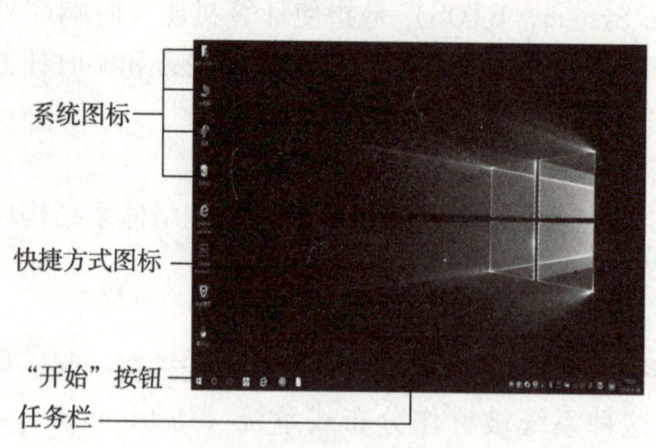

图 2-1　Windows 桌面

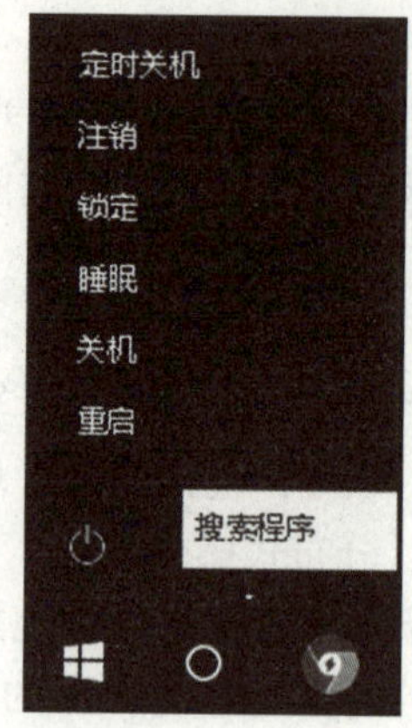

图 2-2　"关机"菜单

3. 查看计算机的基本信息

在桌面右击"此电脑"图标，从弹出的快捷菜单中选择"属性"，打开系统属性窗口，如图2-3和图2-4所示。在系统属性窗口的"Windows 版本"和"系统"栏中可以分别查看计算机中安装的操作系统版本、处理器的型号、已安装的内存（RAM）大小和系统类型等信息。

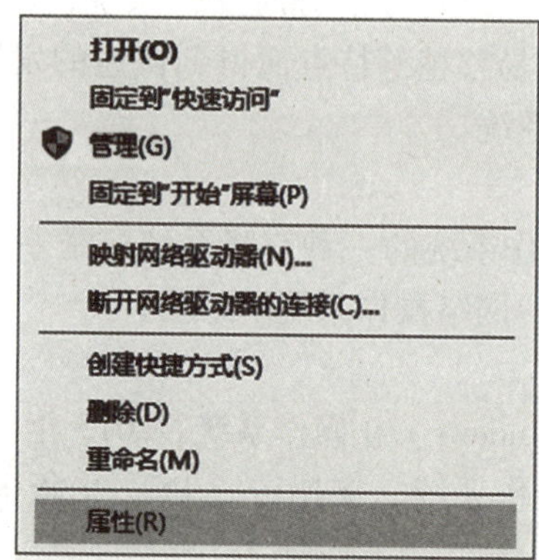

图 2-3　"此电脑"右键菜单

图 2-4　系统属性窗口

知识拓展

1. Windows的启动方法

启动操作系统的方法有3种：冷启动，即按下主机面板上的电源开关；热启动，即在计算机已经开机的情况下同时按下Ctrl + Alt + Delete组合键；复位启动，即按下主机面板上的Reset按钮。

2. 查看计算机硬件设备信息

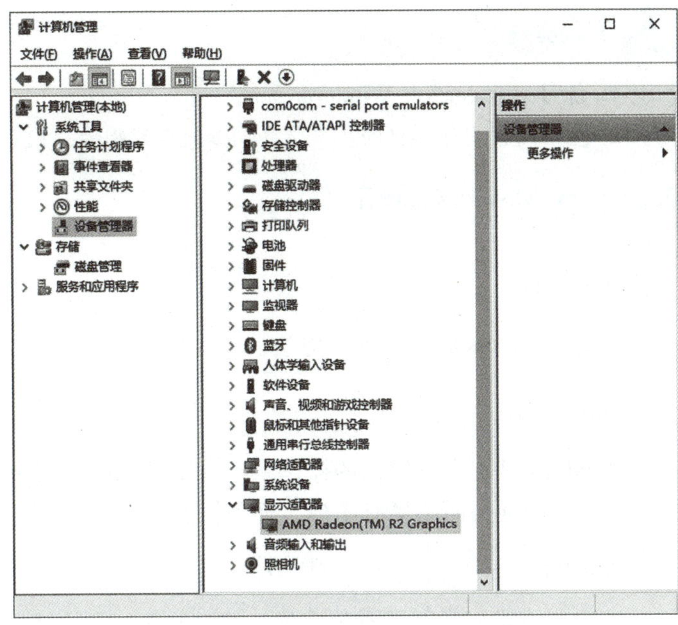

图2-5　“设备管理器”窗口

在系统属性窗口中单击“设备管理器”，打开“设备管理器”窗口，可以查看硬件设备的相关信息，如图2-5所示。在“显示适配器”列表里右击，在快捷菜单中选择“属性”，打开“属性”对话框，如图2-6所示，可以查看该设备的相关信息。

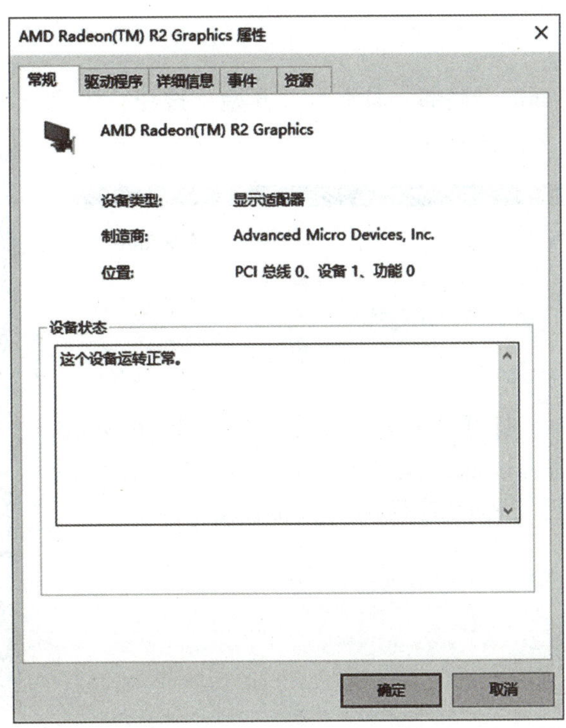

图2-6　“设备管理器”的“属性”窗口

实践提高

1. 练习启动和退出 Windows 系统。
2. 查看所使用计算机的基本信息，如处理器型号、内存大小、安装的操作系统版本等信息。

2.1.2 Windows 桌面操作

任务描述

掌握 Windows 桌面的操作方法。

知识准备

Windows 是一个图形化的操作系统，用各种形象的小图形表示程序、文件和设备等操作对象。Windows 桌面图形有图标、任务栏及“开始”菜单。

1. 图标

在桌面上常见的图标有两大类，即系统图标和快捷方式图标。

①系统图标是安装 Windows 操作系统时系统自动生成的图标，如“此电脑”“回收站”“网络”等。

②快捷方式图标是安装应用软件时生成的或为快速启动应用程序而创建的小图标。快捷方式图标左下方有一个小箭头。

2. 任务栏

任务栏一般位于桌面的最底部，通常由“开始”按钮、快速启动区、应用程序按钮显示区和系统托盘组成，如图 2－7 所示。

图 2－7　任务栏

3.“开始”菜单

单击“开始”按钮，打开“开始”菜单，如图 2－8 所示。Windows 的所有操作都可以从这里开始。Windows 操作系统的“开始”菜单中列出了已安装的应用程序，按拼音顺序排序。

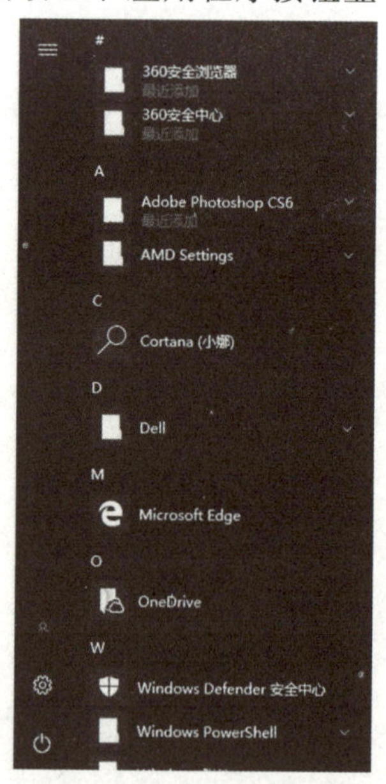

图 2－8　“开始”菜单

任务实施

1. 图标操作

（1）添加桌面图标

Windows 桌面图标有“此电脑”“回收站”等，系统安装完成后生成默认图标，用户根据需要可以更改图标。

在桌面空白处右击，在快捷菜单中选择“个性化”，打开“个性化设置”窗口，在左侧的列表中选择“主题”，在右侧“相关的设置”列表中选中“桌面图标设置”，打开“桌面图标设置”对话框，选中要显示的桌面图标，如图 2－9 所示。

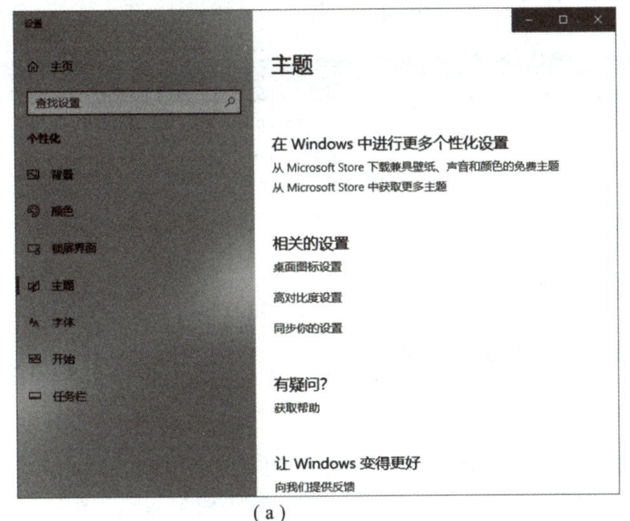

（a）

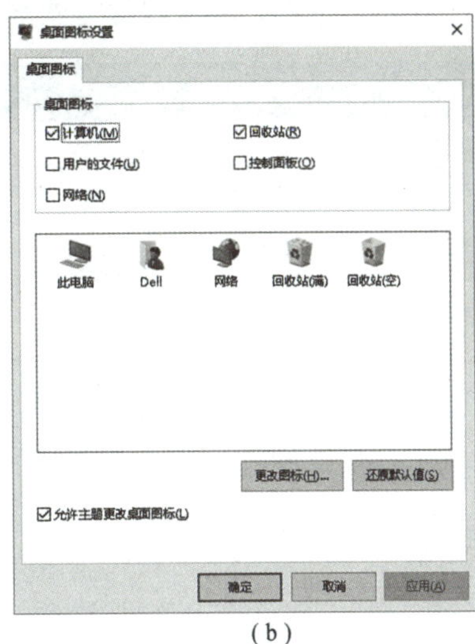

（b）

图 2－9　设置桌面图标

（a）“个性化”的“主题”窗口；（b）“桌面图标设置”窗口

（2）删除桌面上的图标

如果要删除桌面上的图标或者“开始”菜单里的图标，则在该图标上右击，在打开的快捷菜单里选择“删除”。

（3）添加快捷方式图标

在操作 Windows 时，希望将经常使用的对象以图标形式放置在桌面上，从而节省查找对象的时间，这就需要在 Windows 的开始页面上创建快捷方式。

在桌面空白处右击，在快捷菜单中选择“新建”中的“快捷方式”，如图 2－10 所示。

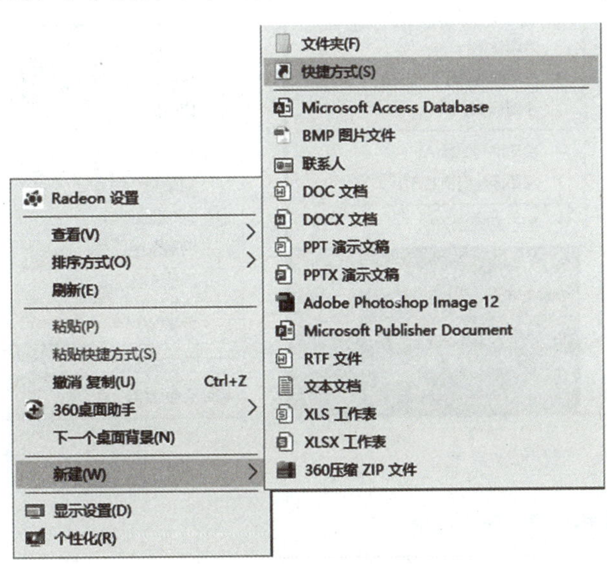

图 2－10　桌面右键菜单

打开“创建快捷方式”对话框图（2－11（a）），在文本框中输入建立快捷方式的项目位置和名称，或单击“浏览”按钮，打开“浏览文件或文件夹”对话框（图2－11（b）），在整个磁盘范围内查找到要创建快捷方式的对象，单击“下一步”按钮，打开如图2－11（c）所示对话框，输入快捷方式名称，单击“完成”按钮。

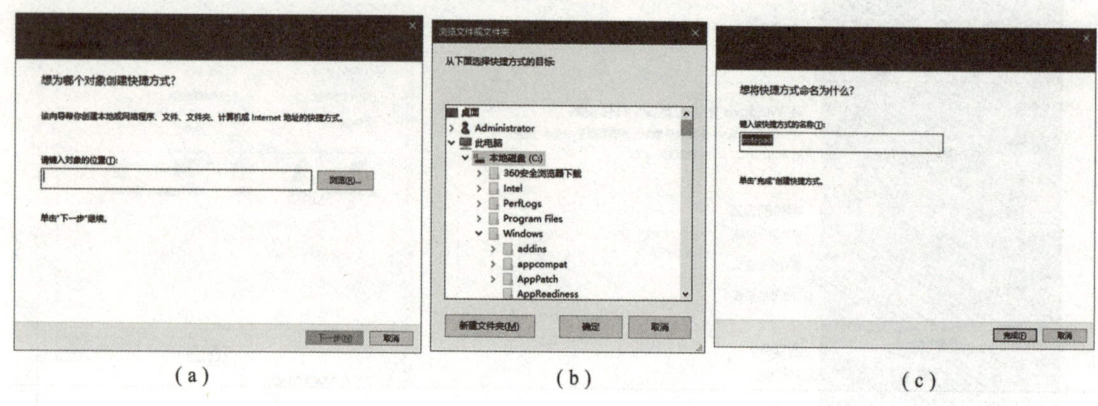

（a）　（b）　（c）

图2－11　利用向导创建快捷方式

（a）“创建快捷方式”对话框；（b）“浏览文件或文件夹”对话框；（c）输入快捷方式名称

（4）删除图标

可以用拖动的办法将要删除的图标拖放到回收站中；也可右击要删除的图标，从弹出的快捷菜单中选择“删除”命令；或者选定要删除的图标，按 Delete 键。

（5）改变图标大小

在桌面空白处右击鼠标打开快捷菜单，在“查看”中选择“大图标”“中等图标”“小图标”等选项，改变桌面图标的大小，如图2－12所示。

（6）排列图标

如图2－13所示，在“排序方式”中选择“名称”“大小”“项目类型”“修改日期”等选项，重新排列桌面图标。

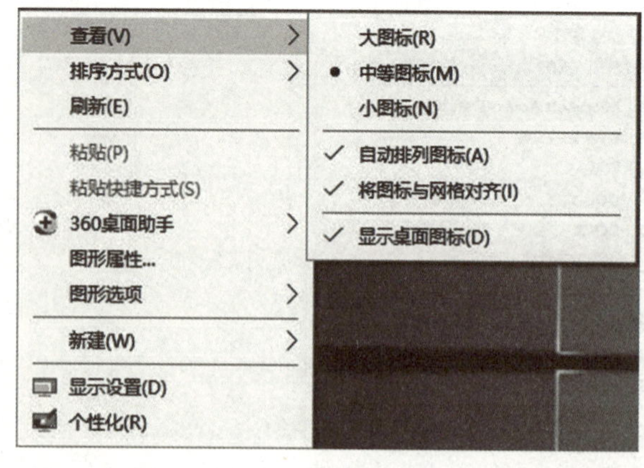

图2－12　“查看”菜单

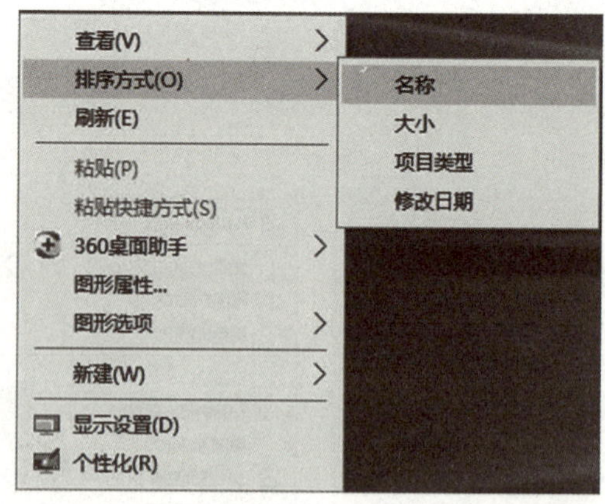

图2－13　“排序方式”菜单

2. 任务栏的设置和工具栏的创建

（1）任务栏的设置

在任务栏空白区域右击鼠标，打开快捷菜单，选择“任务栏设置”命令，打开“设置”对话框，在任务栏的各列表项上单击，设置该选项为“开”或“关”，如图 2－14 所示。

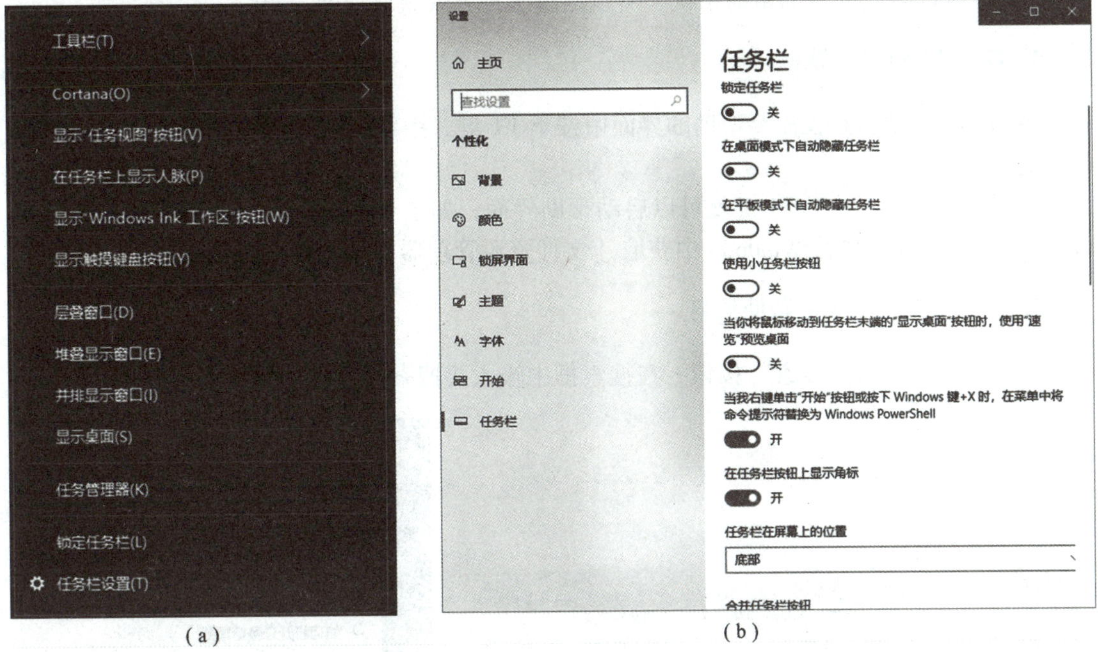

图 2－14　任务栏设置

（a）任务栏右键菜单；（b）任务栏设置窗口

（2）工具栏的创建

在任务栏空白区域右击鼠标，打开快捷菜单，选择“工具栏”中的“新建工具栏”，在打开的“新工具栏－选择文件夹”对话框中选择需要创建工具栏的文件夹，单击“确定”按钮，如图 2－15 所示。

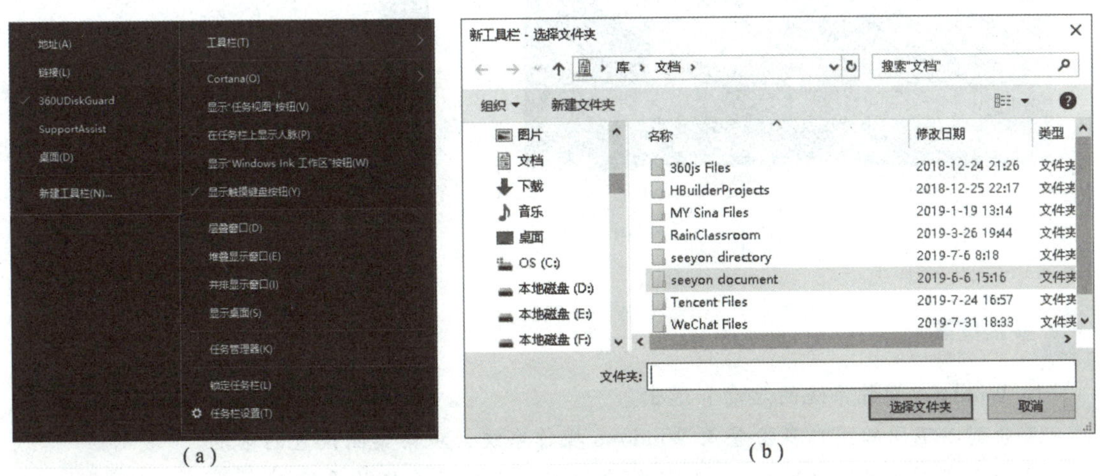

图 2－15　创建工具栏

（a）工具栏子菜单；（b）“新工具栏－选择文件夹”窗口

知识拓展

Windows 配置了完整的帮助系统，可以通过多种方式获取帮助。

1. 使用 F1 键获取帮助

最简单的办法就是在需要帮助的界面中按下 F1 键，系统会自动启动浏览器，并显示出相应的帮助信息。

光标在桌面上，按下 F1 键就可以启动帮助界面，如图 2－16 所示；打开“此电脑”窗口，按下 F1 键打开“在 Windows 中获取［文件资源管理器］的帮助”界面。

2. 使用搜索功能获取帮助信息

单击任务栏中的“搜索”按钮，在搜索框中输入要搜索的内容，如图 2－17 所示。

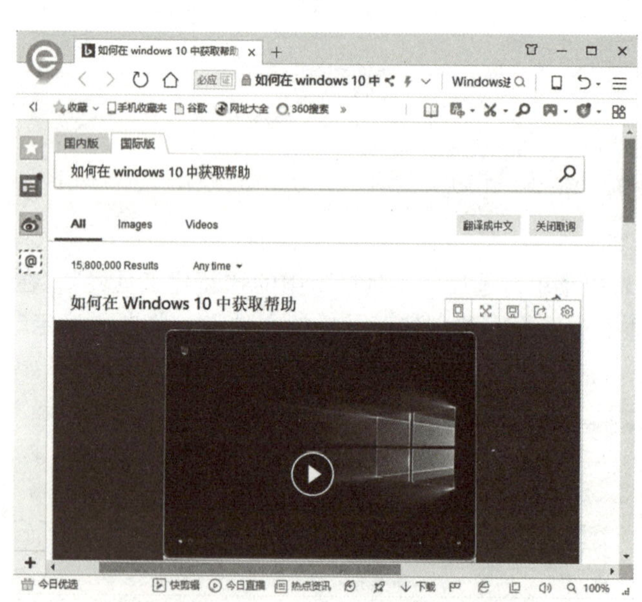

图 2－16　帮助界面

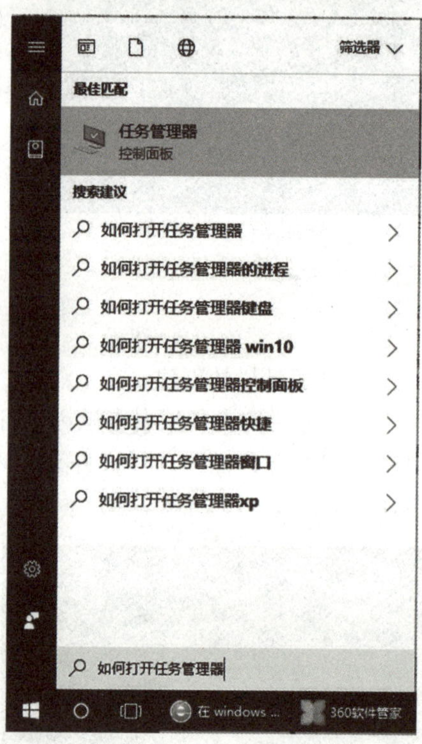

图 2－17　“搜索”窗口

实践提高

1. Windows 操作系统的启动和退出。

①分别以不同的用户身份登录 Windows 操作系统，观察桌面设置的区别。

②分别应用键盘快捷键和 Alt + F4 组合键退出 Windows 操作系统。

2. 桌面操作。

①设置桌面图标为自动排列方式。

②创建启动记事本、画图等应用程序的桌面快捷方式。

2.1.3　窗口、对话框操作

任务描述

掌握 Windows 窗口和对话框的操作方法。

1. 窗口

窗口是 Windows 操作系统的最大特点，Windows 操作系统中所有应用程序和文档都在窗口中运行或显示。

双击桌面上“此电脑”图标，打开“此电脑”窗口，如图 2－18 所示。它是一个典型的 Windows 窗口，其中包括标题栏、菜单栏、工具栏、工作区、滚动条及状态栏等。

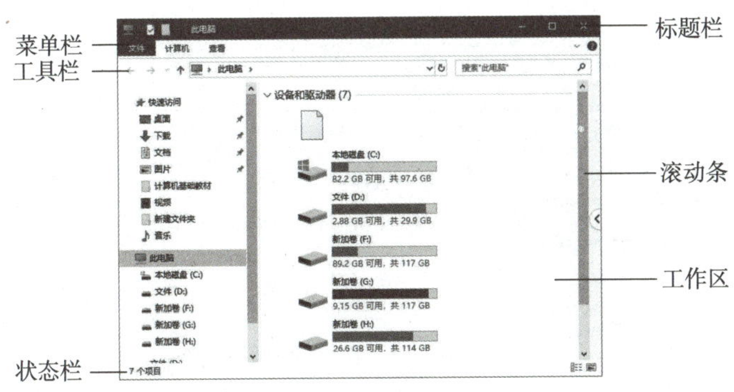

图 2－18　Windows 窗口

（1）标题栏

标题栏主要用于显示窗口的名称，从左到右依次为控制菜单图标、窗口的名称或打开的文档名称及窗口控制按钮。

①控制菜单图标。位于标题栏最左边，单击控制菜单图标或按 Alt＋Space 组合键，弹出下拉菜单，可以完成对窗口的还原、移动、调整大小、最小化、最大化和关闭操作。

②窗口或文档名称。每个窗口都有自己的名称，图 2－18 所示窗口名称为“此电脑”。

③窗口控制按钮。位于标题栏最右边，依次为“最小化”按钮、“最大化/还原”按钮和“关闭”按钮。

（2）菜单栏

标题栏下面是菜单栏，它提供了大多数应用程序命令的访问途径，利用菜单可实现对窗口的各种操作。不同的窗口提供的菜单栏不完全相同。

（3）工具栏

工具栏包括了窗口的常用功能按钮，可以根据需要重新设置工具栏。例如，在“此电脑”窗口中，选择“查看”中的“工具栏”命令，可在子菜单中设置显示或关闭相应工具栏。

（4）工作区

工作区是窗口中包围的矩形区域。窗口的操作对象都显示在工作区内。

（5）滚动条

当窗口的内容超出显示空间时，会在窗口的底部和右边分别出现水平滚动条和垂直滚动条。滚动条两端的三角形箭头称为滚动按钮，中间有一个可被拖动的小方块，即滚动滑块。单击滚动按钮或拖动滚动滑块可上下、左右移动，显示或浏览更多的内容。

（6）状态栏

位于窗口最下面，显示该窗口的状态及进行某种操作时的相关提示信息。

2. 对话框

对话框是 Windows 与用户进行信息交流的一个界面，利用对话框可以进行程序运行时的信息输入或参数设置等。“打印”对话框是一个典型的 Windows 对话框图，如图 2 – 19 所示。

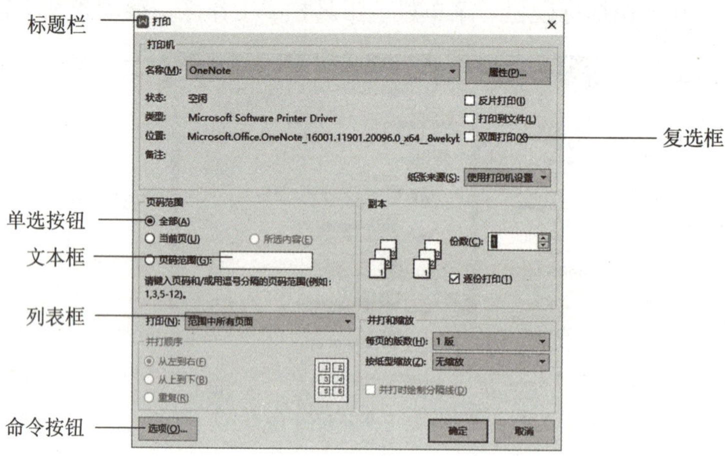

图 2 – 19　Windows 对话框

从外观上看，对话框与窗口十分相似，但对话框没有菜单栏和工具栏，并且对话框的尺寸是固定的，不能像窗口那样任意改变大小。

对话框中除了标题栏和命令按钮外，还可以包括选项卡、文本框、列表框、单选按钮、复选框、命令按钮等对象。

（1）标题栏

标题栏在对话框的顶部，其左端是对话框的名称，右端有“帮助”和“关闭”按钮，用鼠标拖动标题栏可移动对话框。

（2）选项卡

当对话框中的内容很多时，标题栏的下方会包含多个选项卡，用户可以通过单击选项卡的标签在多个选项卡之间切换。

（3）文本框

文本框用于输入信息。

（4）列表框

列表框中一般列出若干个可供选择的项目，用户可以选择其中的某一选项。列表框有时与文本框配合使用，用户既可以从显示的列表框中单击选项信息来填充文本框，也可以直接

在文本框中输入信息。

(5) 单选按钮

在一组相关的选项中一次只能选择一个选项。单击选项按钮，按钮前的圆圈内会出现一个圆点，表示该选项被选定，同时其他选项的选择将被取消。

(6) 复选框

用来在多种选择状态间进行切换。当选项左边的方框中显示“√”时，表明该复选框被选中；再次单击该复选框，取消选择。用户可以同时选中多个复选框。

(7) 命令按钮

命令按钮用来确认选择，执行某项操作。

3. 菜单

在 Windows 操作系统中，菜单操作是最基本的操作之一，用户通过菜单完成各种操作。

(1) 菜单的种类

在 Windows 操作系统中，有“开始”菜单、快捷菜单、窗口控制菜单和程序功能菜单（即下拉菜单）等。

(2) 菜单的操作

不同的菜单，其操作方法也不同。“开始”菜单，用鼠标单击任务栏上的“开始”按钮即可出现；窗口菜单，用鼠标单击其中的菜单名即可打开一个工具栏；窗口控制菜单，单击窗口左上角的控制菜单图标即可出现；还有一类是对象的快捷菜单，用鼠标右击对象，即可打开该对象的快捷菜单。

菜单打开后，单击其中的菜单项就可以执行相应的菜单命令。

4. 工具栏

为了方便用户操作，大多数 Windows 应用程序都有工具栏。工具栏为用户提供了一种比菜单更为简捷、直观的操作方式。Windows “此电脑” 窗口的标准工具栏如图 2－20 所示。

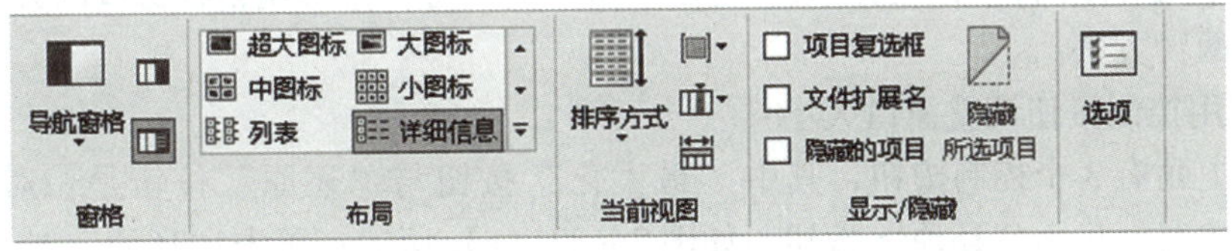

图 2－20 “此电脑” 的 “查看” 工具栏

移动鼠标指向工具栏上的某个图标，停留片刻，应用程序将显示该图标的功能或名称，单击则执行相应的命令。如果工具栏右侧有一个黑色的小三角形▾，单击即可打开一个下拉菜单列表，单击下拉菜单项就可以执行相应的命令，如图 2－21 所示。

任务实施

1. 打开窗口

双击需要打开的对象或用鼠标右击对象，从弹出的快捷菜单中选择“打开”命令。

在桌面上双击“网络”图标可打开“网络”窗口，如图 2－22 所示。

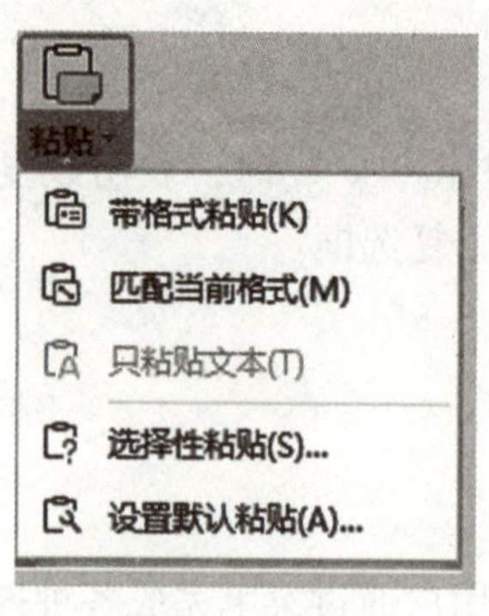

图 2-21 工具栏下拉菜单

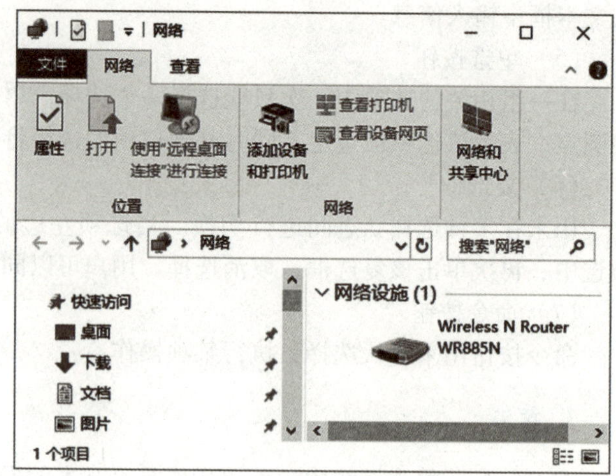

图 2-22 "网络"窗口

2. 关闭窗口

关闭窗口可以采用以下几种方法：

①单击窗口右上角的"关闭"按钮。

②双击窗口左上角的"控制菜单"图标。

③单击窗口左上角的"控制菜单"图标，从弹出的菜单中选择"关闭"命令。

④对于程序窗口，可选择"文件"菜单中的"退出"命令。

⑤按 Alt + F4 组合键。

⑥在任务栏上右击窗口图标，从弹出的快捷菜单中选择"关闭"命令。

3. 调整窗口大小

屏幕大小是有限的，为了能同时查看多个窗口的内容，需要调整各窗口的大小。一般可以采用以下两种方法：

（1）利用控制按钮调整窗口大小

窗口右上角有 3 个控制按钮，其中"最大化"按钮与"还原"按钮是一对乒乓按钮。当窗口最大化时，显示"还原"按钮，如图 2-23（a）所示；单击"还原"按钮，窗口变为原始大小，同时按钮改变为"最大化"按钮，如图 2-23（b）所示。单击"最大化"按钮，窗口将充满整个屏幕，同时改按钮为"还原"。单击"关闭"按钮，可关闭窗口。单击"最小化"按钮，整个窗口将缩为任务栏上的一个按钮，程序仍在后台继续运行。

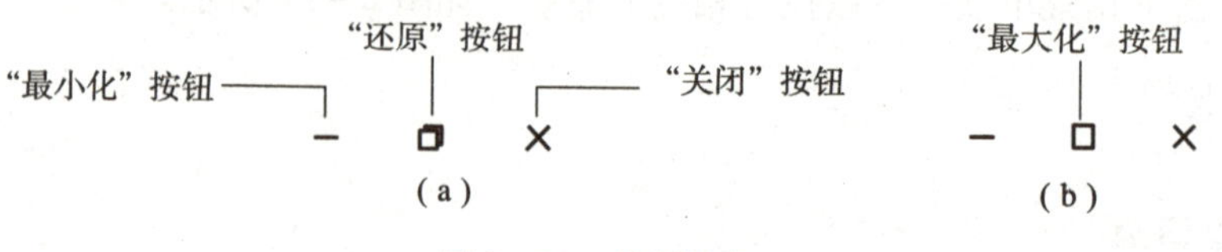

图 2-23 控制按钮

（a）控制按钮 1；（b）控制按钮 2

（2）利用鼠标调整窗口大小

将鼠标移动到窗口的边框或角上，当鼠标指针变为“↕”“↔”“⤢”“⤡”形状时，按住左键并拖动鼠标，就可以改变窗口的大小。

4. 对话框操作

在操作对话框时，一般使用鼠标选择，使用键盘输入，操作方法与窗口的基本类似。

当各项设置完成后，单击对话框中的“应用”按钮，表示确认当前设置但不关闭对话框；单击对话框中的“确定”按钮，表示确认当前设置并关闭对话框；单击“取消”或“关闭”按钮，或按 Esc 键，表示取消当前设置，同时结束操作并关闭对话框。除了“确定”按钮，对话框中还常出现“保存”“打开”等按钮，也用来确认相应的操作。

知识拓展

1. 窗口切换

在 Windows 下，可同时打开多个窗口，但只有一个窗口处于激活状态，称为当前窗口。当前窗口覆盖在其他窗口之上，其他窗口称为后台窗口。切换窗口最简单的方法是直接单击要激活的窗口，或者单击任务栏上该窗口的按钮，也可以通过按 Alt + Tab 组合键来切换。

2. 移动窗口

当窗口处于非最大化状态时，可将鼠标指针指向窗口标题栏，按住鼠标左键将窗口拖到合适的位置后释放鼠标即可移动窗口。

3. 窗口的平铺

在任务栏空白处右击鼠标，弹出快捷菜单，分别选择“层叠窗口”“横向平铺窗口”和“纵向平铺窗口”命令，观察窗口的位置情况。

4. 应用程序的启动和退出

（1）应用程序的启动

单击“开始”按钮，选择“Windows 附件”中的“记事本”，启动记事本应用程序，观察任务栏中显示的信息。

（2）应用程序的退出

退出应用程序的方法有很多种，操作时可以选择其中的一种。

①鼠标单击应用程序标题栏右侧的“关闭”按钮。

②双击应用程序标题栏上的控制菜单图标。

③单击应用程序标题栏上的控制菜单图标，在打开的控制菜单中选择“关闭”按钮。

④在应用程序菜单中选择“文件”中的“关闭/退出”按钮。

⑤按 Alt + F4 组合键。

实践提高

1. 窗口操作：

①打开 3 个以上窗口，采用不同方式切换活动窗口。

②设置窗口为横向或纵向平铺。

③调整各窗口为最大化、最小化和任意大小。

2. 菜单操作：

①应用“开始”菜单启动 Windows 自带的应用程序，如画图、记事本、计算器、录音机及各种游戏程序等。

②应用控制菜单完成对窗口的最大化、最小化、还原和关闭操作。

2.1.4 任务管理器的使用

任务描述

了解任务管理器的启动方法，掌握任务管理器的功能。

知识准备

Windows 的任务管理器提供了有关计算机性能的信息，能显示出计算机上所运行的程序和进程的详细信息、计算机的性能、用户和服务的状态，以及网络的状态。

任务实施

1. 启动任务管理器

在“开始”菜单上右击，在快捷菜单中选择“任务管理器”，或同时按下 Ctrl + Alt + Del 组合键，在弹出的菜单中单击选择“任务管理器”，或者按下 Ctrl + Shift + Esc 组合键，或执行 \Windows\System32\taskmgr.exe 文件，都可以启动任务管理器，如图 2 – 24 所示。

2. 新建任务

在“文件”菜单中选择“运行新任务”，打开“新建任务”对话框，输入要打开的程序、文件夹、文档或 Internet 资源，也可以单击“浏览”按钮进行搜索，如图 2 – 25 所示。

图 2 – 24　启动任务管理器

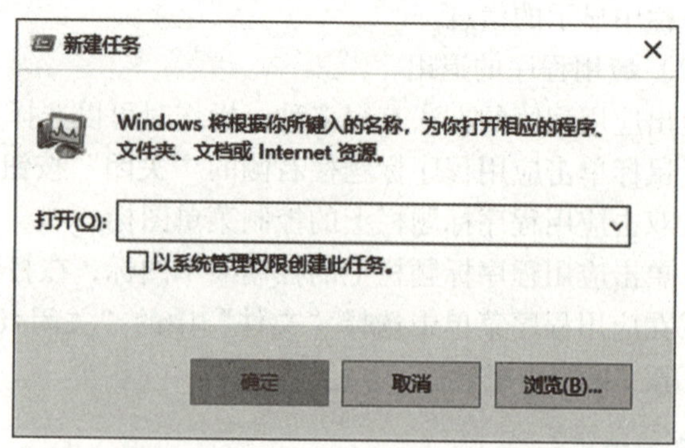

图 2 – 25　“新建任务”对话框

3. 结束任务

在“任务管理器”的“进程”选项卡的“应用”列表中选择要结束的进程，单击“结束任务”按钮，或者在某进程上右击，打开快捷菜单，选择“结束任务”，如图 2－26 所示。

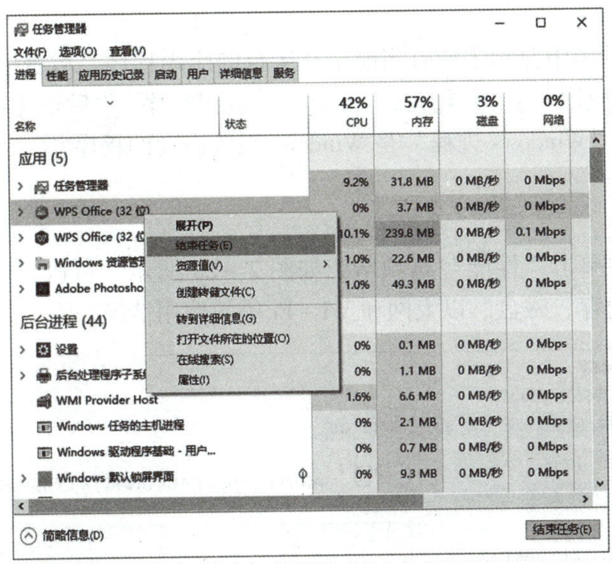

图 2－26　“结束任务”菜单

4. 查看运行文件属性

在任务栏的进程列表中的某一项上右击，打开右键菜单，选择“打开文件所在位置”，打开进程所对应程序的保存位置；选择“属性”，打开文件的属性对话框，如图 2－27 所示。

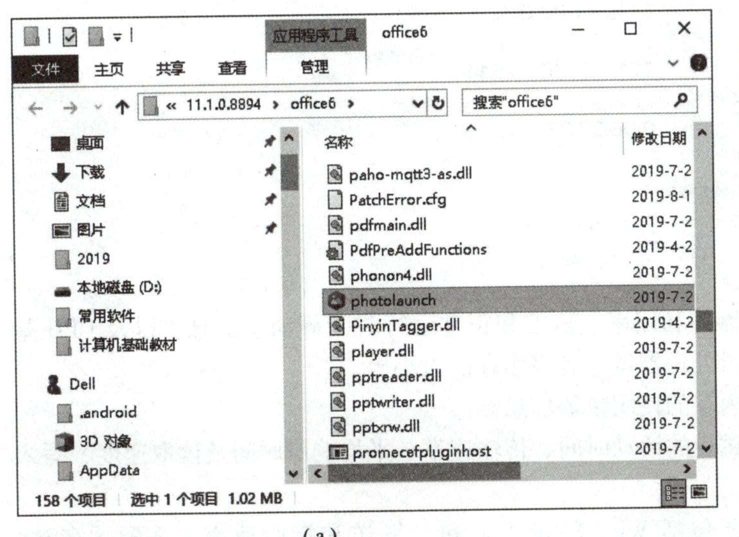

(a)

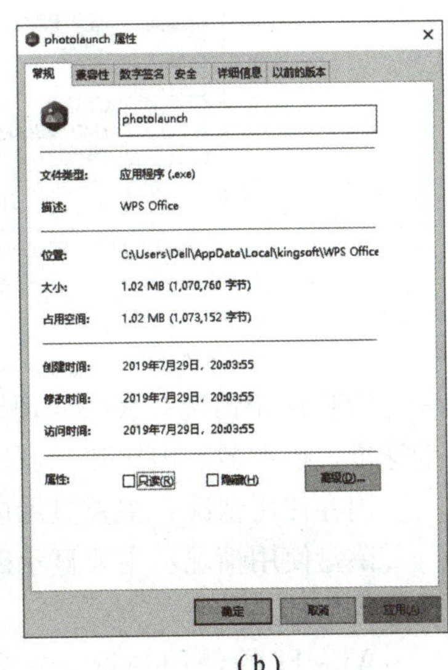

(b)

图 2－27　查看文件属性

(a) 文件所在位置窗口；(b) 文件属性对话框

知识拓展

任务管理器的界面提供了“文件”“选项”“查看”三大菜单项和“进程”“性能”“应用历史记录”“启动”“用户”“详细信息”“服务”七个选项卡。

1. 进程

在“进程”选项卡中显示了所有当前正在运行的应用程序、后台进程和 Windows 进程，如图 2－26 所示。“应用”是指当前已打开窗口的应用程序，“后台进程”是最小化至系统托盘区的应用程序，“Windows 进程”是 Windows 系统启动的程序。

2. 性能

在任务管理器中单击“性能”选项卡，如图 2－28 所示，可以看到计算机性能的动态状态，包括 CPU、内存、磁盘、以太网和 Wi－Fi 等的使用情况。

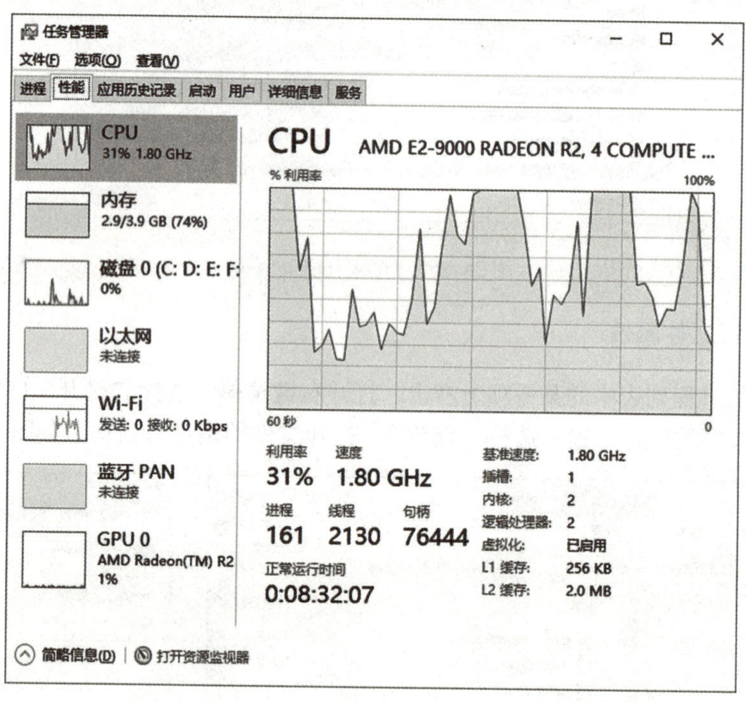

图 2－28　任务管理器的“性能”选项卡

CPU 使用情况：表明处理器的利用率、速度和正常运行时间等动态信息，以及 CPU 基准速度、插槽数、内核数和逻辑处理器数、各级缓存的大小等。

内存使用情况：主要显示内存的使用量等信息。

磁盘使用情况：主要显示磁盘的活动时间、传输速率、平均响应时间及读取速度、写入速度等信息。

Wi－Fi 的使用情况：主要包括 Wi－Fi 的吞吐量、发送和接收速率、适配器名称、SSID、连接类型、IP 地址、信息强度等信息。

实践提高

1. 启动任务管理器，在“性能”选项卡下查看 CPU、内存、磁盘、网络的使用状态。

2. 应用任务管理器，在“启动”选项卡下查看启动程序有哪些。

任务 2　管理 Windows 文件

2.2.1　认识文件资源管理器

任务描述

理解 Windows 中文件和文件夹的概念，掌握文件资源管理器的操作方法。

知识准备

计算机中所有的程序、数据都是以文件的形式运行和保存的。文件和文件夹的管理是 Windows 资源管理最基本的操作。在 Windows 中主要通过“文件资源管理器”和“此电脑”实现对文件和文件夹的管理。

1. 文件

（1）文件概念

文件是按一定格式存储在外存储器上的信息集合。在 Windows 操作系统中，一个应用程序、一个文档、一首歌曲或者是一幅图片，都是计算机中的一个文件，系统还将一些硬件设备（如打印机、移动硬盘）也当作文件对待。

文件的基本属性包括文件名、大小、类型、创建和修改时间等。文件名的命名形式为：主文件名.扩展名（例如：工作计划.txt）。

（2）文件命名规则

1）主文件名。

在命名文件时，建议使用描述性的名称作为主文件名，这样有助于用户识别文件。Windows 的主文件名的命名一般应遵循如下规则：

①文件名中不能出现\、/、:、*、?、”、<、>、| 等字符。

②系统保留用户命名文件时的大小写格式，但不区分大小写。

③搜索和列表文件时，可以使用通配符“*”和“?”，其中“*”代表任意多个字符，“?”代表任意一个字符。

④文件名可以使用汉字，可以使用多分隔符的名字。

2）扩展名。

扩展名用来标识文件的类型。Windows 中不同类型的文件以不同的图标显示，常用的文件类型及其对应扩展名见表 2－1。

表 2－1　文件类型及其对应扩展名一览表

文件类型	扩展名	文件类型	扩展名
程序文件	com、exe、bat	系统文件	sys、drv、dll
文档文件	txt、rif、docx、xlsx、pptx	图像文件	bmp、gif、jpg、jpeg、tiff
声音文件	wav、mp3、mid	视频文件	avi、mpeg、rm
数据文件	mdb、dbf	压缩文件	rar、zip

2. 文件夹

磁盘上存有大量文件，为了便于管理，必须将它们分门别类地存放在不同的文件夹中，因此文件夹可理解为存放一种类别或相关类别文件的场所。文件夹的命名规则与文件的相同，但一般不需要扩展名。

Windows 采用树形结构组织管理文件。每个磁盘在格式化时都会自动产生一个根文件夹，在根文件夹下可建立多个文件夹，也可直接存放文件。每个文件夹下又可以有其子文件夹，其中也可直接存放文件。

3. 文件和文件夹的位置

文件和文件夹在磁盘上的具体位置称为文件或文件夹的路径，如图 2－29 所示。

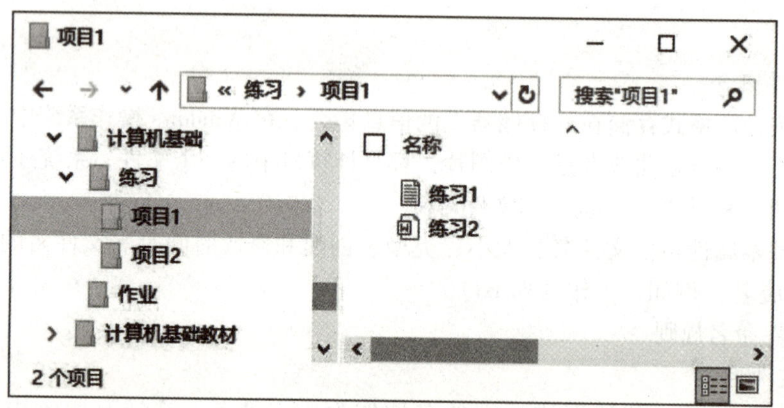

图 2－29　文件的树形目录结构

文件“练习 1”的完整路径是“F:\计算机基础\练习\项目 1\练习 1”。

文件夹“项目 1”的完整路径是“F:\计算机基础\练习\项目 1”。

任务实施

1. 文件和文件夹管理程序

Windows 操作系统提供了“此电脑”和“文件资源管理器”两个资源管理程序，它们提供的功能基本相同，操作方法也大同小异。

（1）此电脑

“此电脑”是计算机资源的管理中心，可直接对磁盘、映射网络驱动器、文件和文件夹等进行管理。对于有网络连接的计算机，可以通过“此电脑”来方便地访问本地网络中的共享资源和 Internet 上的信息。

在“此电脑”窗口中可以看到计算机中所有的磁盘驱动器列表。在窗口左侧“快速访问”区域中有“桌面”“下载”“文档”“图片”“视频”和“音乐”等图标，通过这些图标可以方便地在不同窗口之间切换。

(2) 文件资源管理器

“文件资源管理器”是从“此电脑”延伸出的资源管理工具。在功能上，它与“此电脑”完全相同，但在窗口显示上有很大的区别。

2. 文件资源管理器的使用

(1)“文件资源管理器”的启动

在 Windows 中，启动“文件资源管理器”的方法很多，可选择下列方法之一：

①单击“开始”按钮，选择“Windows 系统”中的“文件资源管理器”。

②右击“开始”按钮，弹出快捷菜单，选择“文件资源管理器”。

(2)“文件资源管理器”窗口

“文件资源管理器”窗口如图 2－30 所示。窗口的工作区分为左、右两个窗格，左窗格以树形结构显示计算机的资源，右窗格显示左窗格中选定对象所包含的内容。当鼠标指向两窗格的交界处时，鼠标指针变为“↔”形状，拖动鼠标可调整两个窗格的相对大小。

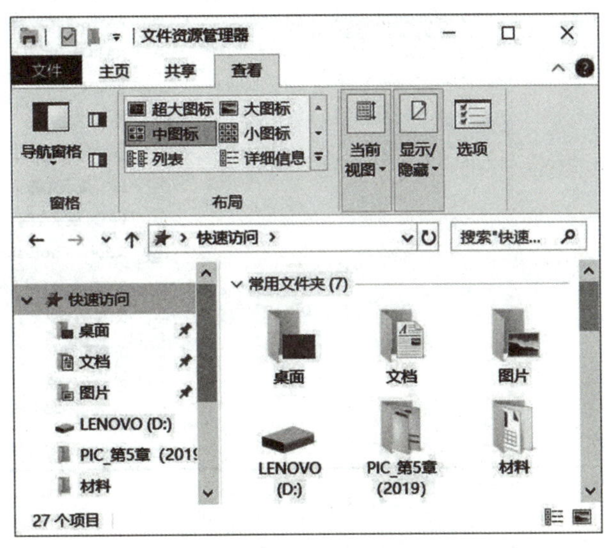

图 2－30 “文件资源管理器”窗口

(3) 计算机资源的查看

“文件资源管理器”提供了多种显示方式，有超大图标、大图标、中图标、小图标、列表、详细信息、平铺和内容等。若浏览对象中包含图形图像文件，则还有幻灯片显示方式。可以通过选择“查看”菜单，或在右窗格的空白处右击鼠标，弹出快捷菜单，选择“查看”

子菜单，或单击工具栏上的“查看”按钮，改变对象的显示方式。

此外，用户还可以按照文件或文件夹的名称、大小、类型或修改日期对文件进行排列，对于磁盘驱动器，还可以按照驱动器名称或可用空间的大小排列，以方便用户查看文件。选择“查看”菜单中的“排序方式”，或右击“文件资源管理器”的右窗格，从打开的快捷菜单中选择“排序方式”，从其下一级子菜单中选择所需的排列方式。

3. 文件和文件夹的操作

文件和文件夹的操作包括创建、复制、移动、重命名和删除等。下面以“文件资源管理器”为例介绍文件和文件夹的操作。

(1) 文件夹的创建

为便于管理，可以创建不同的文件夹来存放不同类别的文件，并且可以在已有文件夹中创建新的文件夹。可以按下述步骤创建新的文件夹：

①在“文件资源管理器”窗口中选定需要创建新文件夹的上级文件夹或一个磁盘驱动器。

②单击菜单栏中的“主页”→“新建文件夹”或“主页”→“新建项目”→“文件夹”命令，如图2-31所示。

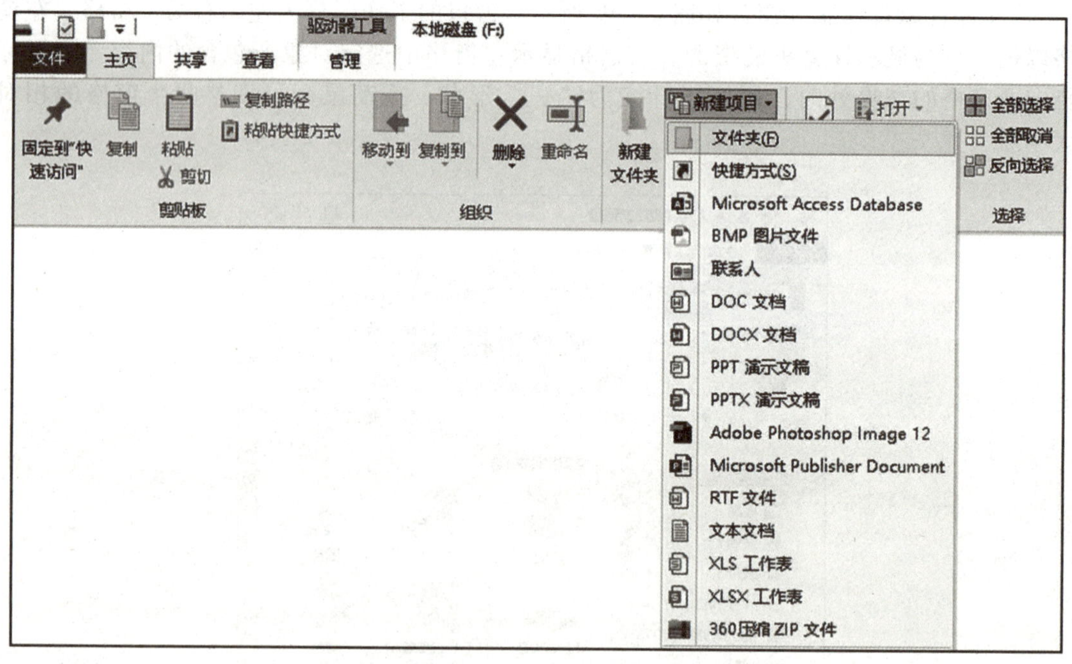

图2-31 “主页”选项卡中的“新建项目”命令

③在选定位置出现图标▭，在文本框中输入新文件夹的名称，按Enter键，或在空白处右击鼠标，在快捷菜单中选择“新建”→“文件夹”命令。

(2) 文件和文件夹的选定

对文件或文件夹进行操作之前，首先要选定操作的对象。选定对象主要有下述几种情况：

①选择单个对象。单击需要选择的对象。

②选择多个连续对象。单击第一个对象，按住 Shift 键，单击最后一个对象；或拖动鼠标，出现一个虚线的方框，方框内的对象均被选定。

③选择多个不连续的对象。单击一个对象，按住 Ctrl 键，单击其余要选择的对象。

④选择窗口中显示的所有对象。按 Ctrl + A 组合键，或从菜单栏中选择“编辑”中的“全部选定”命令。

在选择了多个文件或文件夹后，要取消对个别文件或文件夹的选择，则按住 Ctrl 键并单击要取消选择的文件即可；要取消对全部文件的选择，则在空白区域单击鼠标即可。

(3) 文件和文件夹的复制

复制就是创建一个文件或文件夹的副本，而原来的文件或文件夹保持不变。复制文件和文件夹的步骤如下：

①在窗口中选定需要复制的一个或多个对象。

②单击菜单栏中的“主页”→“复制到”命令，在下面的列表中找到复制的目标位置，即可实现复制，如图 2 - 32 (a) 所示。

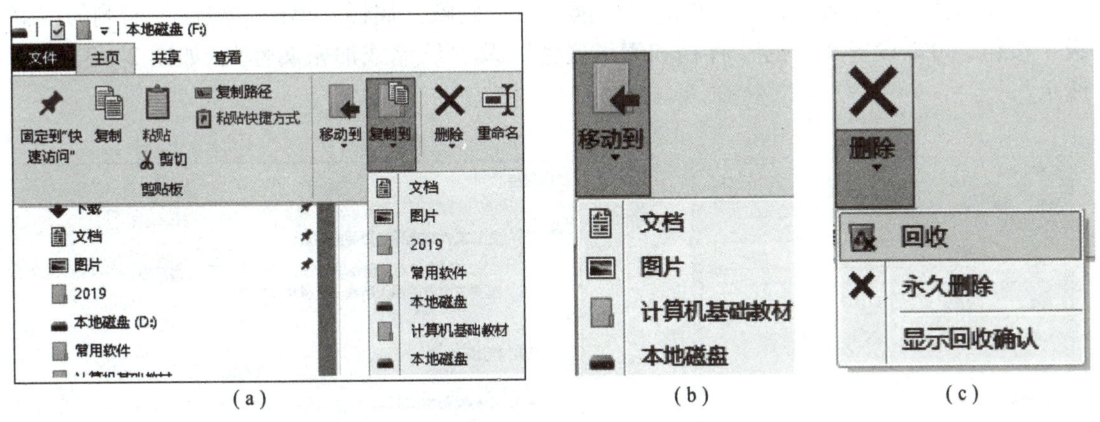

(a)　(b)　(c)

图 2 - 32 “主页”选项卡中的“复制到”“移动到”和“删除”命令

(a)“复制到”；(b)“移动到”；(c) 删除

或按 Ctrl + C 组合键，或单击工具栏上的“复制”按钮，然后转到目标窗口中，单击菜单栏中的“编辑”→“粘贴”命令，或按 Ctrl + V 组合键，或单击工具栏上的“粘贴”按钮。

(4) 文件和文件夹的移动

移动是指将文件或文件夹从一个位置移动到另一个位置。其步骤与复制文件或文件夹的类似。

①在窗口中选定需要移动的一个或多个对象。

②单击菜单栏中的“主页”→“移动到”命令，在下面的列表中选择移动的目的位置，如图 2 - 32 (b) 所示。

或选择“主页”中的“剪切”命令，或按 Ctrl + X 组合键，或单击工具栏上的“剪切”按钮；在目标窗口中，单击菜单栏中的“编辑”→“粘贴”命令，或按 Ctrl + V 组合键，或单击工具栏上的“粘贴”按钮。

(5) 文件和文件夹的删除

对于那些不再需要的文件或文件夹，应将其删除。删除文件或文件夹的操作步骤如下：

①选定要删除的文件或文件夹。

②单击菜单栏中的“主页”→“删除”命令，或按 Del 键。

也可以单击“删除”命令下面的小三角形按钮打开下拉列表，选择“回收”或“永久删除”，如图 2－32（c）所示。

还可在选定对象后，单击工具栏上的“删除”按钮✖，或右击鼠标，从弹出的快捷菜单中选择“删除”命令；也可以直接将选定对象拖到桌面上的“回收站”中。

（6）文件和文件夹的更名

选定需要更名的文件或文件夹，单击菜单栏中的“主页”→“重命名”命令，或右击鼠标，从弹出的快捷菜单中选择“重命名”命令，文件呈现反显状态，键入新的文件后，按 Enter 键或在空白处单击鼠标。

（7）查看文件和文件夹的属性

选定文件或文件夹，单击菜单栏中的“主页”→“属性”，或右击文件或文件夹，从弹出的快捷菜单中选择“属性”，打开“属性”对话框，如图 2－33（a）所示。在“常规”选项卡的“属性”区中可以选择文件的“只读”或“隐藏”属性。单击“属性”右侧的“高级”按钮，可以设置文档的“存档和索引属性”及“压缩或加密属性”，如图 2－33（b）所示。

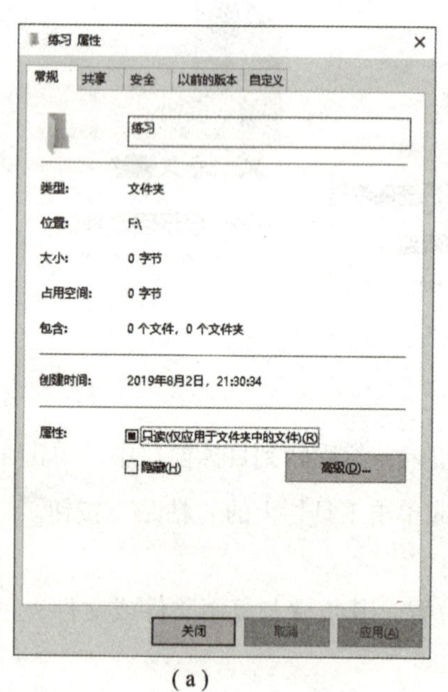

（a）

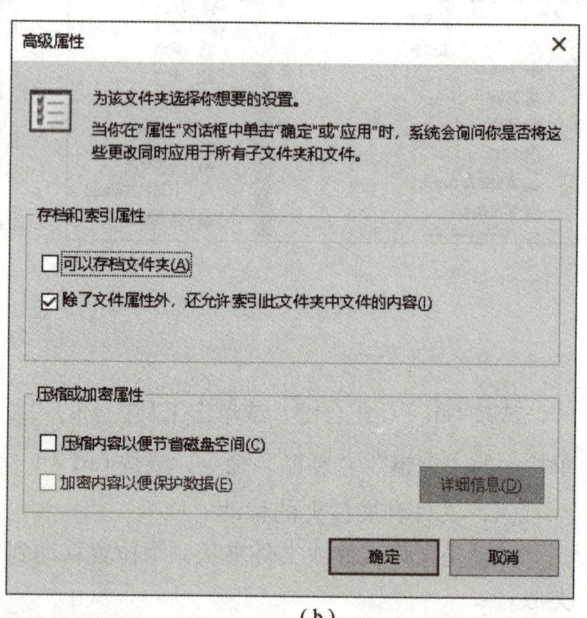

（b）

图 2－33　文件的“属性”对话框

（a）“常规”选项卡；（b）“高级属性”对话框

①只读（R）。具有该属性的文件或文件夹只能被读取，不能被编辑或删除。

②隐藏（H）。具有该属性的文件或文件夹在常规状态下不能被查看。

知识拓展

1. 回收站的使用

回收站是系统中的一个特殊的文件夹，是进行文件和文件夹安全管理的重要工具。用户执行删除操作后，删除的文件或文件夹以隐含的方式暂时保存在回收站中，根据需要可还原或彻底清除。

（1）从回收站还原文件

①在桌面上双击“回收站”按钮，打开“回收站”窗口，在文件列表中选中需要还原的文件或文件夹，如图 2－34（a）所示。

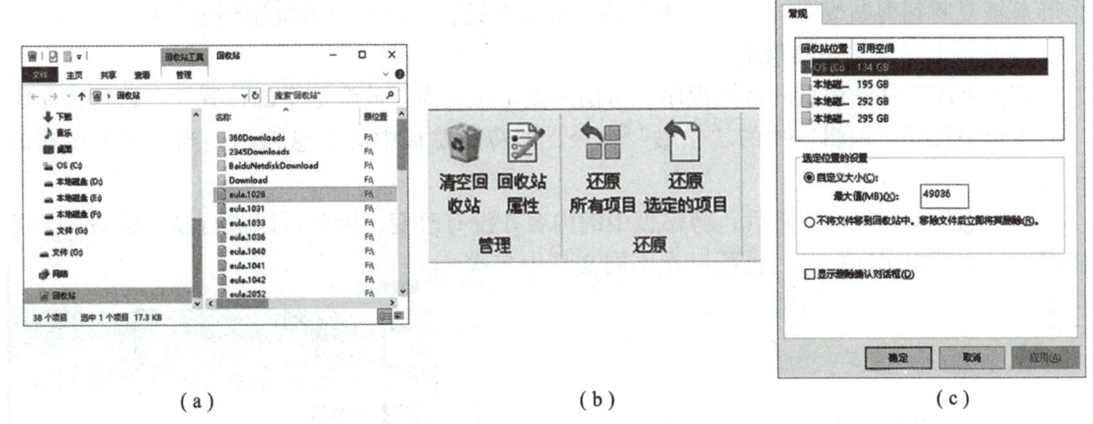

（a）　（b）　（c）

图 2－34　“回收站”的使用

（a）“回收站”窗口；（b）“管理”→“清空回收站”命令；（c）“回收站 属性”对话框

②单击菜单栏中的“还原”→“还原选定的项目”命令，或者右击鼠标，从弹出的快捷菜单中选择“还原”命令。

若需要将被删除的文件移动到其他位置，可以利用剪贴板进行移动。

若要还原所有文件，可以选择“还原”→“还原所有项目”命令。

（2）从回收站清除文件

打开“回收站”窗口，在需要清除的文件或文件夹上右击鼠标，从弹出的快捷菜单中选择“删除”命令，或者按 Del 键。

如果要将回收站中的所有文件从硬盘上彻底清除，则在打开“回收站”后，从菜单栏中单击“管理”→“清空回收站”命令，如图 2－34（b）所示。

（3）设置回收站的属性

回收站对应硬盘中的一个区域，其所占硬盘空间的大小是可以设置的。在“回收站”上单击右键，打开“回收站 属性”对话框，如图 2－34（c）所示。可以选择“回收站位置”，通过“自定义大小”选项设置回收站的最大空间，单位为“MB”。若选择“不将文件移到回收站中，移除文件后立即将其删除”选项，则删除文件时不会将文件移入回收站，而是直接永久删除；若选中复选框“显示删除确认对话框”，则在删除时会显示确认对话框。

2. 剪贴板

剪贴板是 Windows 操作系统内部或各应用程序之间进行信息交流的临时存储区域，通过剪贴板可以方便地在多个任务之间进行数据传递（移动、复制）。

（1）将信息复制到剪贴板

把信息复制到剪贴板的操作，因复制对象的不同而略有差异，主要有以下两种方式。

①将选定信息复制到剪贴板。

首先选定要复制的信息，使之突出显示，在应用程序菜单中选择“编辑”中的“剪切”或“复制”命令，即可将选定信息复制到剪贴板。

②复制整个屏幕或窗口到剪贴板。

在 Windows 中，可以把整个屏幕或某个活动窗口复制到剪贴板。按下 PrintScreen 键，整个屏幕被复制到剪贴板；按下 Alt + PrintScreen 组合键，活动窗口被复制到剪贴板。

（2）从剪贴板中粘贴信息

切换到需要粘贴信息的目标程序，将插入点定位到需要放置信息的位置，在目标程序窗口的菜单中选择“编辑”中的“粘贴”命令，即将剪贴板中的信息粘贴到当前光标所在的位置。

将信息粘贴到目标位置后，剪贴板中的内容并没有改变，因此可以进行多次粘贴。既可以在同一文件中多次粘贴，也可以在不同文件中多次粘贴。

4. 搜索功能

Windows 操作系统提供了搜索功能，方便用户查找文件和文件夹、在网络中查找计算机及网络用户、在 Internet 上查找网络资源。

（1）使用任务栏的搜索按钮进行搜索

单击任务栏“开始”菜单右侧的搜索按钮，打开“搜索程序”文本框，输入要搜索的程序名称，如计算器，在显示区中显示出搜索结果，如图 2－35 所示。既可以在本机搜索，也可以在网页中搜索。

（2）搜索文件或文件夹

①在“此电脑”或“文件资源管理器”窗口选择一个磁盘或文件夹，在窗口右上角就会出现搜索框，如图 2－36（a）所示。

②输入或设置要查询对象的一些基本信息，如文件或文件夹名等，即可在下方显示出搜索结果。

③可以在“搜索菜单”中选择搜索的位置的“当前文件夹”或“所有子文件夹”，也可以按照“修改日期”“类型”“大小”“其他属性”等进行搜索，如图 2－36（b）所示。

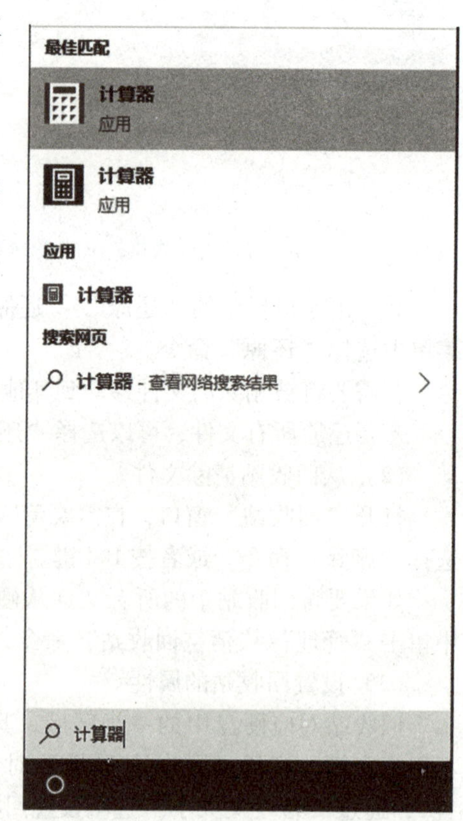

图 2－35 “搜索”菜单栏

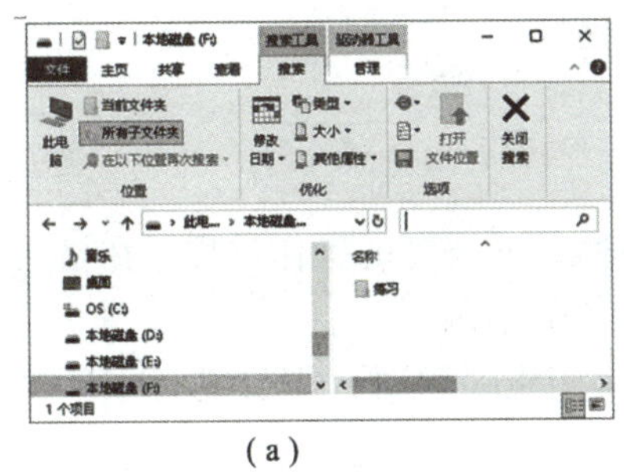

(a)

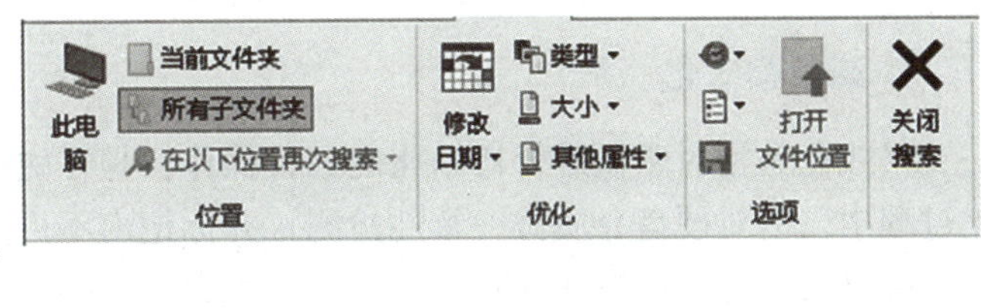

(b)

图 2－36　“搜索”窗口

(a) 搜索框；(b) 搜索菜单

实践提高

1. 创建文件夹。

按图 2－37 所示文件夹目录结构创建“计算机基础”及其下各文件夹。

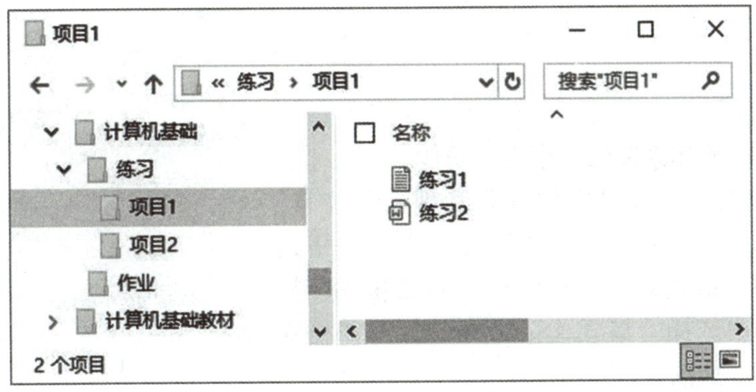

图 2－37　文件夹目录结构

2. 创建文件。

在“D:\计算机基础”文件夹下创建“练习 2.txt”文件，并输入文件的内容。

3. 复制和移动文件。

(1) 查找图片文件，根据内容将其复制到“D:\计算机基础\练习”文件夹下的“第一章练习”文件夹下。

(2) 将自己完成的一个计算机基础作业复制到“D:\计算机基础\作业”文件夹下。

2.2.2　磁盘操作

任务描述

Windows 操作系统中的磁盘操作包括磁盘格式化、磁盘清理、磁盘碎片整理等功能。

知识准备

1. 磁盘格式化

格式化是指对磁盘进行初始化的一种操作，是在磁盘的数据区写零的操作过程。在格式化过程中，会对硬盘介质做一致性检测，并标记出不可读和坏的扇区。

磁盘出厂时已经格式化过，可以直接使用，但是当磁盘产生错误时，需要进行重新格式化。

2. 磁盘优化

用户的文件夹和文件都存放在计算机的磁盘上，用户安装或卸载程序时，会经常移动、复制、删除文件夹和文件，如果长期不对计算机进行处理，计算机上会产生很多磁盘碎片或临时文件，可能会导致计算机系统性能的下降。因此需要定期对磁盘进行管理，以保证系统运行状态良好。

任务实施

1. 磁盘格式化

磁盘格式化是操作系统的一个常用功能。

①打开“此电脑”或“文件资源管理器”窗口，选定一个磁盘，从菜单栏中选择“管理”中的“格式化”命令，或在要格式化的磁盘图标上右击鼠标，从弹出的快捷菜单中选择“格式化”命令，打开“格式化文件”对话框，如图 2－38 所示。

②在对话框中选择磁盘的容量、文件系统，输入磁盘卷标等参数，单击“开始”按钮进行格式化。

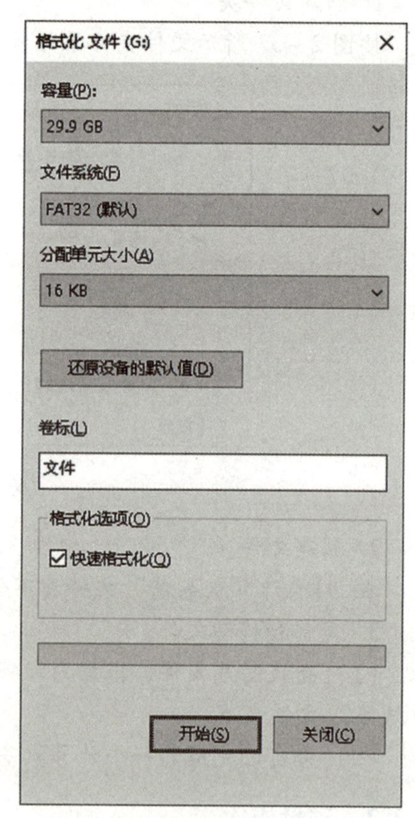

图 2－38 “格式化文件”对话框

2. 磁盘驱动器属性

在“此电脑”或“文件资源管理器”窗口中，在磁盘对象上右击鼠标，从弹出的快捷菜单中选择“属性”命令，打开“本地磁盘属性”对话框，选择“常规”选项卡，可以全面了解该磁盘的信息，如图 2－39（a）所示。

3. 磁盘优化

Windows 操作系统提供了磁盘优化工具，可以对磁盘进行碎片整理、合并等优化操作。

在“此电脑”或“文件资源管理器”窗口中，在“本地磁盘属性”窗口中选择“工具”选项卡，单击“优化”命令，如图 2－39（b）所示，或在“管理”菜单中选择“优化驱动器”命令，打开“优化驱动器”对话框，如图 2－40 所示。

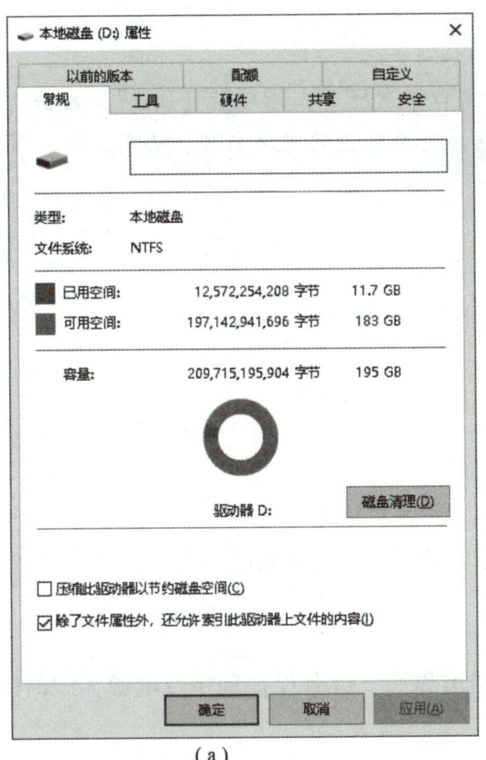

(a)

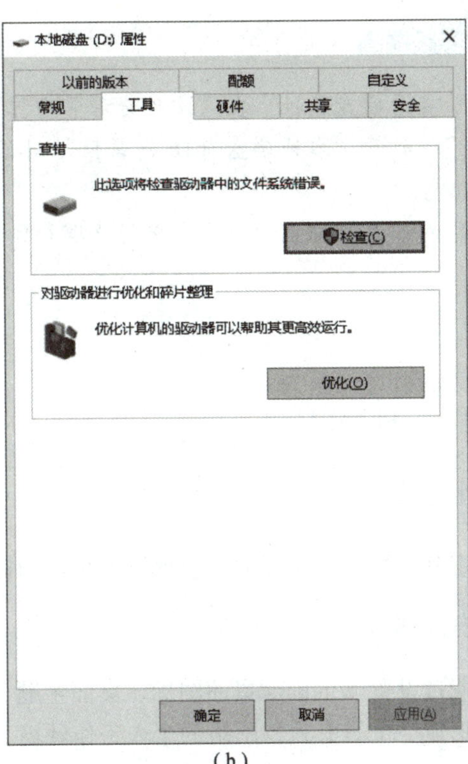

(b)

图 2－39　“本地磁盘属性”对话框

(a)“常规”选项卡；(b)“工具”选项卡

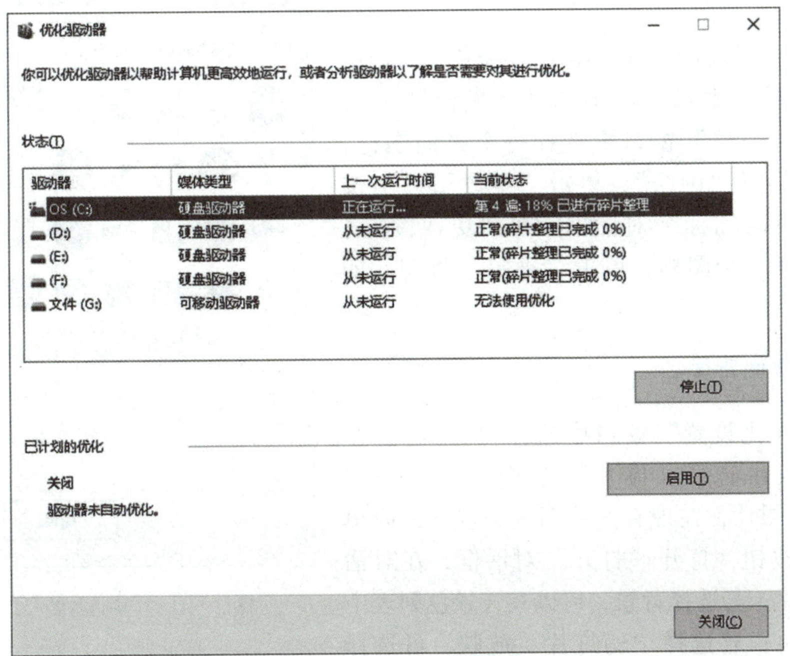

图 2－40　“优化驱动器”对话框

实践提高

1. 查看磁盘属性。在“文件资源管理器”窗口中选择“本地磁盘（D:）”，右击，选择“属性”，打开“本地磁盘（D:）属性”对话框，查看磁盘的文件系统、已用空间、可用空间等信息。

2. 对“本地磁盘（D:）”进行清理和优化。

任务3　Windows 系统设置

2.3.1　定制工作环境

任务描述

定制个性化工作环境，包括设置桌面图标、桌面背景和屏幕保护程序等。

知识准备

通过设置 Windows 桌面图标、桌面主题、锁屏界面、屏幕保护程序及电源休眠时间等，可以形成一个具有独特网络的个人工作环境。

任务实施

1. 更改桌面图标

在桌面空白处右击，在弹出的快捷菜单中选择“个性化”，在“主题”项中选择“桌面图标”，在“桌面图标设置”窗口中选择一个桌面图标，如“此电脑”或“网络”，单击“更改图标”按钮，打开“更改图标”对话框，在“更改图标”对话框中选择一个图标，单击“确定”按钮，如图 2－41 所示。

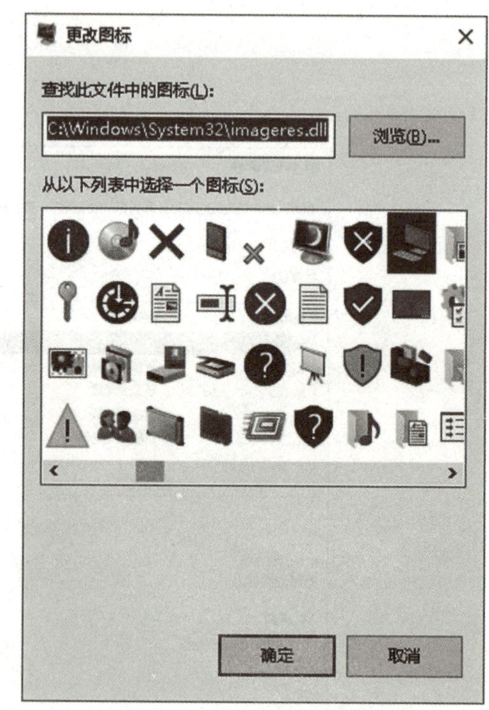

图 2－41　“更改图标”对话框

2. 更换桌面背景

在“个性化设置”窗口中选择“背景”，在“背景”列表中选择“图片”“纯色”或“幻灯片”。若选择图片，在现有图片列表中选择，或单击“浏览”按钮，打开“打开”对话框，在对话框中选择图片；若选择背景，可以在背景色列表中选择背景颜色；若选择“幻灯片”放映，可选择“图片”文件夹中的图片作为放映对象，也可以单击“浏览”按钮，选择一个保存图片的文件夹，把文件夹中保存的图片作为放映对象。

3. 更换锁屏界面

在“个性化设置”窗口中选择“锁屏图片”，在“背景”列表中选择“Windows 聚焦”“图片”或“幻灯片放映”，如图 2-42 所示。若选择“幻灯片放映”方式，则需要选择一个文件夹作为幻灯片文件夹，幻灯片文件夹中可以保存多张图片。

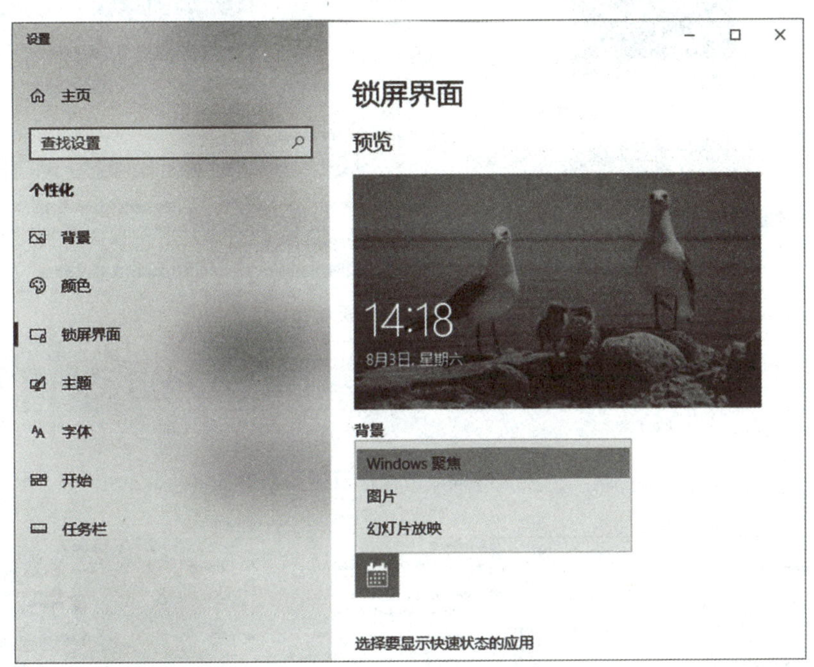

图 2-42　“锁屏界面”窗口

4. 设置屏幕保护程序

在“个性化设置”窗口中选择“屏幕保护程序设置”，在“屏幕保护程序设置”窗口中的“屏幕保护程序”列表中选择某一种屏幕保护程序，如图 2-43（a）所示。可以选择“设置”按钮，打开“设置”对话框设置屏幕保护程序的参数，在“等待”项中设置多长时间未动键盘或鼠标启动屏幕保护程序，单位是“分钟”，选择“预览”按钮预览程序，如图 2-43（b）所示。

5. 更改电源设置

电源设置主要是设置用户在未使用电脑多长时间后关闭显示器、关闭硬盘和使计算机进入休眠状态。

在“屏幕保护程序设置”窗口中单击“更改电源设置”，打开“电源选项”对话框，如图 2-44（a）所示；单击“更改计划设置”，打开“编辑计划设置”对话框，设置在“用电池”和“接通电源”两种状态下“关闭显示器”和“使计算机进入睡眠状态”的时间，如图 2-44（b）所示；单击“更改高级电源设置”，打开“高级设置”选项卡，如图 2-44（c）所示，设置使用电池情况下多长时间关闭硬盘。

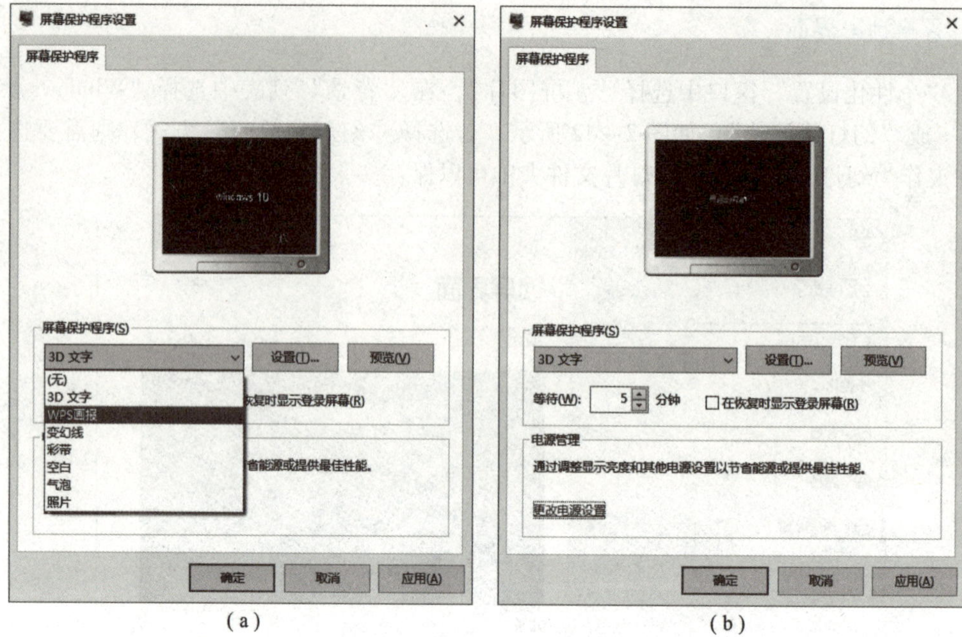

(a) (b)

图 2－43 “屏幕保护程序设置”对话框

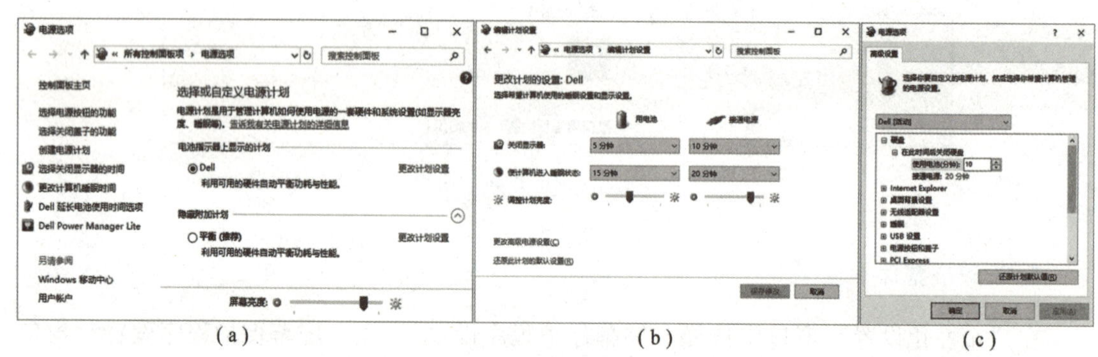

(a) (b) (c)

图 2－44 更改电源设置

(a)“电源选项”窗口；(b)“编辑计划设置”窗口；(c)“高级设置”选项卡

实践提高

1. 设置个性化的显示属性，包括主题、桌面背景、屏幕保护和分辨率等。
2. 设置系统的日期和时间。

2.3.2 控制面板的使用

任务描述

掌握控制面板中用户账户管理、添加和删除程序等的方法。

知识准备

1. 账户管理

Windows 系统支持多个用户使用一台计算机。通过用户账户管理，可设置用户的账号、密码和权限等，提高计算机的安全性。

在 Windows 安装完成后，默认的初始账户为管理员，拥有计算机的完全访问权。

2. 程序的安装与卸载

大多数应用程序都提供安装向导，用户根据安装向导的提示完成应用程序的安装。应用程序安装完成后，都会在桌面或“开始”菜单中创建一个快捷方式，单击应用程序的快捷方式，就可以启动这个应用程序。

应用程序安装以后，可以通过多种方式查看计算机上安装的软件。如控制面板里面的“程序和功能”工具或第三方软件等。

任务实施

1. 用户账户管理

在“Windows 系统”菜单中选择“控制面板”，打开“所有控制面板项”窗口，如图 2－45所示。

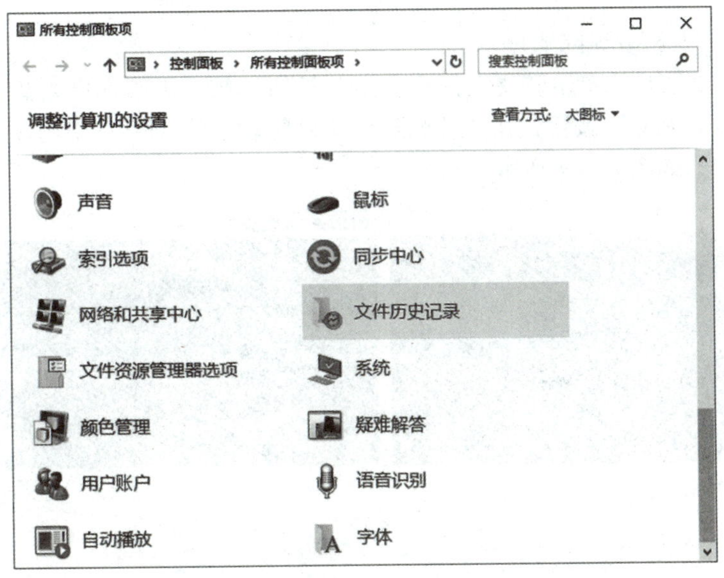

图 2－45 “所有控制面板项”窗口

(1) 增加用户

双击“用户账户”，打开“用户账户”窗口，单击“管理其他账户”，再单击“在电脑设置中添加新用户”，在“此人将如何登录?”中可以输入已知的电子邮件、创建新的账户或添加一个没有 Windows 账户的用户，按创建账户向导完成，如图 2－46 所示。

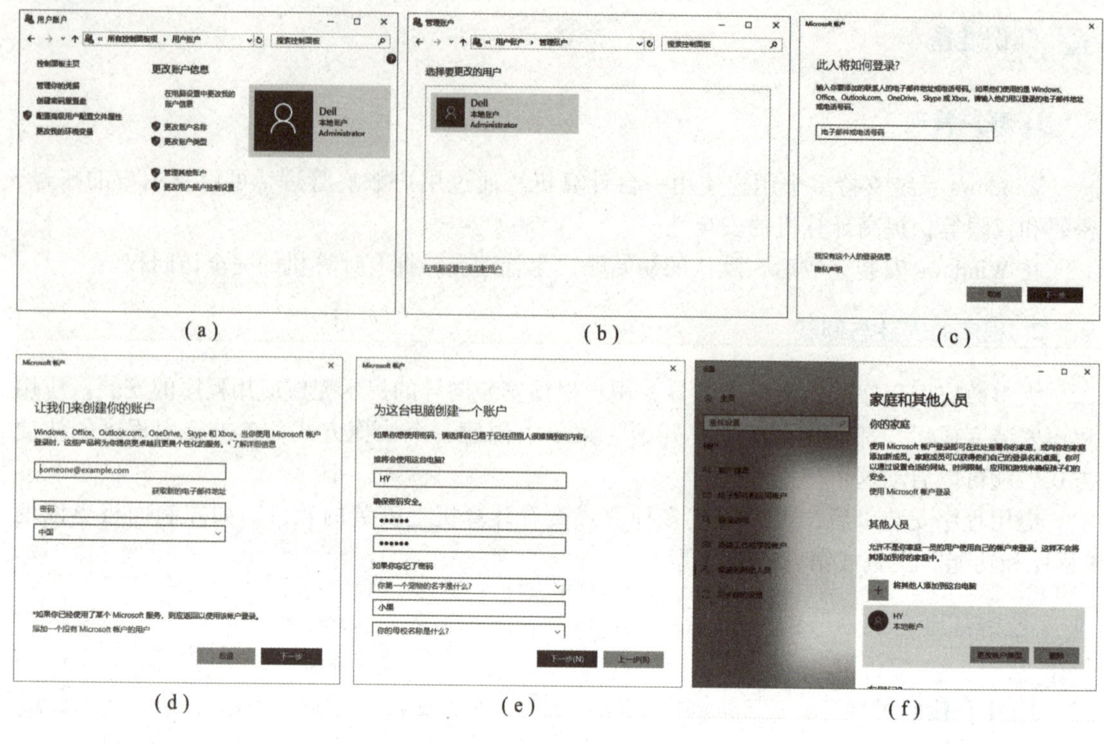

图 2－46　增加用户

(a)“用户账户”窗口；(b)“管理账户”窗口；(c)创建账户向导 1；(d)创建账户向导 2；(e)创建账户向导 3；(f)创建成功

(2)更改账户类型/删除账户

选中创建的新账户，单击“更改用户类型”按钮，在“更改账户类型”对话框中选择账户类型；单击“删除”按钮，在“要删除账户和数据吗?”对话框中选择“删除账户和数据”来删除账户，如图 2－47 所示。

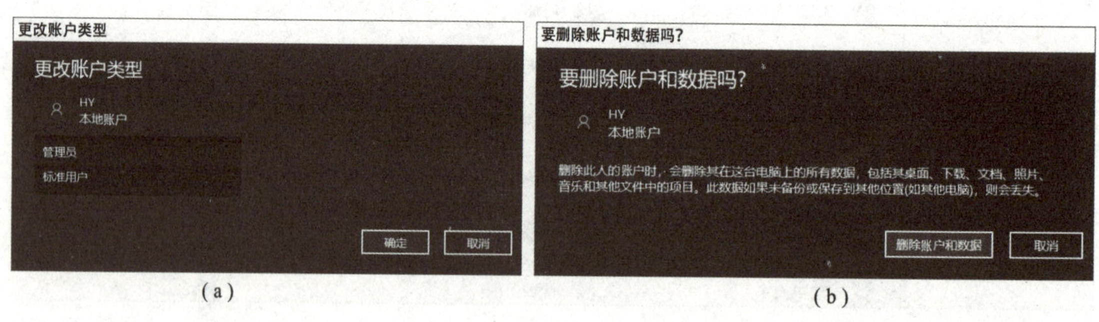

图 2－47　更改/删除账户

(a)“更改账户类型”对话框；(b)“要删除账户和数据吗?”对话框

2. 添加和删除程序

在控制面板中，单击“程序和功能”选项，打开“程序和功能”窗口可以看见所安装的应用程序。

（1）删除程序

如果应用程序不再使用，可以将其删除。删除的方式有多种，应用程序一般都有安装向导和卸载向导，可以通过卸载向导完成程序的卸载，也可以使用控制面板里面的“程序和功能”来卸载程序。双击“控制面板”窗口中的“程序和功能”，在“程序和功能”窗口中单击要卸载的应用程序，按向导完成程序的卸载，如图 2－48 所示。

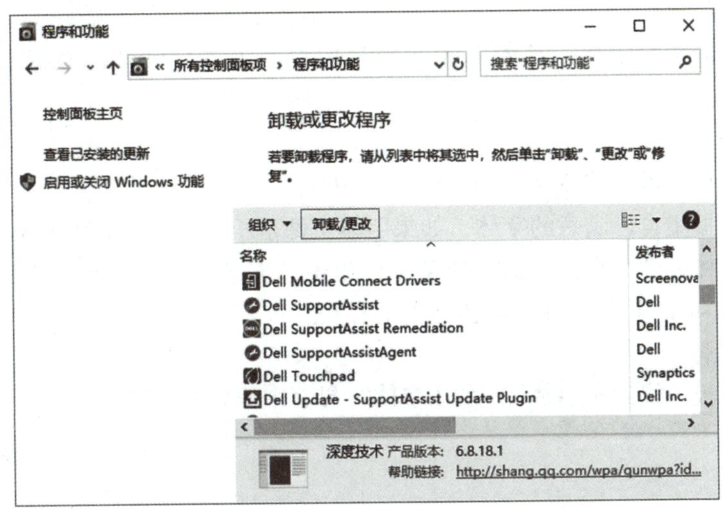

图 2－48　“程序和功能”窗口

（2）添加或删除 Windows 组件

在“程序和功能”窗口中，单击“启用或关闭 Windows 功能”按钮，打开“Windows 功能”对话框，用户可以在列表框中添加或删除 Windows 组件，单击组件前面的“＋”或“－”来展开或折叠窗口。已安装的组件前的复选框里有一个“√”，如图 2－49 所示。

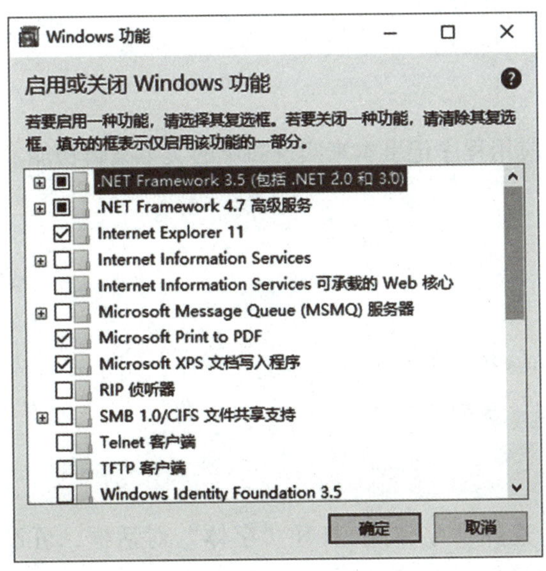

图 2－49　“Windows 功能”窗口

如果要添加尚未安装的 Windows 组件，选中该组件前的复选框，单击“确定”按钮，

Windows 会自动进行安装。

如果要删除已经安装的 Windows 组件，只要在组件列表中取消该组件前面的复选框，单击“确定”按钮，Windows 会删除该组件。注意，不要轻易删除 Windows 的组件，否则可能会影响用户的正常操作。

【任务拓展】

Windows 系统带有字体，基本上能够满足用户的需求，也可以根据需要安装和删除字体。

（1）安装字体

首先准备字体文件，字体文件的扩展名是.ttf。

可以在网上搜集自己满意的字体，如果字体文件是压缩文件，需要解压缩。

右击这个字体文件，在弹出的快捷菜单中单击“安装”选项，或直接将这个字体文件拖到 C:\Windows\fonts 目录里面，字体会自动安装。

（2）删除字体

打开控制面板，找到“字体”，在“字体”界面中找到要删除的字体。

实践提高

1. 增加一个用户账户。
2. 安装一个 Windows 组件。

任务 4　Windows 内置应用程序的使用

2.4.1　文本处理应用程序的使用

任务描述

使用 Windows 内置应用程序记事本来实现简单的文本编辑功能。

知识准备

记事本

“记事本”是 Windows 提供的小型的文本编辑程序，用于查看或编辑文本文件，文件的扩展名为.txt。在“开始”菜单中选择“Windows 附件”→“记事本”，即可启动记事本，如图 2－50 所示。

（1）格式的设置

在“格式”菜单中选择“字体”，打开“字体”对话框，可设置“字体”“字形”和“大小”，如图 2－51 所示。

（2）文本的复制和粘贴

选中要复制的文本，在“编辑”菜单中选择“复制”或“剪切”，将选中的文本复制

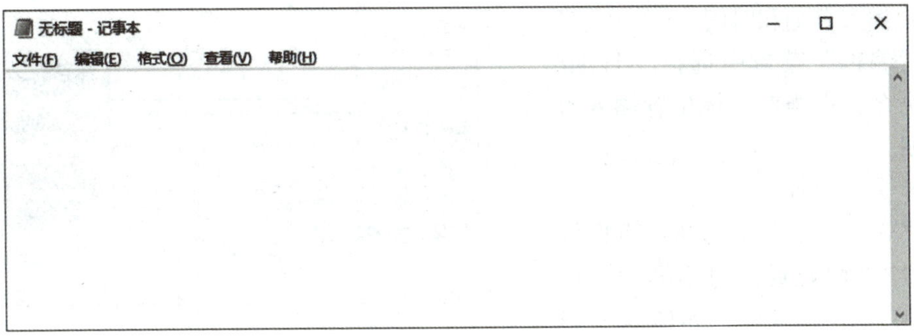

图 2－50 “记事本”窗口

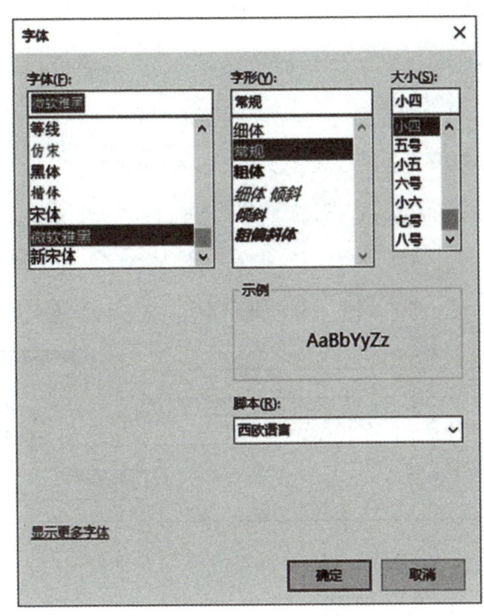

图 2－51 “字体”对话框

到剪贴板；将光标移动到目标位置，在“编辑”菜单中选择“粘贴”。

（3）文本的查找和替换

在“编辑”菜单中选择“查找”，打开“查找”对话框，输入要查找的文字，单击“查找下一个”按钮，光标会自动定位在目标处；再次单击“查找下一个”按钮可以继续查找，如图 2－52 所示。在“编辑”菜单中选择“替换”，在“替换”对话框中输入“查找内容”和“替换为”内容，单击“替换”命令则一次只替换一个，单击“全部替换”命令可替换所有内容，如图 2－53 所示。

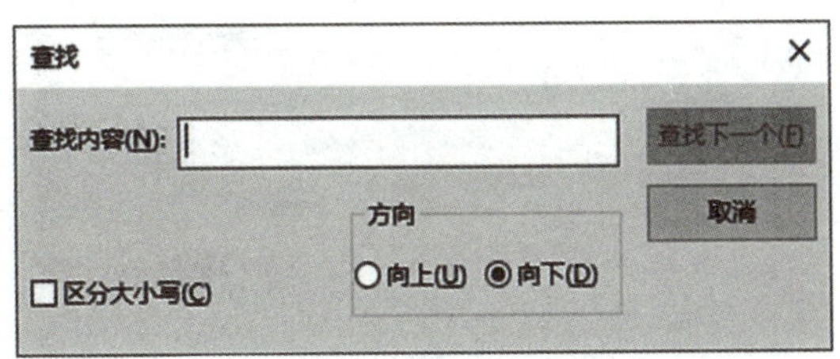

图 2－52 “查找”对话框

(4) 插入日期和时间

在“编辑”菜单中选择“日期/时间”命令，在当前光标位置插入时间和日期。

(5) 页面设置

在“文件”菜单中选择“页面设置”，在“页面设置”对话框中可以选择纸张大小和方向，如图 2－54 所示。

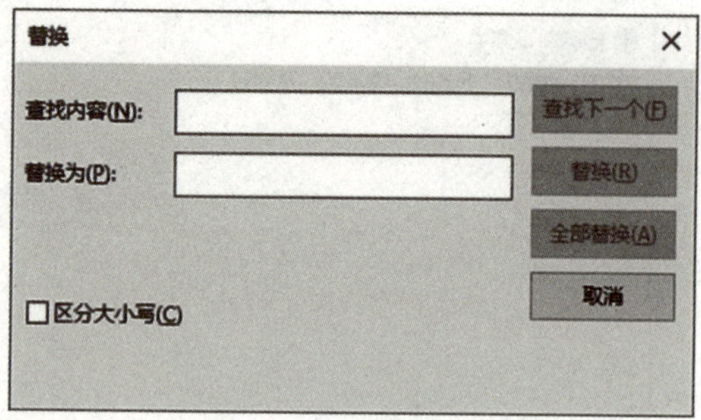

图 2－53 “替换”对话框

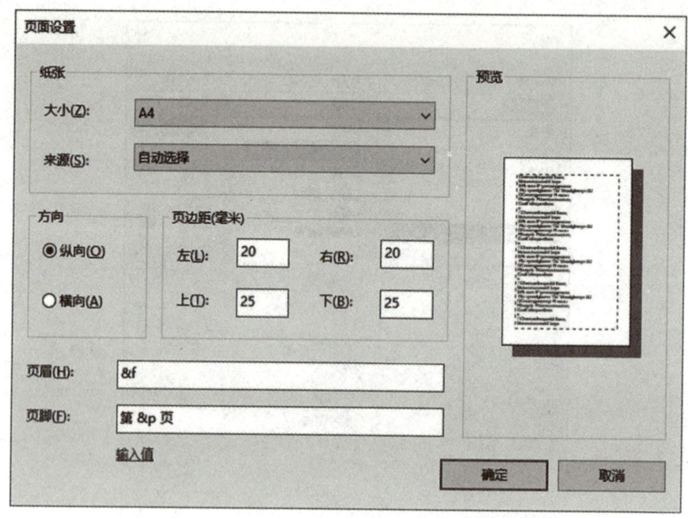

图 2－54 “页面设置”对话框

(6) 打印

在“文件”菜单中选择“打印”，在“打印”对话框中选择打印机，单击“打印”按钮开始打印，如图 2－55 所示。

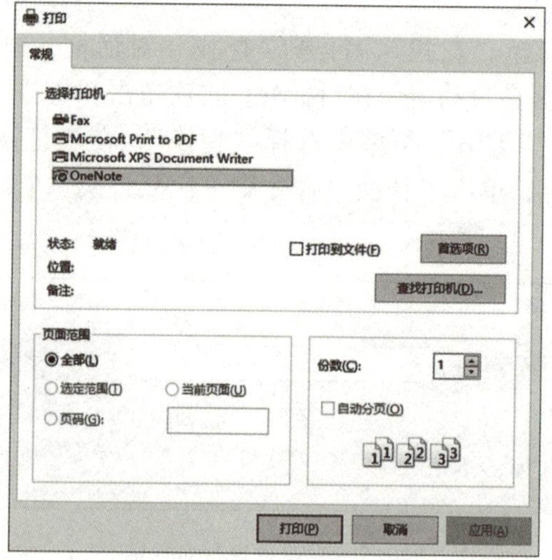

图 2－55 “打印”对话框

（7）保存和另存为

文本编辑好之后，在“文件”菜单中选择“保存”或“另存为”命令，打开“另存为”对话框，选择保存的位置，输入文件名，单击“保存”按钮保存文件。

任务实施

1. 输入文本

在记事本窗口中，将光标定位到文档编辑区，输入一首唐诗（如颜真卿的《劝学诗》）。

2. 设置格式

在“格式”菜单中选择“字体”，打开“字体”对话框，设置字体为“楷体”、字形为“正常”、字号为“四号”，如图 2－56 所示。

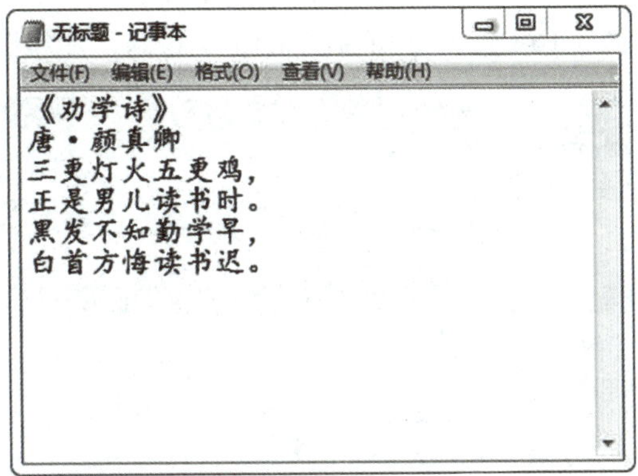

图 2－56　设置格式

3. 保存文件

将文件保存到创建的“我的作业”文件夹下，文件名为“劝学.txt”。

知识拓展

1. 写字板

写字板是 Windows 提供的文本编辑程序，具备简单的文本编辑功能。单击“开始”按钮，选择“Windows 附件”中的“写字板”，启动写字板，如图 2－57 所示。

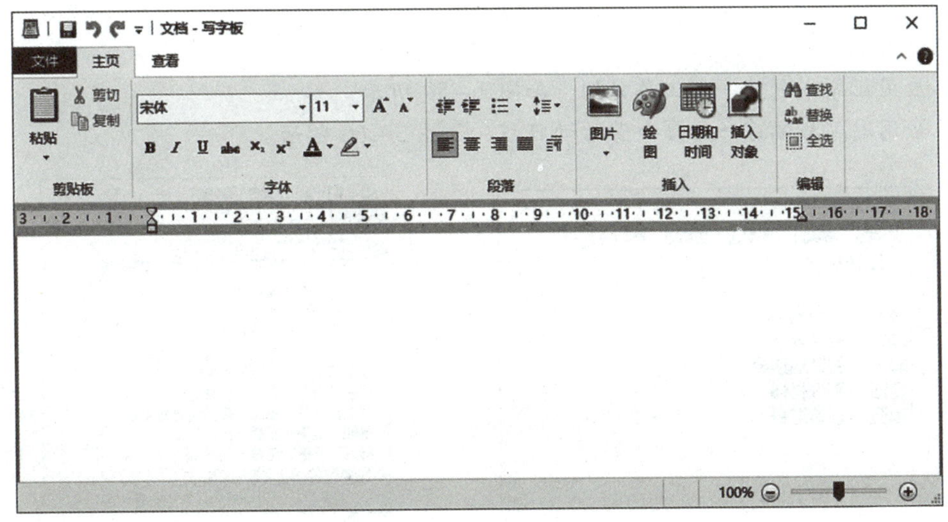

图 2－57　“写字板”窗口

在“主页”菜单中可设置文字字体、段落，插入图片、绘图、时间和日期，进行查找、替换等。在“查看”菜单中可设置缩放、标尺和状态栏为显示或隐藏，可以选择自动换行的方式、标尺的度量单位。

2. 应用写字板

（1）输入文本

将光标定位到文档编辑区，输入一首唐诗（如李白的《静夜思》），如图 2－58（a）所示。

（2）设置格式

利用工具栏上的命令按钮设置字体格式，标题为“黑体、18 磅、加粗”，作者为“楷体、16 磅”，诗句为“宋体、16 磅、加粗”，各行文字居中，效果如图 2－58（b）所示。

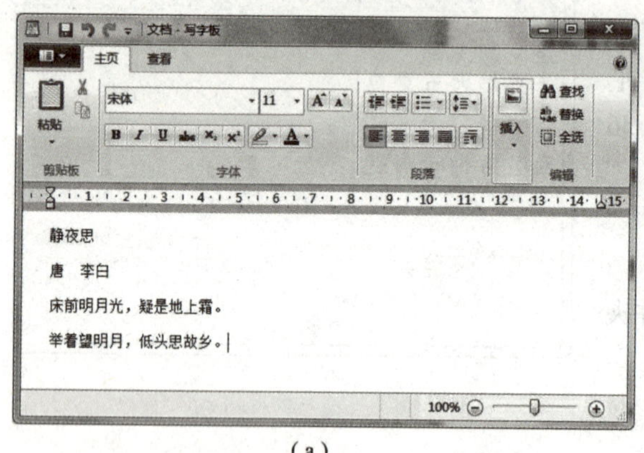

（a）

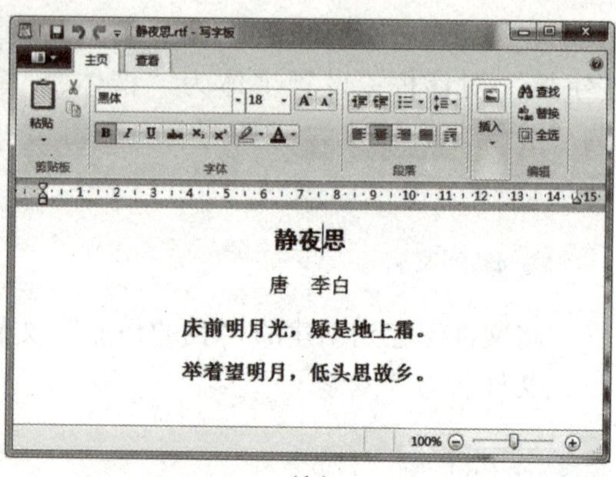

（b）

图 2－58　写字板的操作

（a）输入文字；（b）设置格式

（3）保存文件

将文件保存在“我的作业”文件夹下，文件名为“静夜思.rtf”，将其与文件“望岳.txt”图标进行比较。

【实践提高】

1. 应用记事本创建一份工作计划，如图 2－59 所示。
2. 应用写字板创建一份夏令营活动日程，如图 2－60 所示。

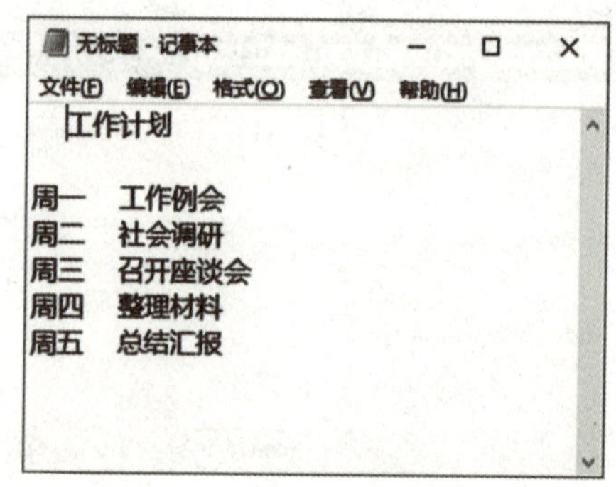

图 2－59　工作计划

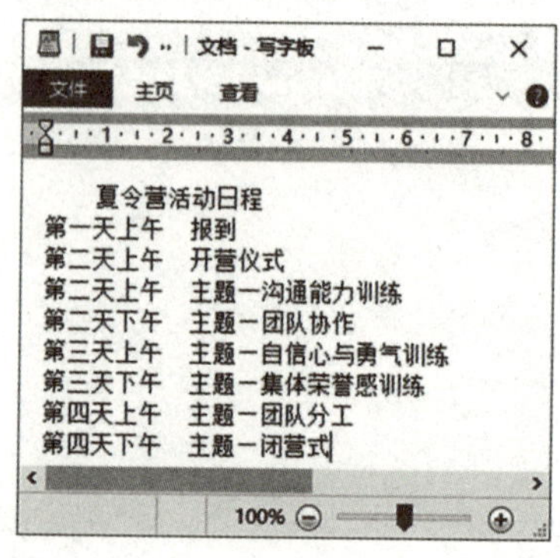

图 2－60　夏令营活动日程

2.4.2　图像绘制工具的使用

任务描述

使用 Window 自带的图像软件绘制简单的图形。

知识准备

“画图”是 Windows 提供的一个位图软件，可以绘制图形，也可以对图形进行简单的修改和编辑，保存的文件格式为“bmp”“jpg”“png”“gif”等。

“画图”窗口有两个选项卡，分别是“主页”和“查看”。“主页”选项卡的功能区中包含剪贴板、图像、工具、形状、颜色，如图 2－61 所示；“查看”选项卡的功能区中包含绽放、显示或隐藏、显示。

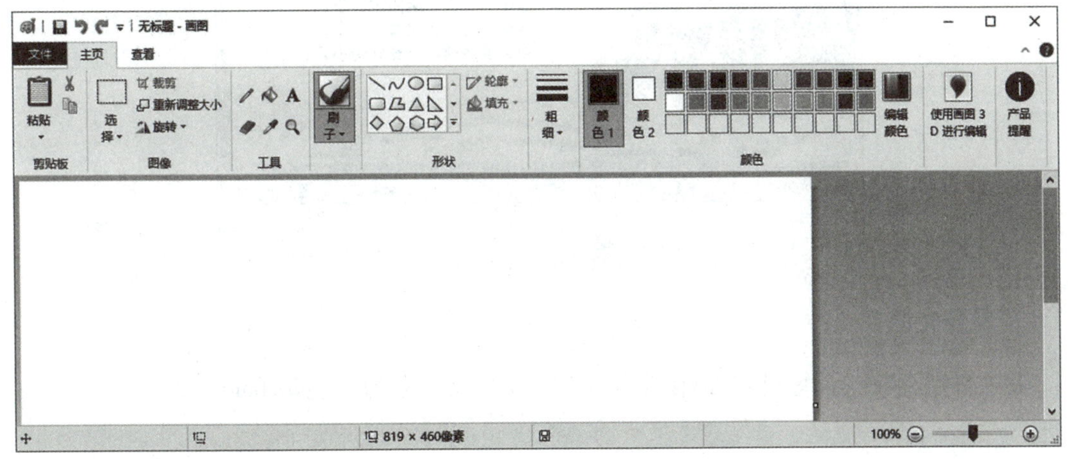

图 2－61　“画图”窗口

任务实施

1. 打开“画图”程序

单击“开始”菜单，选择“Windows 附件”中的“画图”命令。

2. 绘制高山

设置前景色为绿色；在“工具”中选择“曲线”工具，绘制出高山的轮廓，在“刷子”的列表中选择合适的笔刷，绘制出高山的细节。

3. 绘制太阳

设置前景色为红色；选择“椭圆”工具，按住 Shift 键，在画布上绘制太阳，选择“用颜色填充”工具，为太阳填充颜色。

4. 添加文字

选择“文字”工具**A**，在画布上添加文字，同时弹出“字体”工具栏，设置字符格式，效果如图 2－62 所示。

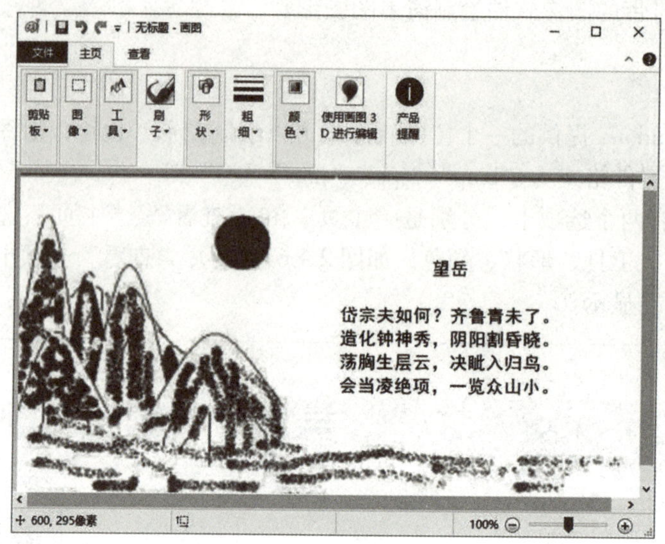

图 2－62 “画图”的操作

5. 保存文件

将文件保存在“计算机基础\作业”文件夹下，文件名为“望岳.bmp”。

知识拓展

截图工具是 Windows 提供的截取屏幕并将截取内容转换为图片的应用程序，如图 2－63 所示。

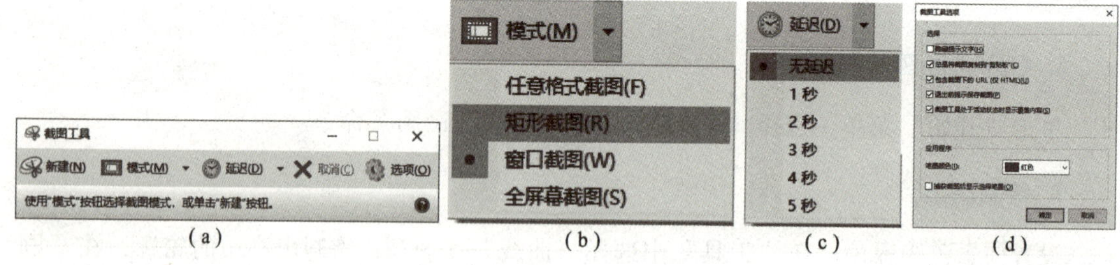

图 2－63 截图工具

(a) 窗口；(b) 模式；(c) 延迟；(d) 选项

1. 打开“截图工具”的方法

单击“开始”菜单，选择“Windows 附件”中的“截图工具”命令。

2. 设置截图模式

在“截图工具”窗口中单击“模式”按钮，打开下拉菜单，从弹出的下拉菜单中选择合适的截图模式。“截图”有三种模式：全屏截图、窗口截图、任意截图。

窗口截图：单击需要截取的窗口，将整个窗口截取出来。

任意截图（矩形截图）：按住鼠标左键，选取合适的区域，然后释放鼠标左键完成截图。

3. 在截图上添加标记

屏幕图像截取成功后，使用工具栏上的“笔”或“荧光笔”在图片上添加标记，用“橡皮擦”擦除标记。

4. 开始截图

单击“新建”按钮，拖动鼠标选定区域就可以完成截图。

5. 保存截图

单击“保存截图”按钮，将截图保存到本地磁盘；单击“发送截图”按钮，可以将截取的图像通过电子邮件发送出去。

实践提高

使用截图工具截取整个桌面、窗口、任意矩形区域、任意形状区域各一个，并保存在“练习”文件夹中。

2.4.3　其他常用小程序的使用

任务描述

了解 Windows 系统自带小程序的使用方法。

知识准备

1. 计算器

“计算器”是 Windows 提供的一个数值运算的程序。使用“计算器”可以进行加、减、乘、除等简单的运算。此外，其还提供了标准型、科学型、程序员和统计信息等高级功能。

2. 磁盘清理与优化

磁盘在使用过程中会产生很多碎片甚至损坏的扇区，使用磁盘清理与优化工具可以发现这些问题并及时处理。

任务实施

1. 计算器的使用

（1）启动计算器

单击“开始”菜单，选择“Windows 附件”中的“计算器”命令。

（2）计算器的使用

单击“计算器”界面的导航图标☰，在导航列表中选择计算器的类型，如标准、科学、程序员、日期计算和单位转换等，如图 2－64 所示。

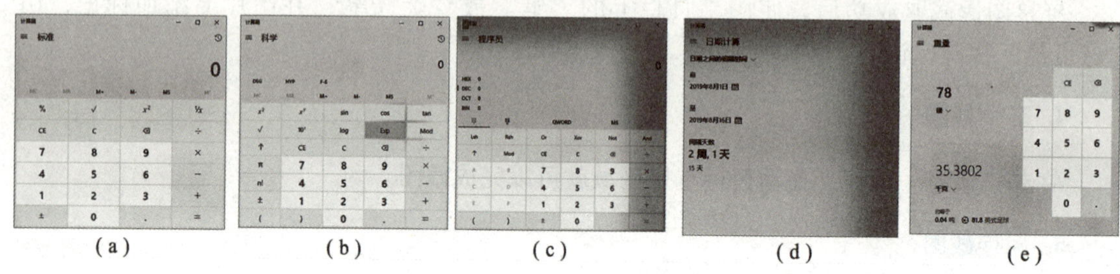

图 2－64 “计算器”窗口

（a）标准；（b）科学；（c）程序员；（d）日期计算；（e）单位转换

①标准：基本的加、减、乘、除等运算。

②科学：除了基本的运算外，还可以进行三角函数、指数等数值运算。

③程序员：主要进行数制的进制转换、数据的逻辑操作等。如将二进制数转换为十进制数，先选择“二进制”，输入“0”“1”等数值，然后单击“二进制”，计算器自动将二进制数转换为十进制数；单击“十六进制”，计算器自动将这个二进制数转换为十六进制数，依此类推。

④日期运算：可以进行日期的间隔时间运算，计算两个日期之间间隔的天数；增加或减去天数是指以选定日期为准，增加或减去几年几月几天之后的日期。

⑤单位转换：可以进行货币、重量、面积、温度等的不同进制的转换。例如重量的磅和千克之间的转换等。

2. 磁盘清理

（1）启动磁盘清理程序

单击“开始”菜单，选择“Windows 管理工具”中的“磁盘清理”，打开“磁盘清理”窗口。

（2）清理磁盘

①选择要清理的磁盘，单击“确定”按钮，如图 2－65（a）所示。

②开始清理，如图 2－65（b）所示。

③清理结束后弹出清理结果，选择要删除的文件，单击“确定”按钮，如图 2－66 所示。

（3）清理系统文件

在“磁盘清理”对话框中单击“清理系统文件”按钮，开始清理系统文件，在弹出的

对话框中选择要删除的文件，单击"确定"按钮，如图 2－67 所示。

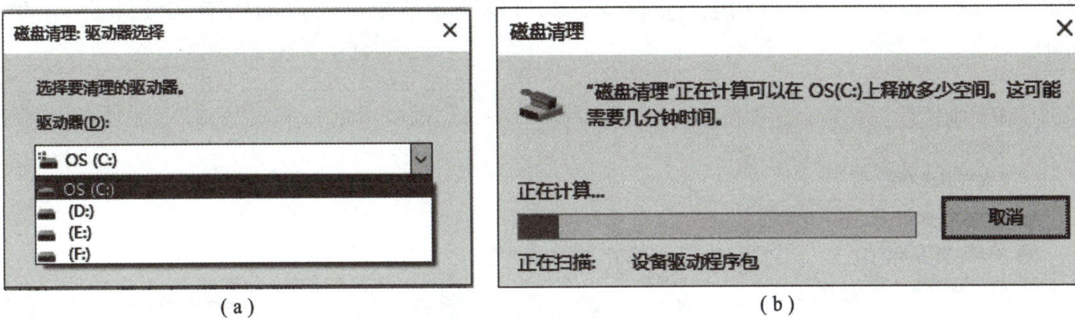

（a）　（b）

图 2－65　磁盘清理

（a）"磁盘清理:驱动器选择"对话框；（b）"磁盘清理"进度

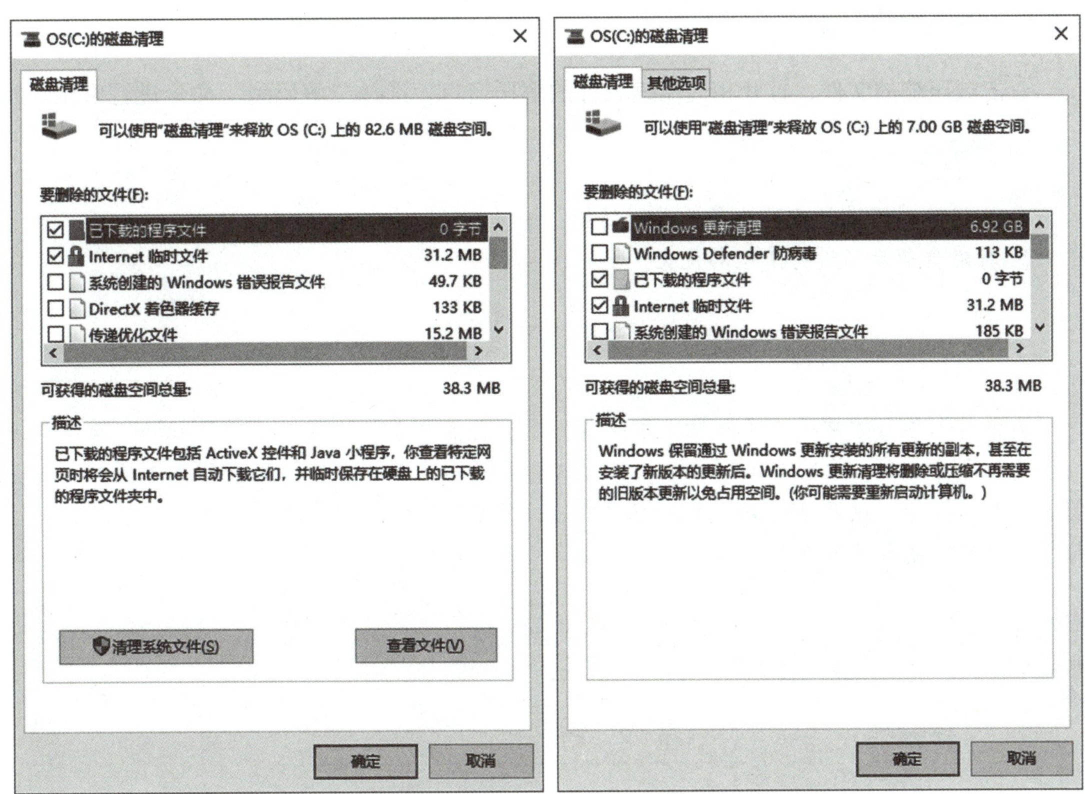

图 2－66　磁盘清理结果　　　图 2－67　清理系统文件结果

知识拓展

压缩软件可以缩小文件的大小、节省文件存储空间和文件传输的时间。WinRAR、快压、360 压缩、7－Zip、BandiZip 等都是常用的压缩软件，可以在网上下载。

1. 压缩文件或文件夹

首先在电脑上安装某一种压缩软件。在需要压缩的文件或文件夹上单击右键，在右键菜单中可以看到已安装压缩软件的快捷命令，如图 2－68 所示。在右键菜单中选择“添加到压缩文件”或“添加到‘＊＊＊.zip’”等命令，就可以实现压缩。生成的压缩文件如图 2－69 所示。

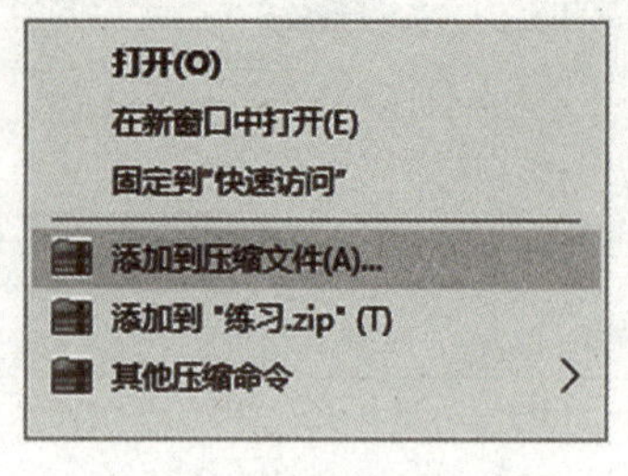

图 2－68 “转换器”窗口

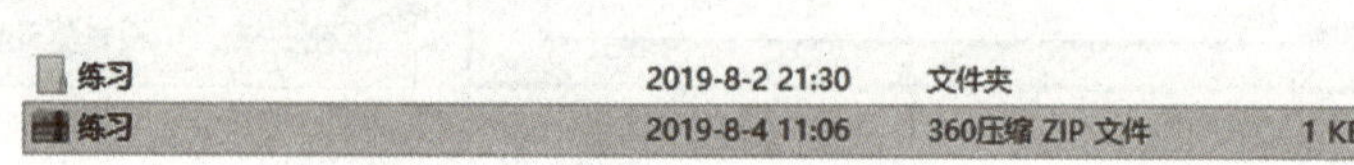

图 2－69 压缩文件

2. 解压文件或文件夹

双击被压缩的文件，打开相应压缩软件的解压窗口，选择“解压到”命令进行解压。

实践提高

1. 使用计算器进行各种计算及进制转换。
2. 对磁盘驱动器进行清理和优化。

小　结

通过对本项目的学习，了解操作系统的概念、功能及发展历程，掌握 Windows 操作系统的使用和操作方法；掌握 Windows 的文件和文件夹的命名规则、存放路径等基本概念、文件管理的基本操作，以及 Windows 系统管理方法；了解写字板、记事本、画图、截图工具、计算器等自带应用程序的使用方法。

习　题

一、选择题

1. 下列关于 Windows 操作系统的运行环境，说法正确的是（　　）。

A. 对内存容量没有要求　　B. 对处理器配置没有要求

C. 对硬件配置有一定要求　　D. 对硬盘配置没有要求

2. 下列关于 Windows 操作系统中的“关闭”选项，说法错误的是（　　）。

A. 选择“锁定”选项，若要再次使用计算机，一般来说必须输入密码

B. 计算机进入“睡眠”状态时，将关闭正在运行的应用程序

C. 若需要退出当前用户而转入另一个用户环境，可通过“注销”选项来实现

D. 通过“切换用户”选项也能快速地退出当前用户，并回到“用户登录界面”

3. 在 Windows 操作系统中，对“桌面背景”的设置可以通过（　　）实现。

A. 鼠标右键单击“计算机”，选择“属性”菜单项

B. 鼠标右键单击“开始”菜单

C. 鼠标右键单击桌面空白区，选择“个性化”菜单项

D. 鼠标右键单击任务栏空白区，选择“属性”菜单项

4. 在 Windows 中，关于桌面上的图标，正确的说法是（　　）。

A. 删除桌面上的应用程序的快捷方式图标，就是删除对应的应用程序文件

B. 删除桌面上的应用程序的快捷方式图标，并未删除对应的应用程序文件

C. 在桌面上建立应用程序快捷方式图标，就是将对应的应用程序文件复制到桌面上

D. 在桌面上只能建立应用程序快捷方式图标，而不能建立文件夹快捷方式图标

5. 在 Windows 中，不能在任务栏内进行的操作是（　　）。

A. 排列桌面图标　　B. 设置系统日期和时间

C. 切换窗口　　D. 启动“开始”菜单

6. 用鼠标双击窗口的标题栏，则（　　）。

A. 关闭窗口　　B. 最小化窗口

C. 移动窗口的位置　　D. 改变窗口的大小

7. 在 Windows 操作系统中，当一个应用程序窗口被最小化后，该应用程序将（　　）。

A. 终止运行　　B. 继续运行　　C. 暂停运行　　D. 以上都不正确

8. 把 Windows 的应用程序窗口和对话框进行比较，应用程序窗口可以移动和改变大小，而对话框一般（　　）。

A. 既不能移动，也不能改变大小　　B. 仅可以移动，不能改变大小

C. 仅可以改变大小，不能移动　　D. 既能移动，也能改变大小

9. 在 Windows 中，打开一个菜单后，其中某菜单项会出现的下属级联菜单的标识是（　　）。

A. 菜单项右侧有一组英文提示　　B. 菜单项右侧有一个黑色三角形

C. 菜单项右侧有一个黑色圆点　　D. 菜单项左侧有一个“√”

10. 在 Windows 的操作过程中，将当前活动窗口复制到剪贴板中的快捷键是（　　）。

A. Esc + PrintScreen　　B. Shift + PrintScreen

C. Ctrl + PrintScreen　　D. Alt + PrintScreen

11. 下列关于 Windows 操作系统的剪贴板，说法不正确的是（　　）。

A. 剪贴板是 Windows 在计算机内存中开辟的一个临时储存区

B. 关闭计算机后，剪贴板中的内容还会存在

C. 用于在 Windows 程序之间、文件之间传递信息

D. 当对选定的内容进行复制、剪切或粘贴时，要用剪贴板

12. 在 Windows 中，“剪切”命令的快捷键是（　　）。

A. Ctrl + C　　B. Ctrl + X　　C. Ctrl + A　　D. Ctrl + V

13. 在 Windows 操作系统中，下列 4 个组合键中，系统默认的中英文输入切换键是（　　）。

A. Ctrl + 空格　　B. Ctrl + Alt　　C. Shift + 空格　　D. Ctrl + Shift

14. 关于“快捷方式”的说法，正确的是（　　）。

A. 它就是应用程序本身

B. 是指向并打开应用程序的一个指针

C. 其大小与应用程序相同

D. 如果应用程序被删除，快捷方式仍然有效

15. 有关“任务管理器”，不正确的说法是（　　）。

A. 计算机死机后，通过“任务管理器”关闭程序，有可能恢复计算机的正常运行

B. 同时按 Ctrl + Alt + Del 组合键可出现“启动任务管理器”的界面

C. 任务管理器窗口中不能看到 CPU 的使用情况

D. 右键单击任务栏空白处，在弹出的快捷菜单也可以启动任务管理器

16. 在 Windows 操作系统中，对文件的确切定义应该是（　　）。

A. 记录在磁盘上的一组有名字的相关信息的集合

B. 记录在磁盘上的一组有名字的相关程序的集合

C. 记录在磁盘上的一组相关数据的集合

D. 记录在磁盘上的一组相关命令的集合

17. Windows 的资源管理器中，选定文件后，打开“文件属性”对话框的操作是（　　）。

A. 单击“组织”按钮中的“属性”菜单项

B. 单击“打开”按钮中的“属性”菜单项

C. 单击“查看”按钮中的“属性”菜单项

D. 以上说法都错

18. 关于 Windows 操作系统中的文件命名的规定，以下说法正确的是（　　）。

A. 文件名中不能有空格和扩展名间隔符“.”

B. 文件名可用字符、数字或汉字命名，最多使用 8 个字符

C. 文件名可用允许的字符、数字或汉字命名

D. 文件名可用所有的字符、数字或汉字命名

19. 在 Windows 中，文件名“ABCD.DOC.EXE.TXT”的扩展名是（　　）。

A. ABCD　　B. DOC　　C. EXE　　D. TXT

20. 在 Windows 操作系统中，下列关于附件中的工具的叙述，正确的是（　　）。

A. 写字板是字处理软件，不能插入图形

B. 画图是绘图工具，不能输入文字

C. 画图工具不可以进行图形、图片的编辑处理

D. 记事本不能插入图形

二、操作题

1. Windows 操作系统的启动和退出。

（1）分别以不同的用户身份登录 Windows 操作系统，观察桌面设置的区别。

（2）分别应用键盘快捷键和 Alt + F4 组合键退出 Windows 操作系统。

2. 桌面操作。

（1）设置桌面图标为自动排列方式。

（2）创建记事本、画图等应用程序的桌面快捷方式。

3. 窗口操作。

（1）打开 3 个以上窗口，采用不同方式切换活动窗口。

（2）设置窗口为横向或纵向平铺。

（3）调整各窗口为最大化、最小化和任意大小。

4. 菜单操作。

（1）应用“开始”菜单启动 Windows 自带的应用程序，如画图、记事本、计算器、录音机及各种游戏程序等。

（2）应用控制菜单完成对窗口的最大化、最小化、还原和关闭操作。

5. 创建文件夹。

按图 2－70 所示文件夹目录结构创建各文件夹。

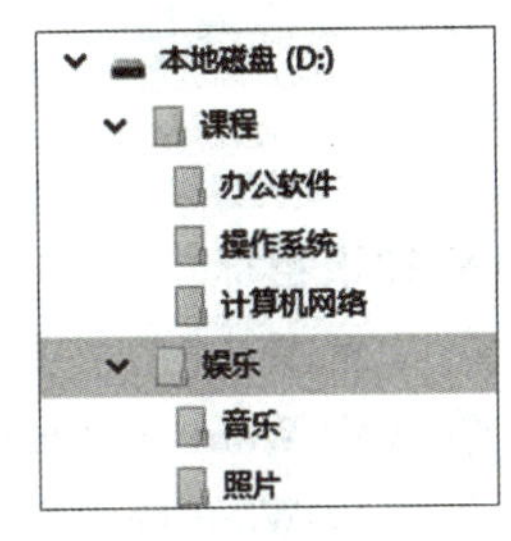

图 2－70　文件夹目录结构

6. 创建文件。

在“D:\个人文件\文档”文件夹下创建“制订学习计划的原则 .txt”文件，并输入文件的内容。

7. 复制和移动文件。

（1）查找图片文件，根据内容将其复制到“D:\个人文件\娱乐”文件夹下的“照片”文件夹下。

（2）查找声音文件，根据内容将其复制到“D:\个人文件\娱乐”文件夹下的“音乐”文件夹下。

（3）把老师下发的课程讲义复制到“D:\个人文件\课程”文件夹下的“Windows”或“Office”文件夹下。

8. 设置个性化的显示属性，包括主题、桌面背景、屏幕保护等。

9. 设置系统的日期和时间。

10. 应用“记事本”编辑一份文稿。

11. 应用“画图”绘制一幅图画。

12. 练习使用 Windows 附件内的其他应用程序，如计算器、截图工具、磁盘清理与优化等。

项目 3

Word 文字处理

- **知识目标：**

◇ 了解 Word 的主要功能，掌握 Word 的启动和退出方法、工作窗口的组成。

◇ 掌握 Word 文档的操作方法。

◇ 掌握 Word 的编辑、格式化、版面设计和文档输出的操作方法。

◇ 掌握 Word 的表格处理和图文混排技术。

- **能力目标：**

◇ 能够应用 Word 创建、编辑和格式化文档。

◇ 能够应用 Word 创作表格、格式化表格。

◇ 能够应用 Word 图文处理技术美化文档。

◇ 能够应用样式和模板进行文档处理。

Word 是文字处理软件，通常用于文档的创建和排版，它不仅可以创建多种类型的文本文档，而且可以在文档中加入图片、图形、表格等。它是 Microsoft Office 中的一个重要组件，也是当前世界上应用最广泛的办公软件之一。

任务 1　认识 Word

3.1.1　初识 Word

掌握 Word 的启动与退出方法；了解 Word 工作窗口的基本构成元素，理解功能区、选项卡、组的基本功能。

知识准备

Word 随 Microsoft Office 集成办公软件一起安装。一般情况下，能运行 Windows 操作系统的微型计算机都可以安装和使用 Word。

①Word 提供了面向结果的用户界面，提供了包含命令和功能的逻辑组、面向任务的选

项卡，同时提供了具有可用选项的下拉库替代了以前的对话框，使用户操作更加便捷。

②使用 Word 功能区中的“快速样式”和“文档主题”，可以快速更改整个文档中文本、表格和图形的外观，减少设置的时间，同时还可以使文档版面规范统一。

③Word 提供了 SmartArt 图形和新的制图引擎，可以帮助用户使用三维形状、透明度、投影及其他效果创建外观精美的对象，从而更加有效地表达信息。

④使用文档检查器检测并删除不需要的批注、隐藏文本或个人身份信息，以保证文档发布时不泄露敏感信息。

⑤Office Word 提供了与他人共享文档的功能。无须增加其他工具，就可以将 Word 文档转换为可移植文档格式（pdf）或 XML 文件规范格式（xps）。

任务实施

1. 启动 Word

单击“开始”按钮，选择“所有应用”中的“Word”，打开 Word 窗口，如图 3－1 所示。

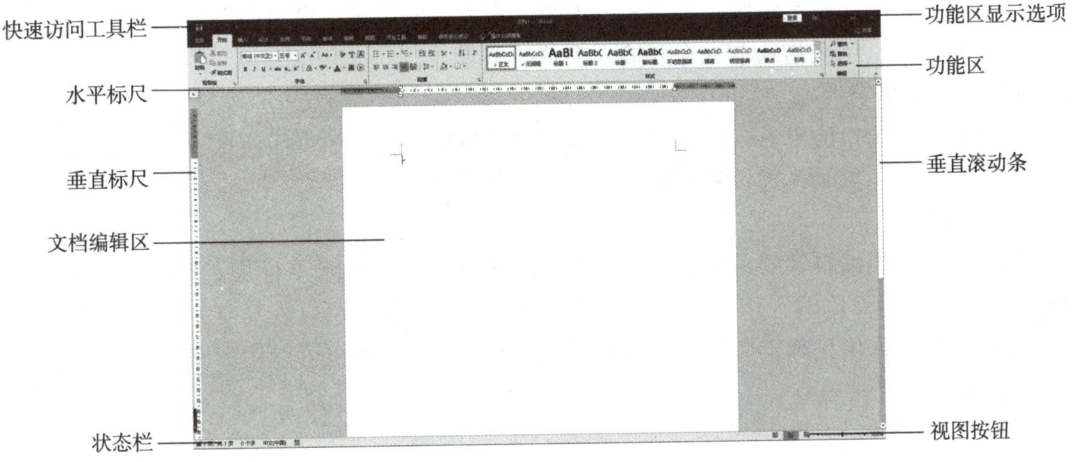

图 3－1　Word 工作界面

2. 熟悉 Word 窗口

Word 工作界面窗口主要包括标题栏、快速访问工具栏、功能区、文档编辑区和状态栏等。

（1）标题栏

标题栏位于 Word 窗口的顶端，显示当前正在被编辑的文档名和应用程序名（如“文档 1.docx－Word”），右边 4 个按钮自左至右依次是“功能区显示选项”“最小化”“最大化/向下还原”和“关闭”按钮。

（2）快速访问工具栏

Word 提供了一个“快速访问工具栏”，位于“标题栏”左侧、功能区上方，缺省状态下包含“保存”“撤销”“恢复”按钮。单击右侧箭头，可以定制快速访问工具栏，用于放置一些经常使用的命令。

(3) 功能区

功能区几乎包含了 Word 的所有功能和命令，如图 3-2 所示。功能区按任务进行分组，每组中的命令按钮可执行一项命令或显示一个命令菜单，功能区主要有选项卡、组和命令 3 种组件。

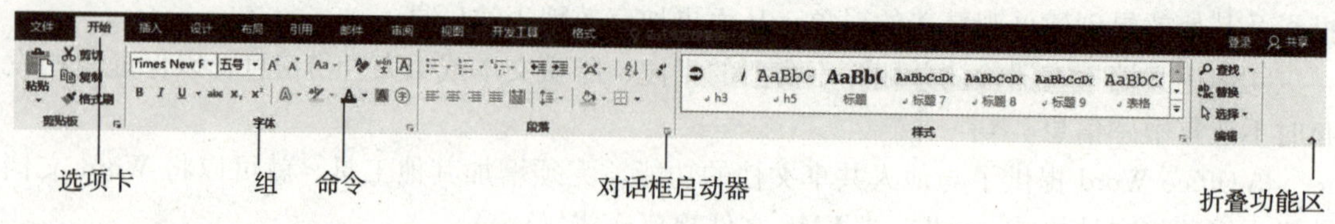

图 3-2　功能区

①选项卡：在功能区的顶部有 10 个基本选项卡，每个选项卡代表了一个活动的区域。

②组：每个选项卡中又包含若干个组，这些组根据功能将相关的项组合在一起。

③命令：组中的按钮，或者是用于输入信息的框或菜单等。

此外，一些组的右下方还有“对话框启动器”，用于打开有更多功能的对话框。

(4) 文档编辑区

中间空白区为文档编辑区，是输入、编辑文本内容的区域，窗口内有一个不停闪烁的竖线，称为插入点，用来指示下一个要输入字符的位置。

(5) 状态栏

状态栏位于窗口的下方，用于提供活动文档的各种信息，如页面信息、文档包含的文字字数、拼写检查、编辑模式、视图模式和显示比例等。

(6) 标尺

标尺位于文档编辑区的左侧和上方，分别称为垂直标尺和水平标尺。Word 中，在“视图”选项卡“显示/隐藏”组中，通过选定“标尺”复选框也可以恢复或关闭标尺的显示。

标尺的主要作用是确定文档在屏幕及纸张上的位置，同时也可以用标尺设置段落缩进和调整左右边距。

(7) 滚动条

滚动条有水平滚动条和垂直滚动条两种。水平滚动条位于窗口的底部，垂直滚动条位于窗口的右边。使用滚动条可以快速对文档进行定位，方便用户查看窗口内的文档。

3. 退出 Word

单击 Word 应用程序窗口右上角的“关闭”按钮即可退出 Word。

知识拓展

1. 启动 Word 的方法

①如果在桌面上创建了 Word 的快捷方式，双击快捷方式图标。

②在桌面空白处右击鼠标，从弹出的快捷菜单中选择“新建”中的“Microsoft Word 文档”。

③打开一个 Word 文档文件。

使用前两种方法启动Word后，系统自动建立一个名为“文档1”的空白文档；采用后一种方法启动Word后，系统自动打开相应的文档。

2. 退出Word的方法

①单击Word应用程序窗口右上角的“关闭”按钮。
②单击“文件”标签，选择“关闭”命令。
③右击文档标题栏，在弹出的控制菜单中选择“关闭”命令。
④按Alt + F4组合键。

3. 功能区隐藏/显示设置

为使Word界面显示更多文档内容，可根据需要将Word界面上方的功能区和命令暂时隐藏。Word提供了一个折叠功能区按钮，单击该按钮，可将功能区隐藏；也可单击“功能区显示选项”按钮，在弹出的菜单中选择对应的命令，可将功能区隐藏/显示。双击功能区中的任意一个选项卡，可显示功能区。

4. 动态选项卡设置

功能区中除了10个基本选项卡外，还有动态选项卡。动态选项卡只有在特定的环境下才出现。例如，当选中文档中的图片时，在功能区上出现图片工具“格式”选项卡。

5. 提示功能

Word提供了提示功能，将鼠标移动到功能区中的命令按钮上时，就会弹出该命令按钮的功能描述。

实践提高

1. 启动Word，观察窗口状态、缺省文档名、功能区的组成。
2. 在Word窗口下切换选项卡，观察各选项卡所包含的组。

3.1.2　创建和保存文档

任务描述

熟练掌握文档的基本操作，了解几种视图模式的应用。

知识准备

Word中的文件称为文档，其文件扩展名为“.docx”。文档的基本操作包括创建、打开、保存和关闭，都可以通过“文件”选项卡实现。

任务实施

1. 创建文档

在启动Word窗口时，在开始界面单击“空白文档”选项，即可创建一个名为“文档

1”的空白文档。

若 Word 已启动，在 Word 窗口中单击“文件”选项卡，选择“新建”命令，打开“新建”窗口，单击“空白文档”图标，创建名为“文档 1”的空白文档，如图 3－3 所示。

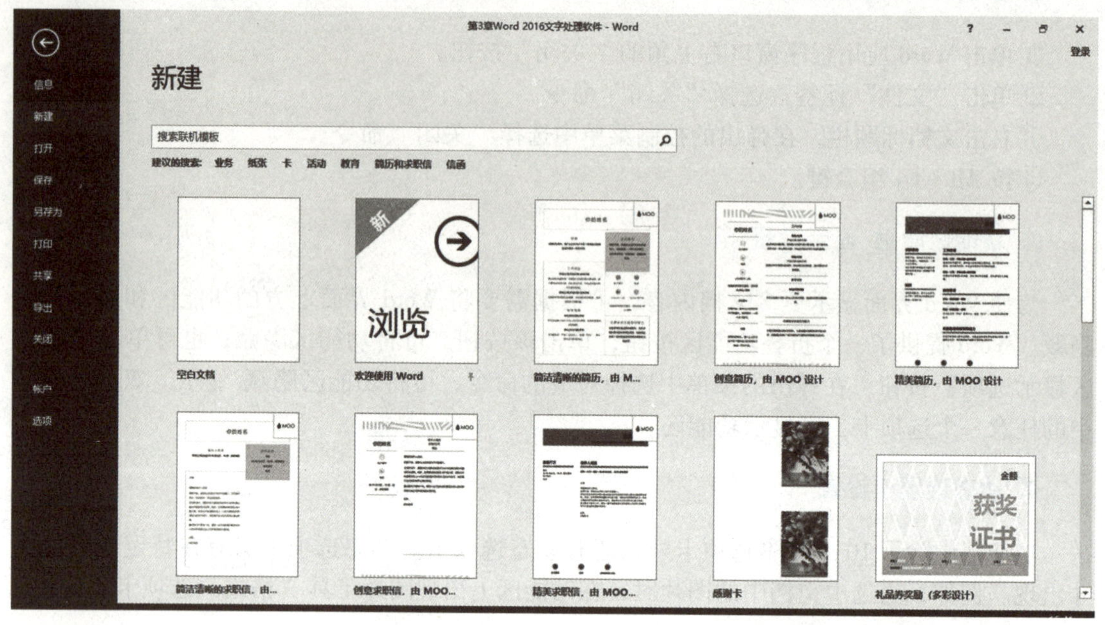

图 3－3 “新建”对话框

2. 保存文档

单击“文件”选项卡，选择“保存”命令，或单击快速访问工具栏中的“保存”按钮，打开“另存为”对话框，如图 3－4 所示。

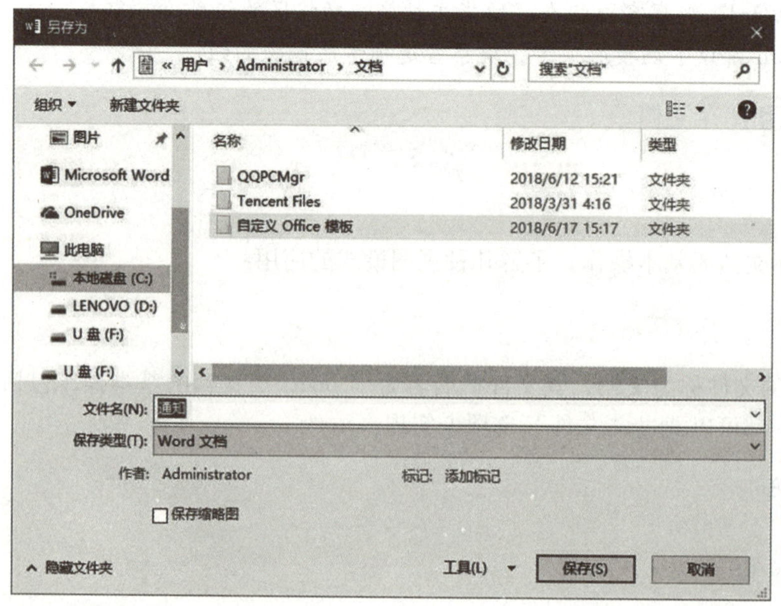

图 3－4 “另存为”对话框

①在下拉列表中选择文档所要存放的位置。默认情况下Word将文档保存在“文档”文件夹中。

②在“文件名”文本框中，Word会根据文档第一行的内容自动给出一个文档名，也可以输入一个新的文件名。

③在“保存类型”下拉列表中选择文档要保存的格式，默认为“Word文档(＊.docx)”，也可以选择纯文本文档、模板文档、RTF格式文档、网页、PDF等，以便与其他字处理程序兼容使用。

④单击“保存”按钮将该文档保存起来。

3. 打开文档

①在Word窗口中，单击“文件”选项卡，选择“打开”中的“浏览”命令，打开“打开”对话框，如图3－5所示。

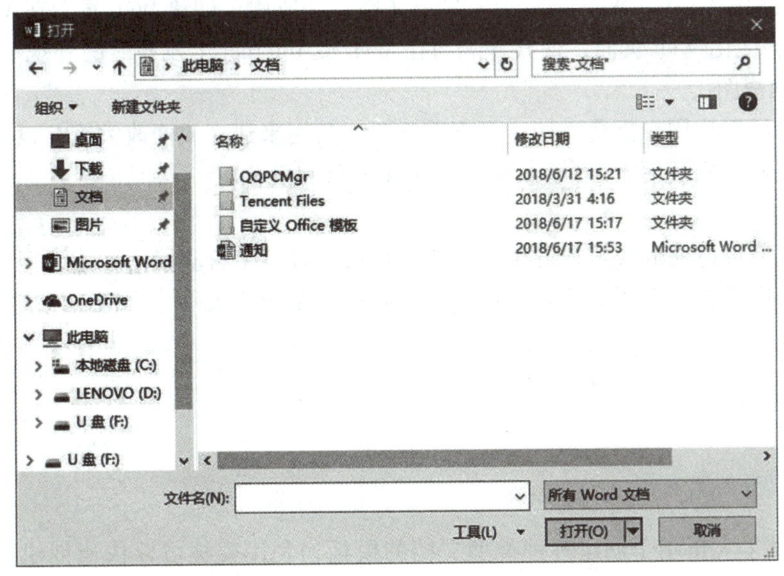

图3－5 “打开”对话框

②选择要打开的文档所在的位置，在“文件类型”下拉列表中选择被打开文档的类型，默认为“所有Word文档”。用鼠标单击要打开的文档，或直接在“文件名”文本框中输入要打开文件的文件名。

③单击“打开”按钮，所选文档的内容就会出现在窗口编辑区中。

4. 关闭文档

单击“文件”选项卡，选择“关闭”命令。如果该文件还未执行过保存操作，则弹出“Microsoft Word”消息框，提示保存文件，如图3－6所示。所有Word文档关闭后，退出Word应用程序。

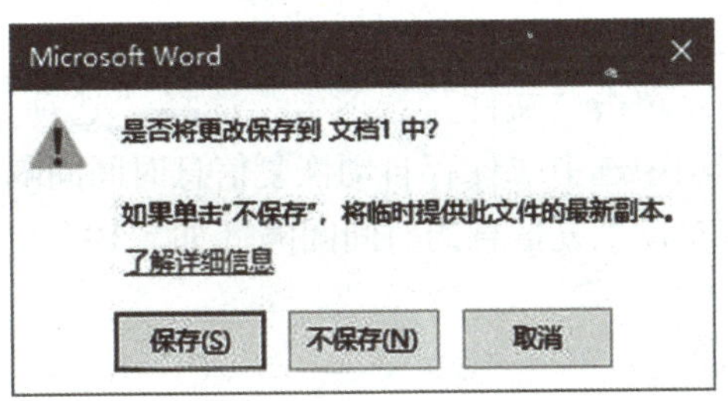

图3－6 “Microsoft Word”消息框

5. 认识文档视图

Word 提供了阅读视图、页面视图、Web 版式视图、大纲视图和草稿 5 种视图方式。在"视图"选项卡"视图"组中可以单击选择视图模式，也可以通过单击状态栏上的"视图"按钮进行选择。

（1）页面视图

页面视图是 Word 下默认的视图方式，能够在屏幕上模拟与实际打印效果一致的文档，所见即所得。在页面视图方式下可以编辑页眉、页脚和调整页边距等。

（2）阅读视图

阅读视图是一种特殊的查看模式，以图书的分栏样式显示 Word 文档，隐藏大多数屏幕元素，包括功能区等，便于用户阅读文档。

（3）Web 版式视图

Web 版式视图是模拟 Web 浏览器来显示文档，一般用于创建 Web 页。在 Web 版式视图中，Word 能够优化 Web 页面，使其外观与在 Web 或 Internet 上发布时的外观一致。

（4）大纲视图

大纲视图可以让用户折叠文档，只查看标题。其用来建立或修改大纲，以便能够审阅和处理文档的结构。广泛用于 Word 长文档的快速浏览和设置。

（5）草稿

草稿视图下可以完成大多数的编辑工作，也可以设置字符和段落格式，但取消了页面边距、分栏、页眉页脚和图片等元素。页与页之间用一条虚线表示分页符，使文档阅读起来比较连贯。

知识拓展

1. 利用模板创建文档

Word 提供了大量用于创建各种类型文档的模板，利用模板可以快速创建文档，如创建信函、简历、活动等。单击"文件"选项卡，选择"新建"命令，在"新建"窗口中选择需要的模板，如图 3-7 所示。

2. 设置文档自动保存

在文档的编辑过程中，经常会出现一些不可预料的软件、硬件故障，为防止文档信息丢失，可设置文档的自动保存，Word 提供了在指定时间间隔内为用户自动保存文档的功能。

单击"文件"选项卡，选择"选项"命令，打开"Word 选项"对话框，在"保存"选项中选中"保存自动恢复信息时间间隔"复选框，并在其后的"分钟"数值框中输入保存自动恢复信息的时间间隔（如"10"），如图 3-8 所示。

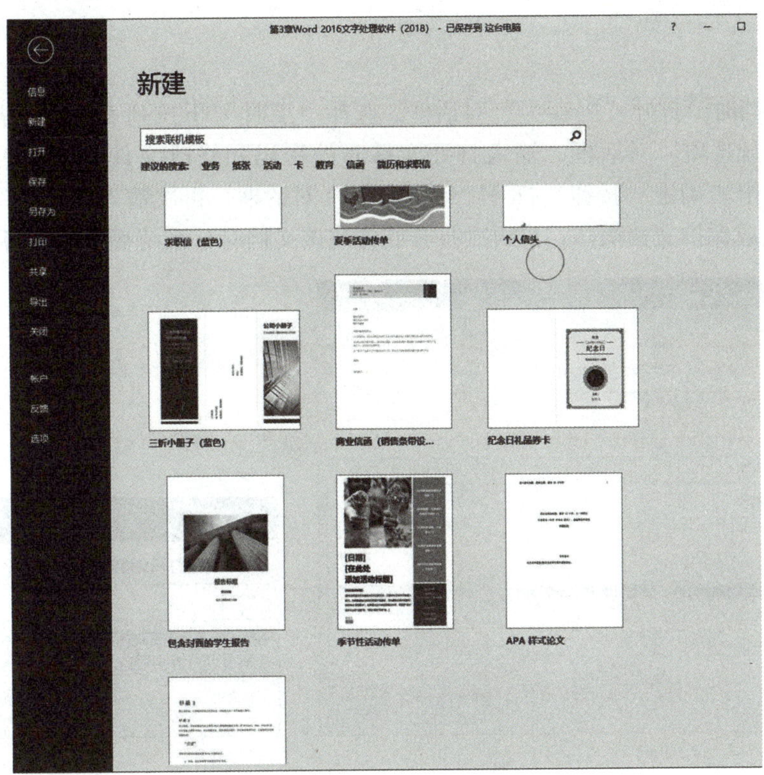

图 3－7　文件模板对话框

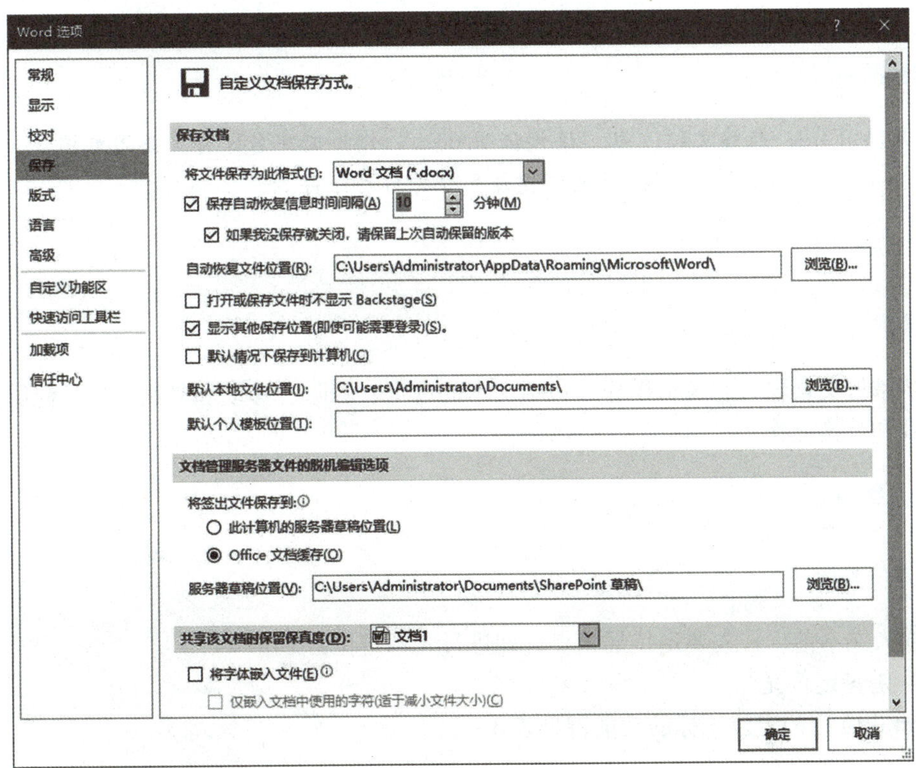

图 3－8　“Word 选项”对话框

3. 保护文档

在保存文档时，打开“另存为”对话框，选择“工具”下拉列表中的“常规选项”命令，打开“常规选项”对话框，输入打开文件时的密码和修改文件时的密码，如图3-9(a)所示；单击“确定”按钮，打开“确认密码”对话框，再次输入密码确认，如图3-9(b)所示，完成保护文档操作。当再次打开或修改该文档时，系统提示输入密码。

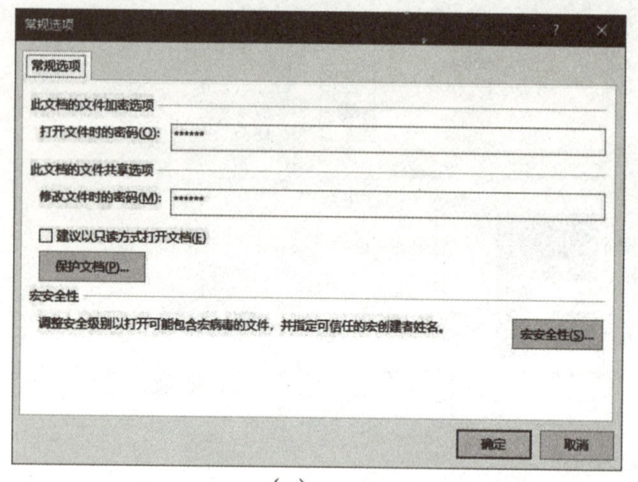

(a)

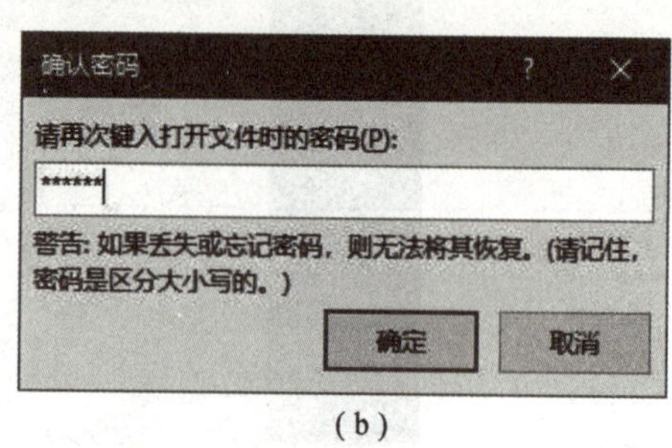

(b)

图3-9 设置文档密码

(a)“常规选项”对话框；(b)“确认密码”对话框

实践提高

1. 启动Word，新建文档，以“培训证明.docx”作为文件名保存，关闭文档。
2. 打开“培训证明.docx”，设置文档每5分钟自动保存。

3.1.3 编辑文档

任务描述

熟练掌握文档输入和编辑操作，包括文本的选定、删除、移动和复制操作，能够进行文本的查找和替换操作。

知识准备

1. 定位光标

在输入文本前，首先要定位插入点，即进行光标定位。

(1) 键盘定位光标

Word中常用的定位光标的功能键见表3-1。

表 3－1 Word 中常用的定位光标的功能键

功能键	作用	功能键	作用
→	光标右移	PageDown	下翻一屏
←	光标左移	Home	光标回行首
↑	光标上移	Ctrl + Home	光标移至文档开头
↓	光标下移	End	光标至行尾
Ctrl + ↑	光标上移至本段行首	Ctrl + End	光标移至文档末尾
Ctrl + ↓	光标下移至下段行首	Del	删除光标右侧的一个字符
PageUp	上翻一屏	BackSpace	删除光标左侧的一个字符

（2）鼠标定位光标

将鼠标指针移至文档编辑区中，当其变为“ I ”形状后，在插入点单击鼠标；若所需的位置不在当前屏幕上，可通过移动垂直滚动条或水平滚动条来浏览窗口中的文档，或滚动鼠标中间滑轮，将插入点移到当前屏幕窗口，单击鼠标即可。

2. 选定文本

在进行文本编辑操作前，一般需先选定编辑对象，使其以被选定状态显示，然后再对其进行操作。

①用鼠标选定文本。在文本开始位置按下鼠标左键并拖至结束位置，释放鼠标。

②用键盘选定文本。表 3－2 中列出了用键盘选定文本的常用快捷键。

表 3－2 选定文本的快捷键

选定内容	操作方法	选定内容	操作方法
左侧的一个字符	Shift + ←	到一行行首	Shift + Home
右侧的一个字符	Shift + →	到一行行尾	Shift + End
上一行	Shift + ↑	整篇文档	Ctrl + A
下一行	Shift + ↓		

3. 复制、移动和删除文本

（1）复制文本

复制文本是先将被选定文本复制到剪贴板上，再将其粘贴到文档中的其他位置。

①选定要复制的文本，在“开始”选项卡“剪贴板”组中单击“复制”命令，或右击鼠标，从弹出的快捷菜单中选择“复制”命令，或按 Ctrl + C 组合键。

②将光标定位到插入点，在“开始”选项卡“剪贴板”组中单击“粘贴”命令，或右击鼠标，从弹出的快捷菜单中选择“粘贴”命令，或按 Ctrl + V 组合键。

（2）移动文本

移动文本是将被选定文本剪切到剪贴板上，再将其粘贴到文档中的其他位置。

①选定要移动的文本，在“开始”选项卡“剪贴板”组中单击“剪切”命令，或右击

鼠标，从弹出的快捷菜单中选择“剪切”命令，或按 Ctrl + X 组合键。

②将光标定位到插入点，执行粘贴操作，同上。

(3) 删除文本

将光标定位，按 BackSpace 键删除插入点左侧字符，按 Del 键删除插入点右侧字符。选定要删除的块、行、段或整个文档，按 Del 键或 BackSpace 键。

4. 撤销和恢复

在对文本进行编辑操作时，难免会出现一些误操作，Word 能帮助用户恢复到误操作前的状态。

在 Word 的快速访问工具栏中单击“撤销”按钮，或按 Ctrl + Z 组合键，可完成撤销操作；单击“恢复”按钮，或按 Ctrl + Y 组合键，可对使用“撤销”命令撤销的操作进行恢复。

5. 查找和替换

Word 提供了强大的查找与替换功能，不仅可以查找和替换文字，还可以查找和替换指定格式的文字段落标记、域或图形等特定项，给编辑工作带来很大的方便。

(1) 查找

①“查找”命令。在“开始”选项卡“编辑”组中单击“查找”下拉列表中的“查找”命令，弹出“导航”窗格，在文本框中输入要查找的内容，按 Enter 键，则在“导航”窗格中查找到文本所在的位置，并在文档中以黄色底纹显示。

②“高级查找”命令。在“开始”选项卡“编辑”组中单击“查找”下拉列表中的“高级查找”命令，打开“查找和替换”对话框。在“查找”选项卡的“查找内容”文本框中输入要查找的内容，单击“查找下一处”按钮开始进行查找，找到第一个匹配的文本，以反色显示。单击“查找下一处”按钮继续向下查找，不断单击此按钮，直到整个文档结束，如图 3 – 10 (a) 所示。

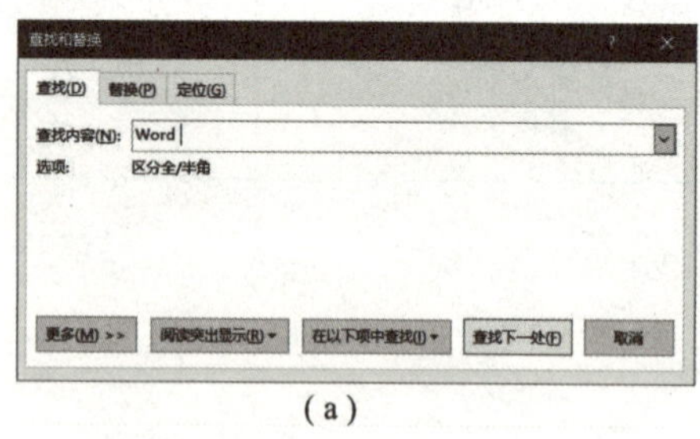

(a)

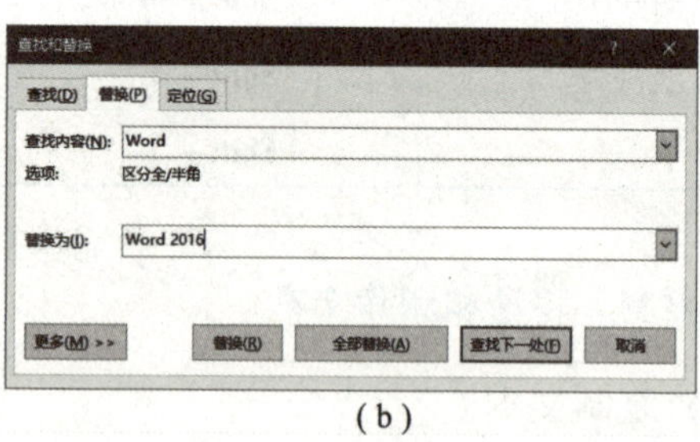

(b)

图 3 – 10 “查找与替换”对话框

(a)“查找”选项卡；(b)“替换”选项卡

(2) 替换

替换命令可以方便地将某些文本替换成新的文本，Word 能按要求自动查找并替换指定的文本。

①在“开始”选项卡“编辑”组中单击“替换”命令，打开“查找和替换”对话框，如图 3 – 10 (b) 所示。

②在“查找内容”文本框中输入要替换的旧文本内容，在“替换为”文本框中输入新文本内容，单击“查找下一处”按钮，开始进行查找，找到第一个匹配的文本，文本被选定。

③单击“替换”按钮，则用新文本内容替换掉旧文本内容，然后继续查找下一个；如果此处不需要替换，则单击“查找下一处”按钮继续查找；如果要将所查到的文本全部替换成新文本，则单击“全部替换”按钮。

④操作完毕后，单击“取消”按钮或按Esc键关闭对话框。

任务实施

1. 输入文本

在文本的输入过程中，按Insert键在插入、改写两种状态下切换。当处于插入状态时，输入新内容后，光标处的内容自动向右移动；当处于改写状态时，输入新内容后，光标处的内容自动被输入的内容覆盖。

打开“培训证明.docx”文档，在空白文档中定位光标，输入如下内容。

> **培训证明**
>
> 王小南于****年**月**日至**年**月**日，在****培训中心参加新员工岗位培训，完成全部培训内容，累计240学时，经考核，成绩全部合格。
>
> 特此证明
>
> ****培训中心
>
> ****年**月**日

2. 编辑文本

①将“王小南”更改为“王晓楠”。

选定对象，按Del键删除，输入新姓名。

②将“培训”替换为“培训学习”。

在“开始”选项卡“编辑”组中单击“替换”命令，打开“查找和替换”对话框，在“查找内容”文本框中输入“培训”，在“替换为”文本框中输入“培训学习”，单击“替换”或“全部替换”按钮。

3. 保存文档

单击“文件”选项卡，选择“另存为”命令，输入文件名“培训学习证明.docx”，单击“保存”按钮。

知识拓展

1. 快捷选定文本

①选定超长文本。先将光标定位在需要选择的文本开始位置，然后向下移动文档，直到

看到需要选择部分的结束处，按住 Shift 键，然后单击需要选择文档的结束处。

②选定不连续文本。先选定一个文本区域，再按下 Ctrl 键，用鼠标拖动来选择其他区域。

③选定矩形区域文本。按下 Alt 键，拖动鼠标形成一个矩形区域。

④选定词、句、段。快速双击选定词；按住 Ctrl 键，同时鼠标单击该句子的任意位置，选定该句；快速三击，选定段落文本。

⑤利用选定栏选定。当鼠标移动到文档左边的空白处时，鼠标指针变为空心箭头形状"⬈"，这就是选定栏的标志。单击选定箭头所指向的一行；双击选定箭头所指向的一段；三击选定整个文档；按住 Ctrl 键单击选定整个文档。

2. 输入日期和时间

单击"插入"选项卡"文本"组中的"日期和时间"命令，打开"日期和时间"对话框，如图 3－11 所示。选择需要的日期和时间格式，若选中"自动更新"复选框，此时插入的文档的日期和时间就会自动更新。

3. 输入符号

在"插入"选项卡"符号"组中单击"符号"命令，从列表中直接选定所需的符号，或选择"其他符号…"选项，打开"符号"对话框，选定要插入的符号，单击"插入"按钮，如图 3－12 所示。

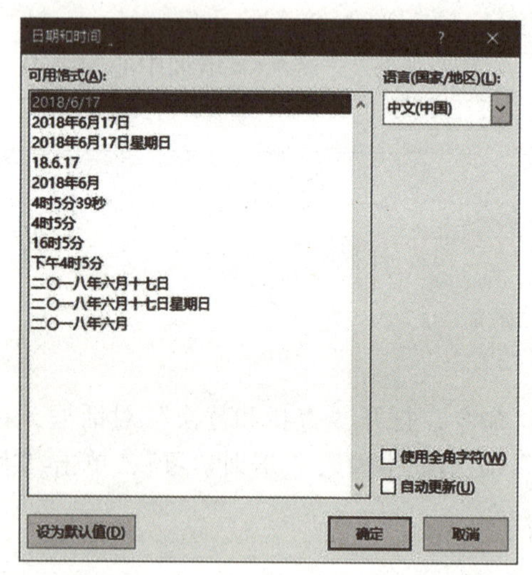

图 3－11 "日期和时间"对话框

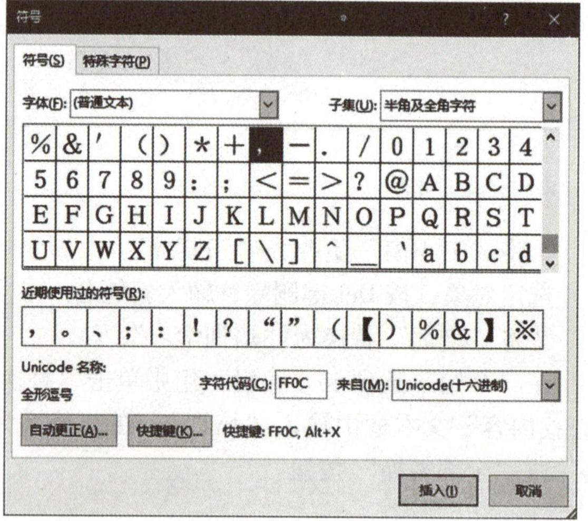

图 3－12 "符号"对话框

此外，也可右击中文输入法软键盘，打开软键盘快捷菜单，选择不同的符号类别，单击符号完成特殊符号的插入操作。

4. 插入文件

在"插入"选项卡"文本"组中单击"对象"命令，从下拉列表中选择"文件中的文字"，打开"插入文件"对话框，选择插入文件所在的文件夹，选定文件，单击"插入"按

钮，如图 3－13 所示。

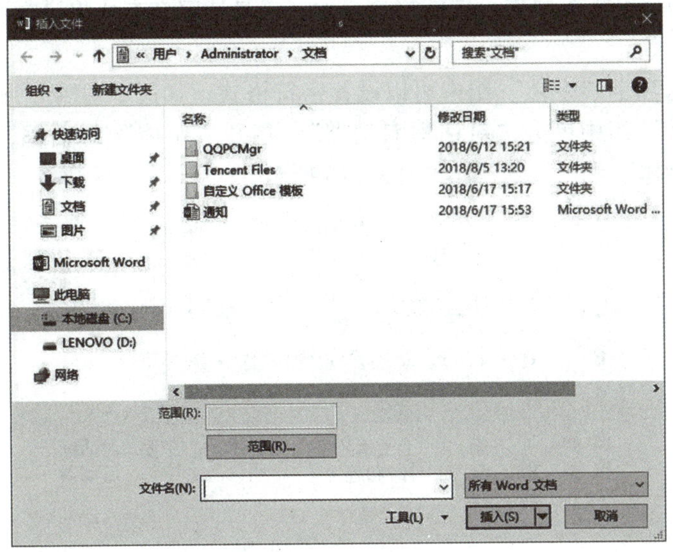

图 3－13 "插入文件"对话框

实践提高

1. 启动 Word，新建文档，输入下面文字，以"请假条.docx"为文件名保存。

> **请假条**
>
> 尊敬的王老师：
>
> 您好！我是 ** 级 ******** 专业的张晓倩，因为要去外地参加 ******** 公司应聘面试，于 **** 年 ** 月 ** 日至 **** 年 ** 月 ** 日，特请假 ** 天，恳请批准。
>
> 此致
>
> 请假人：张晓倩
>
> **** 年 ** 月 ** 日

2. 创建"自我介绍.docx"文档，包括自然情况、兴趣爱好、性格特点等内容，字数不少于 500，至少 3 个段落。

3.1.4　格式化文档

任务描述

熟练掌握文档格式化的基本操作，包括字符的格式设置和段落的设置。

知识准备

1. 字符格式

在 Word 中，字符格式包括字体、字号、字形、下划线、边框、底纹、颜色等。

Word 默认字符格式是宋体五号字，设置字符格式有两种方式：一是在未输入字符前设置，则其后输入的字符将按预先设置的格式显示；二是选定文本块再进行设置，其只对选定文本块起作用。

在“开始”选项卡“字体”组中可以设置字符格式，如图 3－14 所示。还可以在“开始”选项卡“字体”组中单击“对话框启动器”，打开“字体”对话框，其中包括两个选项卡，分别是“字体”和“高级”，如图 3－15 所示。

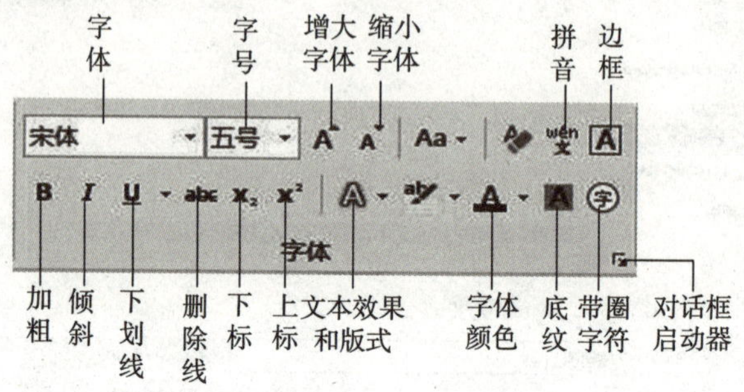

图 3－14 “字体”组

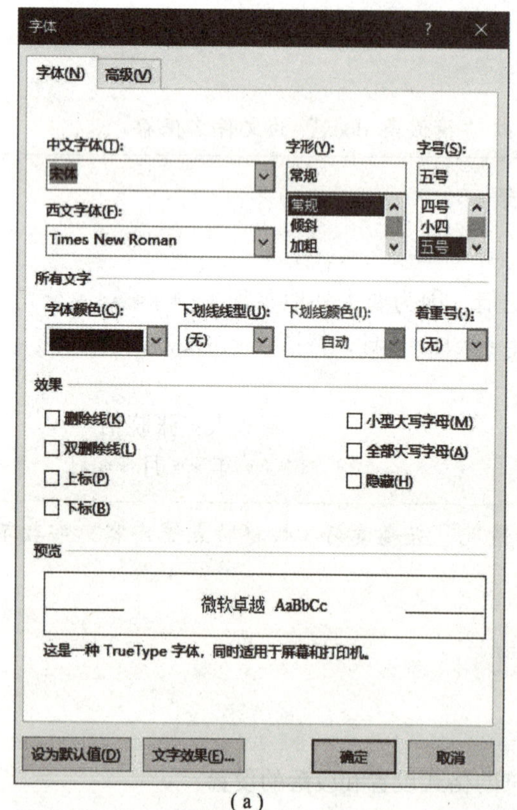

（a）

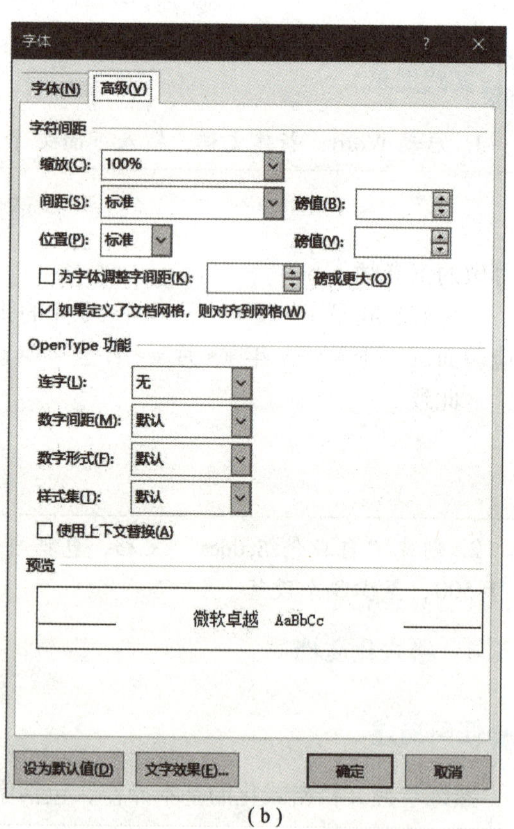

（b）

图 3－15 “字体”对话框

（a）“字体”选项卡；（b）“高级”选项卡

2. 段落格式

在 Word 中，回车符为段落标记。段落格式包括文字对齐、缩进、行距、段间距等。

“开始”选项卡“段落”组中的命令可以设置段落格式，如图 3－16 所示。还可以在“开始”选项卡“段落”组中单击“对话框启动器”来打开“段落”对话框进行设置。

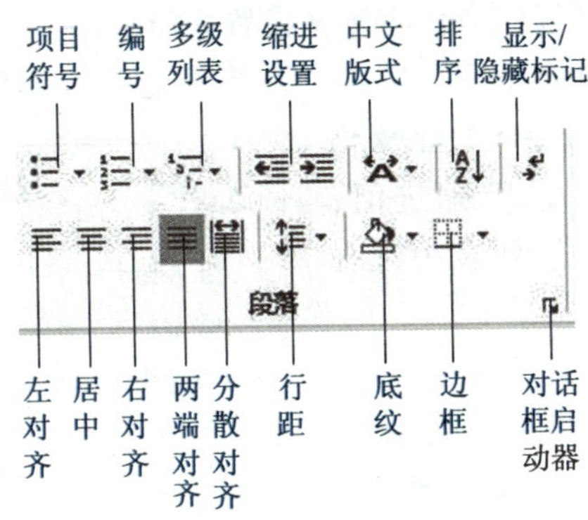

图 3－16 “段落”组

（1）对齐方式

在“开始”选项卡“段落”组中，Word 提供了 5 个不同对齐效果的命令按钮，从左至右依次为左对齐、居中、右对齐、两端对齐、分散对齐。

（2）段落缩进

段落缩进有首行缩进、悬挂缩进、左缩进和右缩进 4 种。段落缩进操作可以通过拖动标尺上的滑块实现，如图 3－17 所示；也可单击“段落”组中的命令或在“段落”对话框中设置。

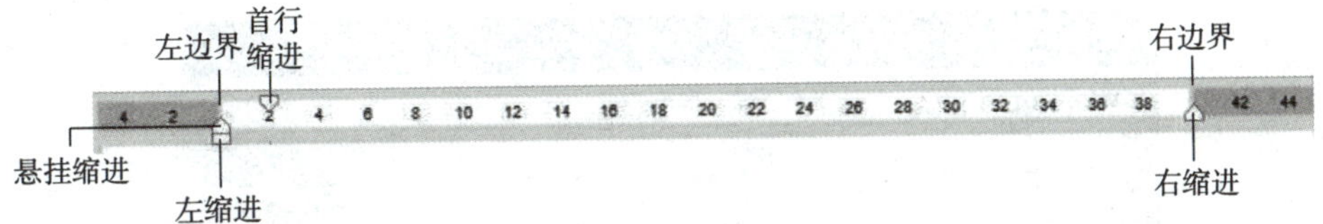

图 3－17 标尺

（3）行间距和段间距

①行间距。行间距表示段落中各行文本间的垂直距离。行间距的单位是“行”或“磅”。

②段间距。段间距是指相邻两段除行间距外加大的距离，分为段前间距和段后间距。Word 默认的段落间距单位是“行”或“磅”。

任务实施

对“培训学习证明.docx”文档进行格式设置。

1. 设置标题格式

①设置字体字号。在选定区内单击标题行“培训学习证明”选中文本，在“开始”选项卡“字体”组“字体”列表框中选定“黑体”，在“字号”列表框中选定“三号”。

②设置对齐方式。单击“开始”选项卡“段落”组中的“居中”命令。

③设置段落。单击“开始”选项卡“段落”组中的“对话框启动器”，打开“段落”对话框，将“间距”区域中的“段前”“段后”组合框中的数值设置或输入为“1 行”。

2. 设置正文格式

①设置字体字号。按上述操作方法将正文设置为仿宋体、三号。

②设置缩进和行间距。选定正文，单击“开始”选项卡“段落”组中的“对话框启动器”，打开“段落”对话框，在“特殊格式”列表中选择“首行缩进”，“缩进值”调整为“2 字符”，在“行距”列表中选择“1.5 倍行距”。

③设置对齐方式。选中机构名称和日期，设置为右对齐，效果如图 3－18 所示。

④单击快速访问工具栏的“保存”按钮。

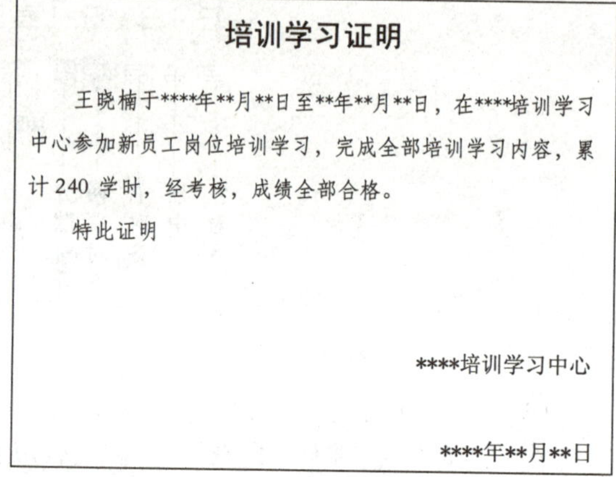

培训学习证明

王晓楠于****年**月**日至**年**月**日，在****培训学习中心参加新员工岗位培训学习，完成全部培训学习内容，累计 240 学时，经考核，成绩全部合格。

特此证明

****培训学习中心

****年**月**日

图 3－18 “培训学习证明”设置效果

知识拓展

1. 汉字加拼音

在“开始”选项卡“字体”组中单击“拼音指南”命令，打开“拼音指南”对话框，单击“确定”按钮，选定的文字添加了拼音，如图 3－19 所示。

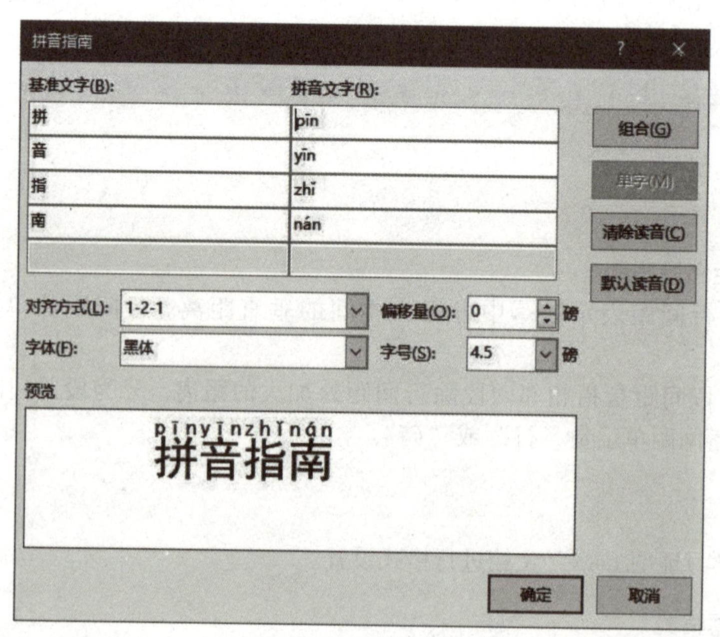

图 3－19 “拼音指南”对话框

2. 带圈字符

选定一个字符，在“开始”选项卡“字体”组中单击“带圈字符”命令，打开“带圈字符”对话框，选定样式、文字和符号，单击“确定”按钮，如图3－20所示。

3. 项目符号和编号

（1）项目符号

在“开始”选项卡“段落”组中单击“项目符号”右侧箭头，从打开的“项目符号库”和“文档项目符号”中选择一种，如图3－21所示，也可以选择“定义新项目符号”，打开“定义新项目符号”对话框，重新定义项目符号。

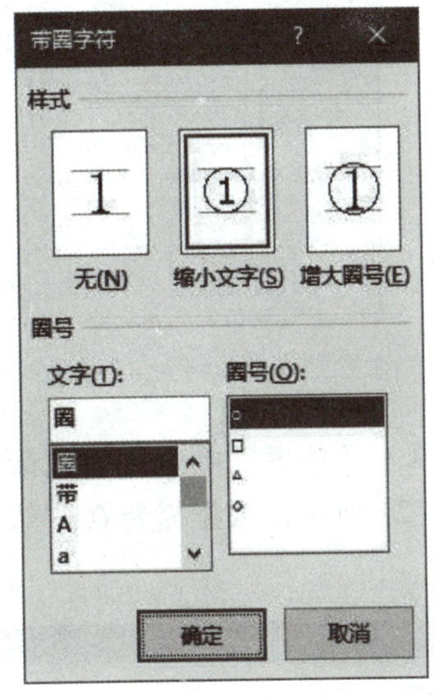

图3－20 “带圈字符”对话框

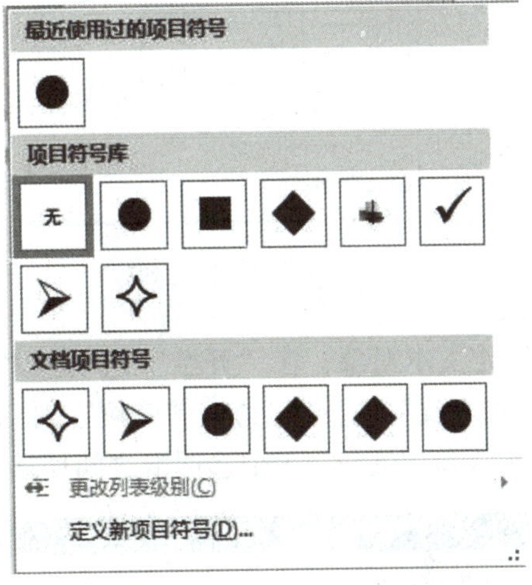

图3－21 项目符号列表

（2）编号

在“开始”选项卡“段落”组中单击“编号”的右侧箭头，从打开的“编号库”和“文档编号格式”中进行选择，如图3－22所示，也可以选择“定义新编号格式”，打开“定义新编号格式”对话框，重新定义编号。

4. 首字下沉

在编排某些文档时，为了突出首字引起读者注意，可将段落的第一个字放大并下沉。

在“页面”视图方式下，将插入点移动到要设置首字下沉的段落中，单击“插入”选项卡“文本”组中的“首字下沉”命令，打开“首字下沉”对话框，如图3－23所示。

5. 边框和底纹

Word提供了丰富的边框和底纹效果，可以用底纹填充选定的文本、表格、段落或其他对象，以美化文档。

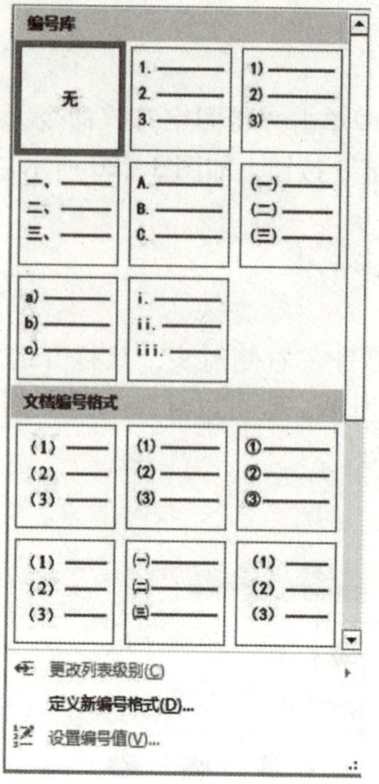

图 3-22　编号列表

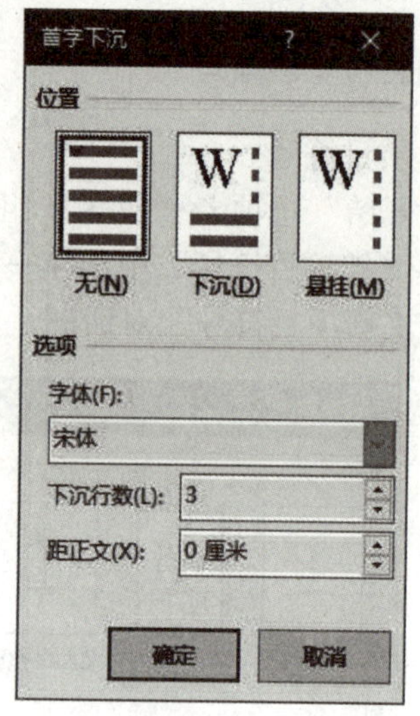

图 3-23　“首字下沉”对话框

选定文本对象，在“开始”选项卡“段落”组中单击“边框”命令的右侧箭头，选择“边框和底纹”，打开“边框和底纹”对话框，如图 3-24 所示，根据需要在“边框”“页面边框”和“底纹”3 个选项卡之间切换进行设置。

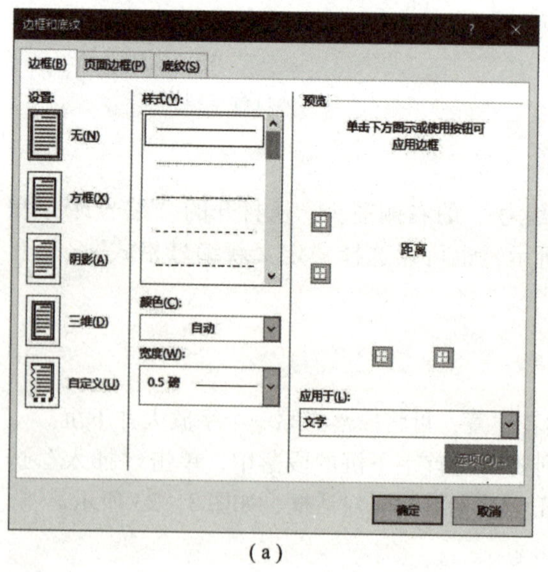

（a）

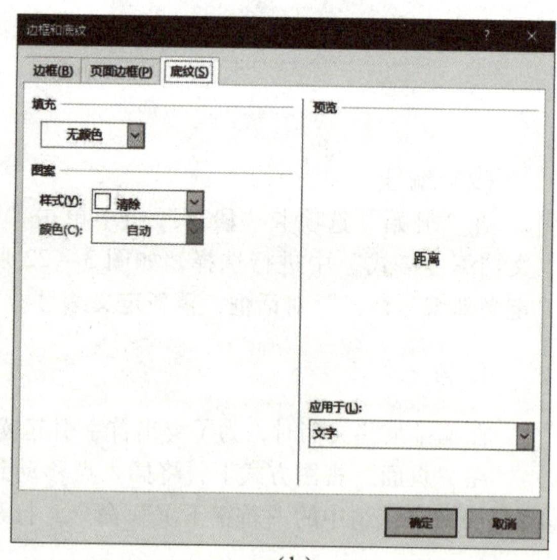

（b）

图 3-24　“边框和底纹”对话框

（a）“边框”选项卡；（b）“底纹”选项卡

6. 格式刷

在设置文档格式时，若部分文档的格式已确定，可将其格式复制给文档内的其他部分。光标定位或选定已设置格式的对象，在“开始”选项卡“剪贴板”组中单击“格式刷”命令，鼠标指针进入文档编辑区时呈现为小刷子形状“”，在目标文本处拖动鼠标。

单击“格式刷”命令使用一次有效，双击可多次使用，直到再次单击“格式刷”命令或按 Esc 键为止。

实践提高

1. 打开“请假条.docx”文档文件，按图 3－25 进行字符和段落设置，保存文件。

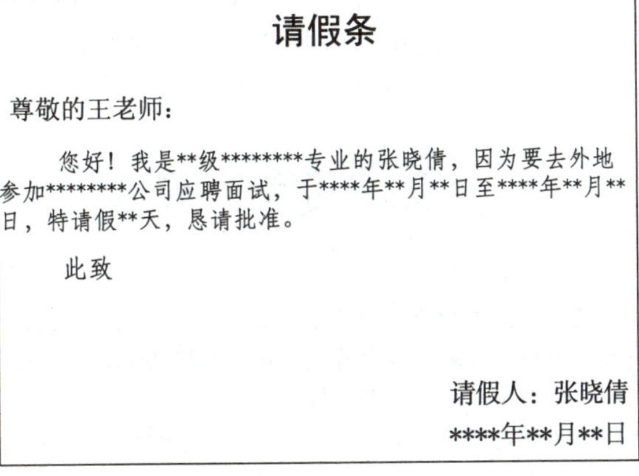

请假条

尊敬的王老师：

您好！我是**级********专业的张晓倩，因为要去外地参加********公司应聘面试，于****年**月**日至****年**月**日，特请假**天，恳请批准。

此致

请假人：张晓倩

****年**月**日

图 3－25 请假条

2. 打开“自我介绍.docx”文档文件，进行字符和段落设置。

3.1.5 输出文档

任务描述

掌握文档页面、页眉和页脚的应用，熟悉“布局”选项卡功能。

知识准备

在文档输出前，要对文档进行页面、页眉和页脚、分栏和文字方向等的设置，主要通过“布局”选项卡中的命令实现，如图 3－26 所示。

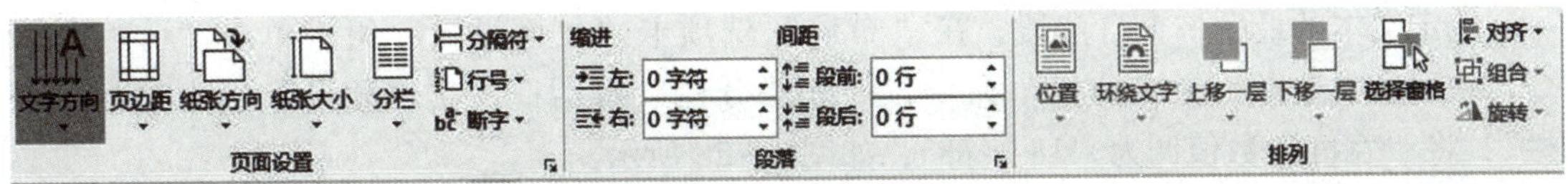

图 3－26 “布局”选项卡

页面设置是指对文档页面布局的设置。主要包括设置纸张大小、页边距、纸张方向、文字方向、分栏等。

页眉是指页面正文的顶部空白区域，页脚是指页面底部空白区域。页眉和页脚用来显示文档的附加信息，可以插入时间、文档标题、作者姓名、页码、日期等内容，可以是文字，也可以是图片和剪贴画等对象。

任务实施

1. 编辑和格式化文档

（1）创建文档

启动 Word，创建一个名为“荷塘月色.docx”的文档，输入内容。

（2）设置字符和段落格式

在“开始”选项卡“字体”组中设置字体、字号、边框和底纹；在“开始”选项卡“段落”组中单击“对话框启动器”按钮，打开“段落”对话框，设置首行缩进 2 字符、段前 0.5 行、段间距 1.5 倍，如图 3－27 所示。

《荷塘月色》节选

朱自清

曲曲折折的荷塘上面，弥望的是田田的叶子。叶子出水很高，像亭亭的舞女的裙。层层的叶子中间，零星地点缀着些白花，有袅娜地开着，有羞涩的打着朵儿的；正如一粒粒的明珠，又如碧天里的星星，又如刚出浴的美人。微风过处，送来缕缕清香，仿佛远处高楼上渺茫的歌声似的。这时候叶子与花也有一些的颤动，像闪电般，霎时传过荷塘的那边去了。叶子本是肩并肩密密的挨着，这便宛然有了一道凝碧的波痕。叶子底下是脉脉的流水，遮住了，不能见一些颜色;而叶子却更见风致了。

月光如流水一般，静静地泻在这一片叶子和花上。薄薄的青雾浮起在荷塘里。叶子和花仿佛在牛乳中洗过一样;又像笼着轻纱的梦。虽然是满月，天上却有一层淡淡的云，所以不能朗照;但我以为这恰是到了好处--酣眠固不可少，小睡也别有风味的。月光是隔了树照过来的，高处丛生的灌木，落下参差的斑驳的黑影，却又像是画在荷叶上。塘中的月色并不均匀，但光与影有着和谐的旋律，如梵婀玲上奏着的名曲。

图 3－27　文档的格式设置效果

2. 设置分栏、页眉和页脚

（1）设置分栏

选定文本的最后一个自然段，在“布局”选项卡“页面设置”组中单击“分栏”命令，从列表中选择“更多分栏”命令，打开“分栏”对话框，在“预设”组中选择“两栏”，将“宽度”数值调为“18 字符”，如图 3－28 所示。

（2）设置页眉和页脚

在“插入”选项卡“页眉和页脚”组中单击“页眉”命令，从列表中选择第 1 个“空白”样式，输入“荷塘月色”，选定页眉内容，在“开始”选项卡“字体”组中选择字体为“楷体”、字号为“小五”，默认为居中，如图 3－29 所示。

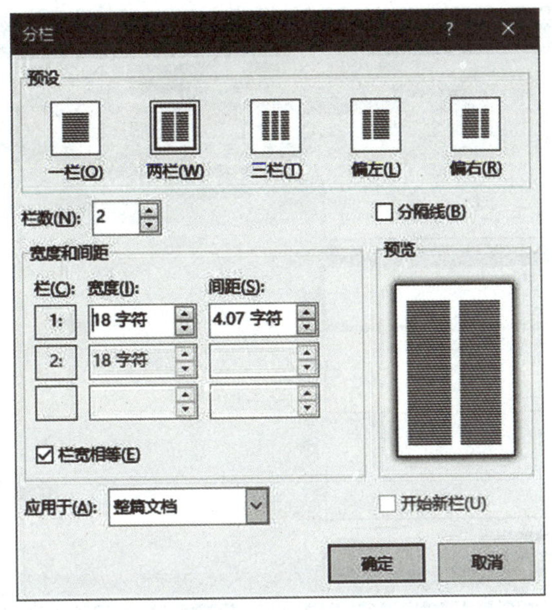

图 3－28 “分栏”对话框

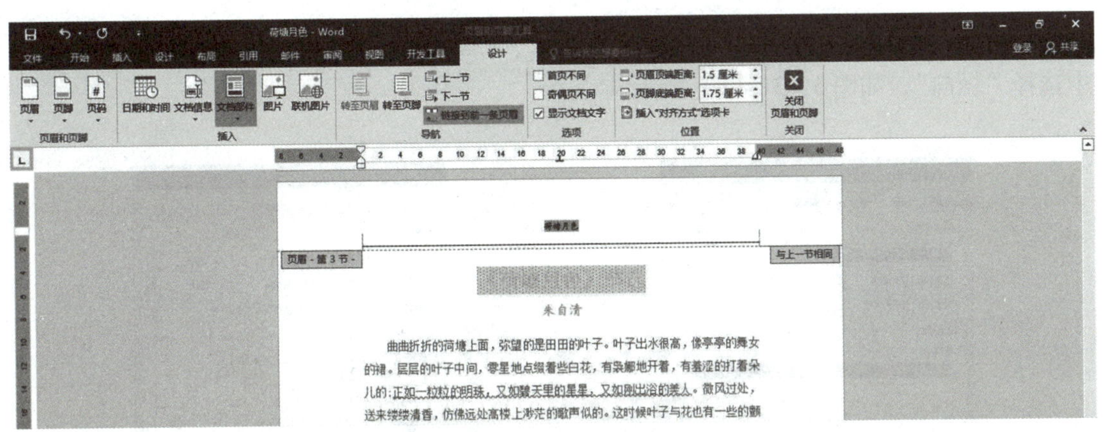

图 3－29 设置“页眉和页脚”

（3）插入页码

在“设计”选项卡“导航”组中单击“转至页脚”命令，则光标切换到页脚区，再选择“页眉和页脚”组中的“页码”命令，从列表中选择“页面底端”命令，选择“普通数字 2”样式，设置结束后单击“关闭页眉和页脚”命令，如图 3－30 所示。

3. 设置页面

（1）设置纸张大小

在“布局”选项卡“页面设置”组中单击“对话框启动器”按钮，打开“页面设置”对话框，在“纸张大小”下拉列表中选择“A4”，如图 3－31（a）所示。

（2）设置页边距和纸张方向

在“页面设置”对话框中单击“页边距”选项卡，在“页边距”项的上、下、左、右

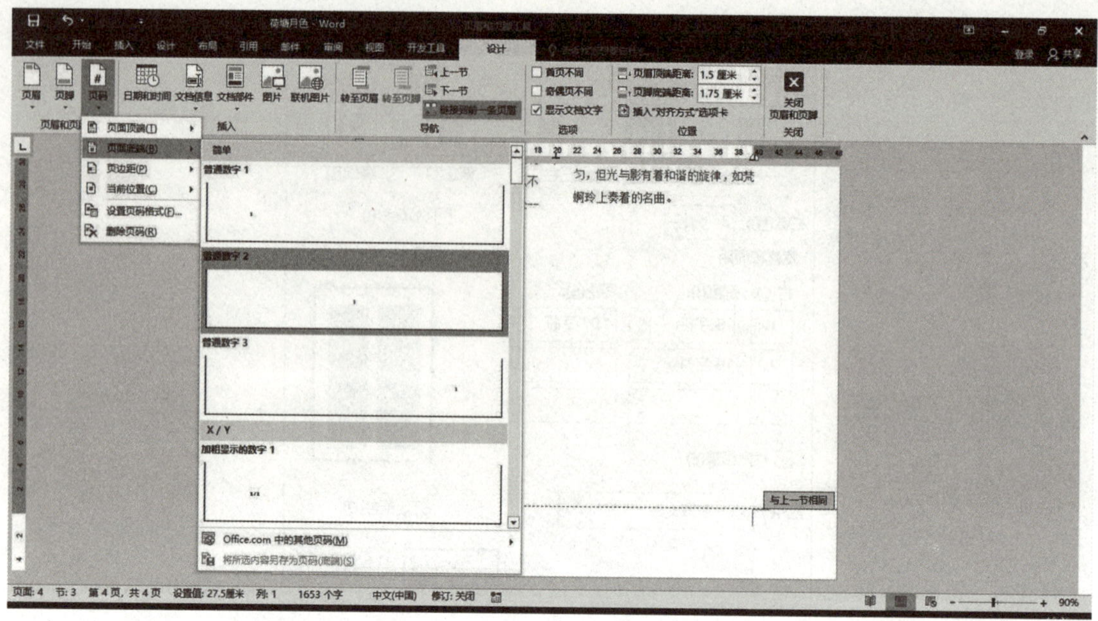

图 3－30　设置“页码”

数值框中输入边距值分别为 3.7 厘米、3.5 厘米、2.8 厘米、2.6 厘米，在“纸张方向”项中选择“纵向”，如图 3－31（b）所示。

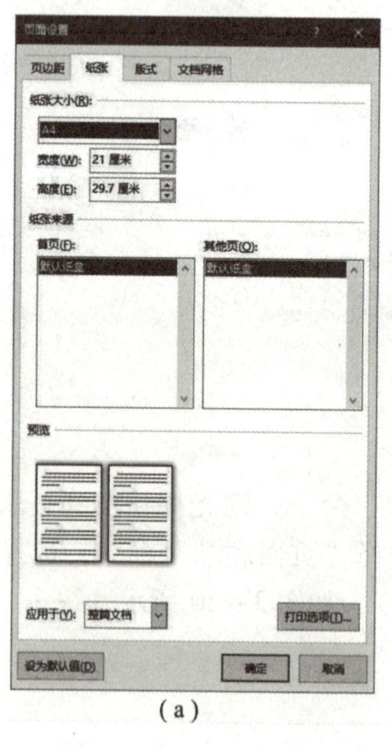

(a)

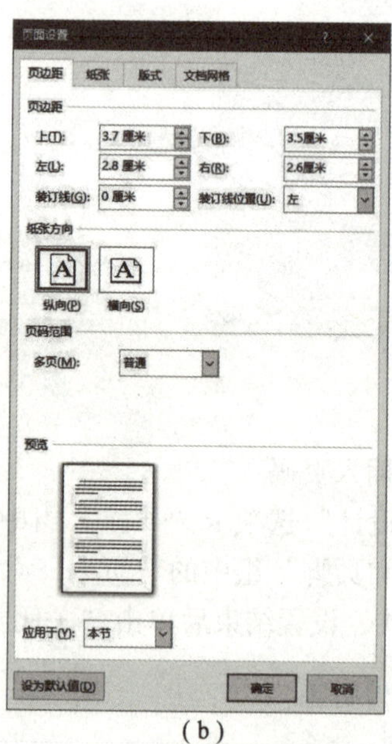

(b)

图 3－31　页面设置和打印设置

(a)“纸张”选项卡；(b)“页边距”选项卡

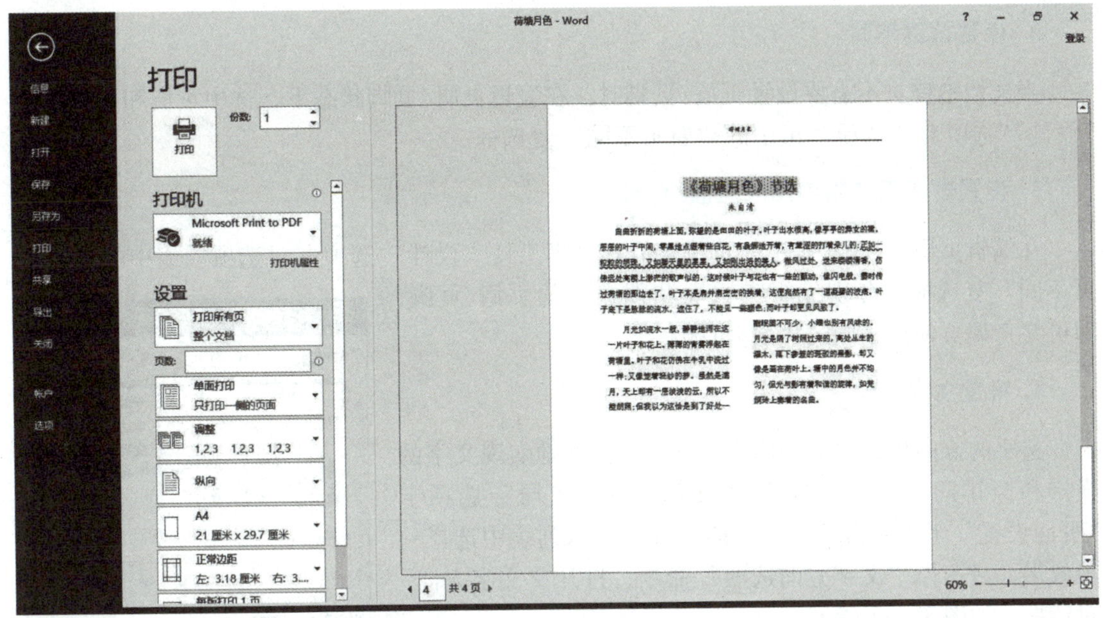

(c)

图 3 – 31　页面设置和打印设置（续）

(c)“打印”界面

(3) 设置打印参数

单击“文件”选项卡，选择“打印”命令，打开“打印”对话框，如图 3 – 31（c）所示，设置打印份数为“1”，在“打印机”下拉列表中选择已安装的打印机名称，在“设置”选项中选择打印范围为“打印当前页面（仅当前页）”，默认“单面打印”，右侧为打印预览窗口，设置完成后单击“打印”命令。

知识拓展

1. 设置页码格式

在“插入”选项卡“页面和页脚”组中单击“页码”命令，从下拉列表中选择“设置页码格式”命令，打开“页码格式”对话框，可以选择编号格式、设置页码编号等，如图 3 – 32 所示。

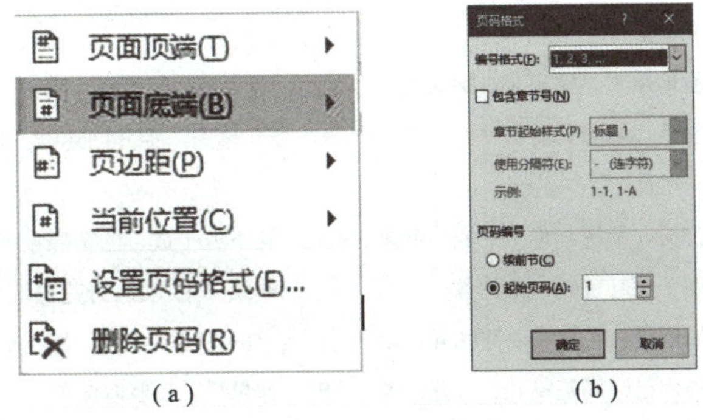

(a)　(b)

图 3 – 32　设置页码格式

(a) 页码列表；(b)“页码格式”对话框

2. 设置首页不同

当文档中首页不需要设置页眉/页脚时，在编辑页眉/页脚状态下，选中页眉和页脚工具“设计”选项卡“选项”组中的“首页不同”复选框。

3. 设置奇偶页使用不同的页眉/页脚

在编辑页眉/页脚状态下，选中页眉和页脚工具“设计”选项卡“选项”组中的“奇偶页不同”复选框，分别编辑奇数页和偶数页的页眉/页脚，即可在奇偶页使用不同的页眉/页脚。

4. 设置文字方向

文字的方向包括水平和垂直，并可以方便地实现文字的横排和竖排间的转换。选定对象后，在“布局”选项卡“页面设置”组中单击“文字方向”命令，从列表中选择一种效果，或选择“文字方向选项”命令，打开“文字方向”对话框，如图 3－33 所示。

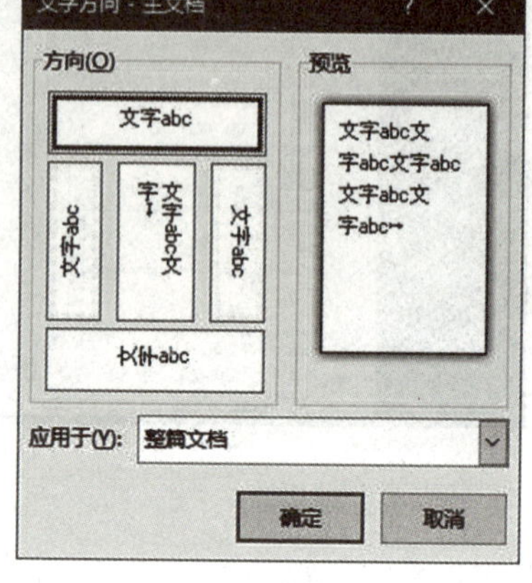

图 3－33 “文字方向”对话框

5. 设置页面纵横混排

有时文档页面需要纵向和横向混合的排版效果，需要在文档的纵横交界处插入一个分隔符。在“布局”选项卡“页面设置”组中单击“分隔符”命令，从列表中选择“下一页”，然后再设置纸张方向。

实践提高

1. 创建文档“春.docx”，输入内容，完成版面设计，效果如图 3－34 所示。

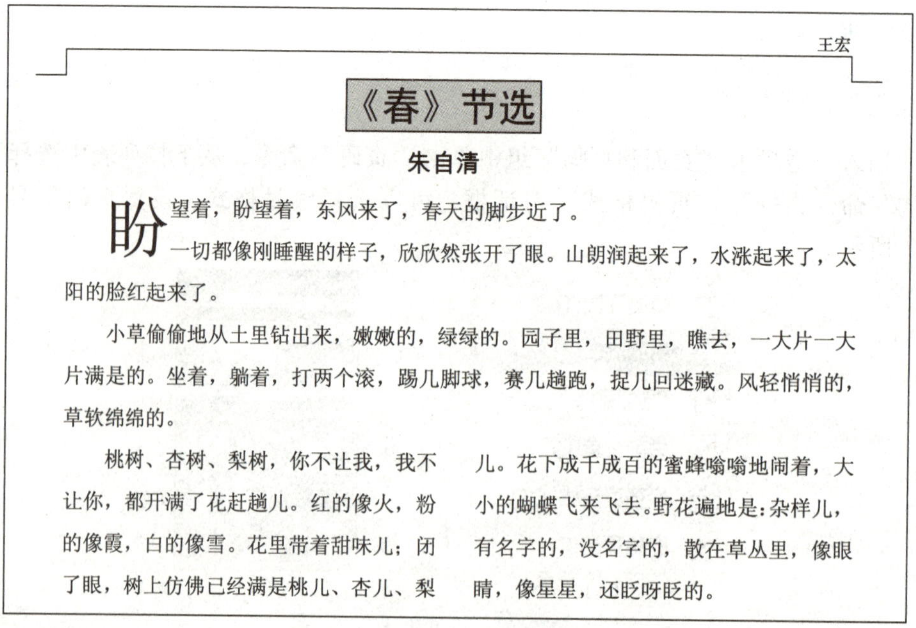

王宏

《春》节选

朱自清

盼望着，盼望着，东风来了，春天的脚步近了。

一切都像刚睡醒的样子，欣欣然张开了眼。山朗润起来了，水涨起来了，太阳的脸红起来了。

小草偷偷地从土里钻出来，嫩嫩的，绿绿的。园子里，田野里，瞧去，一大片一大片满是的。坐着，躺着，打两个滚，踢几脚球，赛几趟跑，捉几回迷藏。风轻悄悄的，草软绵绵的。

桃树、杏树、梨树，你不让我，我不让你，都开满了花赶趟儿。红的像火，粉的像霞，白的像雪。花里带着甜味儿；闭了眼，树上仿佛已经满是桃儿、杏儿、梨儿。花下成千成百的蜜蜂嗡嗡地闹着，大小的蝴蝶飞来飞去。野花遍地是：杂样儿，有名字的，没名字的，散在草丛里，像眼睛，像星星，还眨呀眨的。

图 3－34 版面设计效果

①将标题设置为二号、黑体、红色、加粗、居中、加边框和15%底纹。

②将作者行设置为四号、楷体、居中。

③将正文字体设置为宋体、小四号，段落设置首行缩进2字符、1.5倍行距。

④将第一自然段落首字下沉2行。

⑤将最后一个自然段设置成两栏。

⑥设置页眉，在页眉处输入姓名，右对齐；在页脚中部插入页码。

2. 应用Word文档的编辑功能制作“点亮青春、唱响未来”海报，效果如图3-35所示。

点亮青春、唱响未来

唱出你的热情
伸出你双手
让我拥抱着你的梦
让我拥有你真心的面孔
让我们的笑容
充满着青春的骄傲
让我们期待明天会更好

为了营造一个健康、文明、积极向上的校园文化氛围，丰富同学们的业余文化生活，给莘莘学子们展现青春风采的大舞台，我们决定举办校园歌手大赛。

- 活动主题：音乐点亮青春，歌声唱响未来！
- 主办单位：校团委、学生会
- 活动时间：5月4日晚19点
- 活动地点：校活动中心

心动不如行动，加入我们吧！
让我们一起为音乐、歌唱而痴狂！

图3-35 海报效果

任务2 处理Word表格

3.2.1 创建表格

任务描述

熟练掌握创建表格的方法，完成表格数据的输入。

知识准备

在Word文档中可以创建规则的二维表格，也可以绘制不规则的表格，还可以将文本数据转换为表格。表格建立后，在单元格中可以输入数字、文字和图形等信息。

表格的创建可以使用“插入”选项卡“表格”组中的“表格”命令，有表格模板、插入表格、快速表格、绘制表格等方法。

输入表格数据时，可以通过快捷键移动光标。表3－3中列出了表格中移动光标常用的快捷键。

表3－3 Word常用光标定位功能键

快捷键	功能	快捷键	功能
→	光标向右移动一个单元格	Tab	光标移到下一个单元格
←	光标向左移动一个单元格	Shift + Tab	光标移到上一个单元格
↑	光标向上移动一个单元格	Alt + Home	光标移到当前行第一个单元格
↓	光标向下移动一个单元格	Alt + End	光标移到当前行最后一个单元格
Ctrl + ↑	光标移到前一个单元格	Alt + PageUp	光标移到当前列第一个单元格
Ctrl + ↓	光标移到后一个单元格	Alt + PageDown	光标移到当前列最后一个单元格

任务实施

1. 创建表格

①启动Word，创建空白文档文件。

②输入表标题“学生成绩表”，按Enter键将光标定位到下一行。

③在“插入”选项卡“表格”组中单击“表格”命令下拉按钮；在列表中拖动鼠标至“7×5”表格，释放鼠标，插入一个5行7列的表格，如图3－36（a）所示。

2. 输入表格内容

光标定位到单元格中，输入如图3－36（b）所示表格内容。

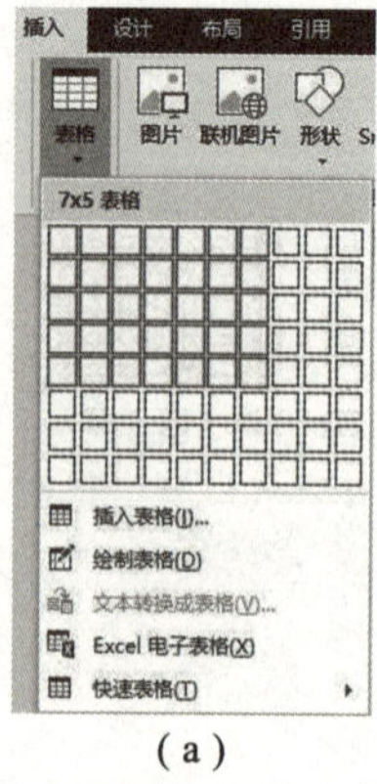

（a）

学生成绩表

姓名	修养	高等数学	大学英语	计算机基础	总分	平均分
刘 洋	90	95	89	90		
张丽丽	78	89	86	95		
李一明	89	92	78	89		
王小鹏	70	76	87	85		

（b）

图3－36 制作“学生成绩表”
（a）插入表格；（b）表格效果

3. 保存文档

保存文档文件名为“学生成绩表. docx”。

知识拓展

1. “插入表格”命令

①将光标定位，在“插入”选项卡“表格”组中单击“表格”命令下拉按钮，从列表中选择“插入表格”命令，打开“插入表格”对话框。

②在“列数”和“行数”数字框中设置或输入合适的数值，如图 3－37 所示。

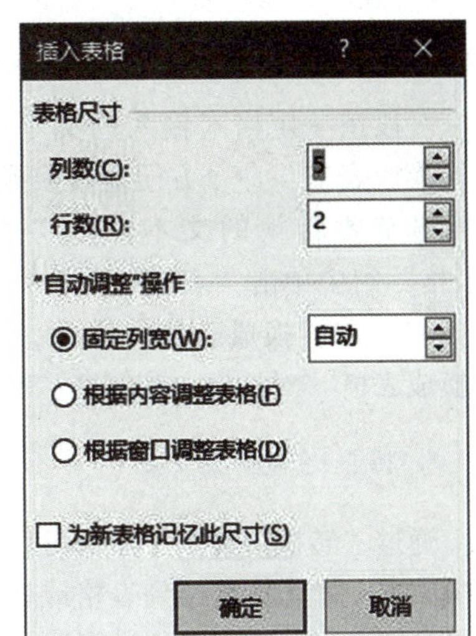

图 3－37　“插入表格”对话框

2. “快速表格”命令

将光标定位，在“插入”选项卡“表格”组中单击“表格”命令下拉按钮，从列表中选择“快速表格”命令，选择一种样式，则可插入一个格式化的表格。

3. “绘制表格”命令

（1）画线

在“插入”选项卡“表格”组中单击“表格”命令，从下拉列表中选择“绘制表格”命令，当鼠标指针变为“🖉”形状时，在文档中拖动鼠标，可以在文档中绘制表格线。此时功能区增加了表格工具的“设计”和“布局”选项卡，如图 3－38 所示。

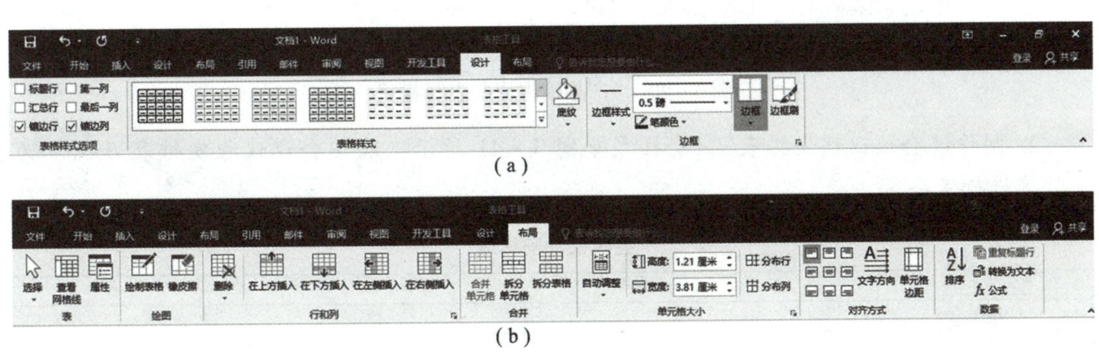

图 3－38　表格工具选项卡

（a）“设计”选项卡；（b）“布局”选项卡

（2）擦线

在“布局”选项卡“绘图”组中单击“橡皮擦”命令，鼠标指针变为“🧽”形状，在要擦除的表格线上拖动鼠标，即可擦除一条表格线。

4. 将文本转换成表格

一段按一定格式输入的文本可以通过“文本转换成表格”命令方便地转换成表格。

选定要转换的文本，在“插入”选项卡“表格”组中单击“表格”命令，从下拉列表中选择“文本转换成表格”命令，打开“将文字转换成表格”对话框，如图 3－39 所示。

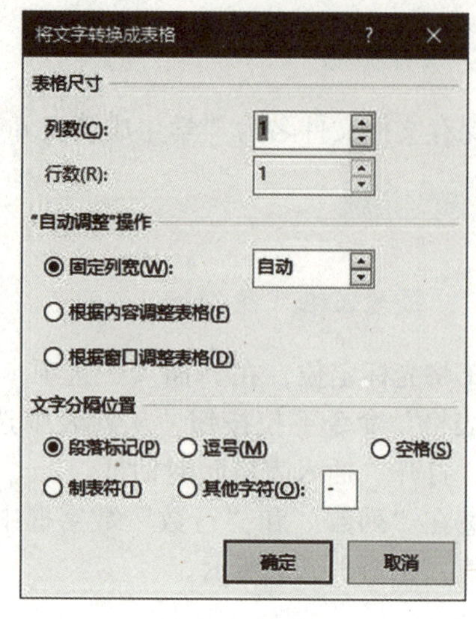

图 3－39 “将文字转换成表格”对话框

5. 将表格转换成文本

通过“转换为文本”命令可以将表格内容转换成文本。将光标定位到表格或选中表格，在表格工具“布局”选项卡“数据”组中单击“转换为文本”命令，打开“表格转换成文本”对话框，选中一种文字分隔符，单击“确定”按钮，选定的表格内容就转换为相应的文本。

实践提高

1. 制作“产品销售情况表”，表样式如图 3－40 所示，以“产品销售情况.docx”作为文件名进行保存。

产品销售情况表

产品名称	第一季度	第二季度	第三季度	第四季度	合计
数码相机	105	121	101	98	
摄像机	61	54	69	48	
笔记本电脑	125	119	186	131	
手机	625	568	721	517	

图 3－40 “产品销售情况表”样式

2. 制作“会议议程安排表”，表样式如图 3－41 所示，以“会议议程安排表.docx”为文件名进行保存。

会议议程安排表

<table>
<tr><td>会议主题</td><td colspan="3"></td></tr>
<tr><td>主办单位</td><td colspan="3"></td></tr>
<tr><td>会议负责人</td><td></td><td>主持人</td><td></td></tr>
<tr><td colspan="4">会议内容</td></tr>
<tr><td>议题 1</td><td colspan="3">议题名称</td></tr>
<tr><td>序号</td><td>时间</td><td>内容</td><td>发言人</td></tr>
<tr><td></td><td></td><td></td><td></td></tr>
<tr><td></td><td></td><td></td><td></td></tr>
<tr><td></td><td></td><td></td><td></td></tr>
<tr><td colspan="4">会议摘要</td></tr>
</table>

图 3－41 “会议议程安排表”样式

3.2.2 编辑表格

任务描述

熟练掌握单元格、行、列的编辑操作，包括选定、插入、删除、拆分和合并等。

知识准备

常用编辑表格操作有表格、行、列和单元格的选定、插入和删除，以及单元格、表格的合并和拆分等。

1. 选定表格、行、列和单元格

①选定表格。将鼠标移动到表格左上角，单击表格的移动手柄“⊞”。

②选定行。将鼠标移动到表格左侧，当鼠标指针变为“↗”形状时，单击鼠标选定相应的行；拖动鼠标可以选定多行。

③选定列。将鼠标移动到表格顶部，当鼠标指针变为“↓”形状时，单击鼠标选定相应的列；拖动鼠标可以选定多列。

④选定单元格。将鼠标移动到单元格左侧，当鼠标指针变为“↗”形状时，单击鼠标选定该单元格；拖动鼠标选定多个相邻单元格。

2. 插入行、列或单元格

①插入行。将光标定位到单元格内，在表格工具“布局”选项卡“行和列”组中单击“在上方插入”命令或“在下方插入”命令。如果选定若干行，执行以上操作后，插入的行数与选定的行数相同。

②插入列。将光标定位到要插入新列左侧或右侧的任一单元格内，在表格工具“布局”选项卡的“行和列”组中单击“在左侧插入”命令或“在右侧插入”命令。如果选定若干列，执行以上操作后，插入的列数与选定的列数相同。

③插入单元格。将光标定位到要插入单元格的左侧或上方，在表格工具“布局”选项卡“行和列”组中单击“对话框启动器”，打开“插入单元格”对话框，根据需要选定一项，单击“确定”按钮，如图 3－42 所示。

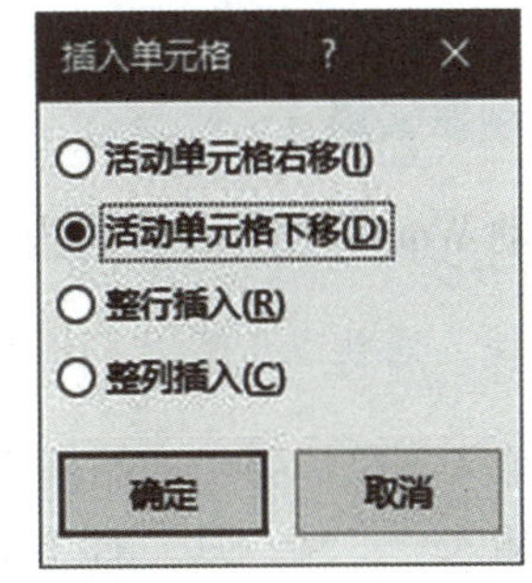

图 3－42 “插入单元格”对话框

3. 删除表格、行、列或单元格

①删除表格、行或列。选定要删除的表格、行或列，单击“剪切”命令将表格剪切到剪贴板上，或按 BackSpace 键直接删除，或在表格工具“布局”选项卡“行和列”组中单击“删除”命令，从下拉列表中选择要删除的项目。

②删除单元格。选定要删除的单元格，在表格工具“布局”选项卡“行和列”组中单

击“删除”命令，从下拉列表中选择“删除单元格”命令，打开“删除单元格”对话框，根据需要选定后，单击“确定”按钮，如图 3－43 所示。

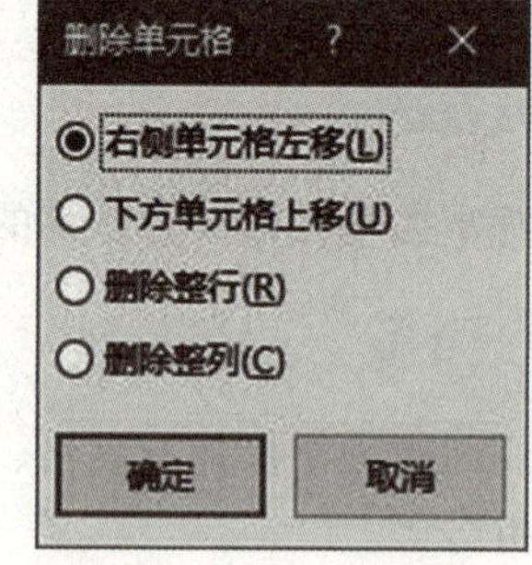

图 3－43 “删除单元格”对话框

4. 合并、拆分单元格

①合并单元格。在表格工具“布局”选项卡“合并”组中单击“合并单元格”命令，则选定的单元格合并为一个单元格。合并单元格后，各单元格中的内容也“合并”到新单元格中。

②拆分单元格。在表格工具“布局”选项卡“合并”组中单击“拆分单元格”命令，可拆分成多个单元格。

5. 合并、拆分表格

①合并表格。将表格之间的空行（段落标识符）删除，它们就自动合并成一个表格。

②将光标定位到表格要拆分的行中，在表格工具“布局”选项卡“合并”组中单击“拆分表格”命令，可将表格分成两个独立的表格。

6. 单元格表示

表格中的“行”是用数字 1，2，3，…表示的，表格中的“列”是用英文字母 A，B，C，…表示的，表中的单元格分别用 A1，A2，A3，B1，B2，B3 等表示，如果是某个单元格区域，则用冒号分隔。

任务实施

1. 创建文档

启动 Word，创建一个名为“商品销售收据.docx”的文档文件。

2. 输入表头

①输入表格标题“商品销售收据”，按 Enter 键将光标定位到下一行。

②输入“　年　月　日”和“No.”，中间插入适当空格，输入完成，按 Enter 键将光标定位到下一行。

3. 插入表格

在“插入”选项卡“表格”组中单击“表格”命令下拉按钮，从列表中选择“插入表格”命令，打开“插入表格”对话框，调整或输入列数为“5”、行数为“5”，单击“确定”按钮，如图 3－44 所示。

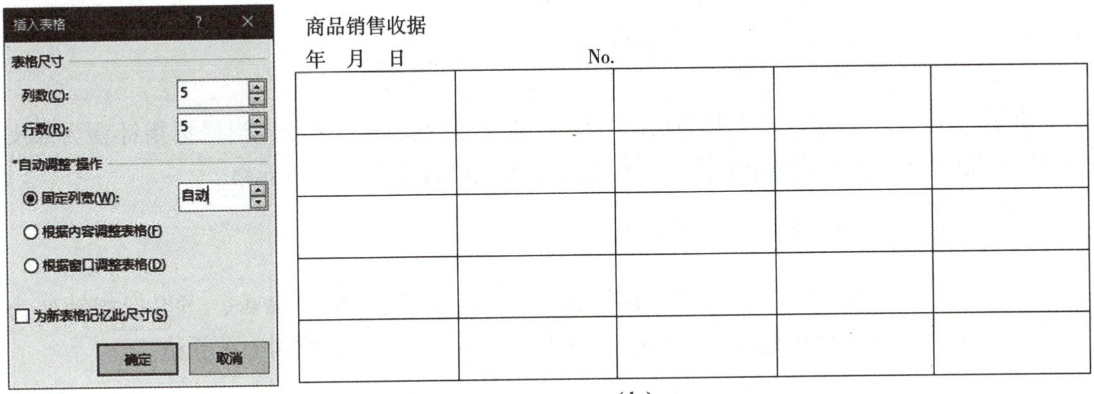

插入表格

表格尺寸

列数(C): 5

行数(R): 5

"自动调整"操作

◉ 固定列宽(W): 自动

○ 根据内容调整表格(F)

○ 根据窗口调整表格(D)

☐ 为新表格记忆此尺寸(S)

确定　取消

(a)

商品销售收据

年　月　日　　　　　　　　No.

(b)

图 3－44　插入表格

(a)"插入表格"对话框；(b) 插入表格效果

4. 合并与拆分单元格

①合并单元格。选定 B5:E5 单元格区域，在表格工具"布局"选项卡"合并"组中单击"合并单元格"命令。

②拆分单元格。将光标定位到 E1 单元格，在表格工具"布局"选项卡"合并"组中单击"拆分单元格"命令，打开"拆分单元格"对话框，输入或调整列数为"1"、行数为"2"，单击"确定"按钮，如图 3－45（a）所示；选定 E2:E5 单元格，拆分为 7 列 4 行的单元格，表格效果如图 3－45（b）所示。

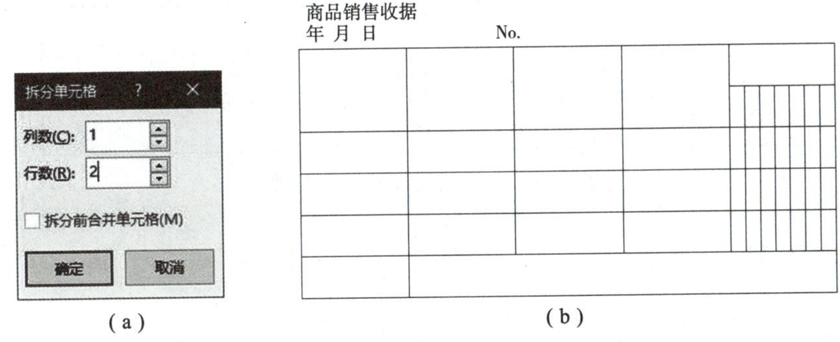

(a)　　　　(b)

图 3－45　合并与拆分单元格

(a)"拆分单元格"对话框；(b) 合并与拆分单元格效果

知识拓展

1. 快速插入行或列

①将光标定位于表格最后一个单元格上并按 Tab 键，或光标定位于表格任意一行段落分隔符上并按 Enter 键，可增加一行。

②将光标移动到某行/列单元格的左上角，显示标记"⊕"时单击鼠标，则在当前行上

方插入一行/列。

2. 用“橡皮擦”命令合并单元格

在表格工具“布局”选项卡“绘图”组中单击“橡皮擦”命令，当鼠标指针变为橡皮“”形状时，拖动鼠标擦除表格线，相邻两个单元格合并为一个单元格。

3. 用“绘制表格”命令拆分单元格

在表格工具“布局”选项卡“绘图”组中单击“绘制表格”命令，当鼠标指针变为“”形状时，在单元格中拖动鼠标绘制表格线，该单元格被拆分成两个单元格。

实践提高

打开“会议议程安排表.docx”，设置表格格式，如图 3-46 所示。

会议议程安排表

会议主题			
主办单位			
会议负责人		主持人	
会议内容			
议题 1	议题名称		
序号	时间	内容	发言人
会议摘要			

图 3-46 “会议议程安排表”效果

3.2.3 设置表格格式

任务描述

熟练掌握表格格式的设置，数据的对齐方式、行高和列宽、边框和底纹，表格样式的设置。

知识准备

常用的表格格式化操作有设置数据对齐方式、行高和列宽、表格位置和大小、对齐和环绕、边框和底纹及自动套用格式等。

1. 设置数据对齐方式

设置数据对齐方式的操作与设置字符对齐方式的基本相同，但是表格中单元格内数据对

齐方式不仅有水平对齐，还有垂直对齐。在表格工具“布局”选项卡“对齐方式”组中有 9 个按钮，可设置水平对齐和垂直对齐方式。

2. 设置行高、列宽

①在表格工具“布局”选项卡“单元格大小”组中输入或调整“高度”和“宽度”的数值，可以进行精确调整。

②当光标移动到表格中任意单元格时，拖动标尺上的行或列标记可以调整表格的行高和列宽。

③当鼠标指针在表格边框线上时，鼠标指针变为“÷”或“⫩”形状时，拖动鼠标可以调整表格行高和列宽。

④在表格工具“布局”选项卡“单元格大小”组中单击“分布行”或“分布列”命令，可将选定的行或列设置成相同的高度或宽度。

3. 设置边框、底纹

在表格工具“设计”选项卡“边框”组中可以先选择边框样式、线条宽度和笔的颜色，再进行框线设置。可以使用“边框”组中的“边框刷”命令对表格边框进行局部调整。

“表格样式”组中的“底纹”命令可设置底纹效果。

另外，单击表格工具“设计”选项卡“边框”组中的“对话框启动器”，打开“边框和底纹”对话框，用户可以在“边框”和“底纹”选项卡中设置边框和底纹，如图 3－47 所示。

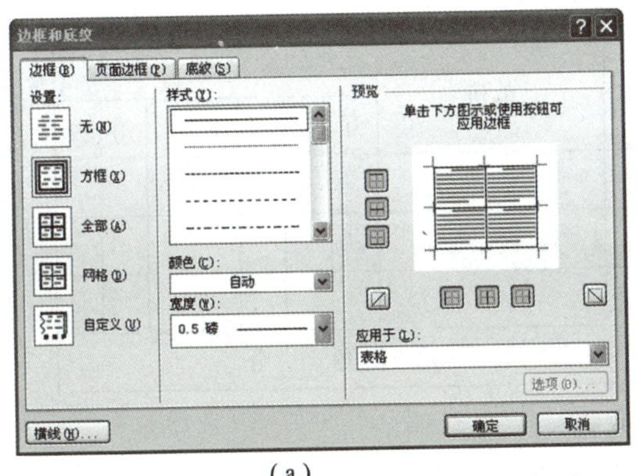

(a)

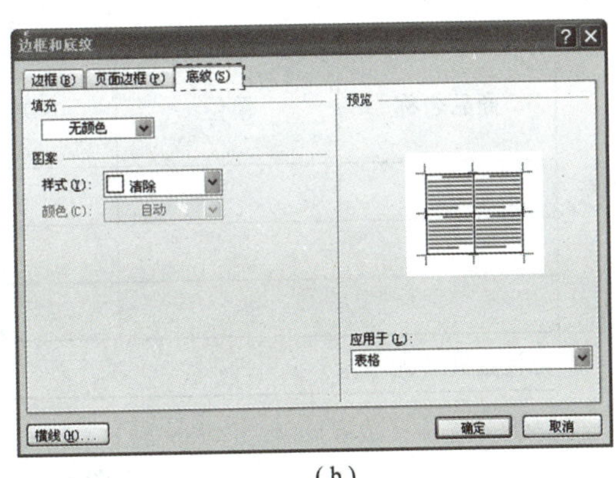

(b)

图 3－47 “边框和底纹”对话框

(a)“边框”选项卡；(b)“底纹”选项卡

任务实施

完成“商品销售收据”的格式设置。

1. 设置行高和列宽

①打开“商品销售收据.docx”文档。

②将光标定位到第 1 列，在表格工具“布局”选项卡“单元格大小”组中调整“宽度”值为“3.5 厘米”，鼠标指向其他列的右侧边框线，当鼠标指针变为“◂‖▸”形状时，拖动鼠标调整到适当宽度，选定 E2:K5 单元格，在表格工具“布局”选项卡“单元格大小”组中单击“分布列”命令，使其均匀分布各列。

③选定整个表格，在表格工具“布局”选项卡“单元格大小”组中调整“高度”的值为“0.8 厘米”，如图 3－48 所示。

商品销售收据

年　月　日　　　　　　　　　　　　　　　　　　No.

图 3－48　设置表格的行高和列宽

2. 输入文字

将光标定位到各单元格内，输入如图 3－49 所示表格内容。

商品销售收据

年　月　日　　　　　　　　　　　　　　　　　　No.

商品名称	单位	数量	单价	金额						
				万	千	百	十	元	角	分
合计金额（大写）	万　仟　佰　拾　元　角　分									

收款单位（盖章）：　　　　　　　　　　收款人：

图 3－49　输入文字效果

3. 设置字符格式

①表标题“商品销售收据”设置为黑体、二号、居中；“　年　月　日”和“No.”设置为宋体、五号、右对齐。

②将光标定位到表格中，单击左上角的表格选定器，选定整个表格。表内文字设置为宋体、五号；在表格工具“布局”选项卡“对齐方式”组中单击“水平居中”命令。

完成效果如图 3－50 所示。

商品销售收据

年 月 日 No.

<table>
<tr><td rowspan="2">商品名称</td><td rowspan="2">单位</td><td rowspan="2">数量</td><td rowspan="2">单价</td><td colspan="7">金额</td></tr>
<tr><td>万</td><td>千</td><td>百</td><td>十</td><td>元</td><td>角</td><td>分</td></tr>
<tr><td></td><td></td><td></td><td></td><td></td><td></td><td></td><td></td><td></td><td></td><td></td></tr>
<tr><td></td><td></td><td></td><td></td><td></td><td></td><td></td><td></td><td></td><td></td><td></td></tr>
<tr><td></td><td></td><td></td><td></td><td></td><td></td><td></td><td></td><td></td><td></td><td></td></tr>
<tr><td>合计金额（大写）</td><td colspan="10">万 仟 佰 拾 元 角 分</td></tr>
</table>

收款单位（盖章）： 收款人：

图 3－50 设置字符格式后的效果

4. 设置表格边框

①单击左上角的表格选定器，选定整个表格。

②在表格工具“设计”选项卡“边框”组中，从“笔画粗细”列表中选定“1.5 磅”；单击“边框”下拉箭头，从列表中选择“外侧框线”，将表格外边框设置为“1.5 磅”。

③在表格工具“设计”选项卡“边框”组中，从“笔画粗细”列表中选定“0.5 磅”；单击“边框”下拉箭头，从列表中选择“内部框线”，将表格内边框设置为“0.5 磅”。

④在表格工具“设计”选项卡“边框”组中，从“笔画粗细”列表中选定“1.5 磅”；单击“边框刷”命令，拖动鼠标，将“元”与“角”、“千”与“百”之间的竖线加粗，效果如图 3－51 所示。

商品销售收据

年 月 日 No.

<table>
<tr><td rowspan="2">商品名称</td><td rowspan="2">单位</td><td rowspan="2">数量</td><td rowspan="2">单价</td><td colspan="7">金额</td></tr>
<tr><td>万</td><td>千</td><td>百</td><td>十</td><td>元</td><td>角</td><td>分</td></tr>
<tr><td></td><td></td><td></td><td></td><td></td><td></td><td></td><td></td><td></td><td></td><td></td></tr>
<tr><td></td><td></td><td></td><td></td><td></td><td></td><td></td><td></td><td></td><td></td><td></td></tr>
<tr><td></td><td></td><td></td><td></td><td></td><td></td><td></td><td></td><td></td><td></td><td></td></tr>
<tr><td>合计金额（大写）</td><td colspan="10">万 仟 佰 拾 元 角 分</td></tr>
</table>

收款单位（盖章）： 收款人：

图 3－51 “商品销售收据”表格效果

知识拓展

1. 设置表格属性

（1）设置表格位置

将光标移动到表格内，表格左上方会出现表格移动手柄“⊞”，拖动它可将表格移动到其他位置。

（2）设置表格大小

将光标移动到表格内，表格右下方会出现表格缩放手柄“□”，拖动它可改变整个表格的大小，同时保持行列的比例不变。

在表格工具“布局”选项卡“单元格大小”组中单击“自动调整”命令，从下拉列表中选择“根据内容自动调整表格”“根据窗口自动调整表格”等。

在表格工具“布局”选项卡“表”组中单击“属性”命令，打开“表格属性”对话框，可以设置表格的尺寸，如图 3－52 所示。

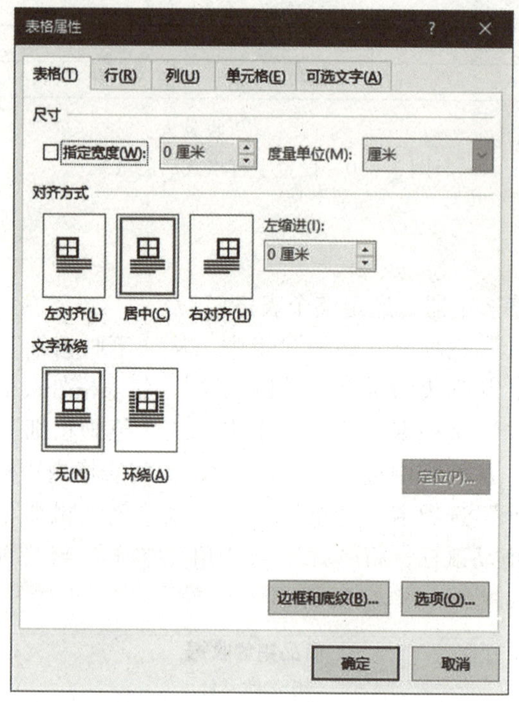

图 3－52 “表格属性”对话框

（3）对齐方式和文字环绕

在“表格属性”对话框中可设置表格对齐方式和文字环绕，如图 3－52 所示。

2. 选择表格样式

Word 预设了常用的表格样式，将光标定位到表格内，在表格工具“设计”选项卡“表格样式”组中选择一种表格样式，如需更多的样式，则单击右侧的按钮，浏览其他表样式，如图 3－53 所示。

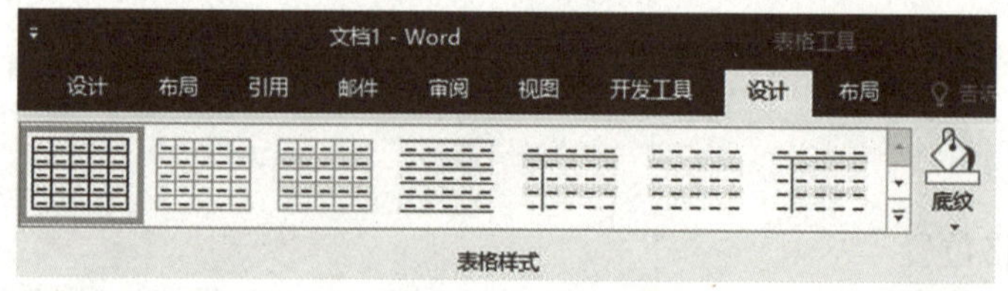

图 3－53 “表格样式”组

3. 设置自动重复标题行

当表格不能在一页内全部显示时，默认情况下，下一页表格内没有标题行。选中表格，

在表格工具“布局”选项卡“数据”组中单击“重复标题行”命令，设置标题行重复有效；再次单击，设置标题行重复失效。

实践提高

1. 打开“课程表.docx”，进行格式设置，效果如图 3－54 所示。要求：

课　程　表

<table>
<tr><td colspan="2">星期
节次</td><td>星期一</td><td>星期二</td><td>星期三</td><td>星期四</td><td>星期五</td></tr>
<tr><td rowspan="4">上午</td><td>第 1 节</td><td></td><td></td><td></td><td></td><td></td></tr>
<tr><td>第 2 节</td><td></td><td></td><td></td><td></td><td></td></tr>
<tr><td>第 3 节</td><td></td><td></td><td></td><td></td><td></td></tr>
<tr><td>第 4 节</td><td></td><td></td><td></td><td></td><td></td></tr>
<tr><td rowspan="4">下午</td><td>第 5 节</td><td></td><td></td><td></td><td></td><td></td></tr>
<tr><td>第 6 节</td><td></td><td></td><td></td><td></td><td></td></tr>
<tr><td>第 7 节</td><td></td><td></td><td></td><td></td><td></td></tr>
<tr><td>第 8 节</td><td></td><td></td><td></td><td></td><td></td></tr>
</table>

图 3－54　“课程表”效果

（1）页面：纸张为 A4，横向，上、下、左、右页边距均为 2.5 厘米。

（2）标题：黑体、初号，文字居中对齐。

（3）表内：楷体、二号、加粗，水平、垂直居中。

（4）表格框线：外框为双线，内框为单线，0.5 磅。

2. 打开“会议议程安排表.docx”，进行格式设置，效果如图 3－55 所示。要求：

会议议程安排表

<table>
<tr><td>会议主题</td><td colspan="3"></td></tr>
<tr><td>主办单位</td><td colspan="3"></td></tr>
<tr><td>会议负责人</td><td></td><td>主持人</td><td></td></tr>
<tr><td colspan="4">会议内容</td></tr>
<tr><td>议题 1</td><td colspan="3">议题名称：</td></tr>
<tr><td>序号</td><td>时间</td><td>内容</td><td>发言人</td></tr>
<tr><td></td><td></td><td></td><td></td></tr>
<tr><td></td><td></td><td></td><td></td></tr>
<tr><td></td><td></td><td></td><td></td></tr>
<tr><td colspan="4">会议摘要：</td></tr>
</table>

图 3－55　“会议议程安排表”效果

（1）页面：纸张为 A4，横向，上、下、左、右页边距均为 3.7、3.5、2.8、2.6 厘米。
（2）标题：黑体、二号，文字居中对齐。
（3）表内：仿宋体、小四号，水平、垂直对齐方式。
（4）行高为 1 厘米，调整最后一行的行高；设置合适的列宽。
（5）表格框线：外框为 1.5 磅，内框为 0.5 磅，局部加粗。

3.2.4 处理表格数据

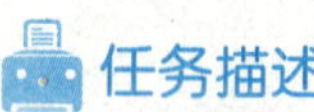

任务描述

掌握表格中数值的计算功能，掌握公式的输入、常用函数的使用。

知识准备

Word 提供了表格数据处理功能，在表格工具“布局”选项卡“数据”组中选择“公式”命令，可以实现数据计算、统计等操作；选择“排序”命令，可以实现数据排序操作。

任务实施

1. 数值计算

①打开“学生成绩表.docx”。

②计算总分。将光标定位到 F2 单元格（即第 1 名学生的总分栏中），在表格工具“布局”选项卡“数据”组中单击“公式”命令，打开“公式”对话框；在“公式”文本框中输入公式“ = SUM(LEFT)”，单击“确定”按钮，计算出总分，如图 3 - 56（a）所示。

③计算平均分。将光标定位到 G2 单元格（即第 1 名学生的平均分栏中），单击“公式”命令，打开“公式”对话框；在“公式”文本框中输入公式“=AVERAGE(B2:E2)”，如图 3 - 56（b）所示，或在“粘贴函数”列表中选择 AVERAGE 函数；在“编号格式”列表框中选择“0.00”，将平均分设置为 2 位小数，单击“确定”按钮。

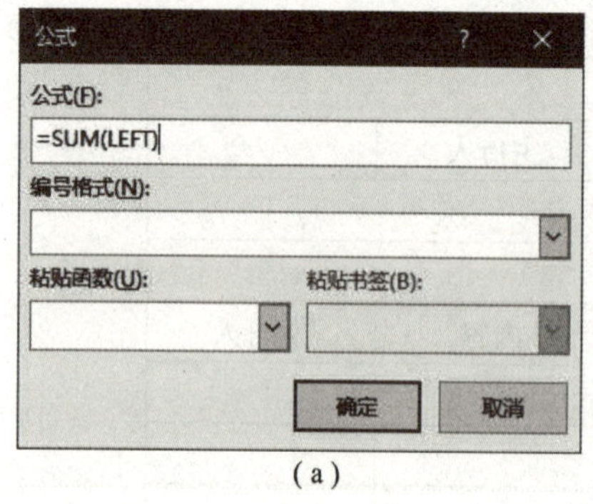

（a）

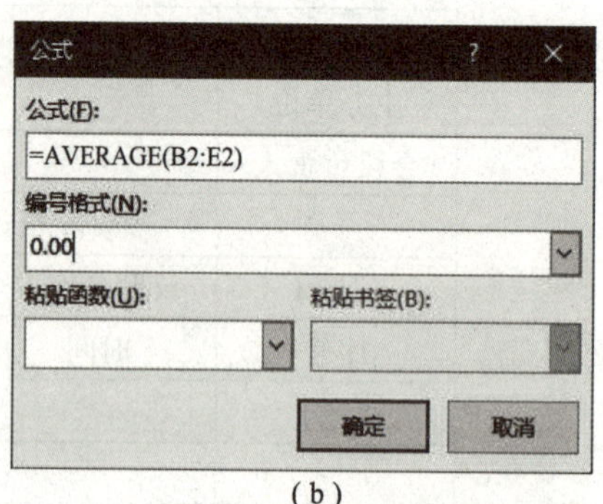

（b）

图 3 - 56 “学生成绩表”计算

（a）计算总分；（b）计算平均分

④同上操作，计算其他学生的总分和平均分。

2. 数据排序

将光标置于表格内任意处，在表格工具“布局”选项卡“数据”组中单击“排序”命令，打开“排序”对话框，设置排序主要关键字为“总分”，排序类型为“数字”，选定“降序”复选按钮，设置次要关键字为“姓名”，排序类型为“拼音”，默认为“升序”，单击“确定”按钮，如图 3－57 所示。

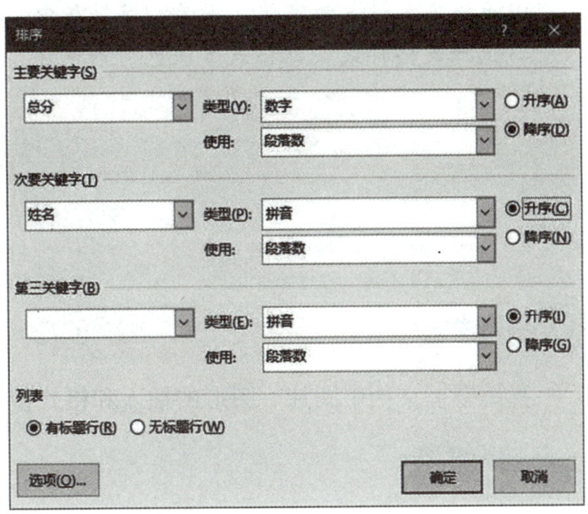

图 3－57　“排序”对话框

3. 设置表格样式

①将表标题设置为黑体、三号、居中；表格内容设置为宋体、五号，对齐方式为水平居中。

②选定表格，在表格工具“设计”选项卡“表格样式”组中，从表格样式下拉列表中选择“网格表 4－着色 5”样式，效果如图 3－58 所示。

学生成绩表

姓名	修养	高等数学	大学英语	计算机基础	总分	平均分
刘洋	90	95	89	90	364	91.00
李一明	89	92	78	89	348	87.00
张丽丽	78	89	86	95	348	87.00
王小鹏	70	76	87	85	318	79.50

图 3－58　“学生成绩表”效果

实践提高

打开“产品销售情况.docx”文件，插入“合计”列并进行计算，设置表格格式，如图 3－59 所示。

产品销售情况

产品名称	第一季度	第二季度	第三季度	第四季度	合计
数码相机	105	121	101	98	425
摄像机	61	54	69	48	232
笔记本电脑	125	119	186	131	561
手机	625	568	721	517	2 431

图 3－59　“产品销售情况表”效果

①标题设置为微软雅黑、三号、居中。

②表格内容设置为宋体、五号，字符居中、数值右对齐。

③选择表格样式“网格表5深色-着色2”。

任务3　处理Word图文

3.3.1　应用图片和图形

任务描述

熟练掌握文档中图片、图形的插入和格式设置。

知识准备

1. 图片

Word可以在文档中插入图片，实现图文混排。插入的图片可以来自本机、联机图片或屏幕截图。

在图片工具“格式”选项卡中设置图片格式，包括调整、图片样式、排列和大小4个组，如图3-60所示。

图3-60　图片工具“格式”选项卡

（1）调整

在图片工具“格式”选项卡“调整”组中提供了删除背景、更正、颜色、艺术效果、压缩图片、更改图片、重设图片等命令。图片的更正包括图片的锐化/柔化、亮度/对比度、颜色等。

（2）图片样式

Word预设了常用的图片样式，在图片工具“格式”选项卡“图片样式”组中的样式列表框中进行选择。

（3）排列

在“排列”组中提供了图片的位置、环绕文字、叠放次序、对齐、组合和旋转等设置命令。

环绕文字有嵌入型、四周型、紧密型、穿越型、上下型环绕等；叠放次序可以选择上移一层、下移一层，置于顶层、置于底层，浮于文字上方、衬于文字下方；对齐命令可以实现图片按某个方向对齐或均匀分布；组合图片就是把多个图片组合成一个对象，方便进一步操作。

（4）大小

在图片工具“格式”选项卡“大小”组“高度”和“宽度”框中，通过调整或输入高度和宽度的量值可以准确设置图片的大小。“裁剪”可删除图片任何不需要的区域，也可将

图片裁剪为一定的形状。

2. 图形

Word 提供了完整的图形制作工具和方法。图形操作包括绘制图形、编辑图形和设置图形格式。

通过“插入”选项卡“插图”组中的“形状”命令可插入各种图形，形状列表包括线条、矩形、基本形状、箭头总汇、公式形状、流程图、星与旗帜、标志等。

图形格式可以在绘图工具“格式”选项卡中进行设置，如图 3 – 61 所示。

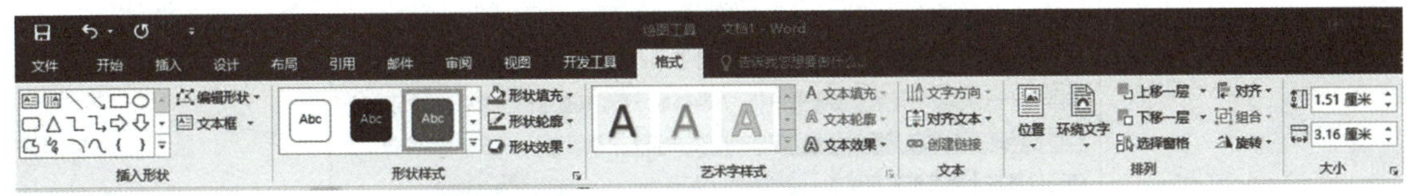

图 3 – 61　绘图工具“格式”选项卡

形状样式的设置与图片样式的相同，在“形状样式”列表中选定样式：形状填充，从下拉列表中选择一种主题颜色，或设置渐变效果，或以图片、渐变、纹理填充；形状轮廓，选择主题颜色、线条粗细及线型进行轮廓设置；形状效果，选择预设效果或设置阴影、映像、发光、柔化边缘、棱台、三维旋转等。

图形格式设置还包括位置、环绕文字、叠放次序、对齐、组合、旋转等，操作方法与图片格式的基本相同。

任务实施

1. 插入图片

①插入图片文件。打开“荷塘月色.docx”，将光标定位到正文最后，在“插入”选项卡“插图”组中单击“图片”命令，打开“插入图片”对话框，如图 3 – 62 所示，选择文件所在的位置，双击图片文件图标。

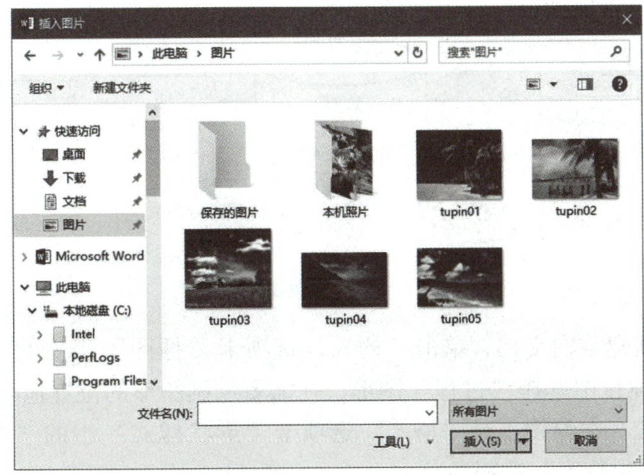

图 3 – 62　“插入图片”对话框

②调整大小。选定图片，将鼠标移动到线框四角，出现双向箭头时拖动鼠标。

③设置图片样式。在图片工具“格式”选项卡“图片样式”组中，从样式列表中选择“柔化边缘椭圆”。

④设置环绕。选定图片，在图片工具“格式”选项卡“排列”组中，从环绕文字列表中选择“四周型”。

⑤调整位置。拖动图片到第一自然段的右下方。效果如图 3－63 所示。

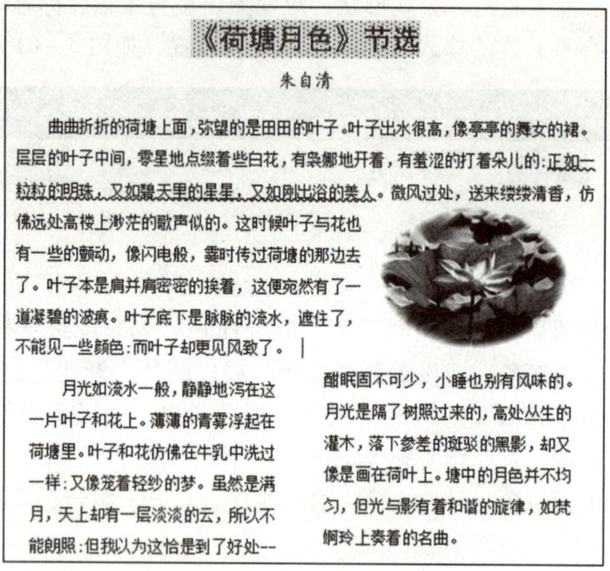

《荷塘月色》节选

朱自清

曲曲折折的荷塘上面，弥望的是田田的叶子。叶子出水很高，像亭亭的舞女的裙。层层的叶子中间，零星地点缀着些白花，有袅娜地开着，有羞涩的打着朵儿的；正如一粒粒的明珠，又如碧天里的星星，又如刚出浴的美人。微风过处，送来缕缕清香，仿佛远处高楼上渺茫的歌声似的。这时候叶子与花也有一些的颤动，像闪电般，霎时传过荷塘的那边去了。叶子本是肩并肩密密的挨着，这便宛然有了一道凝碧的波痕。叶子底下是脉脉的流水，遮住了，不能见一些颜色；而叶子却更见风致了。

月光如流水一般，静静地泻在这一片叶子和花上。薄薄的青雾浮起在荷塘里。叶子和花仿佛在牛乳中洗过一样；又像笼着轻纱的梦。虽然是满月，天上却有一层淡淡的云，所以不能朗照；但我以为这恰是到了好处——酣眠固不可少，小睡也别有风味的。月光是隔了树照过来的，高处丛生的灌木，落下参差的斑驳的黑影，却又像是画在荷叶上。塘中的月色并不均匀，但光与影有着和谐的旋律，如梵婀玲上奏着的名曲。

图 3－63　设置图片效果

2. 插入图形

制作仓库管理操作流程图，如图 3－64 所示。

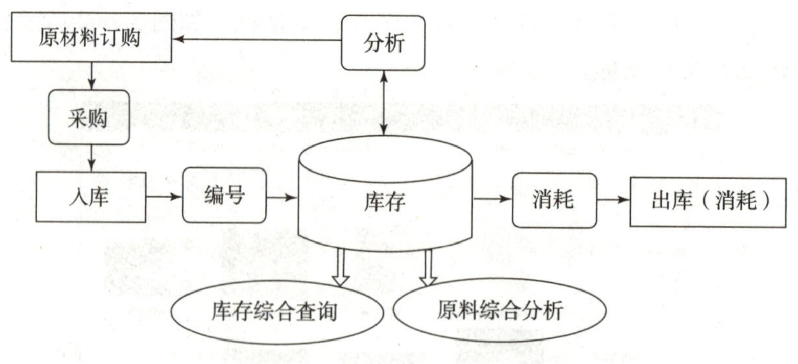

图 3－64　仓库管理操作流程图

①插入形状。新建空白文档，单击“插入”选项卡“插图”组中的“形状”命令，在列表的“流程图”项目中选择“过程”图形，在需要绘制图形的位置拖动鼠标。

②设置形状格式。在绘图工具“格式”选项卡“形状样式”组的“形状填充”中选择“无填充颜色”、“形状轮廓”选择黑色。

③在图形中输入文字。鼠标指向图形，右击，打开快捷菜单，选择“添加文字”命令，输入文字内容，设置文字颜色为黑色，并设置合适的字体字号。

④同上操作，绘制其他图形，添加和设置文字，拖动到适当的位置。

⑤在“开始”选项卡“编辑”组中单击“选择”命令，从列表中选择“全选”，在绘图工具“格式”选项卡“排列”组中单击“组合”命令。

知识拓展

1. 图片格式对话框

在“图片样式”组中单击“对话框启动器”，打开“设置图片格式”任务窗格，有“填充与线条”“效果”“布局属性”“图片”选项卡，可以对图片样式进行设置，如图 3－65 所示。

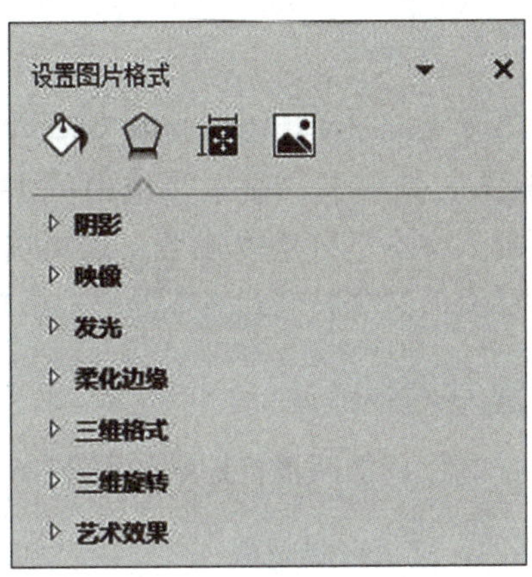

图 3－65　“设置图片格式”任务窗格

2. 裁剪图片

在图片工具“格式”选项卡“大小”组中单击“裁剪”命令，把鼠标移动到图片的一个尺寸控点上，拖动鼠标，虚线框内的图片就是剪裁后的图片。

3. 屏幕截图

在“插入”选项卡“插图”组中选择“屏幕截图”中的“屏幕剪辑”命令。

实践提高

1. 打开“春.docx”，插入一张春天景色的图片，调整图片的大小，选择图片样式，设置环绕文字为“紧密型环绕”，调整图片的位置。

2. 新建 Word 文档，绘制“注册业务流程图”，如图 3－66 所示。

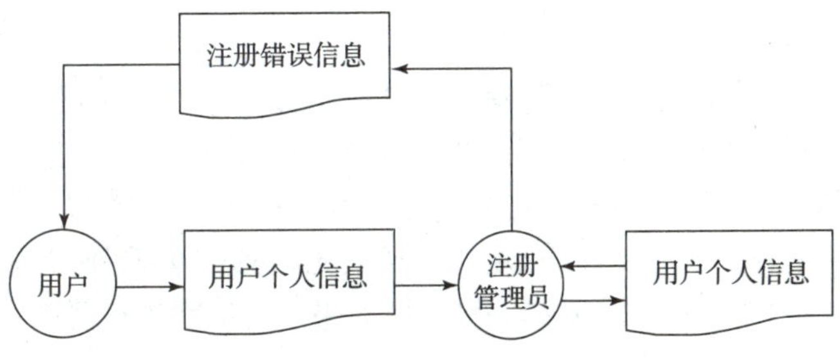

图 3－66　注册业务流程图

3.3.2　应用艺术字和文本框

【任务描述】

熟练掌握文档中艺术字、文本框的插入和格式设置。

知识准备

在文档中插入艺术字和文本框，可以丰富版面的文字效果。

1. 艺术字

艺术字是文档中具有特殊效果的字体，属于图形对象，可以作为图形进行操作。在“插入”选项卡“文本”组中单击“艺术字”命令，插入艺术字。在绘图工具“格式”选项卡“艺术字样式”组中进行设置格式，操作方法与形状样式的设置基本相同。

2. 文本框

文本框是文档中一块独立存在的文档区域，其内部可以输入文字、插入图形等。在“插入”选项卡“文本”组中单击“文本框”命令可插入文本框并输入内容，也可以在插入文本框后将已有的文字粘贴到文本框中。格式设置同艺术字。

任务实施

制作环保海报，效果如图 3 – 67 所示。

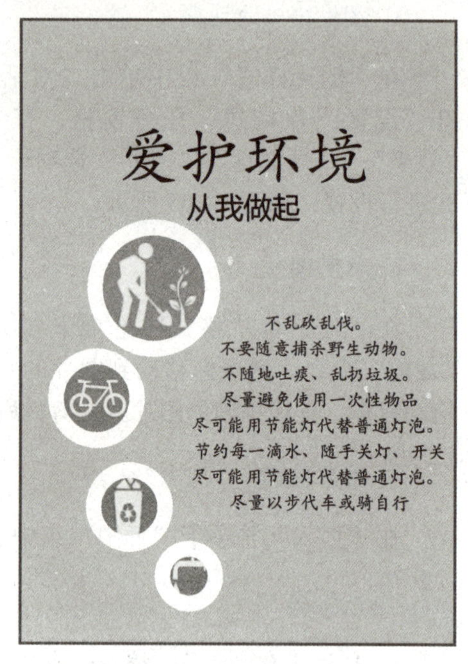

图 3 – 67　环保海报效果

1. 放置形状对象

①新建空白文档，在“插入”选项卡“插图”组中单击“形状”命令，从列表中选择“矩形”，拖动鼠标绘制一个矩形，作为海报的外框；在“形状轮廓”列表中选择“主题颜色”为“绿色，个性色 6，深色 25%”，“粗细”为“3 磅”；在“形状填充”列表中选择“主题颜色”为“绿色，个性色 6，淡色 80%”。

②单击“形状”命令，从列表中选择“椭圆”，按住 Shift 键的同时拖动鼠标画正圆，在“形状轮廓”列表中选择“主题颜色”为“白色，背景 1”，“粗细”为“6 磅”；在“形状填充”列表中选择“图片”，插入需要的图片文件，在“形状效果”列表中选择一种阴影效果。将形状进行复制，填充图片文件，调整大小和位置。

2. 插入艺术字

①在“插入”选项卡“文本”组中单击“艺术字”命令，从列表中选择“填充 – 蓝色，着色 1，阴影”，如图 3 – 68 所示，输入文字“爱护环境”，设置为楷体、80 磅，在“文本填充”列表中选择“主题颜色”为“绿色、个性色 6”，“文本轮廓”为“无轮廓”，拖动艺术字框，调整到适当的位置。

②用同样方法插入艺术字“从我做起”，选择“渐变填充 – 灰色”，设置为微软雅黑、小初，在“文本填充”列表中选择“渐变”为“绿色、个性色 6”，“文本轮廓”为“无轮廓”。在“形状填充”列表中选择“主题颜色”为“绿色、个性色 6”，再选择“渐变”中的“线性向上”，调整位置。

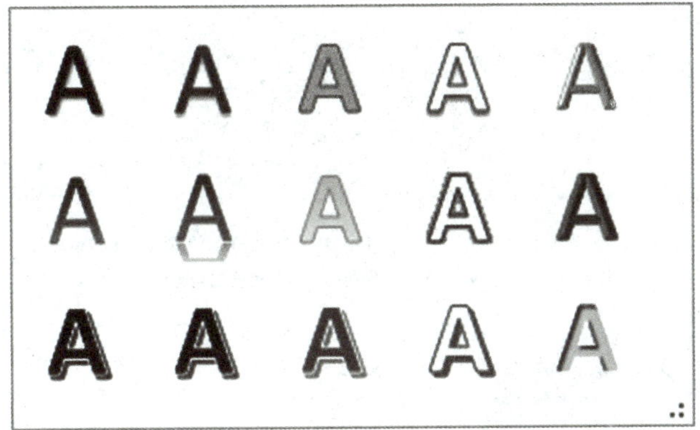

图 3－68　“艺术字样式”列表

3. 插入文本框

在“插入”选项卡“文本”组中单击“文本框”命令，从列表中选择“简单文本框”，如图 3－69 所示，输入文字，设置为楷体、三号、居中对齐，颜色为“绿色、个性色 6，深色 25%”，拖动文本框，调整到适当的位置，在“形状轮廓”列表中选择“无轮廓”，在“形状填充”列表中选择“无填充颜色”。

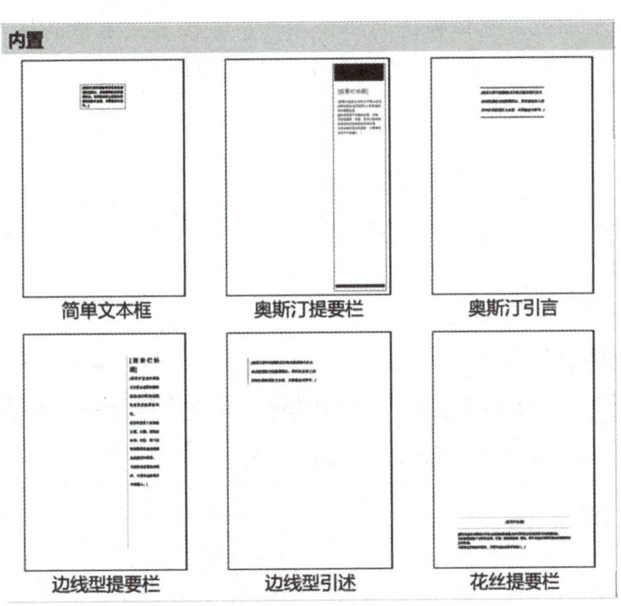

图 3－69　文本框列表

实践提高

应用 Word 图文混排功能制作一份请柬，效果如图 3－70 所示。

图3－70 "请柬"效果

①页面设置为A4，横向。

②插入"矩形"形状，并用图片填充，作为请柬背景。

③"请柬"采用艺术字，设置格式。

④使用文本框输入正文，选择合适的字体字号，并设置文本框的格式。

3.3.3 应用 SmartArt 图形

任务描述

掌握 SmartArt 图形的插入和编辑方法。

知识准备

SmartArt 图形就是表示流程、循环、层次结构、关系等的图形。Word 预设了 8 种 SmartArt 图形类型，每一种类型又包含多个不同的布局供用户选择，见表3－4。

表3－4 SmartArt 图形分类

类型	适用表达内容
列表	无序信息、分组信息、列表内容等
流程	工作流程环节、时间节点和事件安排等
循环	循环、连续的事件流程，循环行径与中心点的关系等
层次结构	各层级关系或上下级关系
关系	比较或解释若干个连接之间的关系
矩阵	部分与整体间的关系
棱锥图	从高（低）到低（高）的顺序关系
图片	用图片可以更好地表达的关系

选定 SmartArt 图形后，功能区增加了 SmartArt 工具的“设计”和“格式”选项卡，可修改图形中的形状、选择版式、更改 SmartArt 样式；还可以更改图形的形状、形状的样式、艺术字的样式，对图形进行排列和大小的设置，具体操作方法与图形的基本相同，如图 3－71 所示。

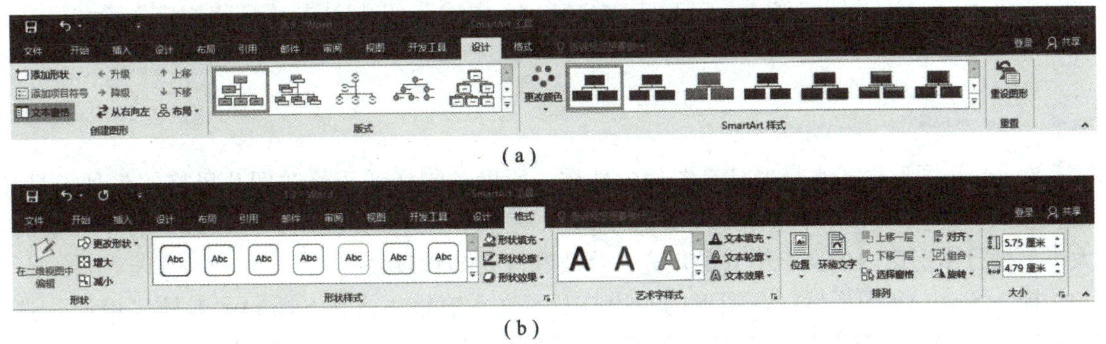

图 3－71　SmartArt 工具

(a)“设计”选项卡；(b)“格式”选项卡

任务实施

用 SmartArt 图形建立公司组织结构图，如图 3－72 所示。

①将光标定位，在“插入”选项卡“插图”组中单击“SmartArt”命令，打开“选择 SmartArt 图形”对话框，在左边列表区选择类型为“层次结构”，在中间区域选择图形布局为“层次结构”，右边区域显示预览效果，如图 3－73 所示。

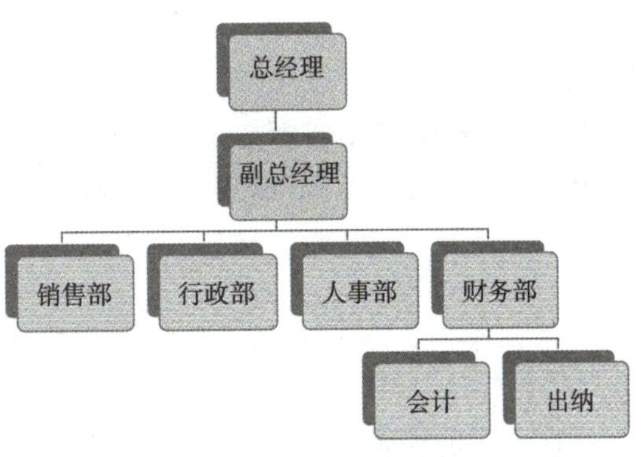

图 3－72　公司组织结构图

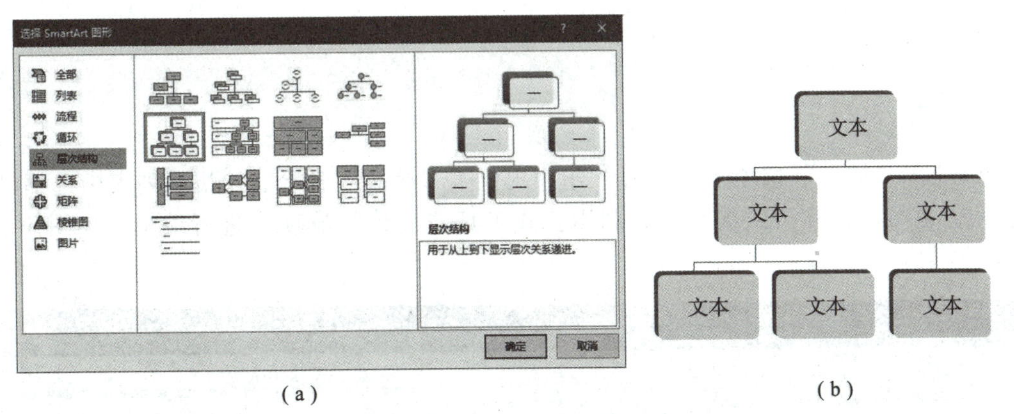

(a)　　(b)

图 3－73　插入 SmartArt 图形

(a)“选择 SmartArt 图形”对话框；(b) 插入的图形

②选中 SmartArt 图形中第二层最后一个形状，在 SmartArt 工具“设计”选项卡“创建图形”组中单击“降级”命令，使其降为第三层；选中第三层最后一个形状，单击两次

“添加形状”命令，则在其下一层添加两个形状。

③在各个文本框中输入文字内容。

④选中 SmartArt 图形，在 SmartArt 工具“设计”选项卡“SmartArt 样式”组中单击“更改颜色”命令，选择“彩色范围 - 个性 4 - 5”。

⑤在 SmartArt 工具“格式”选项卡“SmartArt 样式”组中单击“环绕文字”命令，选择“上下型环绕”。

知识拓展

SmartArt 图形格式本身也具有图片的性质，所以它同样适用修改图片风格的各种工具。在“格式”选项卡中有“形状”“形状样式”等工具可以选择使用，可以改变各个区块的大小，进行图形区内的文字格式的填充、修改和改变形状效果。

插入 SmartArt 图形后，在图形的左边打开了文本窗格，或在 SmartArt 工具“设计”选项卡“创建图形”组中单击“文本窗格”，可以在插入的文本框中输入内容，或单击窗格，输入文字、增加或删除形状、调整形状的层次关系。

实践提高

插入 SmartArt 图形，类型为关系中的“分离射线”图，样式为“白色轮廓”，如图 3 - 74 所示。

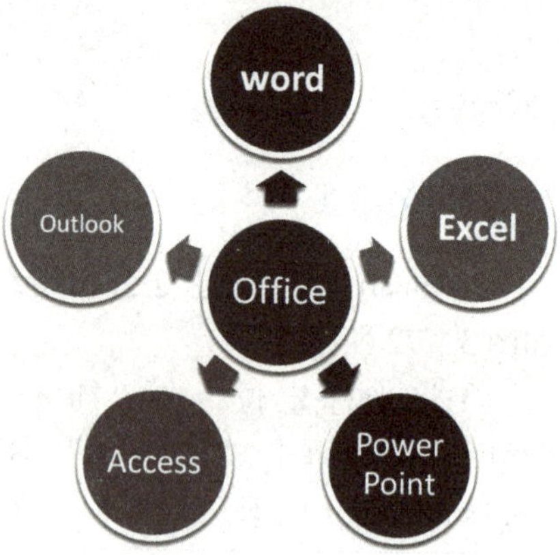

图 3 - 74　SmartArt 图形

3.3.4　应用其他对象

任务描述

掌握公式的编辑方法，掌握插入目录的基本操作方法，掌握样式的设置方法，了解“引用”和“审阅”选项卡中的主要功能。

知识准备

1. 公式

Word 在“插入”选项卡“符号”组中提供了“公式”命令，可以从列表中选择已有的公式，也可以打开公式编辑器，利用公式工具“设计”选项卡进行编辑，如图 3 - 75 所示。

图 3 - 75　公式工具“设计”选项卡

使用公式工具“设计”选项卡“工具”组中的“墨迹公式”命令，可通过手写输入公式，对识别错误的公式可以擦除和进行更正。

2. 样式

样式是指已保存的字符格式和段落格式。用户通过创建和使用具有一定格式的样式，可以方便格式化文档的操作，减少文档格式设置中的重复性操作，提供快速、规范的行文帮助。

（1）标准样式

Word 提供了许多可以应用于标题、正文、页眉和页脚等的样式。选定文本，在“开始”选项卡“样式”组中单击样式列表，根据格式化要求选择样式。

（2）新建样式

如果标准样式不能满足用户要求，也可以新建样式，单击“开始”选项卡“样式”组中的“对话框启动器”，打开样式列表，如图 3－76（a）所示。在样式列表底部单击“新建样式”命令，打开“根据格式设置创建新样式”对话框，如图 3－76（b）所示。输入样式名称，在“格式”区域中设置新建样式的字体、字号、字形、对齐方式等格式。

（3）修改和删除样式

对于不满足需要的样式效果，可以直接进行修改或删除。单击“开始”选项卡“样式”组中的“对话框启动器”，在样式列表底部单击“管理样式”命令，打开“管理样式”对话框，完成样式的修改或删除操作，如图 3－76（c）所示。

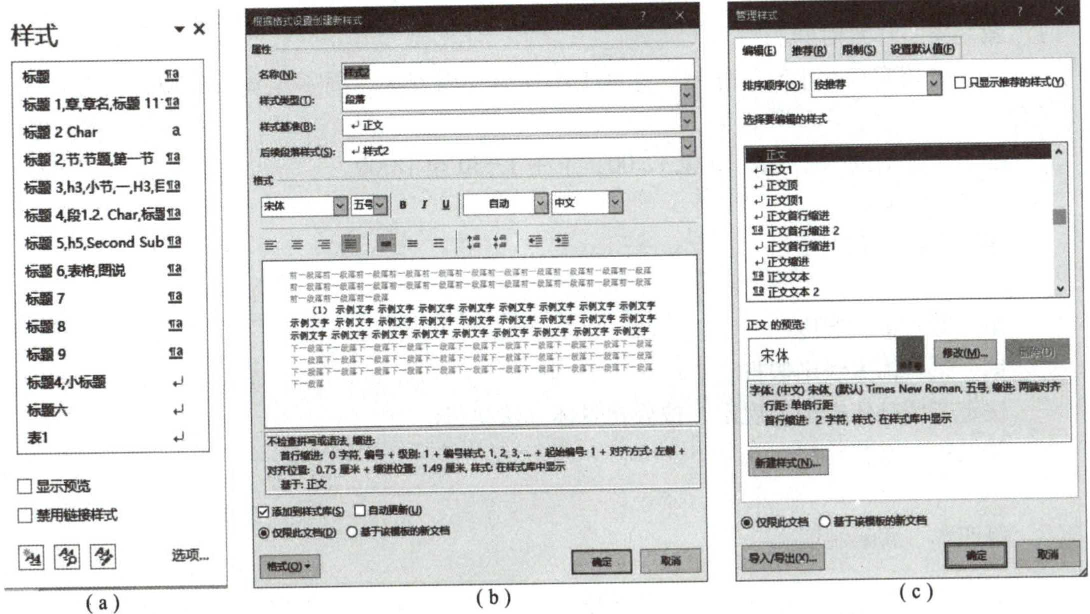

图 3－76　设置样式

（a）样式列表；（b）“创建新样式”对话框；（c）“管理样式”对话框

3. 目录

对于长文档，若想很方便地查找文本的内容，需要给文档设置目录。在“引用”选项卡“目录”组中可以完成目录的操作，但在创建目录之前需要对文档插入页码，为文档目录设置大纲级别。创建好的目录内容有更改时，可以选择“更新目录”命令进行自动更新。

任务实施

1. 编辑如下的公式

$$f(x) = ax^2 + bx + c$$

①将光标定位，在“插入”选项卡“符号”组中单击“公式”命令，打开“公式”编辑器。

②输入“f”，在“结构”组中选择“括号”列表中的“( )”，在括号中输入“x”，将光标定位到“)”之后，输入“= ax”，在“结构”组中选择“上下标”列表中的“上标”结构，输入“2”，继续输入公式中的其他内容即可。

2. 为下面文档内容创建文档目录

员工规章制度

第一章　总则

第二章　考勤管理规定

第一条　作息时间

一、公司实行八小时工作制，标准工作日为一周五天，周一至周五，周六、周日为公休日。

二、工作时间为上午8:30至12:00，下午13:30至18:00。

……

第二条　考勤制度

……

第三章　福利制度

第一条　国家法定假日

法定节假日依据国家规定，按公司具体办法执行。

第二条　带薪年假

……

第四章　薪酬制度

……

①选中标题，在“开始”选项卡“样式”组中选择“标题1”，用同样方法将第二、三级标题设置为“标题2”“标题3”；在页面底端中间插入页码。

②在“引用”选项卡“目录”组中单击“目录”命令，从列表中选择“自定义目录”，打开“目录”对话框，选中“显示页码”“页码右对齐”，显示级别为“3”，如图3－77所示，设置效果如图3－78所示。

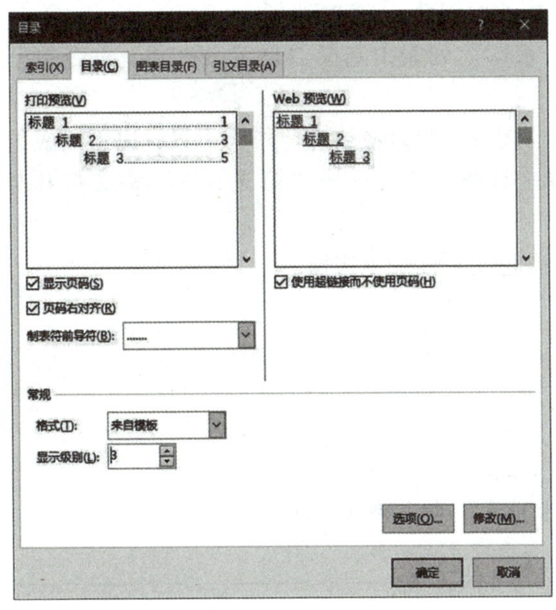

图 3－77　“目录”对话框

员工规章制度......1
第一章　总则......1
第二章　考勤管理规定......1
第一条　作息时间......1
第二条　考勤制度......1
第三章　福利制度......1
第一条　国家法定假日......1
第二条　带薪年假......2
第四章　薪酬制度......2

图 3－78　目录效果

知识拓展

1. 检查拼写和语法

当开启检查拼写和校对语法功能后，若输入了错误的文本，则会自动在错误部分用红色或绿色波浪线标识出来。

单击“文件”选项卡中的“选项”命令，打开“Word 选项”对话框进行选项设置，在“审阅”选项卡“校对”组中单击“拼写和语法”命令，可对拼写和语法进行检查。

2. 批注

批注是对文档审阅时添加的注释、建议、特殊说明等信息。

选择要添加批注的文本，在“审阅”选项卡“批注”组中单击“新建批注”命令，则在文本的右侧打开批注框，输入内容。单击“显示批注”命令可以显示所有的批注框，单击“删除”命令删除所选的批注框。

3. 脚注和尾注

有时需要对文本中的内容进行解释说明，这就需要用到脚注或尾注，脚注在每一页的底端，尾注在整个文档的末尾。

将光标定位，在“引用”选项卡“脚注”组中单击“插入脚注”命令，光标自动定位到页面的底端脚注的位置，输入脚注信息，同时在文本定位处显示脚注标号。

插入尾注的方法与插入脚注的方法基本相同。

4. 页面背景

在“设计”选项卡“页面背景”组中有“水印”“页面颜色”“页面边框”命令，用于增强版面的设计效果或标识文档状态，突出文档的原创性。

水印是衬在文档后面的文字或图片，在“水印”列表中选择“自定义水印”命令打开对话框进行设置。

页面颜色可以设置为纯色或将渐变、图案、图片、纯色或纹理等作为背景，以平铺或重复方式填充页面。在“页面颜色”列表中选择一种颜色，或选择“填充效果”命令打开对话框进行设置。

页面边框可以使用各种线条样式、宽度和颜色给页面加上边框。

实践提高

1. 编辑如下的公式：

$$\log_a n = \frac{\log_m n}{\log_m a}$$

2. 打开“春.docx”文档文件，为作者“朱自清”加上脚注信息。
3. 为“*****公司章程”添加目录。

*******公司章程**

第一章　总则
第一条　公司宗旨
第二条　公司名称
第三条　公司住所
……
第二章　注册资本、认缴出资额、实缴资本额
第一条　公司注册资本
……
第三章　股东的权利、义务和转让出资的条件
……

【综合作业】

应用 Word 表格功能制作大学生职业规划讲座海报，效果如图 3 - 79 所示。

小　　结

通过本项目的学习，了解 Word 的主要功能、运行环境，掌握 Word 的启动和退出方法，理解 Word 工作窗口的基本构成元素；熟练掌握文档的创建、打开、保存和关闭操作；熟练掌握文档编辑、格式化的基本操作和文档版面设计操作；掌握文档视图、页面设置、文档预览和打印输出操作；熟练掌握表格的建立操作，掌握表格的编辑、修饰和格式化操作；熟练使用各种图形元素，掌握图文处理技术等。

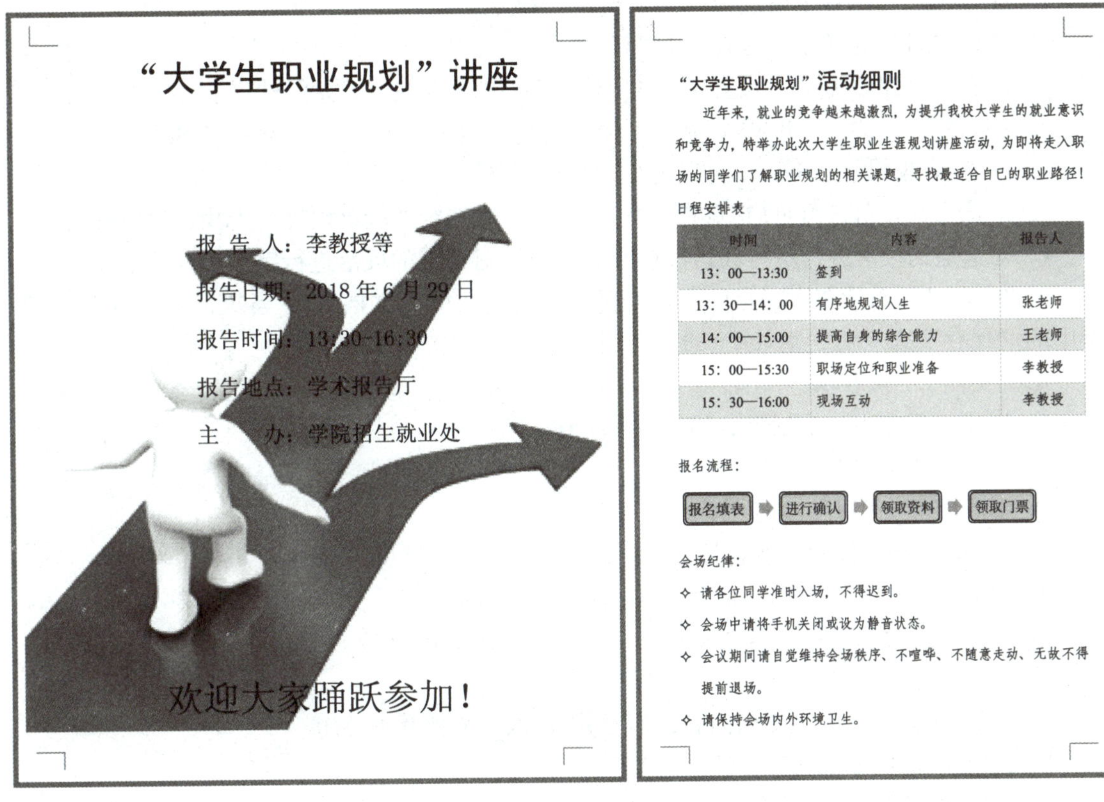

图 3－79　大学生职业规划讲座海报效果图

习　　题

一、选择题

1. Word 具有的功能是（　　）。

A. 表格处理　　B. 绘制图形　　C. 自动更正　　D. 以上三项都是

2. 在 Word 的编辑状态下绘制文本框，使用的选项卡是（　　）。

A. “插入”　　B. “开始”　　C. “引用”　　D. “视图”

3. Word 的复制、粘贴功能在“开始”选项卡（　　）组中。

A. “段落”　　B. “字体”　　C. “剪贴板”　　D. “编辑”

4. 在 Word 的编辑状态下，设置文本行间距的命令在“开始”选项卡（　　）组中。

A. “段落”　　B. “字体”　　C. “剪贴板”　　D. “编辑”

5. 在 Word 编辑状态下，对于选定的文字，（　　）。

A. 可以移动，不可以复制　　B. 可以复制，不可以移动

C. 可以进行移动或复制　　D. 可以同时进行移动和复制

6. 在 Word 应用程序中，要打开一个 Word 文档文件，进行的操作应该是（　　）。

A. 在“开始”选项卡中选择“打开”命令

B. 在“插入”选项卡中选择“文本框”命令

C. 在“视图”选项卡中选择“切换窗口”命令

D. 在“文件”选项卡中选择“打开”命令

7. 在 Word 编辑状态下，设置文本的字体、字号的命令在“开始”选项卡（　　）组中。

A.“段落”　　B.“字体”　　C.“样式”　　D.“编辑”

8. 在 Word 编辑状态下，不可以进行的操作是（　　）。

A. 对选定的段落进行页眉/页脚设置　　B. 在选定的段落内进行查找、替换操作

C. 对选定的段落进行拼写和语法检查　　D. 对选定的段落进行字数统计

9. 在 Word 编辑状态下，当前正在编辑一个新建文档“文档 1”，当执行“文件”选项卡中的“保存”命令后，则（　　）。

A.“文档 1”被存盘

B. 打开“另存为”对话框，供进一步操作

C. 自动以“文档 1”存盘

D. 不能以“文档 1”存盘

10. Word 文档文件的扩展名是（　　）。

A. .doc　　B. .xls　　C. .docx　　D. .txt

11. 当前活动窗口是文档“w1.docx”的窗口，单击该窗口的“最小化”按钮，则（　　）。

A. 不显示“w1.docx”文档内容，但“w1.docx”文档并未关闭

B. 该窗口和“w1.docx”文档都被关闭

C.“w1.docx”文档未关闭，且继续显示其内容

D. 关闭了“w1.docx”文档，但该窗口并未关闭

12. 在 Word 编辑状态下打开了“W1.docx”文档，若将编辑后的文档以“W2.docx”文档名存盘，单击“文件”选项卡，执行（　　）命令。

A.“保存”　　B.“导出”　　C.“另存为”　　D.“打开”

13. 在 Word 编辑状态下可以使插入点快速移到文档开始位置的是（　　）。

A. Ctrl + Home 组合键　　B. Alt + Home 组合键

C. Home 键　　D. PageUp 键

14. 在 Word 编辑状态下，在文本选择区三击鼠标，可选定（　　）。

A. 一句　　B. 一行　　C. 一段　　D. 整个文档

15. 采用（　　）视图方式，能够显示页眉和页脚。

A. 阅读视图　　B. 页面视图　　C. 大纲视图　　D. Web 版式

16. 在 Word 中依然保留了早期版本中的一些命令对话框，通过（　　）可以启动对话框。

A. 快速访问工具栏　　B. 选项卡　　C. 浮动工具栏　　D. 对话框启动器

17. 在 Word 中选定文本块后，（　　）拖拽文本到需要处即可实现文本块的移动复制。

A. 按住 Ctrl 键的同时　　B. 按住 Esc 键的同时

C. 按住 Alt 键的同时　　D. 无须按键

18. 在 Word 中选定一个英文单词，可以用鼠标在单词的任意位置（　　）。

A. 双击　　B. 单击　　C. 右击　　D. 按 Ctrl 键再单击

19. 在Word编辑状态下要切换插入/改写方式，应（　　）。

A. 单击鼠标左键　　B. 单击鼠标右键　　C. 双击鼠标左键　　D. 按Insert键

20. 段落形成于（　　）。

A. 按了Enter（回车）键　　B. 按了Shift+Enter组合键

C. 用空行作为分隔　　D. 输入字符到达一定行宽自动转入下一行

二、操作题

1. 创建新文档“夹竹桃.docx”，输入内容，完成版面设计，效果如图3-80所示。

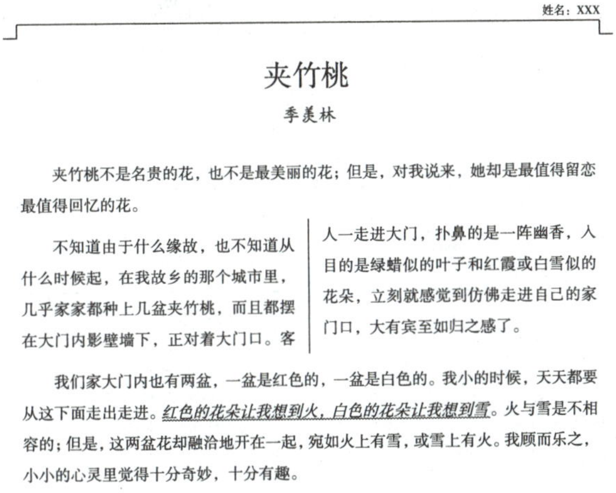

姓名：XXX

夹竹桃

季羡林

夹竹桃不是名贵的花，也不是最美丽的花；但是，对我说来，她却是最值得留恋最值得回忆的花。

不知道由于什么缘故，也不知道从什么时候起，在我故乡的那个城市里，几乎家家都种上几盆夹竹桃，而且都摆在大门内影壁墙下，正对着大门口。客人一走进大门，扑鼻的是一阵幽香，入目的是绿蜡似的叶子和红霞或白雪似的花朵，立刻就感觉到仿佛走进自己的家门口，大有宾至如归之感了。

我们家大门内也有两盆，一盆是红色的，一盆是白色的。我小的时候，天天都要从这下面走出走进。*红色的花朵让我想到火，白色的花朵让我想到雪*。火与雪是不相容的；但是，这两盆花却融洽地开在一起，宛如火上有雪，或雪上有火。我顾而乐之，小小的心灵里觉得十分奇妙，十分有趣。

图3-80　版面设计效果

（1）设置页面，纸张大小为A4，左边距为3.0厘米，右边距为2.5厘米，上、下边距为2.5厘米。

（2）输入文档内容。

（3）将标题设置为二号、微软雅黑、红色、加粗、居中，将作者行设置为四号、楷体、居中，将正文中字体设置为宋体、小四号。

（4）将正文中“红色的花朵让我想到火，白色的花朵让我想到雪。”加波浪线并倾斜。

（5）段落设置首行缩进2字符、段前0.5行、1.5倍行距。

（6）将第二自然段落设置分成两栏，栏间距为2个字符，并加分隔线。

（7）设置页眉，在页眉处输入姓名，设置为宋体、小五号、右对齐；在页脚中部插入页码。

2. 创建“商品价格表.docx”文件，设置表格格式，效果如图3-81所示。

商品价格表

商品名称	规格型号	单位	单价	备注
喷墨打印一体机	佳能（Canon）MG3080	台	399.00	
彩色打印一体机	佳能（Canon）G3800	台	1 199.00	
黑白激光打印机	佳能（Canon）iC MF113	台	1 179.00	
彩色喷墨一体机	佳能（Canon）E568	台	699.00	
彩色喷墨一体机	佳能（Canon）E568r	台	799.00	
喷墨打印一体机	佳能（Canon）E478	台	499.00	

图3-81　“商品价格表”效果

（1）标题设置为微软雅黑、三号、居中。

（2）表格内容设置为宋体、五号，字符居中，数值右对齐。

（3）选择表格样式为“网格表5深色－着色1”。

3. 应用 Word 表格功能制作“个人简历”，效果如图3－82所示。

个人简历

<table>
<tr><td>姓名</td><td></td><td>性别</td><td></td><td>出生日期</td><td></td><td rowspan="5">照片</td></tr>
<tr><td>籍贯</td><td></td><td>民族</td><td></td><td>健康状况</td><td></td></tr>
<tr><td>政治面貌</td><td></td><td>身高</td><td></td><td>外语程度</td><td></td></tr>
<tr><td>毕业学校</td><td colspan="3"></td><td>所学专业</td><td></td></tr>
<tr><td>学历</td><td></td><td>学位</td><td></td><td>毕业时间</td><td></td></tr>
<tr><td>联系电话</td><td colspan="3"></td><td>联系地址</td><td colspan="2"></td></tr>
<tr><td>主修课程</td><td colspan="6"></td></tr>
<tr><td>应聘何职</td><td colspan="3"></td><td>待遇要求</td><td colspan="2"></td></tr>
<tr><td>证书与
奖励</td><td colspan="6"></td></tr>
<tr><td>特长爱好</td><td colspan="6"></td></tr>
<tr><td>个人简历</td><td colspan="6"></td></tr>
<tr><td>社会实践
经历</td><td colspan="6"></td></tr>
<tr><td>自我评价</td><td colspan="6"></td></tr>
</table>

图3－82 “个人简历”效果

要求：

（1）标题：黑体、二号，文字居中对齐。

（2）表内：宋体、五号，水平、垂直居中。

（3）表格框线：外框为单线，1.0磅；内框为单线，0.5磅。

（4）页面：纸张为A4，纵向，上、下、左、右页边距均为2.5厘米。

4. 应用 Word 图文混排功能制作一份交通安全专题小报。要求：

（1）灵活应用文本框、图形、艺术字、图片等对象。

（2）版面设计美观大方，内容健康，主题明确。

项目 4

Excel 电子表格处理

● **知识目标：**

◇ 理解 Excel 工作簿、工作表和单元格等基本概念；掌握 Excel 的编辑、格式化的操作方法。

◇ 掌握 Excel 公式和常用函数的使用；掌握数据排序、筛选等数据处理方法。

◇ 了解图表的类型，掌握图表、数据透视表和数据透视图的创建、编辑和设置的操作方法。

● **能力目标：**

◇ 能够应用 Excel 创建、编辑和格式化电子表格。

◇ 能够应用 Excel 中的数据处理功能完成排序、数据筛选等操作。

◇ 能够应用 Excel 创建图表进行数据分析。

Excel 是电子表格处理软件，用于制作表格。对表格中的数据进行各种计算，解决一些复杂的数学问题，并以图表、图形表现出来，实现表格与数据库的完美结合，广泛应用于财务、统计、经济分析等领域。

任务 1 认识 Excel

4.1.1 初识 Excel

任务描述

了解工作界面构成，理解 Excel 工作簿、工作表和单元格等基本概念；熟练掌握工作簿、工作表的基本操作。

知识准备

Excel 是随 Microsoft Office 集成办公软件一起安装的，一般情况下，能运行 Windows 操作系统的微型计算机都可以安装和使用 Excel。

①Excel 提供了面向结果的用户界面，提供了包含命令和功能的逻辑组、面向任务的选

项卡和具有可用选项的下拉列表，使用户操作更加便捷。Excel 根据用户界面中执行的活动，自动显示完成该任务最合适的工具。

②更多的行和列及其他新限制。Excel 支持每个工作表中最多有 100 万行和 16 000 列。在同一个工作簿中，允许使用的格式类型超过 4 000 种，还支持 1 600 万种颜色设置。

③通过应用主题和使用特定样式在工作表中快速设置数据格式，其中主题可以与 Office 组件中的其他程序（例如 Microsoft Word 和 Microsoft PowerPoint）共享，样式只用于更改 Excel 中特定对象的格式，如 Excel 表格、图表、数据透视表、形状或图的格式等。

④用户可以使用条件格式直观地注释数据，以供分析和演示使用。

⑤用户可以使用增强的筛选和排序功能快速排列工作表数据。Excel 提供了按颜色和 3 个以上（最多为 64 个）级别实现数据的排序功能，可以按颜色或日期筛选数据或在数据透视表中筛选数据。

任务实施

1. 启动和退出 Excel

（1）启动 Excel

单击“开始”菜单，选择“Excel”命令，打开 Excel 窗口，如图 4－1 所示。

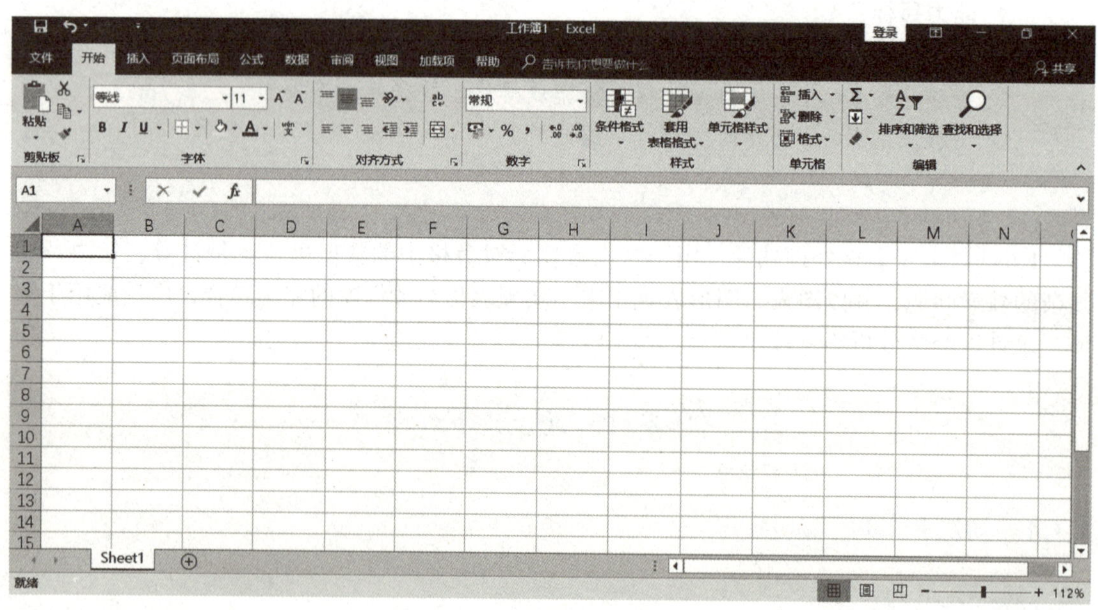

图 4－1　Excel 工作界面

Excel 的工作界面主要包括标题栏、快速访问工具栏、功能区、编辑栏和工作表编辑区等。

（2）退出 Excel

单击 Excel 应用程序窗口右上角的“关闭”按钮即可退出 Excel。

2. 编辑工具栏

Excel 提供了编辑工具栏，用于对单元格内容进行编辑操作，如图 4－2 所示。

图 4－2　编辑工具栏

①名称框。名称框用于显示活动单元格的地址。

②“插入函数”按钮。插入函数按钮可以打开“插入函数”对话框，进行函数设置。

③编辑框。编辑框是用于输入、编辑单元格数据的区域。在编辑框中可直接输入数值，也可以编辑公式。单击编辑框，编辑栏上自动增加了“✔”和“✖”两个按钮，输入结束后，按“✔”按钮表示确认，按“✖”按钮表示放弃本次输入或修改。

④“展开/折叠编辑栏”按钮。单击“展开编辑栏”按钮将展开编辑栏，方便在编辑框中输入数据；单击“折叠编辑栏”按钮将折叠编辑栏。

Excel 标题栏、快速访问工具栏、功能区及状态栏、滚动条、视图按钮、缩放滑块等与 Word 的基本相同。

3. Excel 的基本概念

（1）工作簿

工作簿是 Excel 建立和操作的文件，用来存储用户建立的工作表。工作簿文件的扩展名为“.xlsx”，文件图标为。

一个工作簿由若干工作表组成，最多可包含 255 张工作表。Excel 新建的工作簿默认为“Book1.xlsx”，包括 3 个工作表，分别为“Sheet1”“Sheet2”“Sheet3”。

（2）工作表

工作表是工作簿里的一页，由若干行和列组成。每个工作表都有一个名字，显示在工作表标签上，Excel 的主要操作都是在工作表中进行的。

（3）单元格

行和列相交形成单元格，它是存储数据的基本单位。在工作表中，每个单元格都有固定的地址，单元格与地址一一对应。

①一个单元格：列标＋行号。例如，在列 B 和行 8 交叉处的单元格地址是 B8。

②连续单元格：左上角单元格地址＋“:”＋右下角单元格的地址。例如，A1:G4，表示 A1 到 G4 之间的连续单元格区域。

4. 工作簿的基本操作

在 Excel 中，工作簿的基本操作包括新建、打开、保存和关闭工作簿等。

（1）新建工作簿

在启动 Excel 窗口时，在开始界面单击“空白工作簿”选项，即可创建一个名为“工作簿 1”的空白工作簿。

若 Excel 已启动，在 Excel 窗口下单击“文件”选项卡，选择“新建”命令，打开“新建”窗口，如图 4－3 所示，单击“空白工作簿”图标，创建名为“工作簿 1”的空白工作簿。

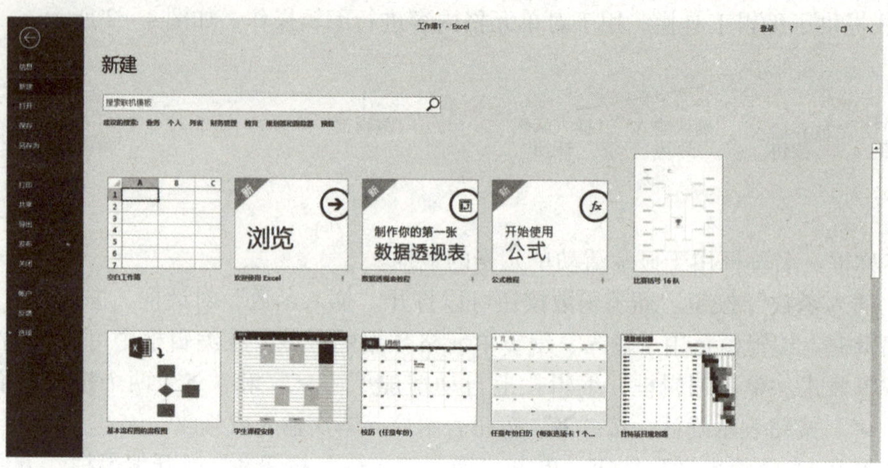

图 4－3　创建空工作簿

（2）保存工作簿

单击“文件”选项卡，选择“保存”命令，如果该文件已保存过，则将工作簿以原文件名保存。如果是新建的文件，则打开“另存为”对话框，如图 4－4 所示。

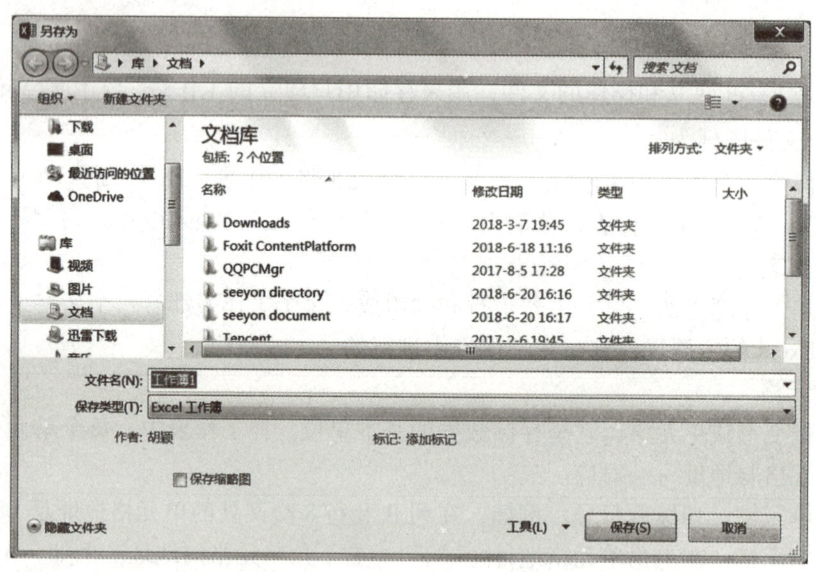

图 4－4　“另存为”对话框

①在下拉列表中选择文档所要存放的位置。

②在“文件名”文本框中输入文件名。

③在“保存类型”下拉列表中选择类型，默认的保存类型为“Excel 工作簿（＊.xlsx）”。

④单击“保存”按钮。

（3）打开工作簿

①在 Excel 窗口中单击“文件”选项卡，选择“打开”命令，单击“浏览”按钮，或

按快捷键 Ctrl + O，打开“打开”对话框。在对话框中输入或选择要打开的文件，单击“打开”按钮。

②在“我的电脑”或“资源管理器”窗口中双击 Excel 工作簿文件，系统便会启动 Excel 并打开指定工作簿文件。

(4) 关闭工作簿

Excel 可以同时打开多个文档，在退出 Excel 之前，应逐一关闭已打开的 Excel 工作簿。关闭工作簿的操作方法如下：

①单击标题栏上的“关闭”按钮。

②单击“文件”选项卡，选择“关闭”命令。

③右击任务栏上对应的工作簿按钮，从弹出的快捷菜单中选择“关闭窗口”命令。

5. 工作表的基本操作

在 Excel 中，工作表的基本操作包括选定、插入、删除、重命名、复制和移动、拆分和冻结等。

(1) 选定工作表

①选定一张工作表。单击工作表标签，使之高亮显示，即可选定该工作表。

②选定多张连续的工作表。单击第一张工作表，然后按下 Shift 键，单击最后一张工作表。

③选定多张不连续的工作表。按下 Ctrl 键，同时单击其他工作表。

(2) 插入工作表

①在“开始”选项卡“单元格”组中单击“插入”命令，从下拉列表中选择“插入工作表”命令。

②右击工作表标签，从弹出的快捷菜单中选择“插入”命令，打开“插入”对话框，在“常用”选项卡中选择“工作表”，单击“确定”按钮，如图 4 - 5 所示。

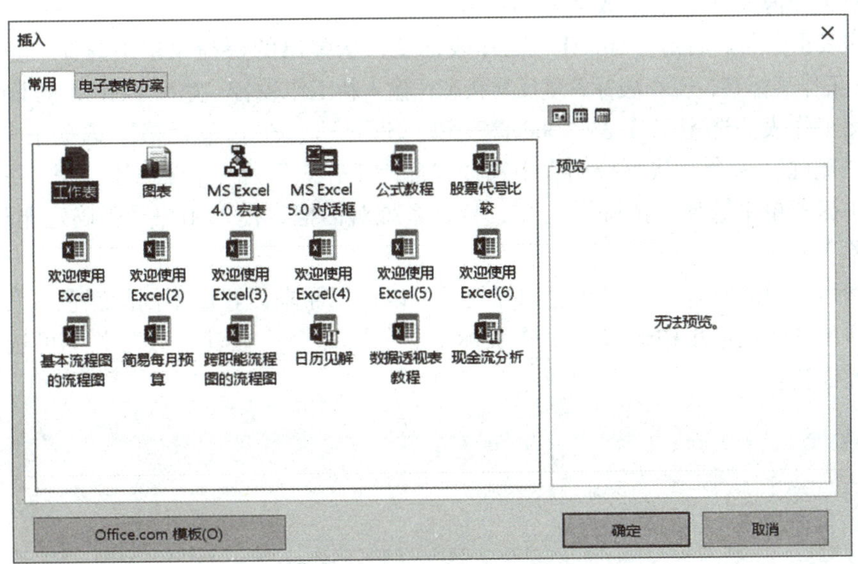

图 4 - 5　“插入”对话框

③单击工作表标签右侧的“插入工作表”按钮，或按 Shift+F11 组合键。

(3) 切换工作表

按 Ctrl+PageUp/Ctrl+PageDown 组合键，可以实现工作表的切换，使上一张/下一张工作表成为当前工作表。

(4) 复制和移动工作表

①利用鼠标完成。

选定要移动或复制的工作表标签，拖动到新位置后释放鼠标，完成移动工作表操作。若同时按下 Ctrl 键，则完成复制工作表操作。拖动时标签行上方出现一个黑色小三角形，指示当前工作表所要插入的新位置。

②使用命令完成。

右击工作表标签，从弹出的快捷菜单中选择“移动或复制工作表”命令，打开“移动或复制工作表”对话框，如图 4－6 所示，选择目标工作簿及插入的位置。如果复制工作表，则选中“建立副本”复选框，单击“确定”按钮，完成当前工作表的移动或复制。

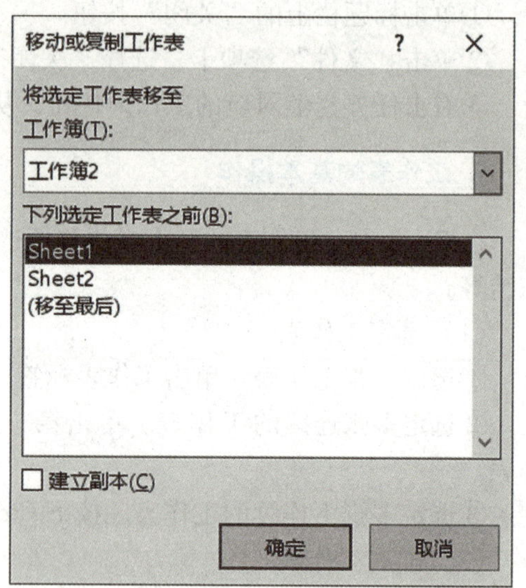

图 4－6 “移动或复制工作表”对话框

(5) 拆分工作表

当工作表中数据较多时，为方便查看工作表的不同部分，可以将窗口拆分为 2 个或 4 个窗格。

(6) 冻结工作表

冻结工作表可以使工作表中部分数据始终处于可见范围内。

(7) 新建“学生成绩表”实例

①新建工作簿文件“学生成绩表.xlsx”。

②工作表重命名。右击“Sheet1”工作表标签，从弹出的快捷菜单中选择“重命名”命令，或双击工作表标签，工作表标签呈反显状态，输入新工作表名“第一学期”，按 Enter 键。

③删除工作表。选定工作表“Sheet2”和“Sheet3”，在“单元格”选项卡“单元格”组中单击“删除”命令，从下拉列表中选择“删除工作表”命令，或直接右击工作表标签，从弹出的快捷菜单中选择“删除”命令，打开系统对话框，提示用户是否确定删除工作表，单击“删除”按钮。

为了增强界面的友好性，工作表的标签还可以根据需求设置成不同的颜色。右击工作表标签，从弹出的快捷菜单中选择“工作表标签颜色”命令，在其下级菜单中可选择不同的颜色来设置标签。

知识拓展

1. 启动和退出 Excel 的其他方法

1) 启动 Excel 的方法有多种，可以选择以下操作方法之一：

①如果在桌面上创建了 Excel 的快捷图标，双击快捷方式图标。

②在桌面空白处右击鼠标，从弹出的快捷菜单中选择“新建”中的“Microsoft Excel 工作表”。

③打开一个 Excel 文档文件。

使用前两种方法启动 Excel 后，系统自动建立一个名为“Book1”的空工作簿文件；采用后一种方法启动 Excel 后，系统自动打开相应的文档。

2）退出 Excel 的方法也有多种，可以选择以下操作方法之一：

①单击“文件”标签，选择“关闭”命令。

②右击文档标题栏，在弹出的控制菜单中选择“关闭”命令。

③按 Alt + F4 组合键。

2. 活动单元格和填充柄

屏幕上带粗线边框的单元格称为活动单元格。输入或编辑操作都是对活动单元格进行的，在任一时刻只有一个单元格为活动单元格。

鼠标指向活动单元格右下角时，显示一个黑色小方块，称为填充柄，利用填充柄可以快速填充相邻单元格区域的内容。

3. Excel 模板

Excel 提供了大量用于创建各种类型的模板样式，利用模板可以快速创建工作簿，如预算、清单、日历等。单击“文件”选项卡，选择“新建”命令，在新建“新建”窗口下选择需要的模板。

从“模板”列表中选择一种模板（如“学生课程安排”），如图 4－7（a）所示。单击“创建”按钮，创建指定模式的包含一定内容的工作簿文件，如图 4－7（b）所示。在此基础上进行修改，可以快速创建工作簿。

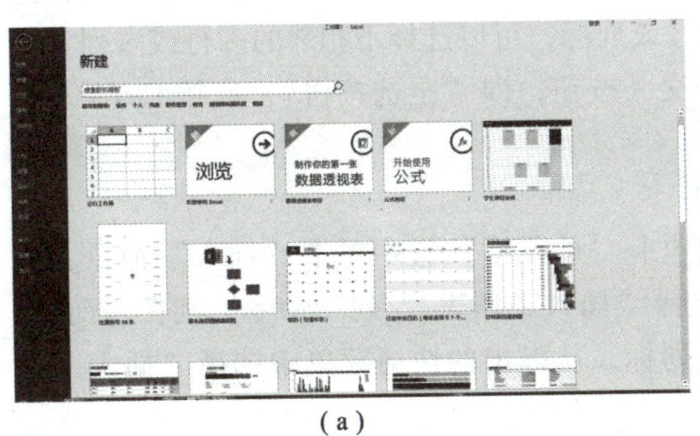

（a）

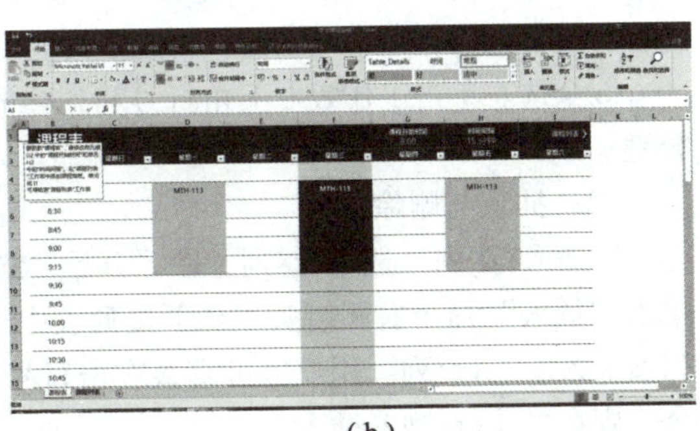

（b）

图 4－7　利用模板创建工作簿

（a）“新建”对话框；（b）利用模板创建的工作簿

实践提高

1. 启动 Excel，新建文档，以“学生课程表.xlsx”作为文件名进行保存，关闭工作簿。
2. 利用模板创建“简易每月预算.xlsx”工作簿。

4.1.2 编辑表格

任务描述

熟练掌握表格的输入和编辑操作，包括数据的输入及单元格内数据的移动、复制、清除操作，能够进行数据的查找和替换操作。

知识准备

1. 单元格的基本操作

单元格是Excel中进行信息处理的最小单元，Excel中的所有操作都是从单元格开始的。单元格的基本操作包括单元格的选定、插入与删除等。

（1）选定

在Excel中，无论是在工作表中输入数据还是在使用Excel命令之前，都应首先选定单元格，然后再执行操作。

①选定单个单元格。单击单元格，或通过光标移动键，或在“编辑”工具栏的名称框中输入单元格地址。

②选定矩形区域。单击区域左上角的第一个单元格，按下左键并沿对角线方向拖动鼠标到区域右下角的最后一个单元格，释放鼠标；或单击第一个单元格后，按住Shift键再单击最后一个单元格。

③选定不相邻单元格或区域。选定第一个单元格或区域后，按住Ctrl键，选择其他单元格或区域。

④选定行或列。单击行号或列标，可以选择一行或一列；在行号或列标上拖动鼠标，或选择首行或首列后，按下Shift键，单击最后一行或一列，可以选择连续的多行或多列；选择首行或首列后，按下Ctrl键，再选定其他行号或列标，可以选择不相邻的多行或多列。

⑤全选。单击工作表左上角行号和列标的交叉按钮，即“全选按钮”，或按Ctrl + A组合键。

（2）插入与删除

①插入行/列。选定行/列，在“开始”选项卡“单元格”组中单击“插入”命令，或单击“插入”命令右侧箭头，从下拉列表中选择“插入工作表行/列”命令，则在当前行/列前插入了一行/列。用户也可直接右击行号/列标，从弹出的快捷菜单中选择“插入”命令，则在当前行/列前插入了一行/列。

②插入单元格。选定单元格，在“开始”选项卡“单元格”组中单击“插入”命令右侧箭头，从下拉列表中选择“插入单元格”命令，或右击鼠标，从弹出的快捷菜单中选择“插入”命令，打开“插入”对话框，选择插入单元格的方式，单击“确定”按钮，如图4－8所示。

③删除行/列、单元格。选定行、列或单元格，在“开始”选项卡“单元格”组中单击“删除”命令右侧箭头，从下拉列表中选择“删除工作表行/列”或“删除单元格”命令。如果删除单元格或区域，则打开“删除”对话框，选择删除单元格方式，单击“确定”按钮，如图4－9所示。也可直接右击行号、列标或单元格，从弹出的快捷菜单中选择“删

除”命令删除行、列或单元格。

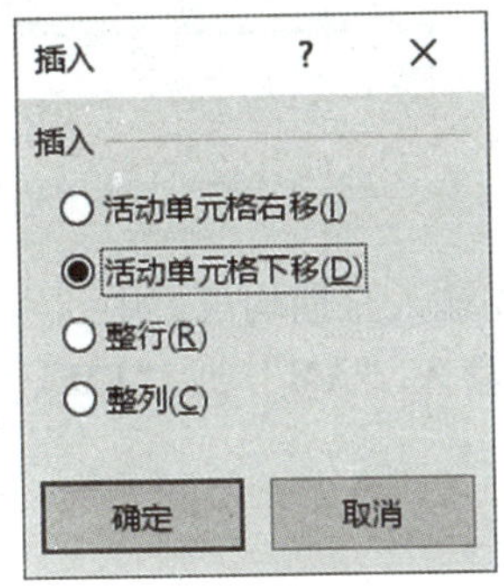

图 4－8 “插入”对话框

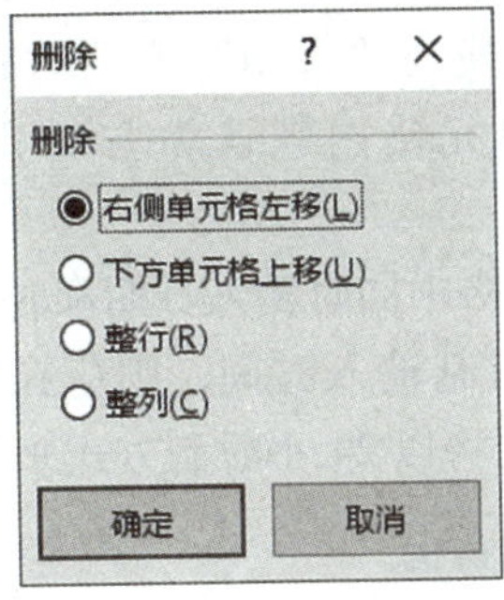

图 4－9 “删除”对话框

（3） 合并与拆分单元格

①合并单元格。选定要合并的两个或多个相邻单元格，在“开始”选项卡“对齐方式”组中单击“合并后居中”命令，则选定的相邻单元格合并成一个单元格，内容居中显示，单元格的名称是相邻单元格左上角单元格的地址（如“A1”）。若仅合并单元格而不居中显示内容，可单击“合并后居中”命令右侧箭头，从下拉列表中选择“跨越合并”或“合并单元格”命令。

②拆分单元格。选中已合并的单元格，单击“合并后居中”命令，可以将合并的单元格拆分，还原成原单元格，其中数据显示在左上角单元格中。

2. 输入数据

在 Excel 中，数据全部存储在单元格中。常见的数据类型有数值、文本、日期等，不同类型的数据，其输入方法也不同。一般情况下，输入数据后按 Enter 键或单击“编辑”工具栏上的“✔”按钮确认，按 Esc 键或单击“✖”按钮取消。选定单元格后，单击“=”可以用编辑公式的方法向单元格输入内容。

（1） 数值数据输入

数值数据通常是指有大小值的数据，一般用数字表示。

①数值数据的形式。数值数据的形式有整数、小数、分数、百分数、科学记数等形式。对于货币和会计格式数据，还可以带货币符号或千分位。

②数值数据的显示。数值数据在单元格内默认对齐方式为右对齐。当数值的长度超过 12 位时，自动以科学记数形式表示。如果以科学记数形式仍超过单元格宽度，则单元格内显示“####”，此时只要适当增加单元格的列宽度，就能将其正确显示。图 4－10 所示是数值“123456789”在不同宽度单元格中显示的情况。

（2） 文本数据输入

文本数据通常是指字符或者数字、字符的组合，其默认为左对齐方式，如图 4－11 所示。

	A	B	C
1	123456789	1.23E+08	####
2			

图 4－10 数值的显示

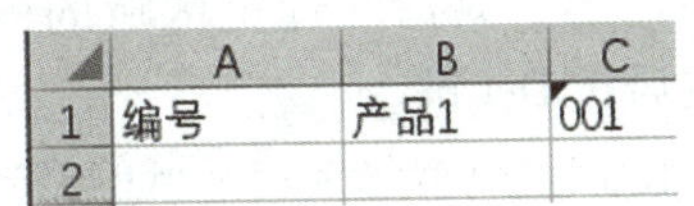

	A	B	C
1	编号	产品1	001
2			

图 4－11 文本的显示

（3）日期和时间输入

在单元格中输入系统可识别的日期和时间时，系统会自动转换为“日期”或“时间”格式。日期和时间数据在单元格内默认为右对齐方式，如图 4－12 所示。

	A	B	C
1	2025-9-1	9月1日	15:30
2	二〇二五年九月一日	九月一日	3:30 PM

图 4－12　日期和时间的显示

在单元格中同时输入日期和时间，先输入时间或先输入日期均可，中间用空格分隔。若要以 12 小时制输入时间，则应在时间后加一空格并输入“AM”或“PM”（或“A”及“P”），否则将以 24 小时制方式来显示时间。

3. 编辑数据

编辑数据操作主要包括单元格内数据的移动、复制、清除，以及数据的查找、替换等。

（1）移动单元格中的数据

移动单元格中的数据就是将数据从当前位置移动到其他位置的操作。用户可以应用剪贴板实现，也可以通过鼠标实现快速操作。

①应用剪贴板。选定要移动数据的单元格，在“开始”选项卡“剪贴板”组中单击“剪切”命令，选定的单元格四周出现虚线框，选定目标单元格，单击“粘贴”命令，剪贴板中的数据将移动到选定的单元格中。

②鼠标操作。选定要移动数据的单元格，将鼠标指针指向选定区域的边框，当指针变为“✣”形状时，拖动边框到目标单元格，释放鼠标。如果目标单元格内原来有数据，系统将提示是否替换目标单元格内容。

（2）复制单元格中的数据

复制单元格中的数据就是将单元格中的数据制作副本到其他位置的操作。用户可以应用剪贴板实现，也可以通过鼠标实现快速操作。

①应用剪贴板。选定要复制数据的单元格，在“开始”选项卡“剪贴板”组中单击“复制”命令，选定的单元格四周出现虚线框，选定目标单元格，单击“粘贴”命令，剪贴板中的数据复制到选定的单元格中。

②鼠标操作。选定要复制数据的单元格，将鼠标指针指向选定区域的边框，当指针变为“✣”形状时，按下 Ctrl 键，拖动边框到目标单元格，释放鼠标和按键。

此外，在“开始”选项卡“剪贴板”组中单击“粘贴”命令箭头，可以从下拉列表中选择粘贴值、选择性粘贴或以图片格式等进行复制，如图 4－13 所示。

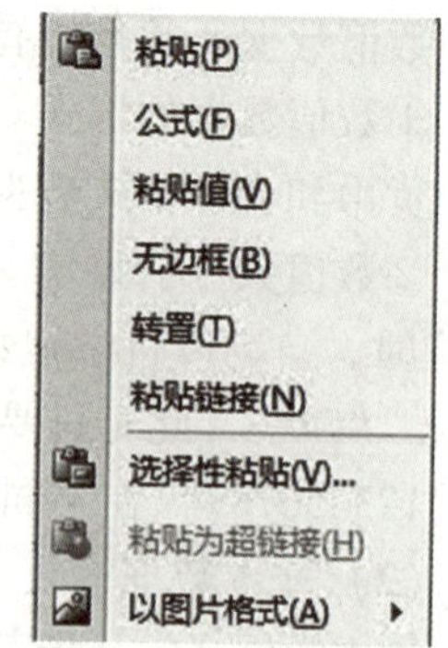

图 4－13　“粘贴”菜单

（3）清除单元格

在“开始”选项卡“编辑”组中单击“清除”命令，可以从下级菜单中选择以下清除方式：

①清除内容。只清除选定区域的内容，保留区域的格式，等同于选定后按 Del 键。

②清除格式。只清除选定区域的格式，保留区域中的数据内容和批注。

③清除批注。只清除选定区域的批注，保留区域中的数据内容和格式。

④全部清除。清除选定区域的内容、格式和批注。

(4) 查找和替换

Excel与Word一样，也提供了查找与替换功能。在“开始”选项卡“编辑”组中单击“查找和选择”命令，从下拉列表中选择“查找”“替换”等命令可以实现查找、替换等操作。

1) 查找。

查找命令可以帮助用户查找特殊的文本内容（如字、词等），查找的范围不仅可以是当前工作表，还可以是整个工作簿。

①在打开的“查找和选择”下拉列表中选择“查找”命令，打开“查找和替换”对话框。

②在“查找”选项卡“查找内容”文本框中输入要查找的内容。

③输入完毕后，按Enter键开始查找，若找到，则对应的单元格成为活动单元格，否则打开消息框，提示没有找到。

④单击“查找下一处”按钮，继续向下查找，直到整个工作表结束。

⑤如果对查找有更高的要求，则可以对打开的对话框中选项部分进行设置后再查找，设置的选项包括范围、搜索和查找范围。

⑥查找完毕后，单击“关闭”按钮或按Esc键关闭对话框。

2) 替换。

替换命令可以帮助用户方便地将某些内容替换成新的内容。

①在打开的“查找和选择”命令下拉列表中选择“替换”命令，打开“查找和替换”对话框。

②在“替换”选项卡的“查找内容”文本框中输入要替换的旧内容，在“替换为”文本框中输入新内容，按Enter键后开始查找。找到第一个匹配的内容，对应单元格成为活动单元格。

③单击“替换”按钮，用新内容替换掉旧内容，然后继续查找下一个。

④如果此处不需要替换，单击“查找下一处”按钮继续查找；如果要将所查到的全部内容都替换成新内容，单击“全部替换”按钮。

⑤如果要使用指定的格式或特殊字符，单击“选项”按钮，按需要进行选择。

⑥操作完毕后，单击“关闭”按钮或按Esc键关闭对话框。

任务实施

制作“学生成绩表”，效果如图4-14所示。

①打开“学生成绩表.xlsx”工作簿。

②输入表标题。在A1单元格中输入“学生成绩表”，选定A1:H1连续单元格，在“开始”选项卡“对齐方式”组中单击“合并后居中”命令，实现表标题跨列合并居中。

③输入表头。依次选定A2、B2、C2、D2、E2、F2、G2、H2单元格，分别输入“序号、学号、姓名、高等数学、大学英语、计算机基础、总分、平均分”。

④序列填充输入序号。在A3单元格中输入“1”，按住Ctrl键，同时拖动填充柄到A17单元格，释放鼠标和按键。

	A	B	C	D	E	F	G	H
1	学生成绩表							
2	序号	学号	姓名	高等数学	大学英语	计算机基础	总分	平均分
3	1	0010042020	曹英晨	96	75	96		
4	2	0010042021	从金生	92	82	94		
5	3	0010042022	董德茹	75	60	85		
6	4	0010042023	高永昊	96	48	92		
7	5	0010042024	顾唐	42	78	65		
8	6	0010042025	郭宏彬	77	93	51		
9	7	0010042026	胡云飞	88	47	72		
10	8	0010042027	李天阳	46	68	36		
11	9	0010042028	刘红帅	98	72	96		
12	10	0010042029	罗臣	92	93	94		
13	11	0010042030	聂明奇	76	85	82		
14	12	0010042031	任斌	41	94	65		
15	13	0010042032	孙恩泽	72	75	71		
16	14	0010042033	王佳欢	76	82	62		
17	15	0010042034	陶思毅	82	99	86		

图 4 – 14 “学生成绩表”效果

⑤输入数据。依次输入学生的姓名和各科成绩。

⑥选中一个单元格，在“视图”选项卡“窗口”组中单击“拆分”命令，工作表被拆分成 4 个部分，如图 4 – 15 所示。再次单击“拆分”按钮，则取消拆分工作表操作。

	A	B	C	D	E	F	G	H
1	学生成绩表							
2	序号	学号	姓名	高等数学	大学英语	计算机基础	总分	平均分
3	1	0010042020	曹英晨	96	75	96		
4	2	0010042021	从金生	92	82	94		
5	3	0010042022	董德茹	75	60	85		
6	4	0010042023	高永昊	96	48	92		
7	5	0010042024	顾唐	42	78	65		
8	6	0010042025	郭宏彬	77	93	51		
9	7	0010042026	胡云飞	88	47	72		
10	8	0010042027	李天阳	46	68	36		
11	9	0010042028	刘红帅	98	72	96		
12	10	0010042029	罗臣	92	93	94		
13	11	0010042030	聂明奇	76	85	82		
14	12	0010042031	任斌	41	94	65		
15	13	0010042032	孙恩泽	72	75	71		
16	14	0010042033	王佳欢	76	82	62		
17	15	0010042034	陶思毅	82	99	86		

图 4 – 15 拆分工作表

⑦选中一个单元格，在“视图”选项卡“窗口”组中单击“冻结窗格”命令，从下拉列表中选择“冻结拆分窗格”“冻结首行”或“冻结首列”命令，则表格中被冻结部分将始终显示，如图 4 – 16 所示。再次单击“冻结窗格”命令，从下拉列表中选择“取消冻结窗格”命令，则取消冻结工作表操作。

⑧保存工作簿。

知识拓展

在进行大量有规律数据输入时，Excel 充分考虑了数据的重复输入问题，提供多种快速输入方法，使数据输入更加方便、快捷、准确。

	A	B	C	D	E	F	G	H
1			学生成绩表					
2	序号	学号	姓名	高等数学	大学英语	计算机基础	总分	平均分
6	4	0010042023	高永昊	96	48	92		
7	5	0010042024	顾唐	42	78	65		
8	6	0010042025	郭宏彬	77	93	51		
9	7	0010042026	胡云飞	88	47	72		
10	8	0010042027	李天阳	46	68	36		
11	9	0010042028	刘红帅	98	72	96		
12	10	0010042029	罗臣	92	93	94		
13	11	0010042030	聂明奇	76	85	82		
14	12	0010042031	任斌	41	94	65		
15	13	0010042032	孙恩泽	72	75	71		
16	14	0010042033	王佳欢	76	82	62		
17	15	0010042034	陶思毅	82	99	86		

图 4－16　冻结工作表

1. 自动完成输入

Excel 在数据输入时设计了多种智能填充功能，自动完成功能就是其中的一种。在进行数据输入时，经常出现需要重复输入数据的问题。在进行第二次及以后重复数据输入时，系统会根据第一次输入的数据自动填入以后字符，并以反白显示。如果自动完成填入的数据正是所需要的数据，则单击 Enter 键或单击“编辑”工具栏的“输入”按钮✔确认，如果该数据不是需要的数据，继续输入需要的数据即可。

例如，在一张工作表中输入“电子系”“建工系”“计算机系”后，当再次输入“计”时，当前单元格自动填入“计算机系”，并以反白显示，如图 4－17 所示。

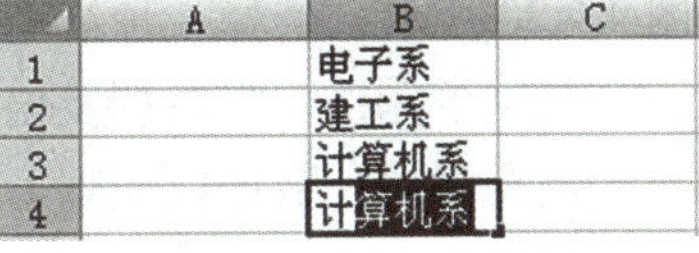

图 4－17　自动完成输入

2. 选择列表输入

Excel 的选择列表输入功能是指利用同列中已经输入的连续数据进行选择填充。选定单元格，如图 4－18（a）所示；右击鼠标，从弹出的快捷菜单中选择“从下拉列表中选择”命令，如图 4－18（b）所示；打开下拉列表，选择要输入的数据，如图 4－18（c）所示。

（a）　（b）　（c）

图 4－18　选择列表输入

（a）选定单元格；（b）快捷菜单；（c）选择列表

3. 自动填充输入

Excel 的自动填充输入功能是指根据已输入的数据，按照一定的默认方式对连续单元格进行的数据填充输入。

（1）利用填充柄完成自动填充输入

填充柄是活动单元格或选定单元格区域右下角的黑色小方块，将鼠标移动到填充柄上面时，当指针变成“✚”形状时，拖动鼠标，其所覆盖的单元格被相应的内容填充。

（2）序列填充输入

①创建序列填充。在连续的单元格中输入两个数值（如“1”“3”），两个数值之间的差决定了数据序列的步长值。选定输入数值的单元格（如“B1:B2”），将鼠标移到填充柄上，当指针变为“✚”形状时，在要填充序列的区域内拖动，在拖动过程中，可以观察到序列的值，释放鼠标，完成该区域的序列填充输入，如图 4－19 所示。

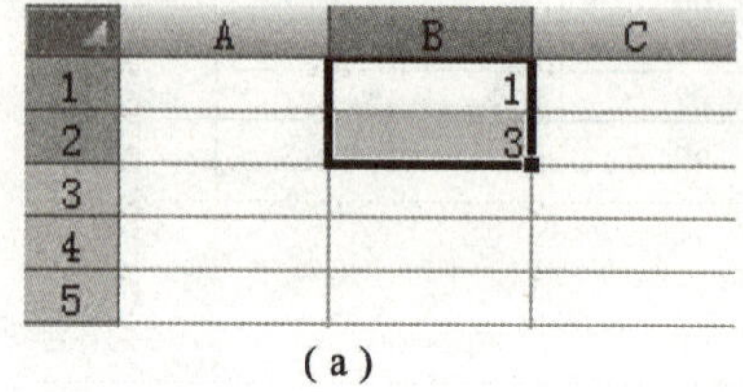

（a）

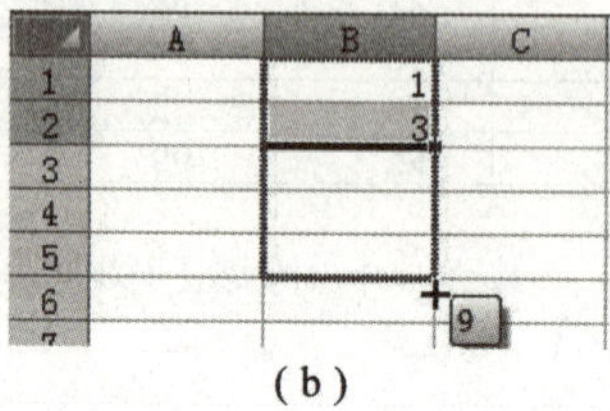

（b）

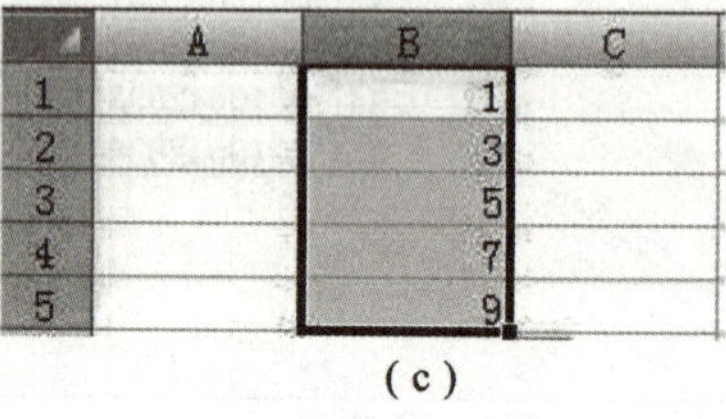

（c）

图 4－19　创建序列填充

（a）创建序列；（b）填充；（c）序列填充效果

②采用快捷菜单。选定一个单元格，输入序列的起始值，将光标移到填充柄上，当光标变成“✚”形状时，按下右键，拖动至要填充的全部区域，释放鼠标，弹出快捷菜单，如图 4－20 所示，选择一种填充方式。填充方式说明如下：

- ○ 复制单元格(C)
- ◉ 填充序列(S)
- ○ 仅填充格式(F)
- ○ 不带格式填充(O)
- ○ 以天数填充(D)
- ○ 填充工作日(W)
- ○ 快速填充(F)

图 4－20　序列快捷菜单

复制单元格：将数据及格式复制到所选区域。

填充序列：数据以序列方式填充，步长为 1 个单位。

仅填充格式：复制选定单元格的格式。

不带格式填充：仅将数据填充到全部区域，不改变被填充单元格的原有格式。

以天数填充：针对日期系列，以一日为间距，填充序列区域。

以工作日填充：使用五天工作日填充日期序列，此外，还可以年和月为单位进行填充，这种方式填充要求当前活动单元格中的数据为日期格式。

等差序列：以起始值按等差序列方式填充，差值等于第二个单元格与第一个单元格中两个值的差。如起始两个单元格内的数据为 1 和 4，差为 3，则按等差趋势建立的序列为“1、4、7、10、…”。

等比序列：以起始值按等比序列方式填充，比值等于第二个单元格与第一个单元格中两个值的比。如起始两个单元格内的数据为 1 和 4，比值为 4，则按等比趋势建立的序列为“1、4、16、64、…”。

实践提高

1. 运用表格的输入和编辑操作创建“产品销售情况统计表”，如图 4－21 所示。
2. 运用表格的输入和编辑操作创建“职工工资表”，如图 4－22 所示。

	A	B	C	D	E	F	G	H	I
1	产品销售情况统计报表								
2	年份：XXXX年上半年						单位：万元		
3	地域	一月	二月	三月	四月	五月	六月	总计	平均
4	华中	2050.00	2215.00	1900.00	2046.00	2076.00	1760.00		
5	华北	1972.00	1845.00	1960.00	1970.00	1835.00	2220.00		
6	东北	1860.00	1563.00	1740.00	1935.00	1880.00	1650.00		
7	西南	2100.00	2090.00	1986.00	1865.00	1973.00	1720.00		
8	西北	2002.00	2530.00	2050.00	1970.00	2105.00	2230.00		
9	合计								

图 4－21　“产品销售情况统计表”效果

	A	B	C	D	E	F	G	H	I	J
1	职工工资表									
2	序号	姓 名	部门	基本工资	岗位工资	奖金	应发工资	保险	住房公积金	实发工资
3	1	张小刚	一车间	2000	900	800				
4	2	赵晓萌	二车间	2300	900	650				
5	3	王诗语	三车间	1800	800	750				
6	4	侯　明	二车间	1900	700	750				
7	5	刘恩义	三车间	1700	900	750				
8	6	李云飞	二车间	1500	700	650				
9	7	刘飞雨	三车间	1800	800	650				
10	8	洪妍妍	一车间	2100	700	700				
11		合计								

图 4－22　“职工工资表”效果

4.1.3　格式化表格

任务描述

掌握 Excel 格式化的基本操作，包括单元格数据和表格的格式化。

知识准备

1. 单元格数据的格式化

Excel 提供了大量的格式化命令，其中单元格数据的格式化主要包括设置字符格式、数字格式、对齐方式等。

①设置字符格式。主要包括设置字体、字号、字形及其他字符修饰操作。在“开始”选项卡的“字体”组中，使用命令可以设置字符数据的格式，操作与 Word 中的基本相同，这里不再赘述。

②设置数字格式。在“开始”选项卡“数字”组中进行设置，如图 4－23 所示。

③设置日期和时间格式。单击数字格式列表，选择日期或时间格式，或单击“数字”组的“对话框启动器”，在打开的对话框中设置日期和时间格式，不同日期和时间格式显示的效果不同。

④设置对齐方式。在默认情况下，单元格中文本为左对齐，数值为右对齐，也可以设置为其他对齐方式。设置对齐方式的命令主要在“开始”选项卡的“对齐方式”组中，如图

4-24 所示。

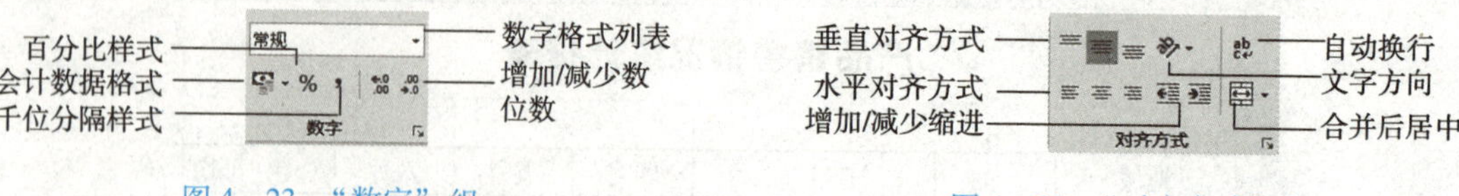

图 4-23 “数字”组　　　　图 4-24 “对齐方式”组

用户在设置单元格数据格式时，也可单击“字体”“数字”“对齐”组中的“对话框启动器”，在打开的“设置单元格格式”对话框中完成上述设置，如图 4-25 所示。

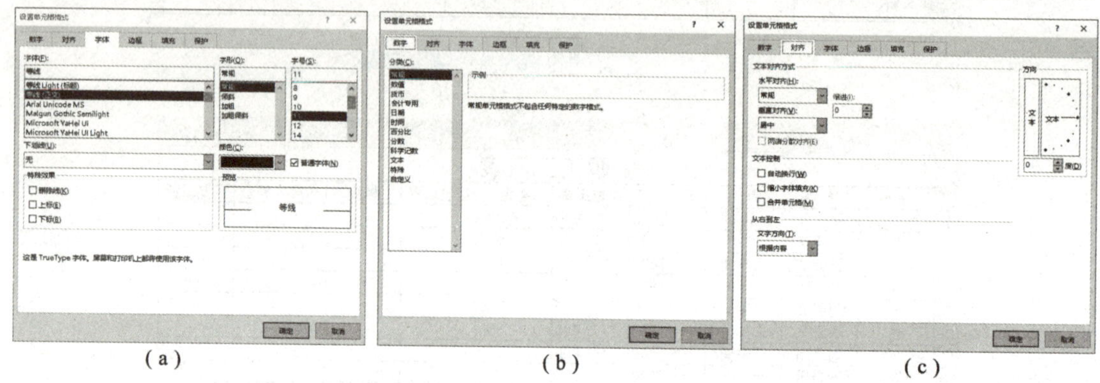

(a)　　　　(b)　　　　(c)

图 4-25 “设置单元格格式”对话框

(a)“字体”选项卡；(b)“数字”选项卡；(c)“对齐”选项卡

2. 工作表表格的格式化

为了使制作的工作表更加直观、美观，用户需要对工作表表格进行格式化设置。工作表表格的格式化主要包括设置行高和列宽、设置边框和底纹及表格样式等。

(1) 调整行高和列宽

①拖动鼠标调整。将鼠标移动到需调整行的行号下方或列的列标右侧，指针变成“+”/“+”形状时，拖动鼠标，上下或左右移动，这时将自动显示高度或宽度值。调整到合适高度或宽度时释放鼠标。

②精确调整。选定需要调整的行/列。在行号/列标处右击鼠标，从弹出的快捷菜单中选择“行高”/“列宽”命令，打开“行高”/“列宽”对话框。在对话框中输入行高或列宽的值，单击“确定”按钮，则选定的行/列被设置成指定的高度/宽度。

③自动调整。自动调整就是根据单元格内容自动调整行高/列宽。选定需调整的行（或列、单元格区域），在“开始”选项卡“单元格”组中单击“格式”命令，从下拉列表中选择“自动调整行高”或“自动调整列宽”命令。

(2) 隐藏行或列

当工作表包含多行或多列时，通过隐藏行或列操作，可使工作表只显示或打印其中一部分数据，需要时再取消隐藏操作。

选定要隐藏的行或列，在行号或列标处右击鼠标，从弹出快捷菜单中选择“隐藏”命令，则选定的行或列不再显示，打印时也不再输出。用户也可以在行号或列标的分界处直接

拖动鼠标隐藏行或列。设置隐藏列前后的效果对比如图4-26所示。

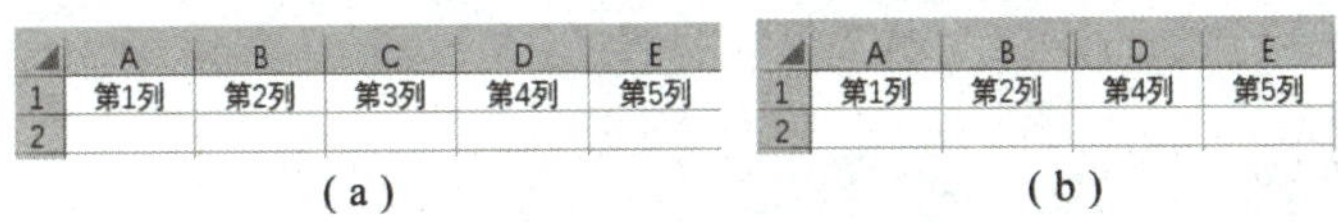

图4-26 隐藏列效果
(a) 设置隐藏前；(b) 设置隐藏后

在隐藏了行或列的行号或列标处右击鼠标，从弹出的快捷菜单中选择“取消隐藏”命令，或在行号或列标分界处直接拖动鼠标展开隐藏的行或列。

此外，在“开始”选项卡“单元格”组中单击“格式”命令，从下拉列表的“可见性”命令组中选择命令也可以完成上述操作。

(3) 设置边框和底纹

在Excel中，屏幕上显示的网格线是为方便输入和编辑而设计的，在输出时并不显示。若要以表格的形式输出工作表，就要进行边框和底纹设置。

1) 设置边框。

设置边框可以通过“开始”选项卡“字体”组中的“边框”命令实现，也可以通过“单元格”对话框实现。

①使用命令设置边框。选定要设置边框的单元格或区域（如“B2:E7”），在“格式”选项卡“字体”组中单击“边框”命令右侧箭头，打开“边框”下拉列表，如图4-27所示。选择其中一个命令，则选定单元格或区域边框设置成相应的格式，选择“绘制边框”命令可以完成手工绘制表格操作。

②使用“设置单元格格式”对话框。选定要设置边框的单元格或区域，在“边框”列表中选择“其他边框”命令，或右击鼠标，从弹出的快捷菜单中选择“设置单元格格式”命令，打开“设置单元格格式”对话框。在“边框”选项卡中从“样式”列表中选择一种线条样式，从“颜色”下拉列表中选择一种颜色，在“边框”区域中指定添加边框线的位置，单击“确定”按钮，如图4-28所示。

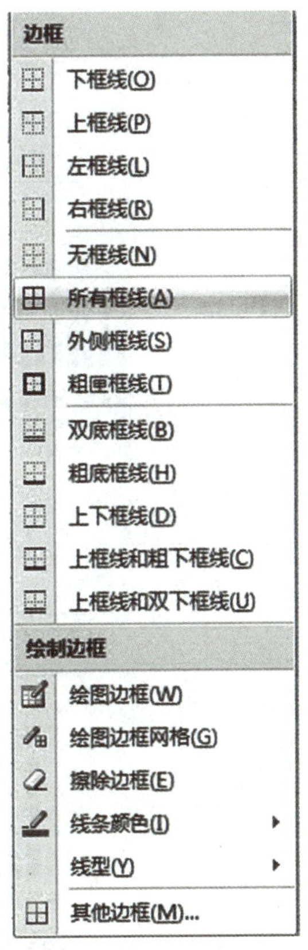

图4-27 “边框”列表

2) 设置底纹。

设置底纹也可以采用下面方法实现。

①使用命令。选定要设置底纹的单元格或区域（如B2:E2），在“格式”选项卡“字体”组中单击“填充颜色”命令右侧箭头，打开“颜色”列表，如图4-29 (a) 所示。从列表中选择一种颜色，设置单元格底纹效果，如图4-29 (b) 所示。

②使用对话框。选定要设置底纹的单元格或区域，在图4-30的“设置单元格格式”对话框中单击“填充”选项卡。在该选项卡中除了可以设置不同颜色的底纹外，还可以设置图案底纹、填充效果底纹等。

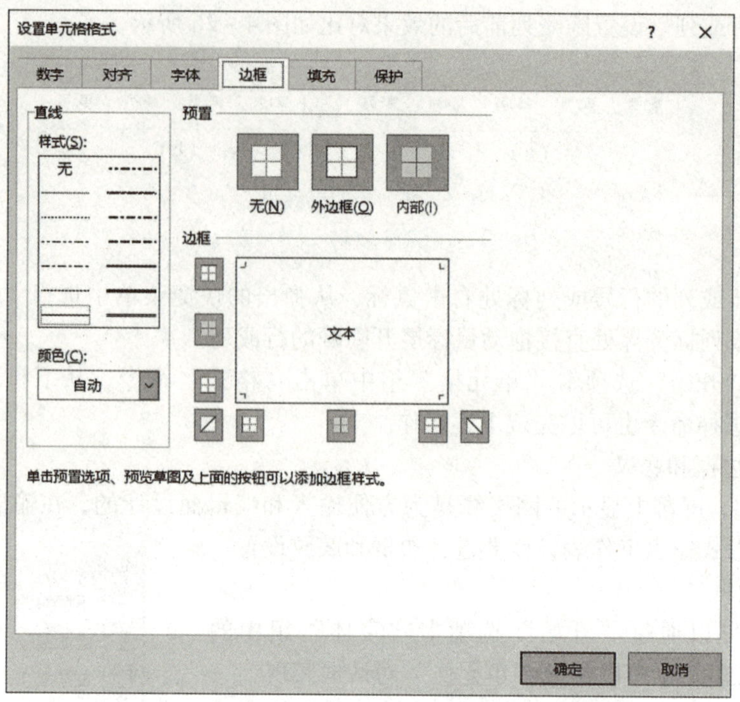

图 4－28 “边框”选项卡

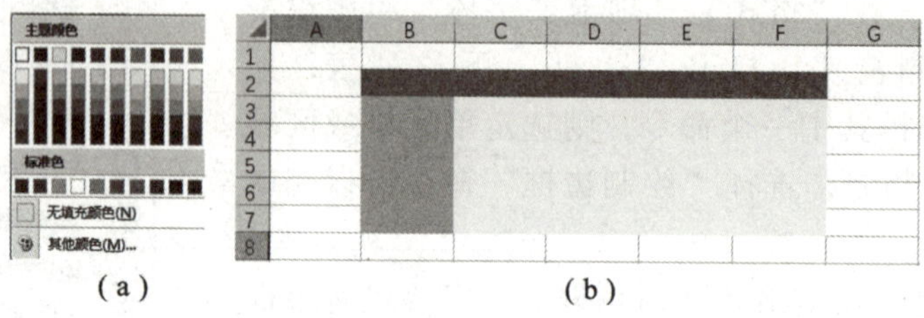

(a) (b)

图 4－29 设置底纹

(a)“颜色”列表；(b) 设置底纹效果

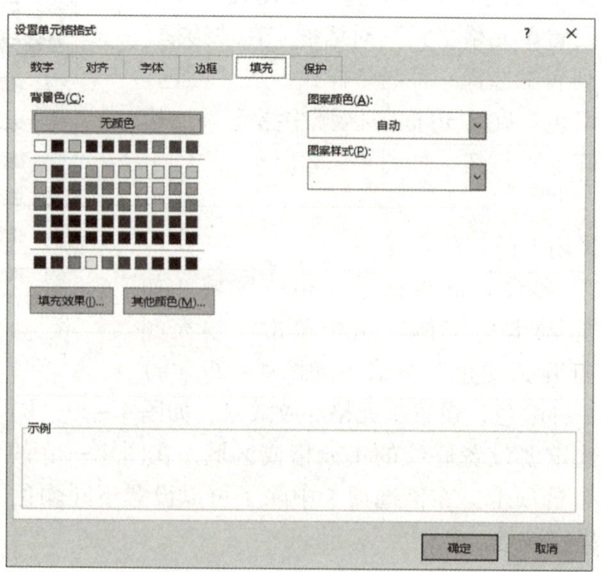

图 4－30 “填充”选项卡

任务实施

①打开“学生成绩表.xlsx”工作簿。

②设置字符格式。选中表标题，在“开始”选项卡“字体”组中选择“字体”列表框中的“黑体”、“字号”列表框中的“16”。使用同样操作将表内文字设置为宋体、12 磅。

③设置对齐方式。按 Ctrl 键，拖动鼠标依次选定 A2:G2、A3:B7 单元格区域，在“开始”选项卡“对齐方式”组中依次单击“垂直居中”命令和“居中”命令，将表中文字设为居中对齐。使用同样操作将表内数字设置为垂直右对齐。

④调整行高和列宽。将鼠标移动到第 1 与 2 行之间，当指针变为“✢”形状时，拖动鼠标，调整行高为“30 像素”，释放鼠标；选中 A～H 列，在“开始”选项卡“单元格”组中单击“格式”命令，从下拉列表中选择“自动调整列宽”命令。

⑤设置网格线。选定 A2:H7 区域，在“开始”选项卡“字体”组中单击“边框”命令右边箭头，从下拉列表中选择“所有框线”命令，效果如图 4－31（a）所示。

⑥隐藏列。选定 F、G 列，右击鼠标，从弹出的快捷菜单中选择“隐藏”命令，总分、平均分所在的列为不可见状态，效果如图 4－31（b）所示。在“开始”选项卡“单元格”组中单击“格式”命令，从下拉列表中选择“隐藏和取消隐藏”命令，将其重新显示。

	A	B	C	D	E	F	G	H
1		学生成绩表						
2	序号	学号	姓名	高等数学	大学英语	计算机基础	总分	平均分
3	1	0010042020	曹英晨	96	75	96		
4	2	0010042021	从金生	92	82	94		
5	3	0010042022	董德茹	75	60	85		
6	4	0010042023	高永昊	96	48	92		
7	5	0010042024	顾唐	42	78	65		
8	6	0010042025	郭宏彬	77	93	51		
9	7	0010042026	胡云飞	88	47	72		
10	8	0010042027	李天阳	46	68	36		
11	9	0010042028	刘红帅	98	72	96		
12	10	0010042029	罗臣	92	93	94		
13	11	0010042030	聂明奇	76	85	82		
14	12	0010042031	任斌	41	94	65		
15	13	0010042032	孙恩泽	72	75	71		
16	14	0010042033	王佳欢	76	82	62		
17	15	0010042034	陶思毅	82	99	86		

（a）

	A	B	C	D	E	H
1		学生成绩表				
2	序号	学号	姓名	高等数学	大学英语	平均分
3	1	0010042020	曹英晨	96	75	
4	2	0010042021	从金生	92	82	
5	3	0010042022	董德茹	75	60	
6	4	0010042023	高永昊	96	48	
7	5	0010042024	顾唐	42	78	
8	6	0010042025	郭宏彬	77	93	
9	7	0010042026	胡云飞	88	47	
10	8	0010042027	李天阳	46	68	
11	9	0010042028	刘红帅	98	72	
12	10	0010042029	罗臣	92	93	
13	11	0010042030	聂明奇	76	85	
14	12	0010042031	任斌	41	94	
15	13	0010042032	孙恩泽	72	75	
16	14	0010042033	王佳欢	76	82	
17	15	0010042034	陶思毅	82	99	

（b）

图 4－31　格式化“学生成绩表”

（a）设置网格；（b）设置隐藏列

⑦保存工作簿。

知识拓展

Excel 提供了许多预定义的表样式，可以快速格式化表格。应用样式格式化表格的操作主要包括条件格式、自动套用格式和单元格样式。

1. 条件格式

条件格式是指根据设置的条件，使用数据条、色阶和图标集等突出显示相关单元格，强调异常值，从而使数据间分析、对比达到可视化的效果。在“开始”选项卡“样式”组中单击“条件格式”命令，下拉列表如图 4－32 所示。

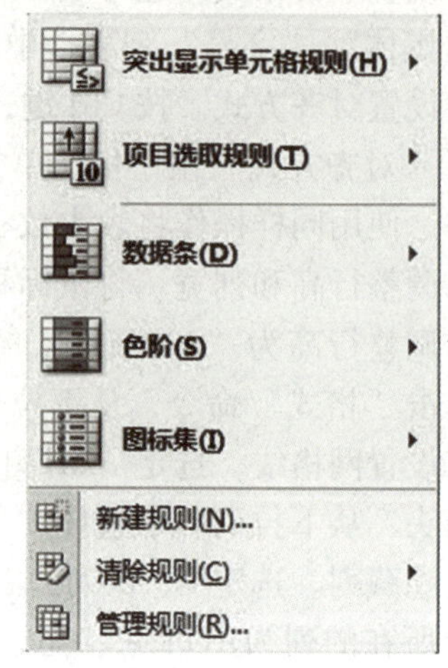

图 4－32 “条件格式”列表

（1）突出显示单元格规则

对选定区域中符合一定条件的数据以特定格式显示。将鼠标指向“条件格式”列表中的“突出显示单元格规则”命令，展开下级列表，包括“大于”“小于”“介于”“等于”“文本包含”“包含日期”“重复值”等命令，也可自行创建规则。

例如，在“学生成绩表.xlsx”中选中 B3:E5 单元格区域，在“开始”选项卡“样式”组中单击“条件格式”命令，打开下拉列表，选择“突出显示单元格规则”中的“小于”命令，打开“小于”对话框，“为小于以下值的单元格设置格式”文本框中输入“60”，在“设置为”列表框中选择格式（也可以自定义格式），单击“确定”按钮，则表格满足条件的数据以设定格式显示。

（2）项目选取规则

项目选取规则就是对选定区域中的数据按一定规则突出显示，以便于进行数据分析。将鼠标指向“条件格式”列表中的“项目选取规则”命令，展开下级列表，包括“值最大的 10 项”“值最大的 10% 项”“值最小的 10 项”“值最小的 10% 项”“高于平均值”“低于平均值”等命令，也可自行创建规则。

（3）数据条

数据条就是对选定区域中的数据，根据最高值和最低值，以不同颜色过渡色效果显示数值的大小，使数据显示更加直观。

2. 自动套用格式

Excel 提供了一些预定义的表样式，可以套用这些样式快速完成表格的设计。

例如，在“学生成绩表”中单击“开始”选项卡“样式”组中的“套用表格格式”命令，打开样式列表，如图 4－33 所示。从列表中选择“蓝色，表样式浅色 9”，效果如图 4－34（a）所示。在“设计”选项卡中进一步设置各表格选项，最后单击“工具”组中的“转换为区域”命令，则选定的区域被转换为表格，效果如图 4－34（b）所示。

3. 单元格样式

Excel 提供了单元格样式功能，通过选择预定义的单元格样式可以快速设置单元格格式。

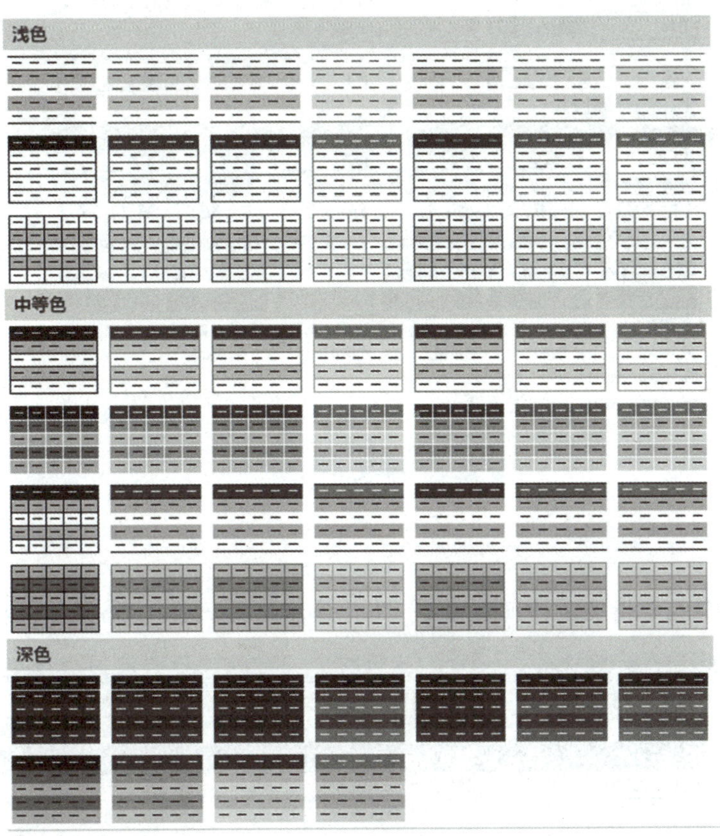

图 4－33 表格样式列表

学生成绩表

序号	学号	姓名	高等数学	大学英语	计算机基础	总分	平均分
1	0010042020	曹英晨	96	75	96		
2	0010042021	从金生	92	82	94		
3	0010042022	董德茹	75	60	85		

(a)

学生成绩表

序号	学号	姓名	高等数学	大学英语	计算机基础	总分	平均分
1	0010042020	曹英晨	96	75	96		
2	0010042021	从金生	92	82	94		
3	0010042022	董德茹	75	60	85		

(b)

图 4－34 自动套用格式工作表

(a) 应用自动套用格式；(b) 自动套用格式效果

在“开始”选项卡“样式”组中单击“单元格样式”命令，打开样式列表，如图 4－35 所示。根据需要从列表中选择一种预定义格式，也可以自定义单元格样式。

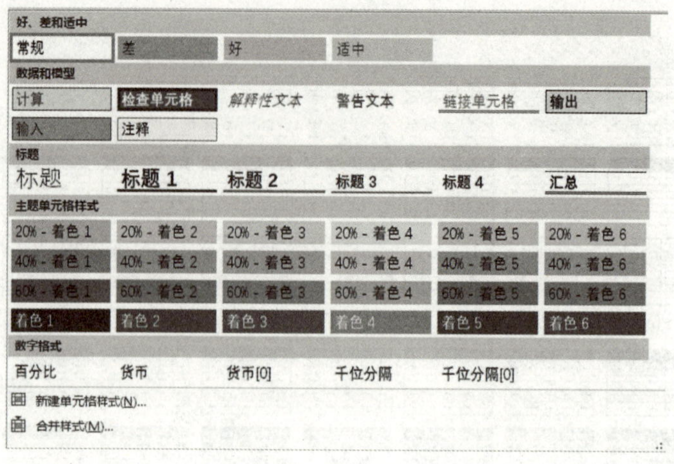

图 4－35　单元格样式列表

实践提高

1. 创建“产品销售情况统计报表.xlsx”工作簿，效果如图 4－36 所示。要求：

产品销售情况统计报表								
年份：XXXX年上半年								单位：万元
地域	一月	二月	三月	四月	五月	六月	总计	平均
华中	2050.00	2215.00	1900.00	2046.00	2076.00	1760.00		
华北	1972.00	1845.00	1960.00	1970.00	1835.00	2220.00		
东北	1860.00	1563.00	1740.00	1935.00	1880.00	1650.00		
西南	2100.00	2090.00	1986.00	1865.00	1973.00	1720.00		
西北	2002.00	2530.00	2050.00	1970.00	2105.00	2230.00		
合计								

图 4－36　“产品销售情况统计报表”格式化效果

（1）标题：设置 A1:I1 合并后居中，字符格式为黑体、18 磅，行高 25。

（2）副标题：设置 A2:I2 合并后居中，字符格式为宋体、12 磅，行高 20。

（3）表内：字符格式为宋体、12 磅，字符居中，数字右对齐，行高 20。

（4）表格：A 列宽 8，其余各列宽度为 10，表格加网格线。

（5）表格自动套用格式化。

2. 创建“职工工资表.xlsx”工作簿，效果如图 4－37 所示。要求：

职工工资表									
序号	姓 名	部门	基本工资	岗位工资	奖金	应发工资	保险	住房公积金	实发工资
1	张小刚	一车间	2000	900	800				
2	赵晓萌	二车间	2300	900	650				
3	王诗语	三车间	1800	800	750				
4	侯　明	二车间	1900	700	750				
5	刘恩义	三车间	1700	900	750				
6	李云飞	二车间	1500	700	650				
7	刘飞雨	三车间	1800	800	650				
8	洪妍妍	一车间	2100	700	700				
	合计								

图 4－37　“职工工资表”格式化效果

(1) 按表中提供的数据制作职工工资表。

(2) 利用填充柄输入序号。

(3) 表标题合并后居中，黑体、16 磅。

(4) 表内宋体、10 磅，字符居中对齐，数字右对齐。

(5) 表格加网格线，表格设置数据条显示表格数据。

4.1.4　输出表格

任务描述

掌握电子表格的页面、页眉和页脚设置，熟悉电子表格打印输出方法。

知识准备

工作表、图表制作完成后，通常要打印出来。在打印输出之前一般要进行页面布局设置，Excel 也采用了“所见即所得”的技术，可以在打印输出前通过打印预览命令在屏幕上预览打印效果。

在 Excel 中，页面布局设置包括页边距设置、页面设置、页眉/页脚设置、工作表选项设置等。

页边距是打印工作表数据与打印页面边缘之间的距离。在该区域可以插入页眉、页脚和页码等内容。页面设置包括设置页面大小、方向、打印区域、缩放、打印质量等。

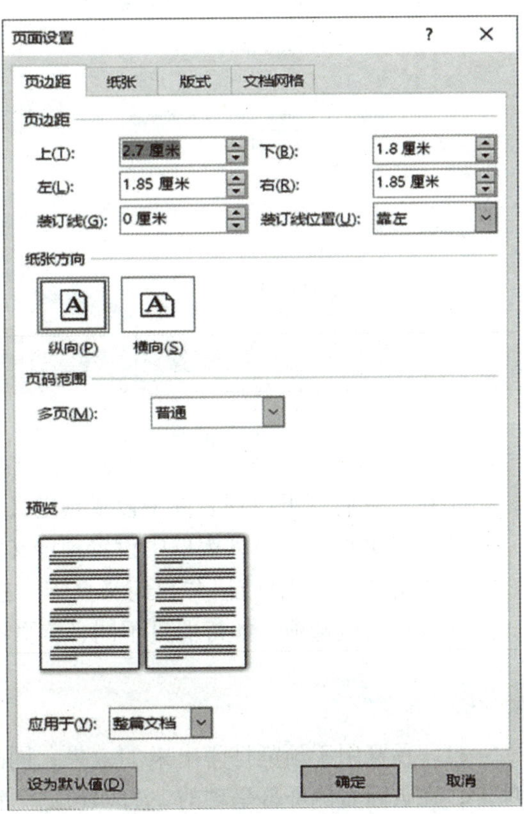

图 4－38　“页边距”选项卡

任务实施

1. 设置页边距

在“页面布局”选项卡“页面设置”组中单击“页边距”命令，选择“自定义边距”命令，打开“页面设置”对话框，同时选定“页边距”选项卡，可以在该对话框中设置上、下、左、右边距值，如图 4－38 所示。

2. 设置页面

(1) 页面大小

在“页面布局”选项卡“页面设置”组中单击“纸张大小”命令，其下拉列表中列出纸张的类型供用户选择。

(2) 纸张方向

在“页面布局”选项卡“页面设置”组中单击“纸张方向”命令，单击下拉列表中的命令可以切换页面布局为纵向或横向。

（3）打印区域

在“页面布局”选项卡“页面设置”组中单击“打印区域”命令，用户可以标记要打印的特定工作表区域。

（4）缩放

在“页面布局”选项卡“调整为合适大小”组中，用户可以通过设置高度、宽度和缩放比例将工作表以合适大小输出，也可以将表格调整为1页宽、1页高输出。

上述操作也可以通过“页面设置”对话框中的“页边距”选项卡实现，如图4－39所示。

3. 设置页眉/页脚

在“页面设置”对话框中选择“页眉/页脚”选项卡，如图4－40所示。在该选项卡中可以进行以下设置：

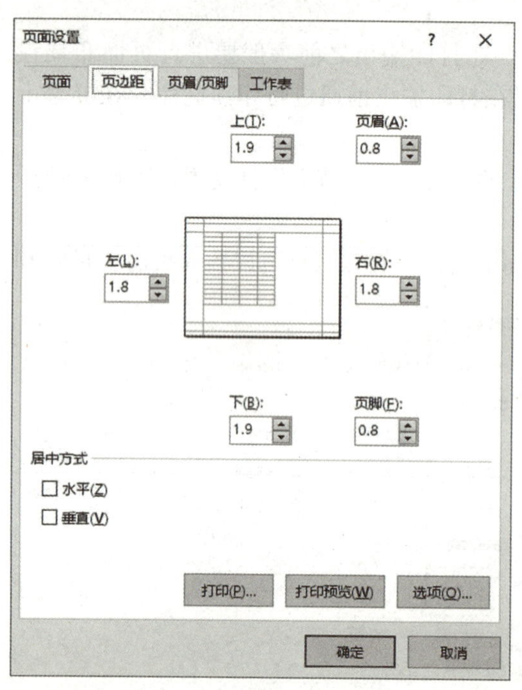

图4－39 “页面”选项卡

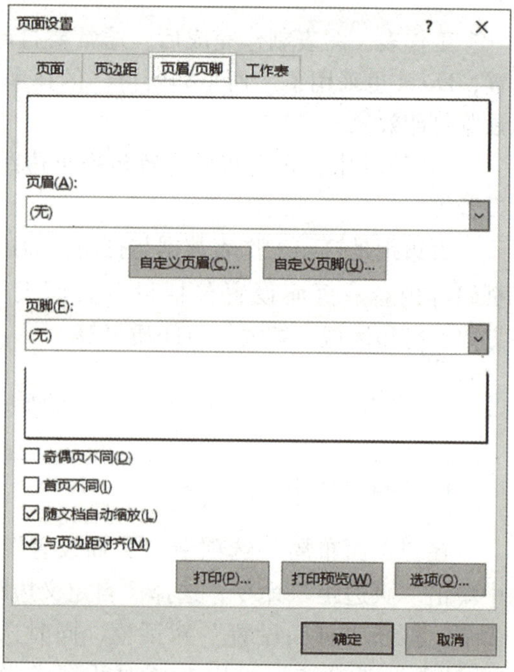

图4－40 “页眉/页脚”选项卡

①在“页眉”下拉列表框中设置预定义的页眉格式。

②在“页脚”下拉列表框中设置预定义的页脚格式。

③单击“自定义页眉”/“自定义页脚”按钮，设置自定义页眉/自定义页脚的格式。

④设置其他选项，如奇偶页不同、首页不同等。

4. 打印预览

打印预览用于预览打印出来的效果，同时可以对页面进行重新设置。单击“文件”选项卡，在页面右侧屏幕呈现的“打印预览”窗口如图4－41所示，可以调整以下内容：

①“上一页”/“下一页”。当打印的工作表多于1页时，实现在前后页面之间切换。

②“显示边距”。可以显示或隐藏边距。选择显示边距时，四周出现控制柄，拖动鼠标

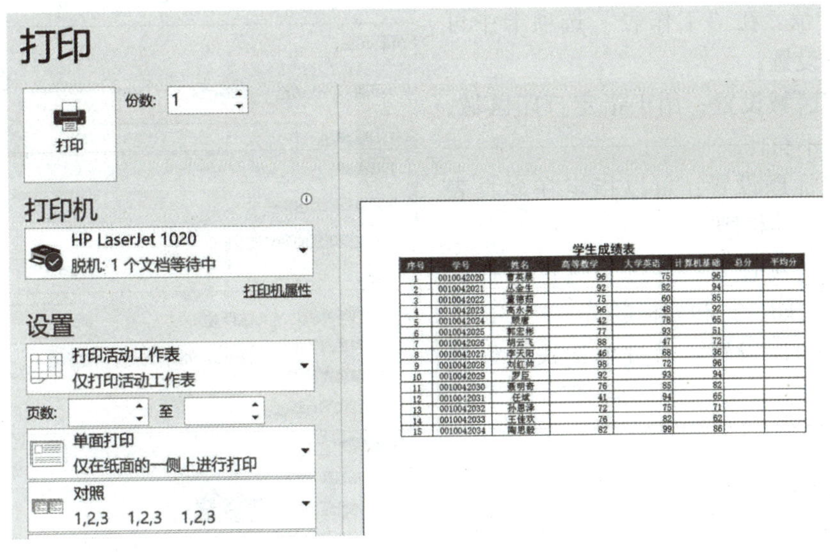

图 4－41　打印预览窗口

可直接调整页边距、页眉和页脚边距及列宽。

③“显示比例”。实现工作表在全页视图和放大视图之间切换。

④“打印”。用于打开“打印”对话框。

⑤“页面设置”。用于打开“页面设置”对话框，重新进行页面设置。

4. 打印电子表格

在页面设置和打印预览后，就可以将该工作表打印输出了。单击“文件”选项卡，选择“打印”中的“打印”命令，打开“打印”对话框，如图 4－42 所示。

①打印机。从名称列表框中选择已安装好的打印机，单击“打印机属性”按钮还可以进行打印机的其他设置。

②打印范围。可以选择全部或者指定打印页的范围，如果选择了“页数”选项，需要指定起始页码和结束页码。

③打印内容。可以设置打印的内容是选定区域、选定工作表或者整个工作簿。

④打印份数。可以指定打印的份数。当要打印多份时，可以选中“逐份打印”复选框，以便将工作表逐份打印出来。

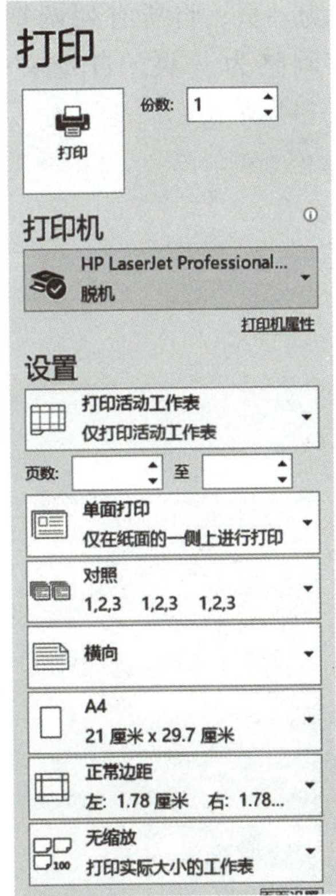

图 4－42　“打印”对话框

知识拓展

1. 工作表设置

在“页面设置”对话框中选择“工作表”选项卡，如

图4－43所示。在“工作表”选项卡中可以进行以下设置：

①打印区域设置：用于指定打印区域，未指定区域不打印。

②打印标题设置：可以指定在多页表中重复打印同一标题。

③打印选项设置：通过复选框选择网格线、单色打印、行和列标题等。

④打印顺序设置：通过单选按钮设置按“先列后行”或“先行后列”的顺序打印。

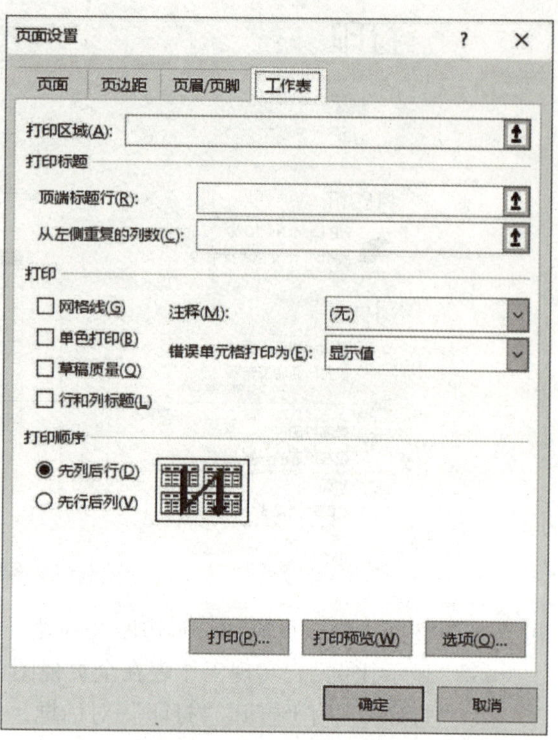

图4－43 “工作表”选项卡

2. 缩小打印到一页

用户可以根据需要，将需要打印的内容缩小打印到1页，设置完毕后可以通过预览页面查看打印效果。在“打印内容”对话框中选择“将工作表调整为一页”按钮，在弹出的对话框中可以选择将工作表调整为一页、将所有列调整为一页、将所有行调整为一页、自定义缩放选项，如图4－44所示。

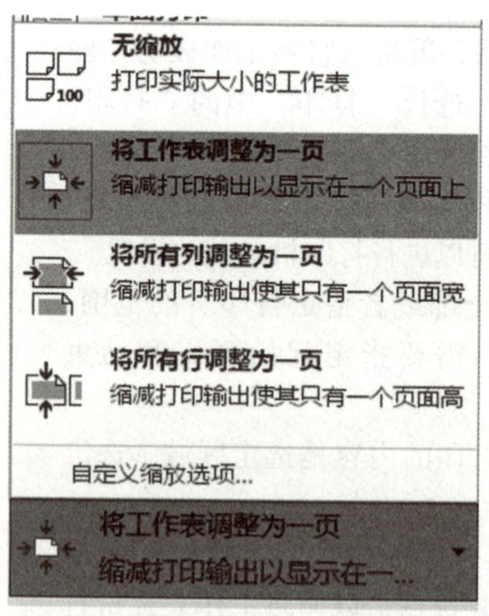

图4－44 “打印内容”对话框

实践提高

1. 打印输出“产品销售情况统计报表.xlsx”工作簿。

（1）页面设置为A4纸型，横向，上、下、左、右边距值均为1.5厘米。

(2) 表格对齐方式为水平、垂直都左对齐。

(3) 自定义页眉，内容为“产品销售情况统计报表”，居中，格式为宋体、12磅，其余设置为空。

2. 打印输出“职工工资表.xlsx”工作簿。

(1) 页面设置为A4纸型，横向，上、下、左、右边距值均为2.5厘米。

(2) 表格对齐方式为水平、垂直都居中。

(3) 自定义页眉，内容为“职工工资表”，居中，格式为楷体、10磅，其余设置为空。

任务2 处理Excel数据

4.2.1 编辑公式

任务描述

熟练掌握Excel公式编辑的操作方法。

知识准备

Excel的公式是用运算符把运算对象连接起来，对表格中的数据进行计算、分析的一个式子。公式以等号（“=”）开头，运算对象可以是常量、变量、函数及单元格引用，每个公式都能根据参加运算的对象计算出一个结果，并随运算对象数据的更新而更新。

1. 常量

常量是指具有固定值的对象，其中的值可以是数值型、文本型、日期时间型和逻辑型。

①数值型常量。可以是整数、小数、分数、百分数。如12、1.25、1/2、45%等。

②文本型常量。是用英文双引号引起来的若干字符。如“平均值是:”“总计:”等。

③日期时间型常量。用日期格式表示的数据。如2009-1-1、2010-1-1 8:00等。

④逻辑型常量。只有两个值：TRUE和FALSE，分别表示真和假。

2. 运算符

根据参与运算的性质分为算术运算符、比较运算符、连接运算符和引用运算符4类。

(1) 算术运算符

算术运算符用来对数值进行算术运算，运算的结果为数值。算术运算符及其含义见表4-1。

表4-1 算术运算符

符号	含义	示例
-	求负	-10，-B5
+	加	5+13，A10+7，A1+B1
-	减	15-3，A10-3，A1-B2
*	乘	5*13，A10*3，A1*B2

续表

符号	含义	示例
/	除	15/3，A10/3，A1/B2
%	百分比	30%
^	乘方	15^2，A10^3

算术运算符的优先级由高到低依次为 -（求负）、%、^、*和/、+和-。优先级相同时，按从左到右的顺序计算。例如，运算式“5+2^2/2*3”的计算顺序为^、/、*、+，结果为11。

（2）比较运算符

比较运算符用来比较两个文本、数值、日期、时间的大小，结果是一个逻辑值（TRUE或FALSE）。比较运算符的优先级比算术运算符的优先级低。比较运算符及其含义见表4-2。

表4-2　比较运算符

符号	含义	示例
=	等于	A1=10，A1=B1
<>	不等于	A1<>10，A1<>B1
>	大于	A1>10，A1>B1
>=	大于等于	A1>=10，A1>=B1
<	小于	A1<10，A1<B1
<=	小于等于	A1<=10，A1<=B1

各种类型数据比较的规则如下：

①数值型数据。按照数值的大小进行比较，如12>10。

②日期型数据。按照“昨天<今天<明天”进行比较，如2025-1-1<2025-9-1。

③时间型数据。按照“过去<现在<将来”进行比较。

④文本型数据。按从左到右的字符依次比较，其中，英文字符按ASCII码表中的顺序比较；汉字按字母顺序比较；英文字符小于中文字符。如“123”<“3”、“春天”<“夏天”等。

（3）连接运算符

连接运算符只有一个，即“&”，用来连接文本或数值，结果是文本类型。连接运算符的优先级别比算术运算符的低，比比较运算符的高。如：

“应发工资是”&“1 500”&“元”，结果是“应发工资是1 500元”。

“总和:”&100+300+500，结果是“总和:900”。

（4）引用运算符

引用运算符是Excel特有的运算，可实现将单元格区域合并。引用运算符及其含义见表4-3。

表4-3 引用运算符

符号	含义	示例
:	表示两个对角单元格围起的单元格区域引用	B2:C4（包括B2、C2、B3、C3、B4、C4）
,	表示逗号前后单元格同时引用	B2,B4,C3（包括B2、B4、C3）
空格	引用两个或两个以上单元格区域重叠部分	B3:C5 C3:D5（包括C3、C4、C5），如果单元区域没有重叠部分，提示错误码

任务实施

编辑公式计算“学生成绩表”中每名学生的总分和平均分。

①打开“学生成绩表.xlsx”，单击工作表标签。

②求总分。选定G3单元格，输入“=D3+E3+F3”，按Enter键或单击“编辑”工具栏中的“确认”按钮，如图4-45（a）所示。

③求平均分。选定H3单元格，输入“=G3/3”，按Enter键或单击“编辑”工具栏中的“确认”按钮。计算完成结果如图4-45（b）所示。

G3 =D3+E3+F3

学生成绩表

序号	学号	姓名	高等数学	大学英语	计算机基础	总分	平均分
1	0010042020	曹英晨	96	75	96	267	
2	0010042021	从金生	92	82	94		
3	0010042022	董德茹	75	60	85		
4	0010042023	高永昊	96	48	92		
5	0010042024	顾唐	42	78	65		
6	0010042025	郭宏彬	77	93	51		

（a）

H3 =G3/3

学生成绩表

序号	学号	姓名	高等数学	大学英语	计算机基础	总分	平均分
1	0010042020	曹英晨	96	75	96	267	89.00
2	0010042021	从金生	92	82	94		
3	0010042022	董德茹	75	60	85		
4	0010042023	高永昊	96	48	92		
5	0010042024	顾唐	42	78	65		
6	0010042025	郭宏彬	77	93	51		

（b）

图4-45 自行创建公式计算
（a）编辑总分公式；（b）编辑平均分公式

知识拓展

在Excel公式中，通过单元格引用，可以实现在一个公式中使用工作表中不同部分的数据，或者同一个工作簿中其他工作表中的数据及其他工作簿中的数据，也可以在几个公式中使用同一个单元格中的数据。单元格引用有相对引用、绝对引用和混合引用3种形式。

1. 相对引用

相对引用只包含单元格的行号和列标，是Excel默认的单元格引用形式，如A1、B1。当公式被复制或填充到其他位置时，相对引用能够根据目标位置自动调整单元格引用，即公式随着所在单元格位置的改变而改变。

例如，在单元格D2中输入公式“=B2*C2”，将其复制到D3单元格，D3单元格的公式变为“=B3*C3”。

2. 绝对引用

绝对引用是在行号和列标前加上“$”符号，如$A$1、$B$1。当该公式被复制或填充到其他位置时，系统不改变公式中的单元格引用。例如，把单元格D2的公式改为“=

B2*C2”，将其复制到单元格 D3 时，公式仍然为“=B2*C2”。

3. 混合引用

混合引用是指公式中行号或列标中的一个之前加上“$”符号，如 $A1、B$1。当该公式被复制或填充到其他位置时，公式中相对引用部分随位置的变化而变化，绝对引用部分不随位置的变化而变化。例如，把单元格 D2 的公式改为“=B$2*$C2”，将其复制到单元格 D3 时，公式变为“=B$2*$C3”。

实践提高

1. 公式中相对地址、绝对地址和混合地址有哪些区别?
2. 单元格中数值、日期、时间数据有哪几种输入形式?

4.2.2 应用函数

任务描述

熟练掌握 Excel 公式和常用函数的使用方法，能够应用公式和常用函数完成计算操作。

1. 函数概念

函数是预定义的内置公式，用于数值计算和数据处理。函数包括函数名称和函数参数两个部分。函数名称表明了函数的功能，函数参数是函数运算的对象，可以是数字、文本、逻辑值或者引用等。使用函数时，必须以函数名开始，后面是参数，参数用括号括起来，可以是常量、单元格或区域地址、公式及其他函数。

Excel 提供了大量的内部函数，包括财务函数、日期时间函数、数学与三角函数、统计函数等，下面介绍几种常用的函数。

(1) 求和函数 SUM()

格式：SUM(number1,number2,…)

功能：计算单元格区域中所有数值的和。

说明：此函数的参数是必不可少的，参数允许是数值、单个单元格的地址、单元格区域、简单算式，最多允许使用 30 个参数。

示例：SUM(16,8,25)，求 16+8+25 的和；SUM(A1,B2,C3)，求 A1+B2+C3 的和；SUM(A1:A10)，求 A1:A10 单元格区域中数值的和。

(2) 求平均值函数 AVERAGE()

格式：AVERAGE(number1,number2,…)

功能：计算一组数值的平均值。

说明：区域内的空白单元格不参与计数，但如果单元格中的数据为“0”，则参与运算。

示例：AVERAGE(16,8,25)，求 16、8、25 的平均值；AVERAGE(A1,B2,C3)，求 A1、B2、C3 的平均值；AVERAGE(A1:A10)，求 A1:A10 单元格区域中数值的平均值。

(3) 求最大值函数 MAX( )

格式：MAX(number1,number2,…)

功能：返回一组值中的最大值。

说明：忽略逻辑型和文本型参数。

示例：MAX(1,2,3)，求 1、2、3 中的最大值；MAX(A1,B1,C1)，求 A1、B1、C1 中的最大值；MAX(A1:A10)，求 A1:A10 单元格区域中数值的最大值。

(4) 求最小值函数 MIN( )

格式：MIN(number1,number2,…)

功能：返回一组值中的最小值。

说明：忽略逻辑型和文本型参数。

示例：MIN(1,2,3)，求 1、2、3 中的最小值；MIN(A1,B1,C1)，求 A1、B1、C1 中的最小值；MIN(A1:A10)，求 A1:A10 单元格区域中数值的最小值。

(5) 计数函数 COUNT( )

格式：COUNT(value1,value2,…)

功能：计算参数组中数值的个数。

说明：函数在计数时，会把数值、空值、逻辑值、日期或以文字代表的数值计算进去，但错误值和其他无法转化为数字的文字将被忽略。如果参数是引用，那么只有引用中的数字或日期会被计数，而空白单元格、逻辑值、文字和错误值都将被忽略。

示例：COUNT(A1,A2,A3)，统计 A1、A2、A3 单元格中数值项的个数；COUNT(A1:A10)，统计 A1:A10 单元格区域中数值项的个数。

(6) 日期函数 TODAY( )

格式：TODAY( )

功能：返回当前日期。

说明：返回值类型为日期格式。每次打开工作簿文件，该值随系统日期的变化而改变。

示例：使用 TADAY( ) 函数后，返回当前系统时间。

(7) 日期时间函数 NOW( )

格式：NOW( )

功能：返回当前日期时间。每次打开工作簿文件，该值随系统日期时间的变化而变化。

说明：返回值类型为日期时间格式。

示例：使用 NOW( ) 函数后，返回当前系统日期时间。

(8) 条件函数 IF( )

格式：IF(logical_test,value_if_true,value_if_false)

功能：根据条件表达式的值，返回一个确定的值。

说明：判断参数 1 条件是否成立，如果成立，返回参数 2 的值，否则返回参数 3 的值。

示例：IF(1+1>2,"正确","错误")，因为 1+1>2 不成立，返回参数 3 的值“错误”；IF(D5>=60,"及格","不及格")，如果 D5 单元格的数据大于等于 60，则结果为“及格”，否则为“不及格”。

2. 插入函数

对于复杂运算，可以插入函数计算。插入函数的操作步骤如下：

①选定要输入公式函数的单元格。

②在“公式”选项卡“函数库”组中单击“插入函数”命令或单击“编辑栏”上的“插入函数”按钮，打开“插入函数”对话框，如图 4－46（a）所示。

③在“选择类别”下拉列表中选择函数类别，在“选择函数”列表框中选择函数，单击“确定”按钮，打开“函数参数”对话框，如图 4－46（b）所示。

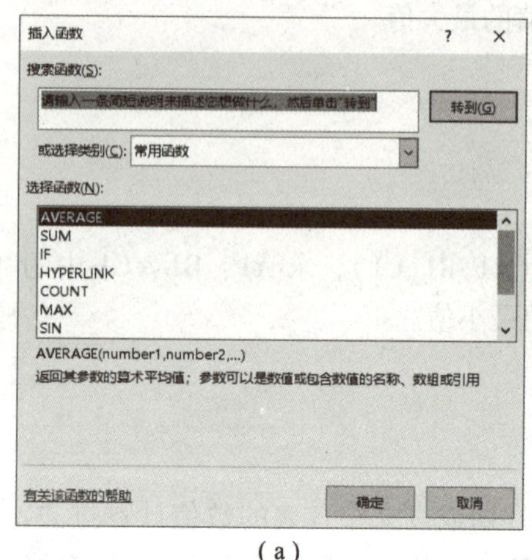

（a）

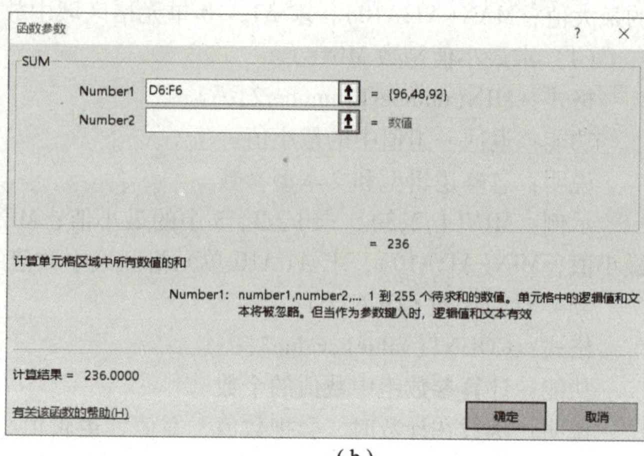

（b）

图 4－46 插入函数

（a）“插入函数”对话框；（b）“函数参数”对话框

④在“函数参数”对话框中的“Number1”文本框中输入第一个参数，也可单击右侧的“折叠”按钮，用鼠标在工作表中选择所用的数据单元格或单元格区域。若函数有多个参数，可按同样方法输入。

⑤单击“确定”按钮，在选定单元格中自动计算出函数运算结果。

3. 公式的填充与复制

公式填充、复制方法与单元格数据填充、复制操作方法大致相同。在公式填充过程中，Excel 能根据目标单元格与原单元格的位移自动调整原始公式中的相对地址或混合地址中的相对部分，生成新的公式。填充完成后，在填充的单元格或单元格区域直接显示公式计算结果，公式在“编辑”工具栏的“编辑框”中显示。

填充公式适用于通过填充柄将当前单元格中的公式填充到相邻的连续单元格的操作。复制公式适用于不连续单元格或单元格区域间复制公式的操作。由于填充、复制公式仅调整原始公式中的相对地址或混合地址的相对部分，因此输入公式时，一定要正确使用相对引用和绝对引用。

任务实施

1）利用“公式”选项卡求总分和平均分。

单击“公式”选项卡，可以直接使用“函数库”组中的函数完成公式的输入。

①打开“学生成绩表.xlsx”工作簿，选定“公式”选项卡。

②求总分。选定 G4 单元格，在“公式”选项卡“函数库”组中单击“自动求和”命

令**Σ**，拖动鼠标选定求和区域 D4:F4，按 Enter 键或单击“编辑”工具栏中的“确认”按钮，如图 4－47（a）所示。

③求平均分。选定 H4 单元格，在“公式”选项卡“函数库”组中单击“自动求和”命令右侧箭头，从下拉列表中选择“平均值”命令，按步骤②操作完成求平均分的操作。计算完成的效果如图 4－47（b）所示。

G4　=SUM(D4:F4)

学生成绩表

序号	学号	姓名	高等数学	大学英语	计算机基础	总分	平均分
1	0010042020	曹英晨	96	75	96	267	89.00
2	0010042021	从金生	92	82	94	268	
3	0010042022	董德茹	75	60	85		
4	0010042023	高永昊	96	48	92		
5	0010042024	顾唐	42	78	65		
6	0010042025	郭宏彬	77	93	51		

（a）

H4　=AVERAGE(D4:F4)

学生成绩表

序号	学号	姓名	高等数学	大学英语	计算机基础	总分	平均分
1	0010042020	曹英晨	96	75	96	267	89.00
2	0010042021	从金生	92	82	94	268	89.33
3	0010042022	董德茹	75	60	85		
4	0010042023	高永昊	96	48	92		
5	0010042024	顾唐	42	78	65		
6	0010042025	郭宏彬	77	93	51		

（b）

图 4－47　利用“公式”选项卡创建公式计算

（a）利用自动求和公式；（b）利用平均值公式

2）利用插入函数求总分和平均分。

①打开“学生成绩表.xlsx”工作簿，选定“公式”选项卡。

②求总分。选定 G5 单元格，单击“编辑”工具栏上的“插入函数”按钮，在打开的“插入函数”对话框中选择“常用函数”中的“SUM”函数，单击“确定”按钮，打开“函数参数”对话框，在“Number1”文本框中输入“D5:F5”，或单击右侧的“折叠”按钮，用鼠标在工作表中选择 D5:F5 单元格区域，单击“确定”按钮。

③求平均分。选定 H5 单元格，按上述步骤选择“AVERAGE”函数求平均分。

3）利用填充和复制公式完成总分和平均分计算。

①打开“学生成绩表.xlsx”工作簿。

②求总分。选定 G4 单元格，将鼠标移动到右下角，当指针变成“**+**”形状时，向下拖动鼠标至 G7 单元格，如图 4－48（a）所示。

③求平均分。选定 H4 单元格，按步骤②拖动鼠标至 G7 单元格。

④设置平均分格式。选定 H3:H7 单元格区域，在“开始”选项卡“数字”组中两次单击“增加小数位数”命令，设置完成的效果如图 4－48（b）所示。

G4　=SUM(D4:F4)

学生成绩表

序号	学号	姓名	高等数学	大学英语	计算机基础	总分	平均分
1	0010042020	曹英晨	96	75	96	267	89.00
2	0010042021	从金生	92	82	94	268	89.33
3	0010042022	董德茹	75	60	85		
4	0010042023	高永昊	96	48	92		
5	0010042024	顾唐	42	78	65		
6	0010042025	郭宏彬	77	93	51		

（a）

K14

学生成绩表

序号	学号	姓名	高等数学	大学英语	计算机基础	总分	平均分
1	0010042020	曹英晨	96	75	96	267	89.00
2	0010042021	从金生	92	82	94	268	89.33
3	0010042022	董德茹	75	60	85	220	73.33
4	0010042023	高永昊	96	48	92	236	78.67
5	0010042024	顾唐	42	78	65	185	61.67
6	0010042025	郭宏彬	77	93	51	221	73.67

（b）

图 4－48　利用填充和复制公式完成计算

（a）公式填充；（b）公式填充效果

知识拓展

Excel 将公式功能集成在“公式”选项卡中，包括“函数库”“定义的名称”“公式审核”和“计算”4 个组，如图 4－49 所示。

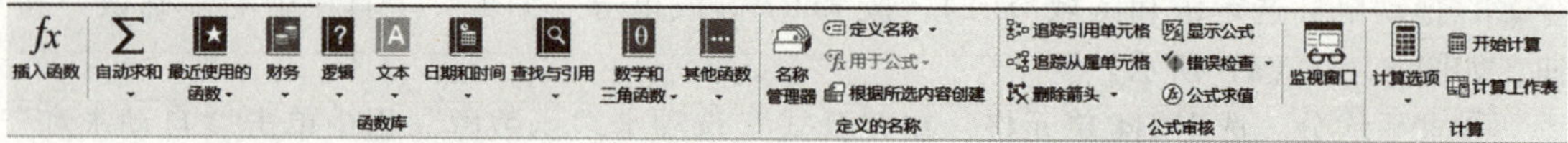

图 4－49 “公式”选项卡

1. “函数库”组

为了方便用户快速选择特定函数，在“公式”选项卡中将函数归类呈现，包括财务、逻辑、文本、日期和时间、数学和三角函数等类，用户单击相关命令，系统自动列出相应类函数列表供用户快速选择。

2. “定义的名称”组

在 Excel 中，名称是一个有意义的单词或字符串，它可以代表工作表、单元格（单元格区域）、公式或常量值等，使用名称可以使公式易于理解和维护。

在“定义的名称”组中，用户可以通过“名称管理器”命令创建、编辑、删除和查找工作簿中使用的所有名称，并将名称应用于公式，替代单元格引用。

3. “公式审核”组

在“公式”选项卡“公式审核”组中单击“追踪引用单元格”命令，以突出效果提示影响当前单元格数据的单元格；单击“追踪从属单元格”命令，以突出效果提示受当前单元格数据影响的单元格。此外，用户还可以通过单击“显示公式”“错误检查”“公式求值”“监视窗口”等进行公式审核，从而保证公式的正确无误。

4. “计算”组

在“公式”选项卡“计算”组中，可以选择以自动或手动计算公式，如果所做的更改影响某个值，Excel 将自动重新计算。只有当关闭自动计算时，才需要启动“开始计算”和“计算工作表”两个命令。

实践提高

1. 应用“产品销售情况统计报表.xlsx”中的数据，利用函数或公式计算总和及平均值，结果如图 4－50 所示。

2. 应用“职工工资表.xlsx”中的数据，利用函数或公式完成下列计算，结果如图 4－51 所示。

（1）用求和函数或编辑公式计算应发工资（应发工资＝基本工资＋岗位工资＋奖金），结果保留两位小数。

（2）编辑公式计算保险和住房公积金（保险＝应发工资×5%，住房公积金＝应发工资×10%），结果保留两位小数。

（3）编辑公式计算实发工资（实发工资＝应发工资－保险－住房公积金），结果保留两位小数。

（4）用自动求和方法求各工资项的合计，结果保留两位小数。

产品销售情况统计报表

年份：XXXX年上半年　　　　单位：万元

地域	一月	二月	三月	四月	五月	六月	总计	平均
华中	2050.00	2215.00	1900.00	2046.00	2076.00	1760.00	12047.00	2007.83
华北	1972.00	1845.00	1960.00	1970.00	1835.00	2220.00	11802.00	1967.00
东北	1860.00	1563.00	1740.00	1935.00	1880.00	1650.00	10628.00	1771.33
西南	2100.00	2090.00	1986.00	1865.00	1973.00	1720.00	11734.00	1955.67
西北	2002.00	2530.00	2050.00	1970.00	2105.00	2230.00	12887.00	2147.83
合计	9984.00	10243.00	9636.00	9786.00	9869.00	9580.00	59098.00	9849.67

图 4－50 “产品销售情况统计报表”函数效果

职工工资表

序号	姓 名	部门	基本工资	岗位工资	奖金	应发工资	保险	住房公积金	实发工资
1	张小刚	一车间	2000.00	900.00	800.00	3700.00	185.00	370.00	3145.00
2	赵晓萌	二车间	2300.00	900.00	650.00	3850.00	192.50	385.00	3272.50
3	王诗语	三车间	1800.00	800.00	750.00	3350.00	167.50	335.00	2847.50
4	侯 明	二车间	1900.00	700.00	750.00	3350.00	167.50	335.00	2847.50
5	刘恩义	三车间	1700.00	900.00	750.00	3350.00	167.50	335.00	2847.50
6	李云飞	二车间	1500.00	700.00	650.00	2850.00	142.50	285.00	2422.50
7	刘飞雨	三车间	1800.00	800.00	650.00	3250.00	162.50	325.00	2762.50
8	洪妍妍	一车间	2100.00	700.00	700.00	3500.00	175.00	350.00	2975.00
合计			15100.00	6400.00	5700.00	27200.00	1360.00	2720.00	23120.00

图 4－51 “职工工资表”函数效果

4.2.3 数据排序

任务描述

掌握工作表中数据排序的方法，熟练地对数据进行排序处理。

知识准备

Excel 可以对工作表中一列或多列中的文本、数字、日期和时间等进行排列，还可以按自定义序列（如大、中、小）或格式（如单元格颜色、字体颜色或图标集）等进行排序，在“数据”选项卡“筛选和排序”组中单击“升序”命令或“降序”命令。

1. 排序关键字

Excel 默认的排序关键字为一个，即主要关键字。在进行复杂条件排序时，用户可以增加多个次要关键字。排序时，如果主要关键字对应数据内容相同，则按照次要关键字进行排序，依此类推。

2. 排序的方式

排序的方式分为升序和降序。升序是指将记录关键字的值按从小到大的顺序排列，也叫递增排列；降序是指将记录关键字的值按从大到小的顺序排列，也叫递减排列。如果两个记录的关键字相同，一般按录入的先后顺序排列。升序和降序的判断原则如下：

①数字优先，数字从最小负数到最大正数为升序。

②日期和时间，从最远日期时间到最近日期时间为升序。

③文本字符，从左至右，按数字、符号、英文、中文顺序逐个字符比较排序。英文字符按 A ~ Z 为升序，系统默认排序不区分全角/半角字符和大小写字符。

④逻辑值按先“FALSE”后“TRUE”为升序。

⑤公式按计算结果排序。

⑥空格总是排在最后。

任务实施

利用“排序”对话框命令快速将学生成绩按总分降序进行排名。

①打开“学生成绩表.xlsx”工作簿。

②用命令快速排序。选定 G2:G7 区域中的任一单元格，在“数据”选项卡“筛选和排序”组中单击“降序”命令，工作表中的数据就会按要求重新排序。

③用“排序”对话框进一步排序。选定工作表中的任一单元，在“数据”选项卡“筛选和排序”组中单击“排序”命令，在打开的“排序”对话框中设置排序条件，主要关键字为“总分”、排序依据为“单元格值”、次序为“降序”，次要关键字为“大学英语”和“高等数学”、排序依据为“单元格值”、次序为“降序”，如图 4 – 52（a）所示。单击“确定”按钮，排序结果如图 4 – 52（b）所示。

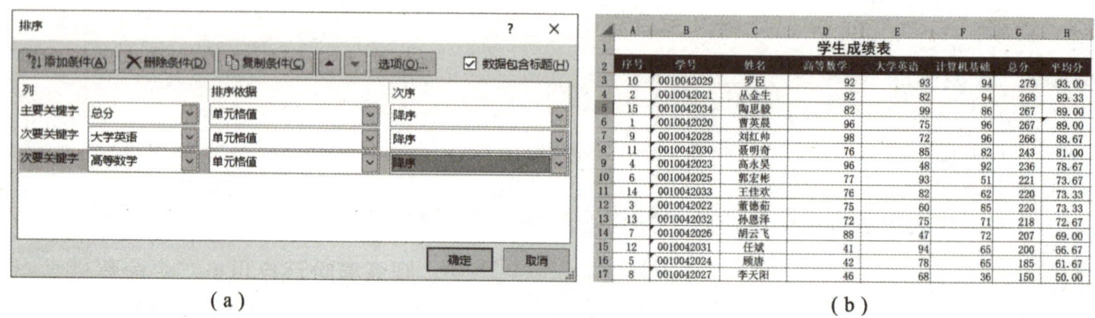

（a）

序号	学号	姓名	高等数学	大学英语	计算机基础	总分	平均分
10	0010042029	罗臣	92	93	94	279	93.00
2	0010042021	从金生	92	82	94	268	89.33
15	0010042034	陶思毅	82	99	86	267	89.00
1	0010042020	曹英晨	96	75	96	267	89.00
9	0010042028	刘红帅	98	72	96	266	88.67
11	0010042030	聂明奇	76	85	82	243	81.00
4	0010042023	高永昊	96	48	92	236	78.67
6	0010042025	郭宏彬	77	93	51	221	73.67
14	0010042033	王佳欢	76	82	62	220	73.33
3	0010042022	董德茹	75	60	85	220	73.33
13	0010042032	孙恩泽	72	75	71	218	72.67
7	0010042026	胡云飞	88	47	72	207	69.00
12	0010042031	任斌	41	94	65	200	66.67
5	0010042024	顾唐	42	78	65	185	61.67
8	0010042027	李天阳	46	68	36	150	50.00

（b）

图 4 – 52 “学生成绩表”排序

（a）设置排序条件；（b）排序后工作表

④保存工作簿。

知识拓展

在 Excel 中，可以通过命令快速排序，也可以通过对话框进行排序。

用工具按钮仅能对一个关键字段排序，当所排序的字段出现相同值时，用“排序”对话框可以实现按多个关键字排序的操作。选定需要排序工作表中的任一单元格，在“数据”选项卡“筛选和排序”组中单击“排序”命令，打开“排序”对话框，如图 4 – 53 所示。在“排序”对话框中可进行以下操作：

①在“主要关键字”下拉列表中选择排序的主要关键字，如“总分”；在“排序依据”下拉列表中可以选择数值、单元格值、字体颜色或单元格图标等，如“数值”；在“次序”下拉列表中可以选择降序、升序或自定义序列，如“降序”。

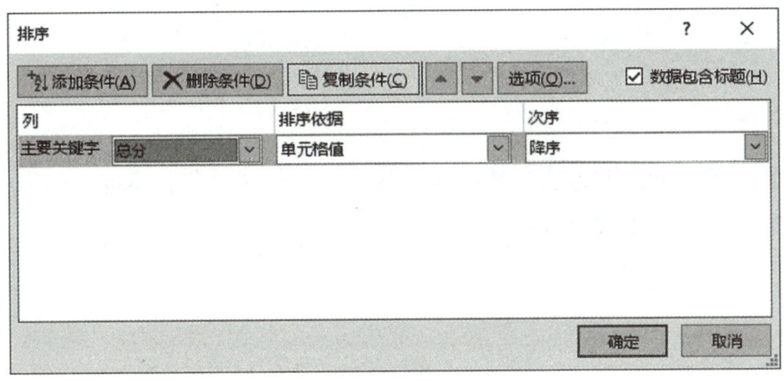

图 4－53　应用“排序”对话框进行排序

②如果需要按多个关键字进行排序，单击“添加条件”按钮，增加排序次要关键字；单击“删除条件”按钮，删除选定的排序条件；单击“复制条件”按钮，复制选定的排序条件。

③排序时，如果数据包含标题行，选中“数据包含标题”复选框，则标题行中的数据不参与排序操作。

实践提高

1. 应用“产品销售情况统计报表.xlsx”中数据，按总计降序进行排列，结果如图 4－54 所示。

	A	B	C	D	E	F	G	H	I
1	产品销售情况统计报表								
2	年份：XXXX年上半年							单位：万元	
3	地域	一月	二月	三月	四月	五月	六月	总计	平均
4	西北	2002.00	2530.00	2050.00	1970.00	2105.00	2230.00	12887.00	2147.83
5	华中	2050.00	2215.00	1900.00	2046.00	2076.00	1760.00	12047.00	2007.83
6	华北	1972.00	1845.00	1960.00	1970.00	1835.00	2220.00	11802.00	1967.00
7	西南	2100.00	2090.00	1986.00	1865.00	1973.00	1720.00	11734.00	1955.67
8	东北	1860.00	1563.00	1740.00	1935.00	1880.00	1650.00	10628.00	1771.33
9	合计	9984.00	10243.00	9636.00	9786.00	9869.00	9580.00	59098.00	9849.67

图 4－54　“产品销售情况统计报表”排序效果

2. 应用“职工工资表.xlsx”中的数据，按实发工资对工作表进行升序排列，结果如图 4－55 所示。

	A	B	C	D	E	F	G	H	I	J
1	职工工资表									
2	序号	姓 名	部门	基本工资	岗位工资	奖金	应发工资	保险	住房公积金	实发工资
3	6	李云飞	二车间	1500.00	700.00	650.00	2850.00	142.50	285.00	2422.50
4	7	刘飞雨	三车间	1800.00	800.00	650.00	3250.00	162.50	325.00	2762.50
5	3	王诗语	三车间	1800.00	800.00	750.00	3350.00	167.50	335.00	2847.50
6	4	侯 明	二车间	1900.00	700.00	750.00	3350.00	167.50	335.00	2847.50
7	5	刘恩义	三车间	1700.00	900.00	750.00	3350.00	167.50	335.00	2847.50
8	8	洪妍妍	一车间	2100.00	700.00	700.00	3500.00	175.00	350.00	2975.00
9	1	张小刚	一车间	2000.00	900.00	800.00	3700.00	185.00	370.00	3145.00
10	2	赵晓萌	二车间	2300.00	900.00	650.00	3850.00	192.50	385.00	3272.50
11	合计			15100.00	6400.00	5700.00	27200.00	1360.00	2720.00	23120.00

图 4－55　“职工工资表”排序效果

4.2.4 数据筛选、分类汇总

任务描述

掌握工作表中数据筛选的方法，熟练地对数据进行筛选处理；掌握工作表中数据分类汇总的方法，熟练地对数据进行分类汇总处理。

知识准备

1. 数据筛选

数据筛选就是在数据工作表中将符合条件的数据显示出来。Excel 共提供了两种筛选方式：自动筛选和高级筛选。

自动筛选可以快速而又方便地查找和使用单元格区域或列表中数据的子集。自动筛选可以按一列或多列进行，按多列筛选时，筛选条件是累加进行的。自动筛选操作步骤如下：

①选定需要筛选数据表中的任一单元格。

②在“数据”选项卡“筛选和排序”组中单击“筛选”命令，则每个列标题的右侧出现一个向下箭头按钮。

③单击向右箭头，打开下级菜单，如图 4－56（a）所示。

④在列表值复选框中选中不同复选框，可以实现按列表值筛选操作；选择“数字筛选”命令，打开下级菜单，如图 4－56（b）所示，设置筛选条件，实现按条件筛选操作；当单元格区域字符为不同颜色时，则增加“按颜色筛选”命令，可实现按颜色筛选操作。

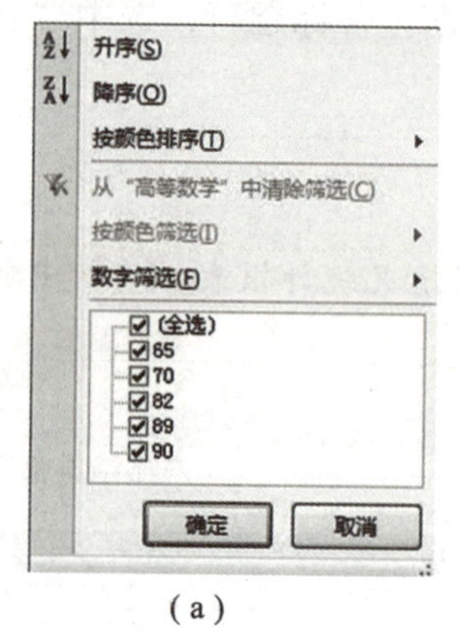

（a）

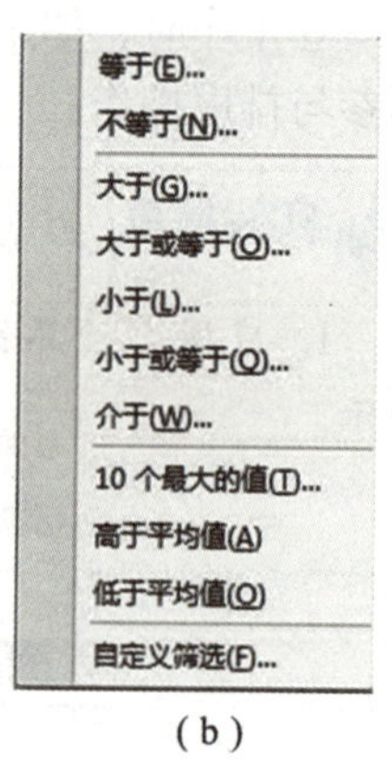

（b）

图 4－56 自动筛选

（a）“筛选”菜单；（b）“数字筛选”子菜单

高级筛选就是根据用户设置的一个或多个条件，将符合条件的数据从当前工作表中筛选出来或输出到工作表的其他单元格中。高级筛选操作步骤如下：

①设置筛选条件区域。

②在“数据”选项卡“筛选和排序”组中单击“高级”命令，打开“高级筛选”对话框，分别设置筛选结果的显示方式、列表区域、条件区域及筛选后数据复制的位置等。

③单击“确定”按钮，筛选后的结果显示在指定的位置上。

2. 数据分类汇总

数据分级显示包括组合和分类汇总。组合就是在工作表中将某个范围的单元格关联起来，从而将工作表折叠或展开，便于用户观察或读取数据。分类汇总是指将工作表中的数据按指定字段排序后，通过汇总函数按一定的方式汇总多个相关行数据，最终分级显示分类汇

总和总计。

(1) 数据分级显示

在“数据”选项卡“分级显示”组中单击“组合”命令，从下拉列表中选择“自动建立分级显示”命令，系统将根据工作表中的数据创建分级显示。

以创建的“学生成绩表”为例，分级显示效果如图 4－57（a）所示，依次单击左上角的“1”“2”“3”，工作表将被折叠或展开，工作表折叠效果如图 4－57（b）和图 4－57（c）所示。

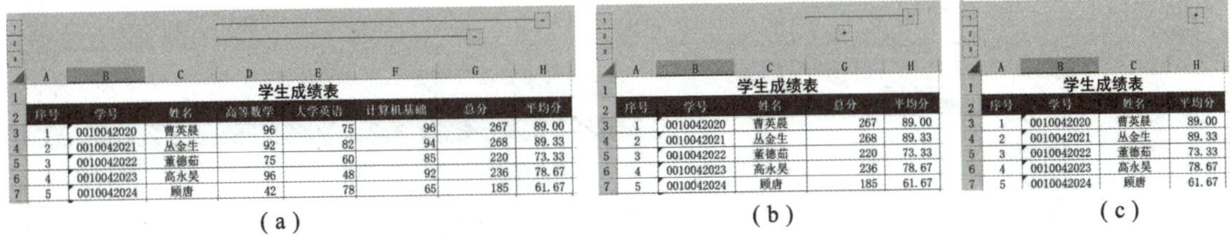

（a）　（b）　（c）

图 4－57　数据分级显示

（a）显示全部；（b）显示总分、平均分；（c）显示平均分

在“数据”选项卡“分级显示”组中单击“取消组合”命令，在打开的下级菜单中选择“清除分级显示”或“取消组合”命令，取消分级显示。

(2) 数据分类汇总

数据分类汇总操作步骤如下：

1）将工作表按要分类的字段排序，选定需要分类汇总工作表中的任一单元格。

2）在“数据”选项卡“分级显示”组中单击“分类汇总”命令，打开“分类汇总”对话框，如图 4－58 所示。其中：

①分类字段。分类依据的字段。

②汇总方式。默认汇总方式为“求和”，还可以为“求平均值”“计数”等。

③选定汇总项。需要汇总计算的数值列。单击“确定”按钮，工作表中数据按步骤②中的设置进行分类汇总，并以分级方式显示。

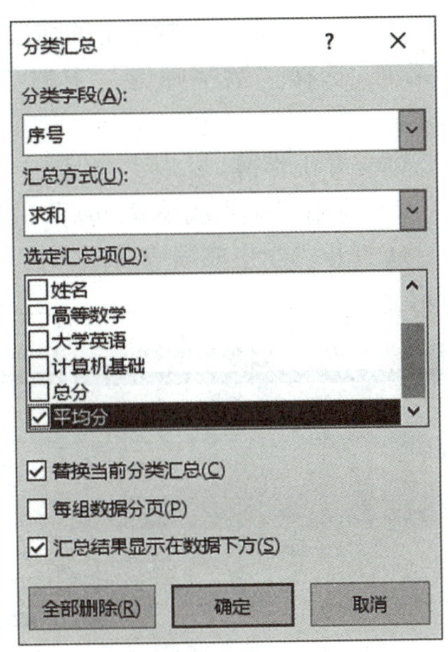

图 4－58　“分类汇总”对话框

任务实施

1）应用“学生成绩表.xlsx”中的数据，分别筛选出总分高于 200 分、大学英语成绩高于平均分的学生。

①打开“学生成绩表.xlsx”工作簿，选定工作表中任一单元格。在“数据”选项卡“筛选和排序”组中单击“筛选”命令，每个列标题的右侧出现一个向下箭头，如图 4－59（a）所示。

②筛选总分高于 200 分学生。单击“总分”右侧箭头，打开下级菜单，选择“数字

筛选”中的“大于”命令，打开“自定义自动筛选方式”对话框，输入筛选条件，如图4-59（b)所示。单击“确定”按钮，筛选后的结果如图4-59（c）所示。

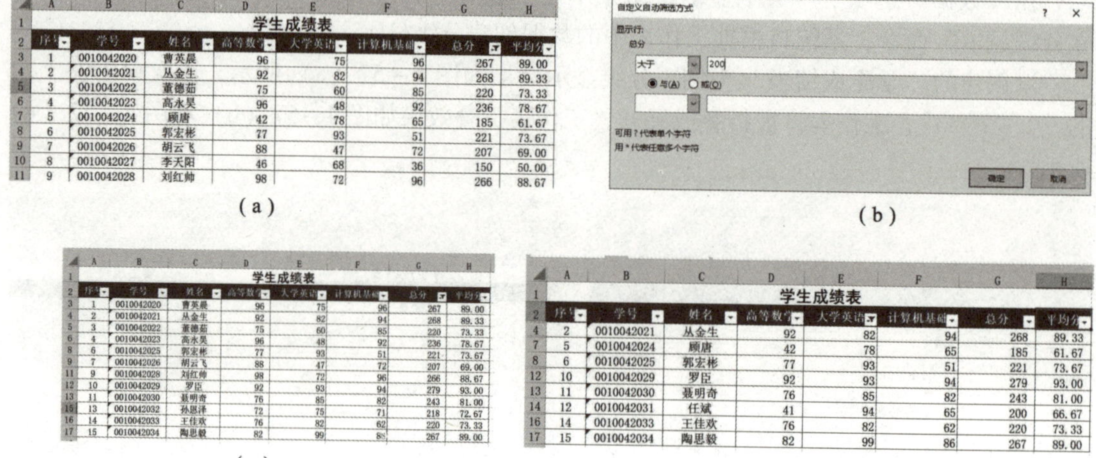

图4-59 “学生成绩表”筛选操作

（a）设置自动筛选；（b）“自定义自动筛选”对话框；

（c）筛选总分高于200分的学生结果；（d）筛选大学英语成绩高于平均分的学生结果

③筛选大学英语成绩高于平均分的学生。在“数据”选项卡“筛选和排序”组中单击“清除”命令，取消步骤②中的筛选，显示全部记录。单击“大学英语”右侧箭头，打开下级菜单，选择“数字筛选”中的“高于平均值”命令，筛选后的结果如图4-59（d）所示。

④保存工作簿。

2）应用“学生成绩表.xlsx”中数据，按系部进行分类汇总，求出每个系部的平均分。

①打开“学生成绩表.xlsx”工作簿，在C列后插入列，输入系部，如图4-60（a）所示。

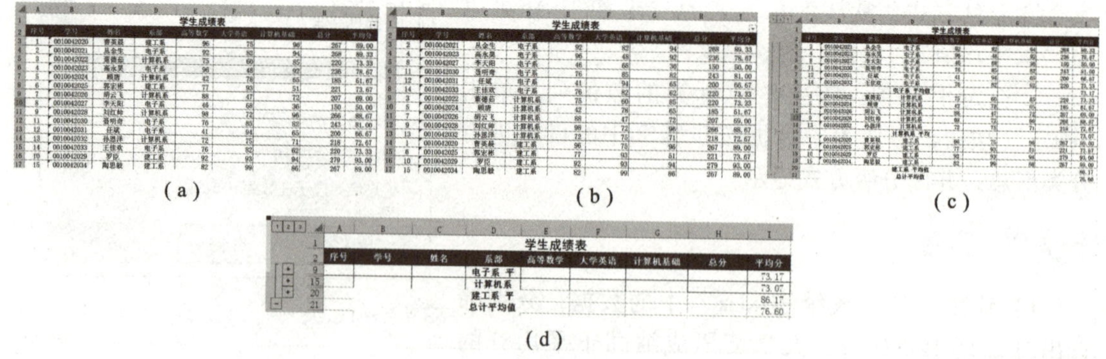

图4-60 数据分类汇总

（a）增加分类字段；（b）按系部排序；（c）分类汇总结果；（d）分级显示分类汇总结果

②选定D3单元格，在“数据”选项卡“排序和筛选”组中单击“升序”命令，工作表按字段“系部”排序，排序后的结果如图4-60（b）所示。

③在“数据”选项卡“分级显示”组中单击“分类汇总”命令，打开“分级汇总”对话框，设置分类字段为“系”、汇总方式为“平均值”，选定汇总项为“平均分”，其他默认。

④单击“确定”按钮，分类汇总结果如图 4－60（c）所示。

⑤单击左侧分级显示按钮，分级显示数据行，如图 4－60（d）所示。

⑥保存工作簿。

知识拓展

1. 自动筛选

在进行自动筛选时，用户可以按多个列进行，筛选是累加进行的，即每个追加筛选都是基于当前的筛选进行的，所以，在进行新的筛选前应该明确是在当前子集中筛选，还是在全部记录中进行筛选。若在全部记录中进行筛选，则需在“数据”选项卡“筛选和排序”组中单击“清除”命令取消上次筛选。

执行筛选操作后，在“数据”选项卡“筛选和排序”组中单击“筛选”命令取消筛选操作。

2. 合并计算

合并计算就是将一个或多个工作表中的数据合并计算到一个主工作表中，这些工作表可以与主工作表在同一个工作簿中，也可以在不同的工作簿中。通过数据的合并计算可以方便用户对数据进行定期或不定期的更新和汇总。

（1）按位置合并计算

按位置合并计算就是将具有相同排列顺序的所有工作表中数据合并计算，并将计算的结果放在主工作表的同一位置中。

（2）按公式合并计算

按公式合并计算就是在主工作表中编辑公式，引用独立工作表中的数据，从而将所有工作表中的数据进行合并计算。

实践提高

1. 应用“产品销售情况统计报表.xlsx”中的数据，筛选出平均销售额在 2 000.00 万元以上的地域，结果如图 4－61 所示。计算各部门应发工资和实发工资总计，制作部门分类汇总表，结果如图 4－62 所示。

	A	B	C	D	E	F	G	H	I
1	产品销售情况统计报表								
2	年份：XXXX年上半年								单位：万元
3	地域	一月	二月	三月	四月	五月	六月	总计	平均
4	西北	2002.00	2530.00	2050.00	1970.00	2105.00	2230.00	12887.00	2147.83
5	华中	2050.00	2215.00	1900.00	2046.00	2076.00	1760.00	12047.00	2007.83
9	合计	9984.00	10243.00	9636.00	9786.00	9869.00	9580.00	59098.00	9849.67

图 4－61　“产品销售情况统计报表”筛选效果

产品销售情况统计报表

年份：XXXX年上半年　　　　　　　　　　　　　　　　　　　单位：万元

地域	一月	二月	三月	四月	五月	六月	总计	平均
西北	2002.00	2530.00	2050.00	1970.00	2105.00	2230.00	12887.00	2147.83
						12887.00	汇总	2147.83
华中	2050.00	2215.00	1900.00	2046.00	2076.00	1760.00	12047.00	2007.83
						12047.00	汇总	2007.83
华北	1972.00	1845.00	1960.00	1970.00	1835.00	2220.00	11802.00	1967.00
						11802.00	汇总	1967.00
西南	2100.00	2090.00	1986.00	1865.00	1973.00	1720.00	11734.00	1955.67
						11734.00	汇总	1955.67
东北	1860.00	1563.00	1740.00	1935.00	1880.00	1650.00	10628.00	1771.33
						10628.00	汇总	1771.33
合计	9984.00	10243.00	9636.00	9786.00	9869.00	9580.00	59098.00	9849.67
						59098.00	汇总	9849.67
							总计	19699.33

图 4-62 “产品销售情况统计报表”分类汇总效果

2. 应用“职工工资表.xlsx”中的数据，计算各部门应发工资和实发工资总计，制作部门分类汇总表，结果如图 4-63 所示。筛选出实发工资在 3 000.00 元以上的职员名单，结果如图 4-64 所示。

职工工资表

序号	姓 名	部门	基本工资	岗位工资	奖金	应发工资	保险	住房公积金	实发工资
		一车间汇总				7200.00			6120.00
		二车间汇总				10050.00			8542.50
		三车间汇总				9950.00			8457.50
		总计				27200.00			23120.00
合计			11000.00	4800.00	4200.00	30050.00	1000.00	2000.00	25542.50

图 4-63 “职工工资表”分类汇总效果

职工工资表

序号	姓 名	部门	基本工资	岗位工	奖金	应发工资	保险	住房公积	实发工资
1	张小刚	一车间	2000.00	900.00	800.00	3700.00	185.00	370.00	3145.00
2	赵晓萌	二车间	2300.00	900.00	650.00	3850.00	192.50	385.00	3272.50
合计			15100.00	6400.00	5700.00	27200.00	1360.00	2720.00	23120.00

图 4-64 “职工工资表”筛选效果

任务 3　制作 Excel 图表

4.3.1 创建图表

任务描述

了解图表的类型，掌握图表的创建操作方法。

知识准备

Excel 具有强大的图表处理功能，支持多种类型的图表，可以方便地将表格中的数据转换为专业图表。使用图表分析数据，能更直观、清晰地反映数据的变化趋势。

1. 插入图表

在“插入”选项卡“图表”组中选择一种图表可以创建图表，在 Excel 中创建的图表有两种情况：一种是嵌入式图表，另一种是图表工作表。嵌入式图表是将图表作为图形对象，将其作为工作表的一部分保存；图表工作表是将图表作为独立工作表保存。两种图表都与工作表数据链接，并随工作表数据的更改而更新。

图表类型有柱形图、折线图、饼图、条形图、面积图等，针对每一种图表类型，还提供了多种图表格式，供用户创建图表时自动套用。

2. 图表组成

图表一般由图表标题、绘图区、数值轴、分类轴和图例五部分组成，如图 4－65 所示。

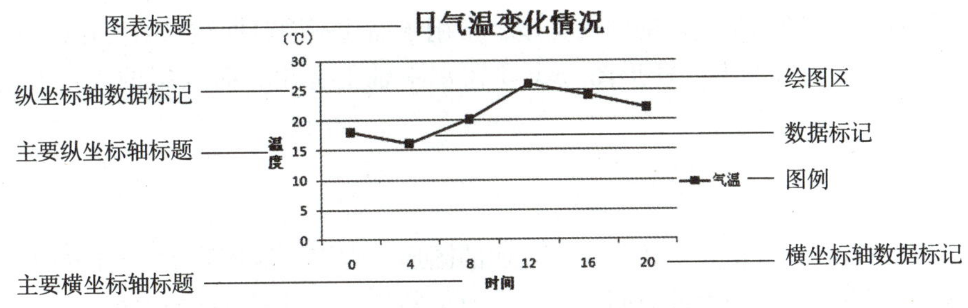

图 4－65　图表示例

①图表标题。用来标明图表名称、种类或性质的文字，一般位于图表顶部。

②绘图区。图表中数据的图形显示区域，包括网格线和数据标记。

③数据标记。用条形、线条、柱形、切片、点及其他形状表示的数据点。

④数值轴。图表的纵坐标轴，用来区分数据的大小，包括标题和数据标记。

⑤分类轴。图表的横坐标轴，用来区分数据的类别，也包括标题和数据标记。

⑥图例。用于区分数据项各系列的彩色小方块和名称。

任务实施

①新建“一季度家电商品销售表.xlsx”工作簿，输入表标题和表中数据，如图 4－66（a）所示。

②选定 A3:D7 单元格区域，在“插入”选项卡“图表”组中单击“柱形图”命令，在列表中选择“簇状柱形图”，生成的图表如图 4－66（b）所示。

③选定图表，在“设计”选项卡“数据”组中单击“切换行/列”命令，转换后的图表如图 4－66（c）所示。

④保存工作簿。

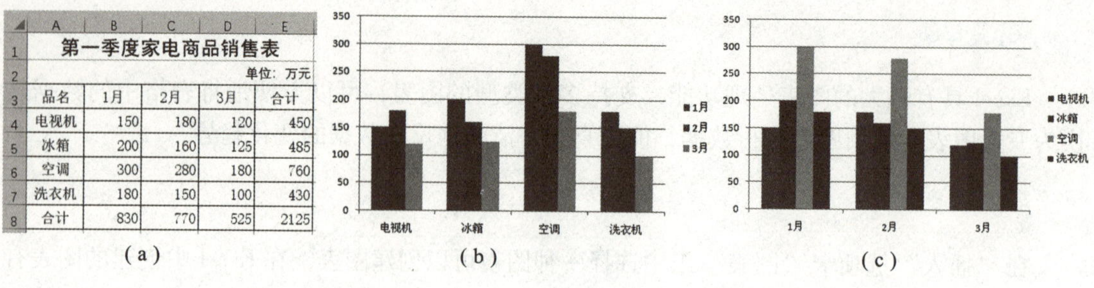

	A	B	C	D	E
1	第一季度家电商品销售表				
2					单位：万元
3	品名	1月	2月	3月	合计
4	电视机	150	180	120	450
5	冰箱	200	160	125	485
6	空调	300	280	180	760
7	洗衣机	180	150	100	430
8	合计	830	770	525	2125

图 4-66　创建图表

(a) 选定数据源域；(b) 图表 1；(c) 图表 2

知识拓展

Excel 提供了丰富的图表类型，有柱形图、折线图、饼图、条形图、面积图、XY 散点图等，针对每一种图表类型还提供了多种图表格式，供用户创建图表时自动套用。

1. 柱形图

柱形图也称直方图，是默认的图表类型，常用于描述不同时期数据的变化或各分类项之间比较的结果。一般情况下，柱形图分类项在水平轴上标出，而数据的大小在垂直轴上标出。

2. 折线图

折线图是用直线将数据点连接起来而组成的图形，常用于描述等间隔时间内数据的变化趋势。一般情况下，分类轴代表时间的变化，数值轴代表各时刻数据的大小。

3. 饼图

饼图是把一个圆面划分为若干个扇形面，每个扇形面代表一项数据值。在饼图中一般只显示一组数据系列，常用于描述系列中每一项占该数据系列总和的比例值。

4. 条形图

条形图通过水平横条或垂直竖条的长度来表示数据值的大小，条形图强调各个数据项之间的差别，常用于比较多个值的大小。一般情况下，分类项在垂直轴上标出，数据的大小在水平轴上标出。

5. 面积图

面积图是用折线和分类轴围成的面积，以及两条折线之间的面积来强调一段时间内几组数据间的差异。

6. XY 散点图

散点图与折线图相似，由一系列的点或线组成，用来比较若干个数据系列中的数值。在组织数据时，一般将 X 值置于一行或一列中，而将 Y 值置于相邻的行或列中。

此外，Excel 提供的图表类型还有股价图、曲面图、雷达图、树状图，它们适用于描述不同的数据，在此不再一一赘述。

实践提高

1. 应用“产品销售情况统计报表.xlsx”中的数据制作各地销售情况柱形图，比较各地域销售情况，结果如图 4－67 所示。

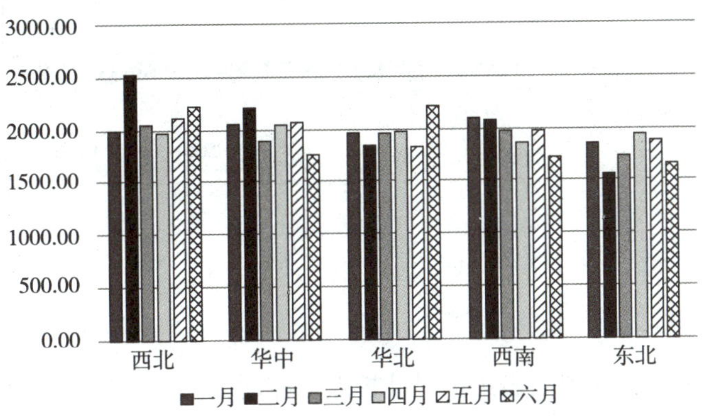

图 4－67 “产品销售情况统计报表”图表

2. 应用“职工工资表.xlsx”中的数据制作职工实发工资折线图，比较实发工资情况，结果如图 4－68 所示。

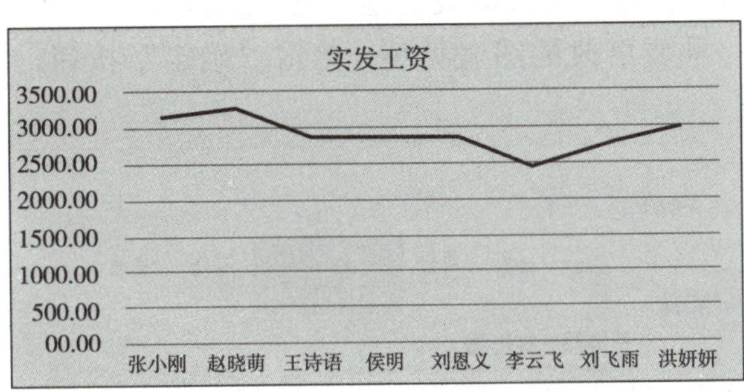

图 4－68 “职工工资表”图表

4.3.2 编辑图表

任务描述

掌握图表编辑的操作方法。

知识准备

当图表制作完成后，有时需要对图表进行编辑，如移动图表、改变图表大小、更改图表类型、更改图表布局、切换行/列位置、增加或减少数据等。

1. 移动图表

移动图表是指把已创建图表从当前工作表移动到其他工作表中，或创建新工作表。选定图表，在“图表设计”选项卡“位置”组中单击“移动图表”命令，打开“移动图表”对话框，如图 4－69 所示。

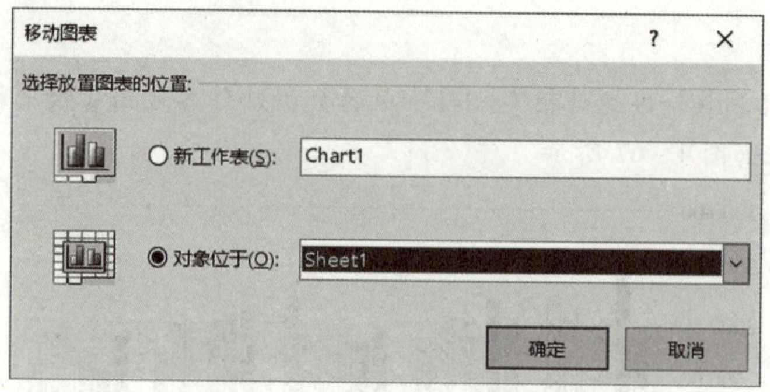

图 4－69 “移动图表”对话框

2. 改变图表大小

选定图表，将鼠标移动到图表边框尺寸控点，拖动鼠标可以改变图表大小。

3. 更改图表类型

在“图表设计”选项卡“类型”组中选择“更改图表类型”命令，或在图表上右击鼠标，从弹出的快捷菜单中选择“更改图表类型”命令，打开“更改图表类型”对话框，如图 4－70 所示。选定一种要更改的图表类型，单击“确定”按钮，图表将被更改为新的类型。

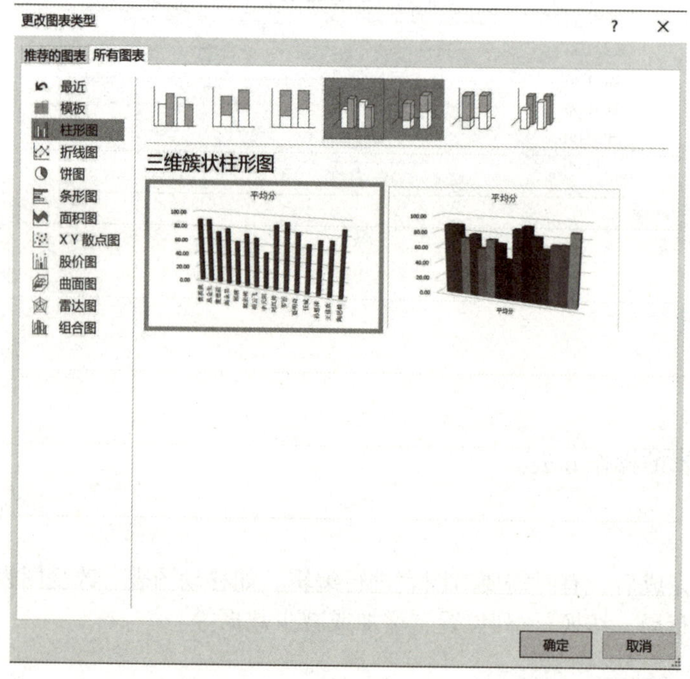

图 4－70 “更改图表类型”对话框

4. 更改图表布局

更改图表布局就是调整图表中各组成部分的位置，在“图表设计”选项卡“图表布局”组中选择不同布局可更改图表布局。

任务实施

①打开“一季度家电商品销售表.xlsx”工作簿，单击选择已创建的图表。

②在“图表设计”选项卡“类型”组中选择“更改图表类型”命令，弹出“更改图表类型”对话框，单击更改的图表样式“面积图”，单击“确定”按钮，图表将被更改为面积图，如图 4－71 所示。

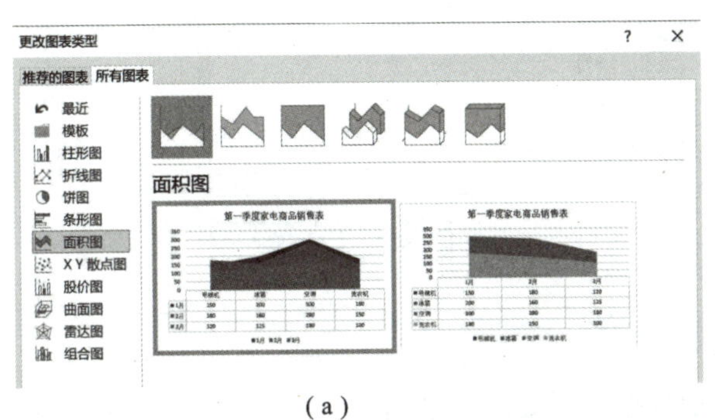

(a)

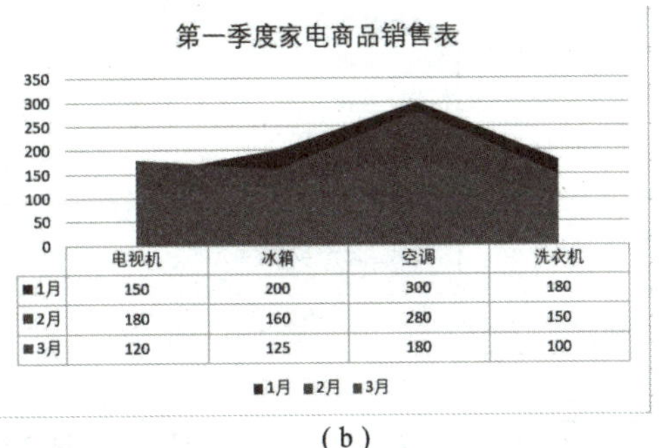

(b)

图 4－71　更改图表样式

(a) 选择更改图表样式；(b) 更改图表样式效果

③在“图表设计”选项卡“图表布局”组中选择“快速布局”命令，从下拉列表中选择“布局 2”选项，即可将所选的布局样式修改，效果如图 4－72 所示。

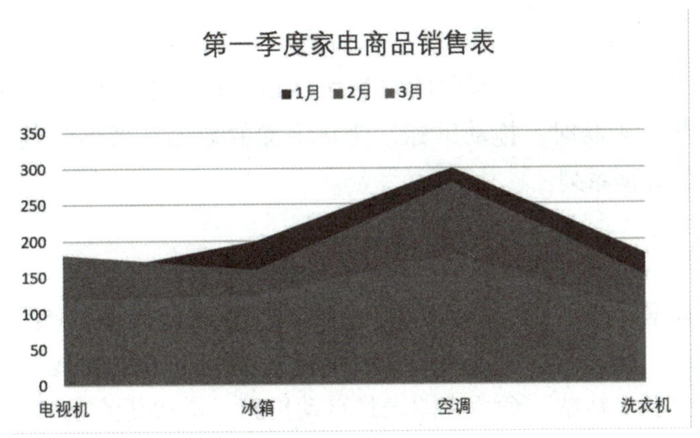

图 4－72　更改图表布局

知识拓展

图表制作完成后，用户可以对图表中的数据项进行修改，可以增加或减少数据项。

1. 应用“选择数据源”对话框

①在“图表设计”选项卡“数据”组中单击“选择数据”命令，或右击图表，从弹出的快捷菜单选择“选择数据”命令，打开“选择数据源”对话框，如图 4－73 所示。

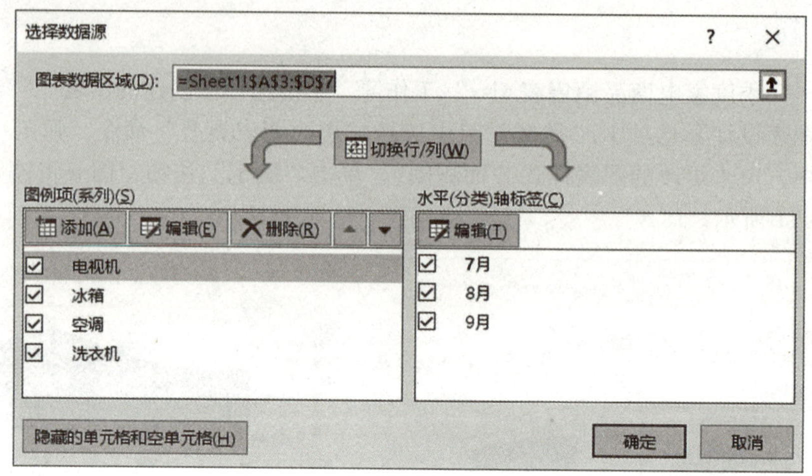

图 4－73 “选择数据源”对话框

②单击“切换行/列”按钮，交换 X/Y 轴数据，更改图表系列。

③在“图例项（系列）”列表中单击“添加”按钮，打开“编辑数据系列”对话框，用户可以通过添加系列名称和系列值来增加数据中的系列；单击“删除”按钮，则减少数据中的系列；单击“编辑”按钮，可以对现有数据系列进行编辑。

④在“水平（分类）轴标签”列表中单击“编辑”按钮，编辑水平坐标轴标记。

2. 使用鼠标拖动编辑图表数据源

选定要增加数据源的图表，其相应的数据区外边框以蓝色框标识，移动鼠标到蓝色边框，当指针变为“↘”形状时，拖动鼠标，使新增加的数据扩展到蓝色边框内部，图表将自动更新，增加新的数据系列。

3. 应用“剪贴板”

增加图表中的数据系列还可以采用复制粘贴的方法。选定待添加到图表的数据单元格区域，包括行、列标记，在“开始”选项卡“剪贴板”组中单击“复制”命令，选定要增加数据系列的图表，单击“粘贴”命令，图表将自动更新，增加新的数据系列。

实践提高

1. 应用“产品销售情况统计报表.xlsx”中的数据制作平均分数据源图表，结果如图 4－74 所示。

2. 应用“职工工资表.xlsx”中的数据制作基本工资、岗位工资和奖金三维饼图，分析占工资总额的比例情况，结果如图 4－75 所示。

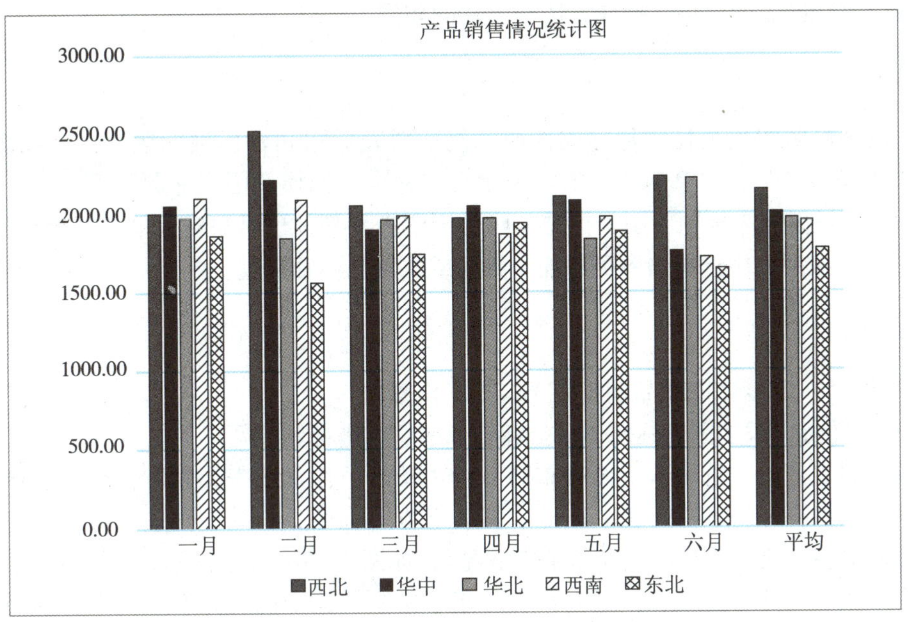

图 4－74　“产品销售情况统计报表”增加数据源图表

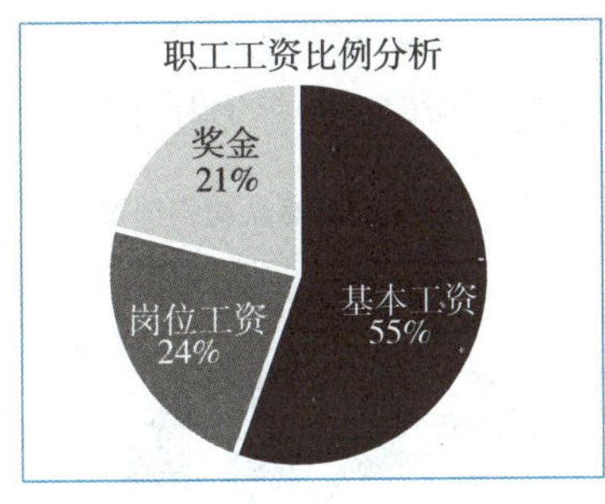

图 4－75　“职工工资表”图表

4.3.3　美化图表

任务描述

掌握图表设置的操作方法，能够应用 Excel 创建图表进行数据分析。

知识准备

常用的设置图表操作有改变图表位置和大小、设置标题、设置绘图区、设置系列、设置坐标轴和设置图例等。

1. 改变位置和大小

选定图表，将鼠标置于图表上，当指针变为“✥”形状时，拖动图表到适当位置后释放鼠标，可以改变图表的位置；将鼠标移动到图表的边框，当指针变为“⤡”形状时，拖动鼠标可以改变图表的大小，操作方法与图片的相同。

2. 设置标题

标题用来标明图表名称、种类或性质，包括图表标题和坐标轴标题。在“图表设计”选项卡“图表布局”组中单击“添加图表元素”命令，选择“图表标题”，从下拉列表中选择命令可设置图表标题，图表标题一般位于图表顶部，也可缺省；单击“坐标轴标题”命令，从下拉列表中选择命令可添加、删除或放置坐标轴标题。

任务实施

1）打开“一季度家电商品销售表.xlsx”工作簿。

2）选中图标，添加图表标题、横坐标轴标题、纵坐标轴标题。

①在“图表设计”选项卡“图表布局”组中单击“添加图表元素”命令，选择“图表标题”命令，从打开的下拉列表中选择“图表上方”命令，自动在图表上方添加标题，在标题处编辑文字“第一季度家电商品销售情况”，如图4－76（a）所示。

②在“图表设计”选项卡“图表布局”组中单击“添加图表元素”命令，选择“坐标轴标题”命令，从下拉列表中分别选择“主要横坐标轴标题”“主要纵坐标轴标题”命令，设置横、纵坐标轴标题分别为“品名”“销售额”，如图4－76（b）所示。

③在“布局”选项卡“插入”组中单击“文本框”命令，从下拉列表中选择“横排文本框”命令，在图表中绘制文本框，编辑文字“（万元）”，如图4－76（c）所示。

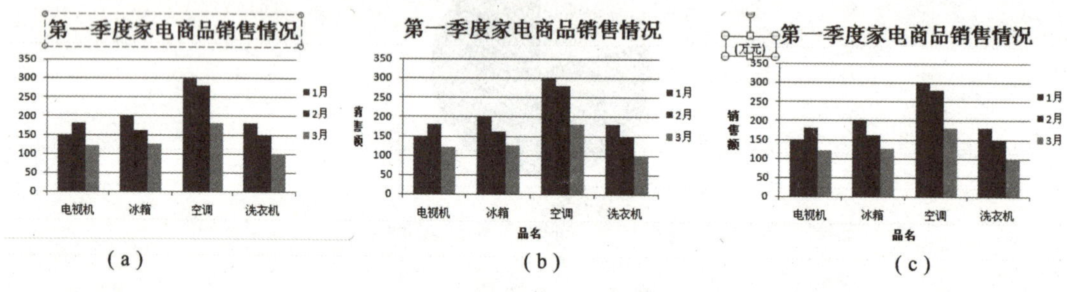

（a）　（b）　（c）

图4－76　设置图表标题

（a）设置图表标题；（b）设置坐标轴标题；（c）设置单位

知识拓展

1. 设置绘图区

绘图区是图表中数据的图形显示区域，包括网格线和数据标记。单击绘图区的空白处，绘图区被选定，可以对绘图区进行以下操作：

（1）调整绘图区大小

将鼠标移动到绘图区边框，当指针变为“↘”形状时，拖动鼠标可以改变绘图区的大小，绘图区大小改变时，坐标轴和坐标轴标题也随之同比调整。

（2）设置绘图区格式

在绘图区内部空白区域右击鼠标，从弹出的快捷菜单选择“设置图表区域格式”命令，

打开“设置绘图区格式”对话框，在该对话框中可以设置绘图区填充、边框等效果。

2. 设置坐标轴

在绘图区的数值 Y 轴（或分类 X 轴）上右击鼠标，从弹出的快捷菜单中选择“设置坐标轴格式”命令，打开“设置坐标轴格式”对话框。在该对话框中可以设置坐标轴数字显示格式、坐标轴显示效果等。

3. 设置图例

在绘图区的图例上右击鼠标，从弹出的快捷菜单中选择“设置图例格式”命令，打开“设置图例格式”对话框，在该对话框中可以设置图例位置及图例显示效果等。

实践提高

应用“学生成绩表.xls”中数据制作图表。

①制作柱形图，比较学生总分、平均分情况，效果如图 4－77（a）和图 4－77（b）所示。

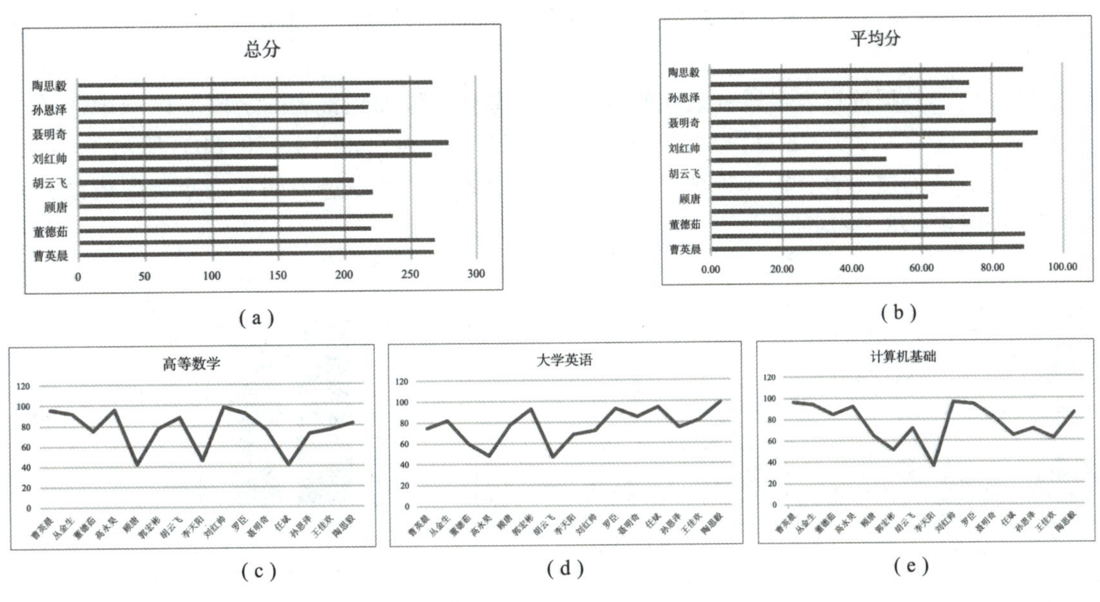

图 4－77　设置“学生成绩表”图表

（a）总分分析；（b）平均分分析；（c）高等数学分析；（d）大学英语分析；（e）计算机基础分析

②制作折线图，分析学生各科成绩情况，效果如图 4－77（c）、图 4－77（d）和图 4－77（e）所示。

4.3.4　建立数据透视

任务描述

掌握创建数据透视表和数据透视图的方法。

知识准备

数据透视表是一种交互式的表格，可以进行某些计算，如求和与计数等。之所以称为数据透视表，是因为可以动态地改变它们的版面布置，以便按照不同方式分析数据，也可以重新安排行号、列标和页字段。每一次改变版面布置时，数据透视表会立即按照新的布置重新计算数据。另外，如果原始数据发生更改，则可以更新数据透视表。

数据透视图是以图形形式表示的数据透视表，相关联的数据透视表为数据透视图提供源数据，和图表与数据区域之间的关系相同。各数据透视表之间的字段相互对应。数据透视图除了具有标准图表的系列、分类、数据标记和坐标轴之外，还有特殊的元素，如报表筛选字段、分类字段等。

任务实施

应用“一季度家电商品销售表.xlsx”中的数据生成数据透视表和数据透视图。

①打开“一季度家电商品销售表.xlsx”工作簿。

②选定 A3:D7 区域，在“插入”选项卡“表格”组中单击“数据透视表”命令，弹出“创建数据透视表”对话框，单击“新工作表”单选按钮，单击“确定”按钮，如图 4－78（a）所示。

③弹出“数据透视表字段列表”窗格，在“选择要添加到报表的字段”区域中选择添加字段“1 月”“2 月”“3 月”的复选框，生成数据透视表，如图 4－78（b）所示。

④在“数据透视表分析”选项卡“工具”组中单击“数据透视图”命令，生成数据透视图，如图 4－78（c）所示。

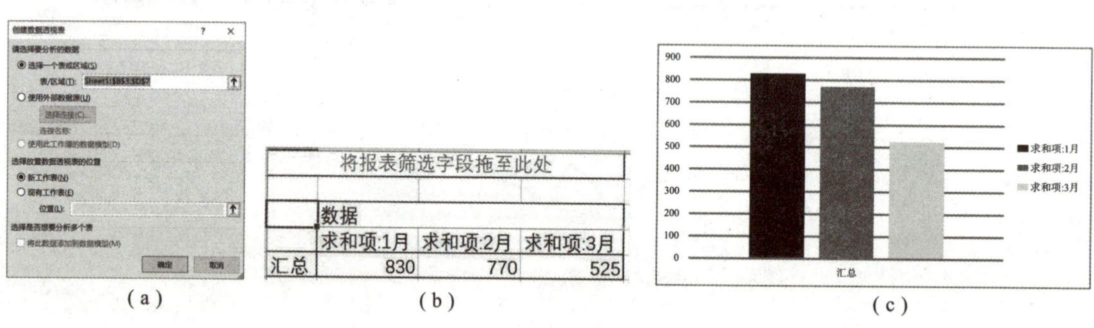

将报表筛选字段拖至此处			
	数据		
	求和项:1月	求和项:2月	求和项:3月
汇总	830	770	525

（a） （b） （c）

图 4－78 创建数据透视表和数据透视图

（a）“创建数据透视表”对话框；（b）数据透视表；（c）数据透视图

⑤保存工作簿。

知识拓展

删除数据透视表的操作

①在要删除的数据透视表任意位置单击“数据透视表工具”，找到对应的“选项”和“设计”选项卡。

②单击“选项”选项卡“操作”组“选择”下方的箭头，然后单击“整个数据透视

表”，以选择整个数据透视表。

③按 Delete 键完成删除任务。

实践提高

1. 应用“产品销售情况统计表.xlsx”中的数据制作数据透视表和数据透视图。

(1) 制作数据透视表，效果如图 4－79 (a) 所示。

(2) 制作数据透视图，效果如图 4－79 (b) 所示。

	数据						
地域	求和项:一月	求和项:二月	求和项:三月	求和项:四月	求和项:五月	求和项:六月	求和项:总计
东北	1860	1563	1740	1935	1880	1650	10628
合计	9984	10243	9636	9786	9869	9580	59098
华北	1972	1845	1960	1970	1835	2220	11802
华中	2050	2215	1900	2046	2076	1760	12047
西北	2002	2530	2050	1970	2105	2230	12887
西南	2100	2090	1986	1865	1973	1720	11734
总计	19968	20486	19272	19572	19738	19160	118196

(a)

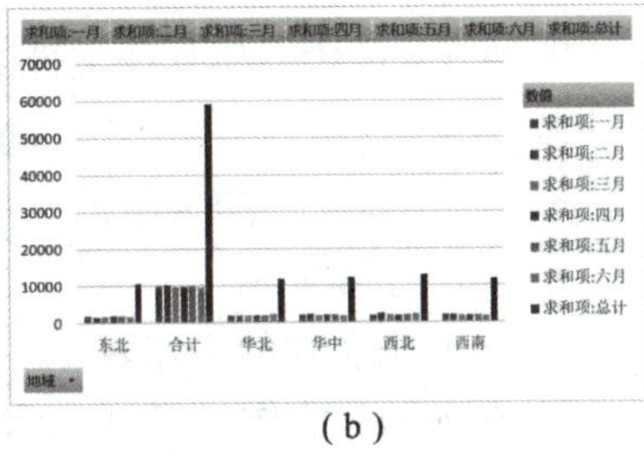

(b)

图 4－79 创建“产品销售情况统计表”的数据透视表和数据透视图

(a) 数据透视表；(b) 数据透视图

2. 应用“职工工资表.xlsx”中的数据制作数据透视表和数据透视图。

(1) 制作数据透视表，效果如图 4－80 (a) 所示。

(2) 制作数据透视图，效果如图 4－80 (b) 所示。

	数据						
姓 名	求和项:基本工资	求和项:岗位工资	求和项:奖金	求和项:应发工资	求和项:保险	求和项:住房公积金	求和项:实发工资
洪妍妍	2100	700	700	3500	175	350	2975
侯 明	1900	700	750	3350	167.5	335	2847.5
李云飞	1500	700	650	2850	142.5	285	2422.5
刘恩义	1700	900	750	3350	167.5	335	2847.5
刘飞雨	1800	800	650	3250	162.5	325	2762.5
王诗语	1800	800	750	3350	167.5	335	2847.5
张小刚	2000	900	800	3700	185	370	3145
赵晓萌	2300	900	650	3850	192.5	385	3272.5
总计	15100	6400	5700	27200	1360	2720	23120

(a)

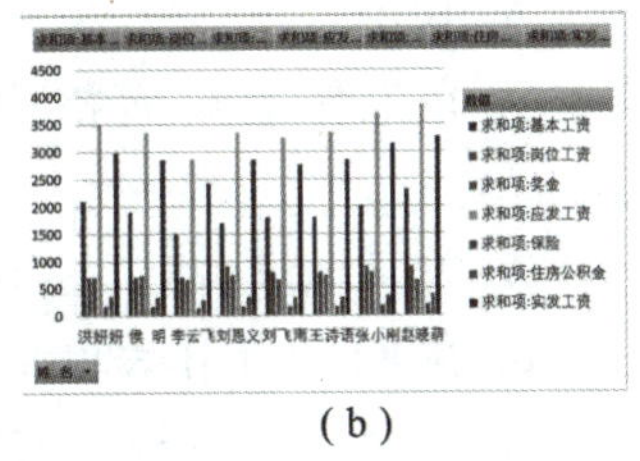

(b)

图 4－80 创建“职工工资表”的数据透视表和数据透视图

(a) 数据透视表；(b) 数据透视图

小 结

通过本项目的学习，了解 Excel 的基本功能和工作窗口的基本构成，掌握 Excel 的启动和退出方法；掌握工作簿、工作表、单元格等基本概念；熟练掌握数据输入和工作表编辑、格式化等操作；掌握页面布局和打印输出的操作；熟练掌握公式的使用、单元格的引用、常用函数的使用；熟练掌握数据排序、筛选、分级显示和合并计算的操作方法；了解图表的类型，掌握图表的创建、编辑和设置操作；掌握创建数据透视表和数据透视图的方法。

习　题

一、选择题

1. 在 Excel 中，工作簿是指（　　）。

A. 单元格　　B. 工作表

C. 图表　　D. 在 Excel 中存储和处理工作数据的文件

2. 在 Excel 中，工作簿文件的扩展名是（　　）。

A. .xls　　B. .xml　　C. .xlax　　D. .xlsx

3. 在 Excel 中，单元格的地址是指（　　）。

A. 每一个单元格　　B. 每个单元格的大小

C. 单元格所在的工作表　　D. 单元格在工作表中的位置

4. 在 Excel 工作表的单元格中，如想输入字符 00101（例如职工编号），则应输入（　　）。

A. =01011　　B. "00101"　　C. 00101　　D. '00101

5. 在 Excel 工作表中，当前单元格只能是（　　）。

A. 选定的一个单元格　　B. 选中的一行

C. 选中的一列　　D. 选中的区域

6. 在 Excel 中，在单元格输入数值型数据时，默认对齐方式为（　　）。

A. 居中　　B. 左对齐　　C. 右对齐　　D. 随机

7. 在工作表单元格中输入公式时，单元格地址为 D$2，则该单元格的引用称为（　　）。

A. 交叉地址引用　　B. 混合地址引用　　C. 相对地址引用　　D. 绝对地址引用

8. 在 Excel 工作表单元格中输入下列表达式，错误的是（　　）。

A. =(15 - A1)/3　　B. = A2/C1　　C. SUM(A2:A4)/2　　D. = A2 + A3 + D4

9. 在 Excel 中，函数 =SUM(10,MAX(1,2,3),AVERAGE(2,4,6)) 的值为（　　）。

A. 10　　B. 3　　C. 8　　D. 17

10. 在 Excel 中，设定 A1 单元格的数字格式为整数，当输入"33.51"时，显示为（　　）。

A. 33.51　　B. 33　　C. 34　　D. ERROR

11. 在 Excel 工作表的单元格中输入公式时，应以（　　）号开头。

A. '　　B. "　　C. &　　D. =

12. 在 Excel 中，用户在工作表中输入日期，（　　）不符合日期格式。

A. 20 - 02 - 2025　　B. 02 - OCT - 2025　　C. 2025/10/01　　D. 2025 - 10 - 01

13. 在 Excel 工作表中，单元格地址引用不正确的是（　　）。

A. D$66　　B. $D66　　C. D6$6　　D. D66

14. 在 Excel 工作表中，在处理学生成绩单时，将所有不及格学生的成绩用红色字符显示，利用（　　）命令设置比较方便。

A. 查找　　B. 条件格式　　C. 数据筛选　　D. 定位

15. 建立工作表时，在某单元格中输入公式（　　），将出现错误。

A. =SUM(1:5)　　B. =SUM(B1:D1)

C. =SUM(C2:E5,D2:F5)　　D. =SUM(A1;B5)

16. 在 Excel 中，将图表置于数据表中，称为（　　）。

A. 自由式图表　　B. 分离式图表　　C. 合并式图表　　D. 嵌入式图表

17. 在 Excel 工作表中进行自动分类汇总前，必须对工作表进行（　　）。

A. 筛选　　B. 排序　　C. 建立数据库　　D. 计算

18. 在 Excel 中，图表是（　　）。

A. 用户使用“绘图”工具栏的工具绘制的特殊图形

B. 由工作表生成的用于形象表现数据的图形

C. 由数据透视表派生的特殊表格

D. 一种将表格与图形混排的对象

19. 在图表中，数据系列是指（　　）。

A. 表格中的所有数据　　B. 选中的数据

C. 一列或一行单元格的数据　　D. 有效的数据

20. 下面关于图表与数据源关系的叙述中，正确的是（　　）。

A. 图表中的标记对象会随着数据源中的数据变化而变化

B. 数据源中的数据会随着图表中标记的变化而变化

C. 删除数据源中某单元格的数据时，图表中某数据点也为会随之被删除

D. 以上都是正确的说法。

二、操作题

1. 创建“材料库存月报表”，效果如图 4－81 所示。

	A	B	C	D	E	F	G	H	I	J	K	L	M	N	O
1	材料库存月报表														
2	制表日期：　年　月　日														
3	品名	规格	单位	上月结存			本月入库			本月出库			本月结存		
4				数量	单价	金额	数量	单价	金额	数量	单价	金额	数量	单价	金额
5															
6															
7															
8															
9															
10															
11															
12															
13															
14															
15															

图 4－81　“材料库存月报表”效果

要求：

(1) 标题：“材料库存月报表”设置为 A1:O1 单元格区域合并后居中，字符格式为黑体、16 磅，行高为 40。“制表日期：　年　月　日”设置为 A2:O2 单元格区域合并后右对

齐，字符格式为宋体、12 磅，行高为 20。

（2）表头：将“品名”“规格”“单位”“上月库存”“本月入库”“本月出库”“本月结存”对应单元格设置合并后居中，字符格式为宋体、12 磅，行高为 20。

（3）列宽：A 列宽 15，其余各列宽度为 8。

（4）表格线：网格线。

2. 创建“降水情况一览表”，利用数据管理功能对其进行排序和筛选操作。要求：

（1）表格：标题设置 A1:N1 单元格区域合并后居中，字符格式为黑体、16 磅，行高为 30；“单位”字符格式为楷体、12 磅；表内字符格式为宋体、12 磅，字符居中，数字右对齐；表内加网格线，行高为 30。

（2）输入图 4－82（a）的 B4:M6 单元格区域数据，计算年降水量和平均降水量。

（3）按各城市年降水量降序排列，结果如图 4－82（b）所示。

（4）筛选年降水量高于年平均降水量的城市，结果如图 4－82（c）所示。

	A	B	C	D	E	F	G	H	I	J	K	L	M	N	O
1								降水情况一览表							
2															（单位：mm）
3	月份	1	2	3	4	5	6	7	8	9	10	11	12	年降水量	月平均降水量
4	A市	2.6	5.9	9.0	26.4	28.7	70.7	175.6	182.2	48.7	18.8	6.0	2.3	576.9	48.1
5	B市	44.0	62.6	78.1	106.0	122.9	158.9	134.2	126.0	150.5	50.1	48.9	40.9	1123.1	93.6
6	C市	17.2	22.0	19.8	54.2	25.9	34.0	87.1	114.0	23.7	51.5	30.1	24.8	504.3	42.0
7	平均降水量	16.2	23.1	27.5	47.7	45.6	67.4	101.0	107.6	58.0	32.6	24.0	20.0	570.7	47.6

（a）

	A	B	C	D	E	F	G	H	I	J	K	L	M	N	O
1								降水情况一览表							
2															（单位：mm）
3	月份	1	2	3	4	5	6	7	8	9	10	11	12	年降水量	月平均降水量
4	B市	44.0	62.6	78.1	106.0	122.9	158.9	134.2	126.0	150.5	50.1	48.9	40.9	1123.1	93.6
5	A市	2.6	5.9	9.0	26.4	28.7	70.7	175.6	182.2	48.7	18.8	6.0	2.3	576.9	48.1
6	C市	17.2	22.0	19.8	54.2	25.9	34.0	87.1	114.0	23.7	51.5	30.1	24.8	504.3	42.0
7	平均降水量	16.2	23.1	27.5	47.7	45.6	67.4	101.0	107.6	58.0	32.6	24.0	20.0	570.7	47.6

（b）

	A	B	C	D	E	F	G	H	I	J	K	L	M	N	O
1								降水情况一览表							
2															（单位：mm）
3	月份	1	2	3	4	5	6	7	8	9	10	11	12	年降水	月平均降水
4	B市	44.0	62.6	78.1	106.0	122.9	158.9	134.2	126.0	150.5	50.1	48.9	40.9	1123.1	93.6

（c）

图 4－82　降水情况一览表

（a）“降水情况一览表”原始数据表；（b）按年降水量降序排序结果；
（c）筛选年降水量高于年平均降水量城市结果

3. 创建“主要城市月平均气温表”，利用图表功能制作折线图，分析各城市月气温情况。

（1）制作表格，标题设置 A1:M1 单元格区域合并后居中，字符格式为黑体、16 磅，行高为 30；其余部分字符格式为宋体、12 磅，字符居中，数字右对齐；表内加网格线，行高为 20。

（2）按图 4－83（a）所示输入 B4:M8 单元格区域数据。

（3）制作“主要城市月平均气温情况”图表，图表类型为折线图；设置图表标题为“主要城市月平均气温表”、横坐标轴标题为“月份”、纵坐标轴标题为“温度（℃）”；设置不同线型表示各城市的温度变化情况，如图 4－83（b）所示。

	A	B	C	D	E	F	G	H	I	J	K	L	M
1	主要城市月平均气温表												
2													（单位：℃）
3	月份 城市	一月	二月	三月	四月	五月	六月	七月	八月	九月	十月	十一月	十二月
4	北京	-4.6	-2.2	4.5	13.1	19.8	24.0	25.8	24.4	19.4	12.4	4.1	-2.7
5	天津	-4.0	-1.6	5.0	13.2	20.0	24.1	26.4	25.5	20.8	13.6	5.2	-1.6
6	上海	3.5	4.6	8.3	14.0	18.8	23.3	27.8	27.7	23.6	18.0	12.3	6.2
7	重庆	7.2	8.9	13.2	18.0	21.8	24.3	27.8	28.0	22.8	18.2	13.3	8.6
8	广州	13.3	14.4	17.9	21.9	25.6	27.2	28.4	28.1	26.9	23.7	19.4	15.2

（a）

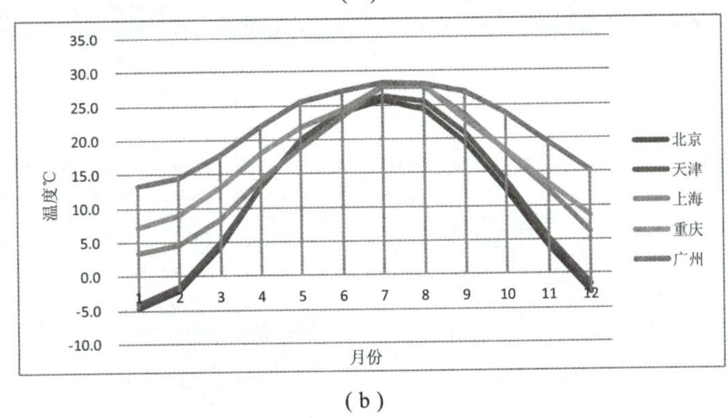

（b）

图 4－83　“主要城市月平均气温表”及分析图表

（a）“主要城市月平均气温表”；（b）“主要城市月平均气温情况”图表

4. 制作“支出费用表”综合作业。

（1）创建一个新工作簿文件，制作“支出费用表”。

①输入表标题，在 A2 单元格中绘制斜线表头，添加内容。

②在 A3 单元格中输入“1 月”，利用填充柄填充 A4:A14 单元格区域中的内容。

③输入表中内容，如图 4－84 所示。

	A	B	C	D	E	F	G	H	I	J	K
1	支出费用表										
2	项目 月份	水电气房租	生活用品	餐饮	交通	通信费	学习培训	服装服饰	旅游	其他	月支出
3	1月	910	32	680	55	80	100	300	0	100	
4	2月	850	58	450	34	76	0	450	3600	300	
5	3月	800	66	720	100	56	0	50	100	50	
6	4月	850	23	620	328	66	120	0	0	60	
7	5月	900	45	670	150	50	0	150	0	200	
8	6月	950	90	550	21	60	100	200	300	0	
9	7月	800	55	750	250	62	1300	0	1500	0	
10	8月	900	25	850	180	76	0	300	0	180	
11	9月	800	102	720	220	48	100	280	0	210	
12	10月	800	76	680	89	58	0	0	500	59	
13	11月	950	45	880	120	65	0	200	0	0	
14	12月	800	33	670	41	54	500	0	0	66	
15	年支出										
16	平均支出										
17	所占百分比										
18											

图 4－84　支出费用表

④利用公式计算月支出、年支出、平均支出、所占百分比。

⑤将单元格区域 A1:K1 合并后居中，设置标题为 20 号、黑体。

⑥将单元格区域 A3:A6、A2:A17 设为 12 号楷体字，并设置水平和垂直分别居中。数值设为右对齐，保留两位小数。

⑦为单元格区域 B2:K2 填充底纹，颜色为“橙色，强调文字颜色 6，淡色 40%”。

⑧为工作表加粗外边框、细内边框。

⑨调整合适的行高和列宽。

⑩将 Sheet1 重命名为“ ××年”（效果如图 4 – 85 所示）。

支出费用表

项目 月份	水电气房租	生活用品	餐饮	交通	通信费	学习培训	服装服饰	旅游	其他	月支出
1月	910.00	32.00	680.00	55.00	80.00	100.00	300.00	0.00	100.00	2257.00
2月	850.00	58.00	450.00	34.00	76.00	0.00	450.00	3600.00	300.00	5818.00
3月	800.00	66.00	720.00	100.00	56.00	0.00	50.00	100.00	50.00	1942.00
4月	850.00	23.00	620.00	328.00	66.00	120.00	0.00	0.00	60.00	2067.00
5月	900.00	45.00	670.00	150.00	50.00	0.00	150.00	0.00	200.00	2165.00
6月	950.00	90.00	550.00	21.00	60.00	100.00	200.00	300.00	0.00	2271.00
7月	800.00	55.00	750.00	250.00	62.00	1300.00	0.00	1500.00	0.00	4717.00
8月	900.00	25.00	850.00	180.00	76.00	0.00	300.00	0.00	180.00	2511.00
9月	800.00	102.00	720.00	220.00	48.00	100.00	280.00	0.00	210.00	2480.00
10月	800.00	76.00	680.00	89.00	58.00	0.00	0.00	500.00	59.00	2262.00
11月	950.00	45.00	880.00	120.00	65.00	0.00	200.00	0.00	0.00	2260.00
12月	800.00	33.00	670.00	41.00	54.00	500.00	0.00	0.00	66.00	2164.00
年支出	10310.00	650.00	8240.00	1588.00	751.00	2220.00	1930.00	6000.00	1225.00	32914.00
平均支出	859.17	54.17	686.67	132.33	62.58	185.00	160.83	500.00	102.08	2742.83
所占百分比	31.32%	1.97%	25.03%	4.82%	2.28%	6.74%	5.86%	18.23%	3.72%	100.00%

××年 Sheet2 Sheet3

图 4 – 85 “支出费用表”格式效果

（2）使用“支出费用表”数据制作图表。

①以“月份”和“各项支出”两列为数据源，创建堆积柱形图，设置横坐标标题为“月份”及纵坐标标题为“支出”，图表标题为“各项支出费用”，并将图表放在原工作表中，结果如图 4 – 86 所示。

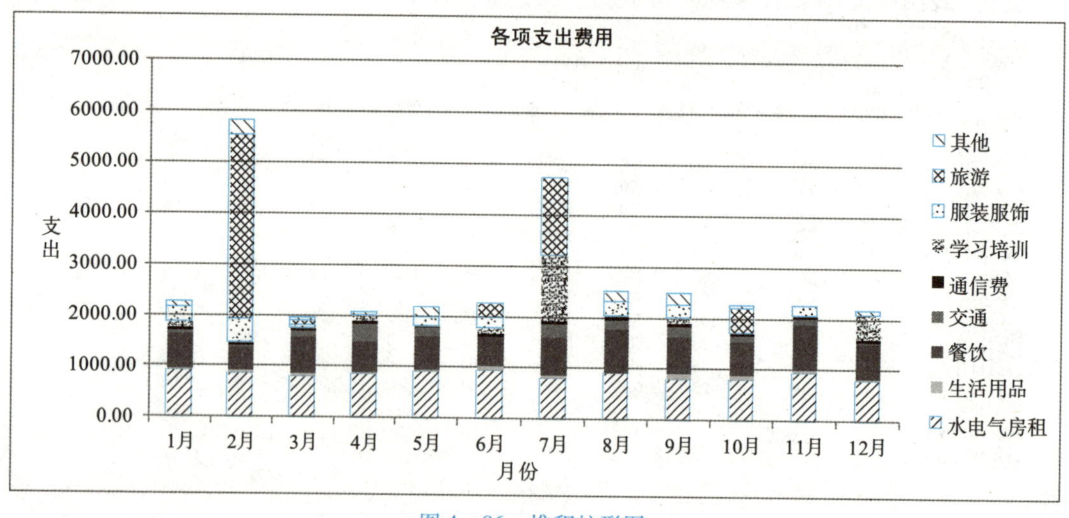

图 4 – 86 堆积柱形图

②以各月份的月支出费用为数据依据，制作带数据标记的二维折线图，并在下方显示数据表，如图4－87所示。

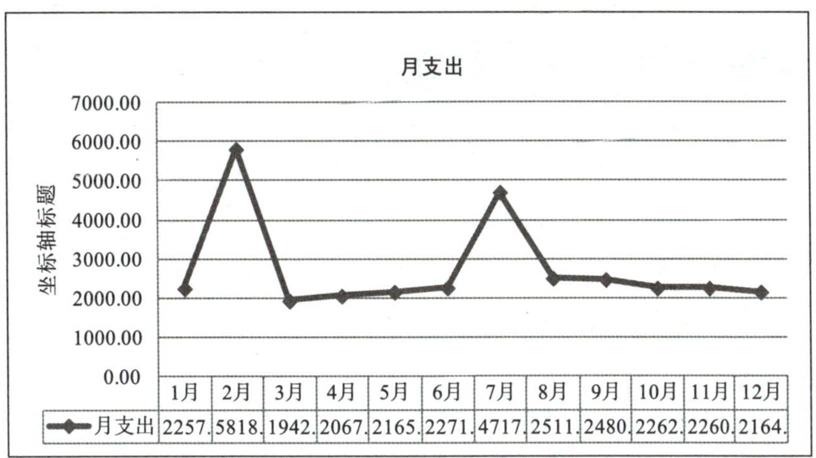

图4－87 折线图

③制作三维饼图，分析在年支出中各种支出费用所占的比例情况，并显示百分比，图表保存到新工作表中，结果如图4－88所示。

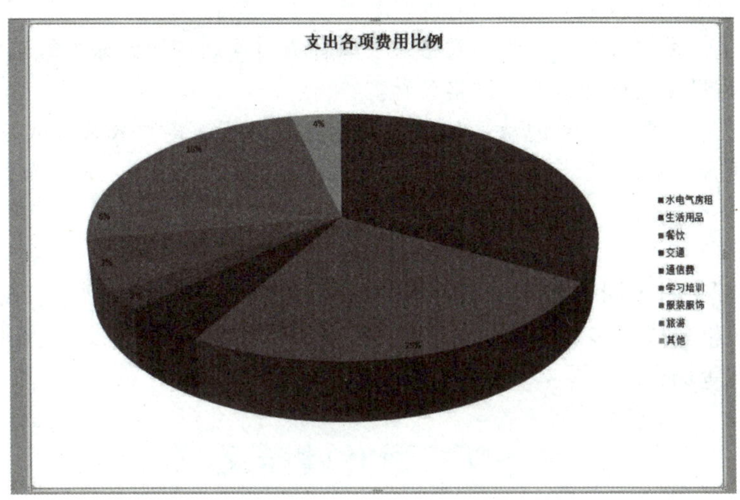

图4－88 三维饼图

项目 5

PowerPoint 演示文稿制作

- **知识目标：**

◇ 了解 PowerPoint 的主要功能。

◇ 掌握 PowerPoint 演示文稿的制作方法。

◇ 掌握 PowerPoint 演示文稿的放映方法。

◇ 了解演示文稿的风格设计。

- **能力目标：**

◇ 能够应用 PowerPoint 创建、编辑和放映演示文稿。

◇ 能够灵活运用文本、图形、表格及多媒体等对象制作图文并茂的幻灯片。

◇ 能够运用母版进行幻灯片风格设计。

◇ 能够灵活运用幻灯片的动画效果、切换效果、超链接和放映方式设置，使幻灯片放映效果更加生动。

PowerPoint 是一种不同于 Word、Excel 的非文字处理软件，是将文字、图形图像、音频和视频以统一风格集成的多媒体演示文稿制作工具，被广泛应用在交流、讲演、汇报、教学、展示、庆典等场合。

任务 1　制作演示文稿

5.1.1　认识 PowerPoint

了解 PowerPoint 的基本功能及操作，熟悉操作界面；认识 PowerPoint 模板，掌握搜索及下载模板的方法。

知识准备

PowerPoint 是一个演示文稿制作和演示软件，它不仅可以制作出集文字、图形、图像、声音及视频剪辑等多媒体元素于一体的演示文稿，还可以在投影仪或计算机中进行演示，或

在互联网上召开面对面会议、远程会议，或在网上给观众展示演示文稿，其格式后缀名为 ppt、pptx，也可以保存为 pdf、图片、视频格式。

①全新的直观用户界面。PowerPoint 与 Office 套装集成办公软件中的 Word、Excel 一样，提供了一个称为“功能区”的全新用户界面，可以帮助用户更快、更好、更直观地创建演示文稿。

②PowerPoint 提供了主题、版式和快速样式，用户设置演示文稿格式时，只需选择主题，PowerPoint 自动执行其余的任务，简化了专业演示文稿的创建过程。

③用户可以创建包含任意多个占位符的自定义幻灯片版式、各种元素，乃至多个幻灯片母版，以供将来设计演示文稿时使用。

④PowerPoint 提供了丰富的 SmartArt 图形，可以快捷地创建表达信息的可编辑图示，使信息交流更加轻松、直观、形象。

⑤PowerPoint 提供了多种文字格式选项，功能区提供了编辑表格和图表选项，快速样式库提供了创建具有专业外观的表格和图表所需的全部效果和格式选项。

⑥用户可以共享和重复使用幻灯片库中存储的单个幻灯片文件，可以直接将幻灯片库中的幻灯片添加到 PowerPoint 演示文稿中，也可以将 PowerPoint 中的幻灯片发布到幻灯片库。

⑦新增 PDF 和 XPS 格式，可将文档移植成 PDF 和 XPS 格式文件保存，确保在联机查看或打印演示文稿时能够保留原有格式。

任务实施

1. 启动 PowerPoint

启动 PowerPoint 有多种操作方法，可以选择其中的一种。

①单击“开始”按钮，选择“所有应用”中的“PowerPoint”。

②如果在桌面上创建了 PowerPoint 的快捷方式，双击快捷方式图标P3。

③在桌面空白处右击鼠标，从弹出的快捷菜单中选择“新建”中的“Microsoft Office PowerPoint 演示文稿”。

④打开一个 PowerPoint 文档文件。

2. PowerPoint 的退出

退出 PowerPoint 有以下几种方法：

①单击打开的应用程序窗口右上角的“关闭”按钮。

②单击“文件”，选择“关闭”命令。

③直接按 Alt + F4 组合键。

3. 认识 PowerPoint 的工作界面

启动 PowerPoint 后，打开 PowerPoint 应用程序窗口，即 PowerPoint 的工作界面，如图 5 - 1 所示，其中除包括与 Word、Excel 工作界面类似的标题栏、菜单、快速访问工具栏、功能区外，还包括工作区、缩略图区和备注区等。

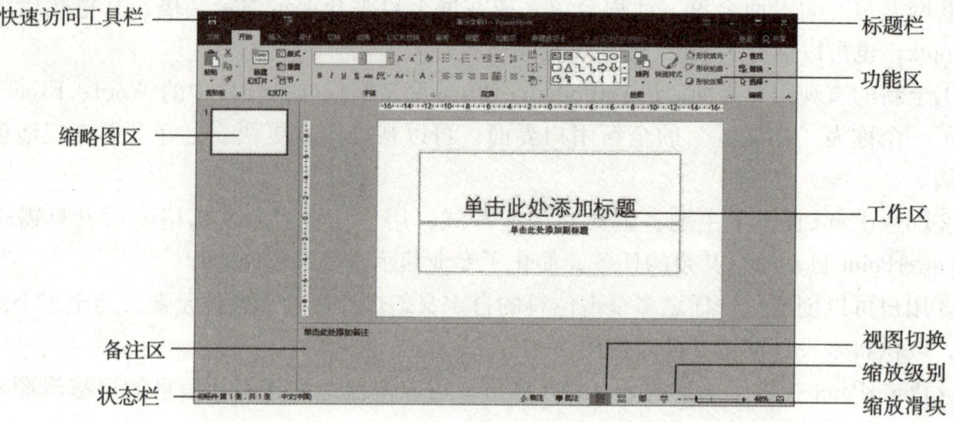

图 5－1　PowerPoint 窗口

（1）标题栏

标题栏位于 PowerPoint 应用程序窗口的最顶端，显示文件名、应用程序名“Microsoft PowerPoint”和 3 个窗口控制按钮，自左至右依次是“最小化”“最大化/还原”和“关闭”按钮。

（2）文件菜单

单击文件显示菜单，如图 5－2（a）所示。文件菜单主要包括新建、打开、保存、关闭、打印等，单击左上角的⊖可以返回 PowerPoint 应用程序窗口。单击菜单中最后的“选项”，可以打开“PowerPoint 选项”对话框，用户可以自定义 PowerPoint 中的一些功能，如图 5－2（b）所示。

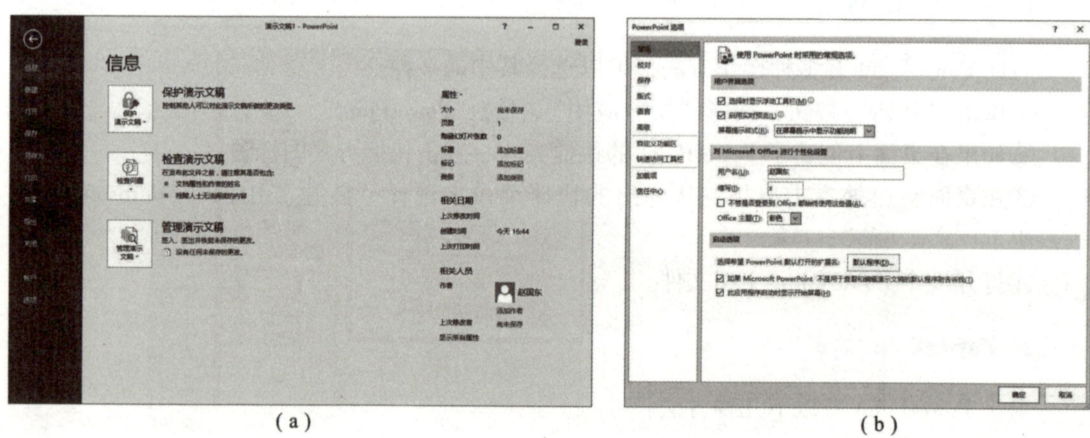

图 5－2　文件菜单

（a）文件菜单；（b）“PowerPoint 选项”对话框

（3）快速访问工具栏

PowerPoint 提供的“快速访问工具栏”位于功能区上方，缺省状态下包含保存、撤销、恢复、从头放映按钮。单击右侧向下按钮▾，可以定制快速访问工具栏，显示常用的命令。

（4）功能区

PowerPoint 功能区如图 5－3 所示。主要有选项卡、组和命令 3 个组件，操作与 Word、

Excel 的基本相同，这里不再重复。

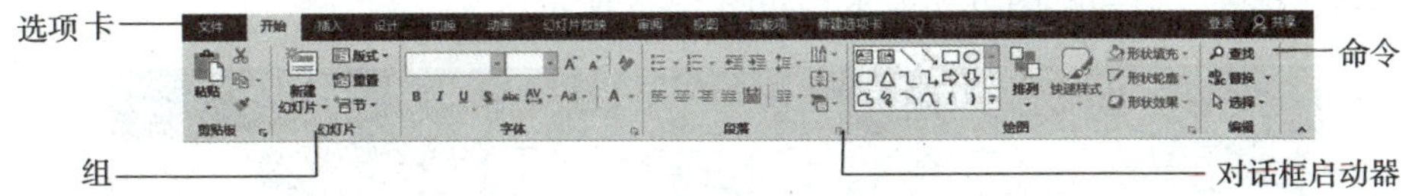

图 5－3　PowerPoint 功能区

(5) 工作区

工作区是 PowerPoint 进行幻灯片编辑、设计、动画设置等的主要区域。

(6) 缩略图区

在缩略图区中，以幻灯片略图形式显示，选择缩略图可以在工作区显示完整幻灯片。

(7) 备注区

备注区用来输入幻灯片的说明等，该区域的信息在幻灯片放映时不显示，但可以通过打印机输出供用户演讲时使用。

4. 了解 PowerPoint 的视图方式

视图是将处理焦点集中在演示文稿的某个要素上，PowerPoint 提供了普通视图、大纲视图、幻灯片浏览视图、备注页视图、母版视图等。经常使用的视图如下：

(1) 普通视图

普通视图是 PowerPoint 的默认视图方式，启动 PowerPoint 后，直接进入普通视图方式。一般情况下，幻灯片的编辑、设计都在该视图方式下进行。

在普通视图方式下，窗口分成 3 个区域：缩略图区、工作区和备注区。如图 5－4 所示。

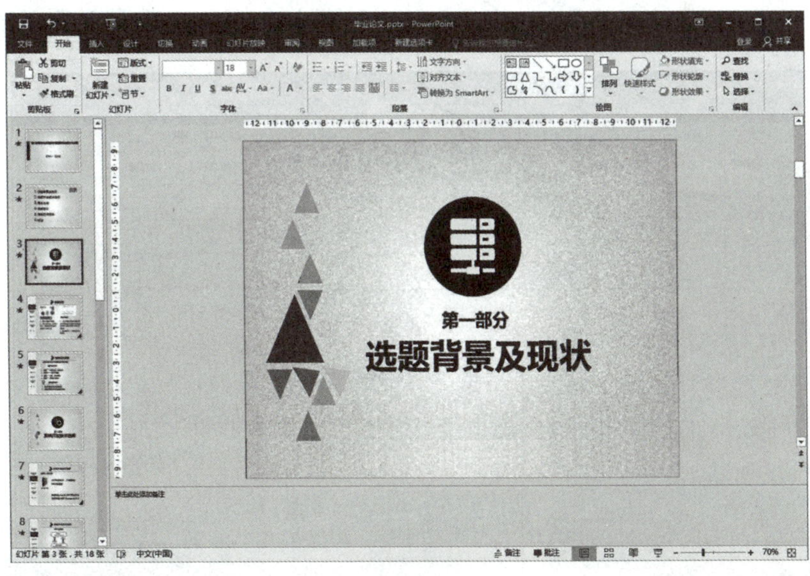

图 5－4　普通视图

(2) 幻灯片浏览视图

在“视图”选项卡“演示文稿视图”组中单击“幻灯片浏览”命令，切换到幻灯片浏览视图方式。在该视图方式下，可以在屏幕上同时看到演示文稿的所有幻灯片，幻灯片按序号由小到大排列、以缩略图方式显示，如图 5－5 所示。

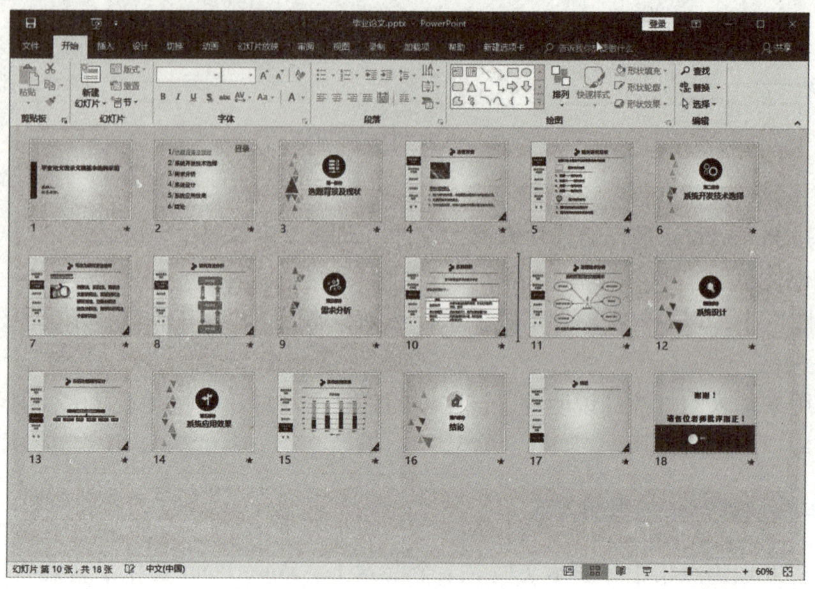

图 5－5　幻灯片浏览视图

在幻灯片浏览视图方式下，可以方便地添加、删除和移动幻灯片及选择幻灯片切换方式。

（3）备注页视图

在“视图”选项卡“演示文稿视图”组中单击“备注页”命令，切换到备注页视图方式，如图 5－6 所示。备注页视图在幻灯片下方显示注释页，可在此处创建注释。

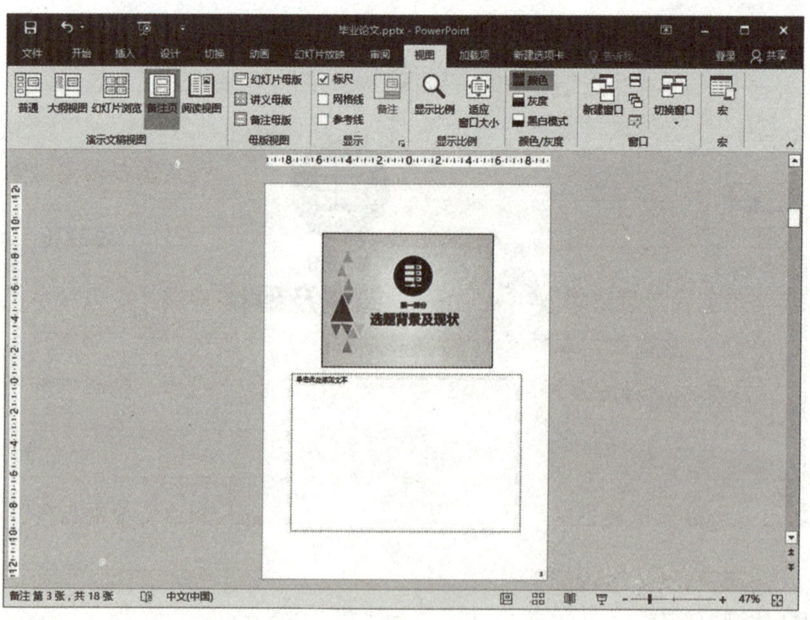

图 5－6　幻灯片备注页视图

（4）母版视图

母版视图中的幻灯片母版是设计模板的重要方式，主要作用是方便对演示文稿进行全局修改，使整个演示文稿具有统一的风格。

幻灯片母版的进入与退出：

①在“视图”选项卡“母版视图”组中单击“幻灯片母版”命令，切换到幻灯片母版视图，如图 5－7 所示。

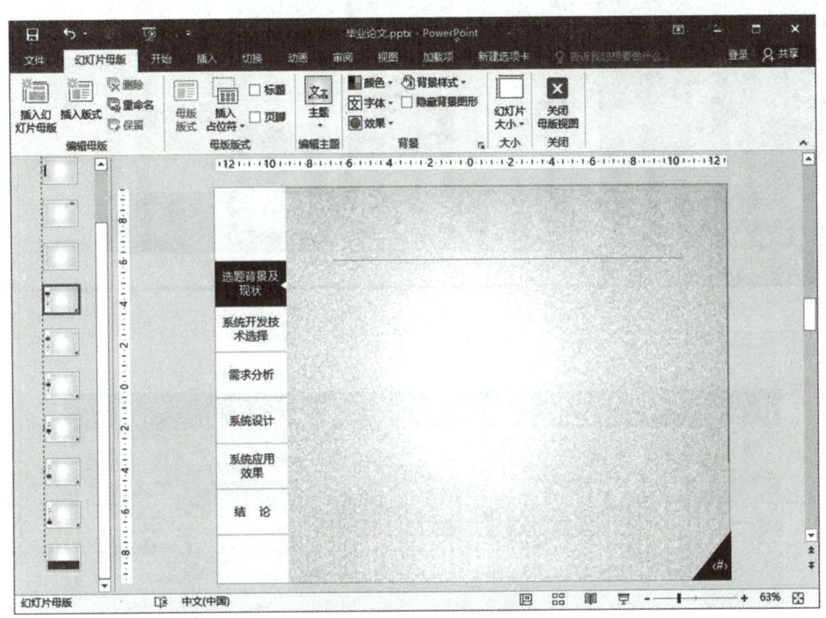

图 5－7　母版视图

②在“幻灯片母版”选项卡“关闭”组中单击“关闭母版视图”命令，切换到幻灯片浏览视图，查看设置效果。

知识拓展

模板是演示文稿的一种文件形式，用于提供样式文稿的格式、配色方案、母版样式、字体样式等，扩展名为 . potx。应用设计模板可以快速制作风格统一的演示文稿。

1. 应用模板创建演示文稿

在新建 PowerPoint 时，在界面右侧选择一种模板或主题，如图 5－8 所示。

PowerPoint 模板即已定义的幻灯片格式，是幻灯片骨架部分，其中包含封面、目录页、过渡页、内容页、封底等页面，如图 5－9 所示。用户根据设计要求加入文本、图形、图片、表格、图表、音频、视频等，使模板成为需要使用的演示文稿。

2. 模板的获得

用户可以使用 PowerPoint 联机模板，也可以通过网络搜索下载模板。通过网络搜索的具体方法如下：

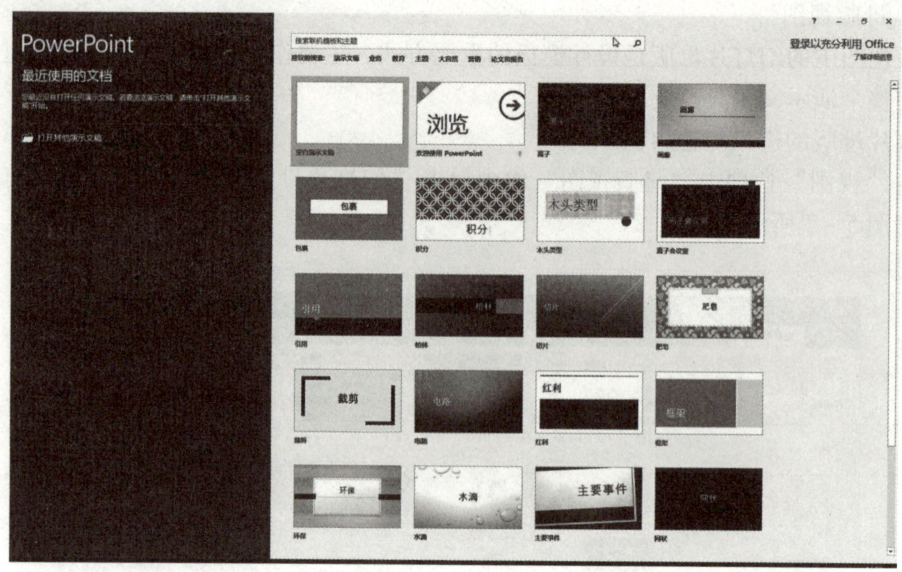

图 5-8 新建 PowerPoint 模板

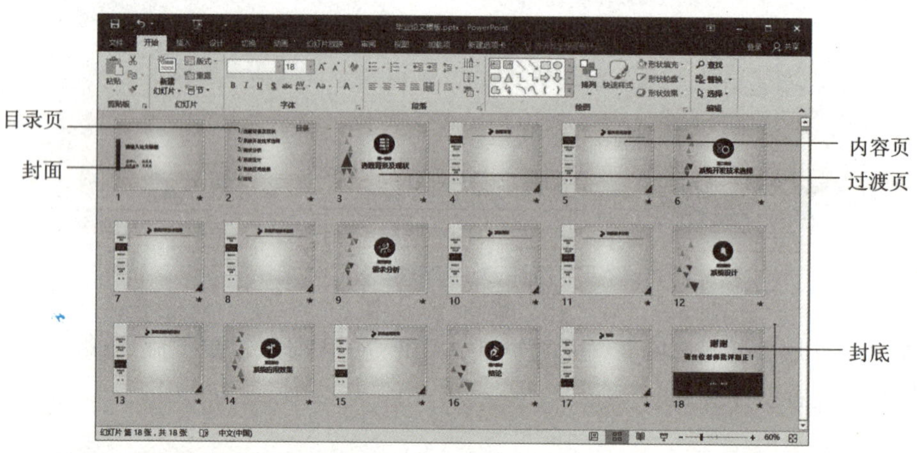

图 5-9 PowerPoint 模板

①打开浏览器，在地址栏中输入 www.baidu.com，打开百度搜索引擎；在搜索框中利用 filetype 特殊指令对指定类型和关键字进行快速搜索，格式为“filetype:文件类型 关键词”（如 filetype:ppt 收费模板）。

②在模板下载网站下载。常用网站有第一 PPT（http://www.1ppt.com/）、雷锋 PPT（http://www.lfppt.com/）。

实践提高

1. 通过互联网搜索引擎，利用 filetype 搜索幻灯片模板。
2. 打开下载的幻灯片模板，利用幻灯片母版功能查看模板。
3. 新建 PowerPoint 幻灯片，在界面右侧单击选择一种模板查看，并尝试修改。

5.1.2 应用文本对象

任务描述

掌握幻灯片的操作方法，应用“毕业论文”幻灯片模板处理文本。

知识准备

在 PowerPoint 中，演示文稿由一张或多张幻灯片组成。幻灯片的基本操作包括选定、插入、复制、移动和删除等。

1. 选定幻灯片

①选定一张幻灯片。单击要选定幻灯片。

②选定不连续的多张幻灯片。在 PowerPoint 窗口的缩略图区中先选定一张幻灯片，按下 Ctrl 键，再单击其他要选定的幻灯片。

③选定连续的多幻灯片。在 PowerPoint 窗口的缩略图区中先选定第一张幻灯片，按下 Shift 键，再单击最后一张幻灯片。

④选定全部幻灯片。将光标定位在 PowerPoint 窗口的缩略图区中，在“开始”选项卡“编辑”组中单击“选择”命令，从下拉列表中选择“全选”命令，或按 Ctrl + A 组合键。

2. 插入幻灯片

在插入幻灯片时，要先选定幻灯片的版式。每个幻灯片模板都会预先定制一些特殊版式供使用者选择，如图 5－10 所示。插入幻灯片有以下几种操作方法：

①在“开始”选项卡“幻灯片”组中单击“新建幻灯片”命令，则在当前选定幻灯片的后面插入一张新的幻灯片，版式为默认格式；若单击“新建幻灯片”命令右侧的箭头，则打开幻灯片版式列表，用户可以选择插入幻灯片的版式。

②在缩略图区中选定一张幻灯片，右击鼠标，从弹出的快捷菜单中选择“新建幻灯片”命令。

③在缩略图区中选定一张幻灯片，按 Enter 键，则在其后插入一张新的幻灯片。

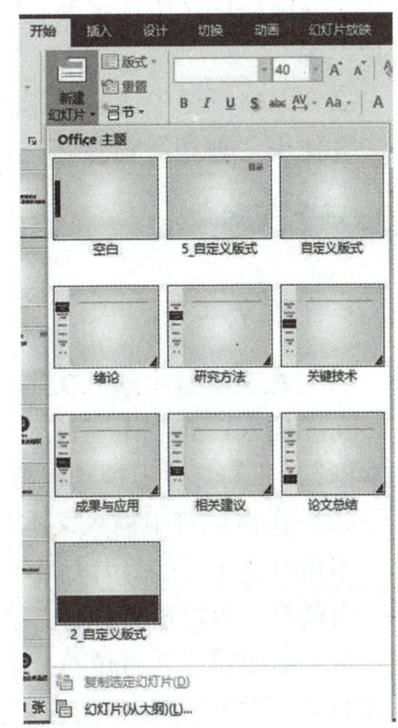

图 5－10 幻灯片版式列表

后两种方法需要在添加一张幻灯片后选择新建幻灯片，单击右键，在“版式”中选择一种版式即可应用。

3. 复制幻灯片

在制作格式类似的幻灯片时，可以先采取复制的方法创建幻灯片，然后再进行修改，从而提高制作幻灯片的速度。复制幻灯片有以下几种操作方法：

①在“开始”选项卡“幻灯片”组中单击“新建幻灯片”命令的右侧箭头，从打开的列表中选择“复制所选幻灯片”命令，则将选定的幻灯片复制到当前位置的下方。

②在缩略图区中选定一张幻灯片，右击鼠标，从弹出的快捷菜单中选择“复制幻灯片”命令，则选定的幻灯片复制到当前位置的下方。

③在普通视图的缩略图区或幻灯片浏览视图中按下 Ctrl 键，拖动幻灯片缩略图，移动到目标位置释放鼠标。

④利用“复制”和“粘贴”命令可以实现幻灯片的复制操作。

4. 移动幻灯片

移动幻灯片可以改变幻灯片的编号顺序。移动幻灯片有以下几种操作方法：

①在普通视图的缩略图区中拖动幻灯片缩略图，将幻灯片移动到目标位置。

②在幻灯片浏览视图中拖动幻灯片缩略图，将幻灯片移动到目标位置。

③利用“剪切”和“粘贴”命令实现幻灯片的移动操作。

5. 删除幻灯片

①在缩略图区中选定要删除的幻灯片，右击鼠标，从弹出的快捷菜单中选择“删除幻灯片”命令。

②在缩略图区中选定要删除的幻灯片，按 Del 或 BackSpace 键。

③使用“剪切”命令将选定的幻灯片剪切到剪贴板上。

任务实施

1. 处理文本

（1）在文本框中输入文本

在“插入”选项卡“文本”组中单击“文本框”命令，选择“横排文本框”或“纵排文本框”，在幻灯片上拖动鼠标来添加文本框对象，输入文本，如图 5－11 所示。

（2）在占位符中输入文本

当用户选定了幻灯片后，幻灯片上出现带有虚线边缘的框，称为占位符，如图 5－12 所示。占位符中可以放置标题、正文、图形、表格和图片等对象。

单击标题或正文占位符，在光标位置输入文本，文本采用默认的字体、字形、字号、颜色和对齐方式等，可以对其进行修改。

（3）对已有的文本进行修改

当选定了幻灯片后，可以单击幻灯片已有的文字进入编辑状态，进行修改和添加。还可以对原有文本进行选定、移动和复制操作，操作前选定文本所在的文本框，其他操作与 Word 的基本相同。编辑文本操作还包括撤销与恢复、查找与替换等，操作方法与 Office 软件包中其他软件的完全相同，此处不再赘述。

2. 格式化文本

（1）设置字符格式

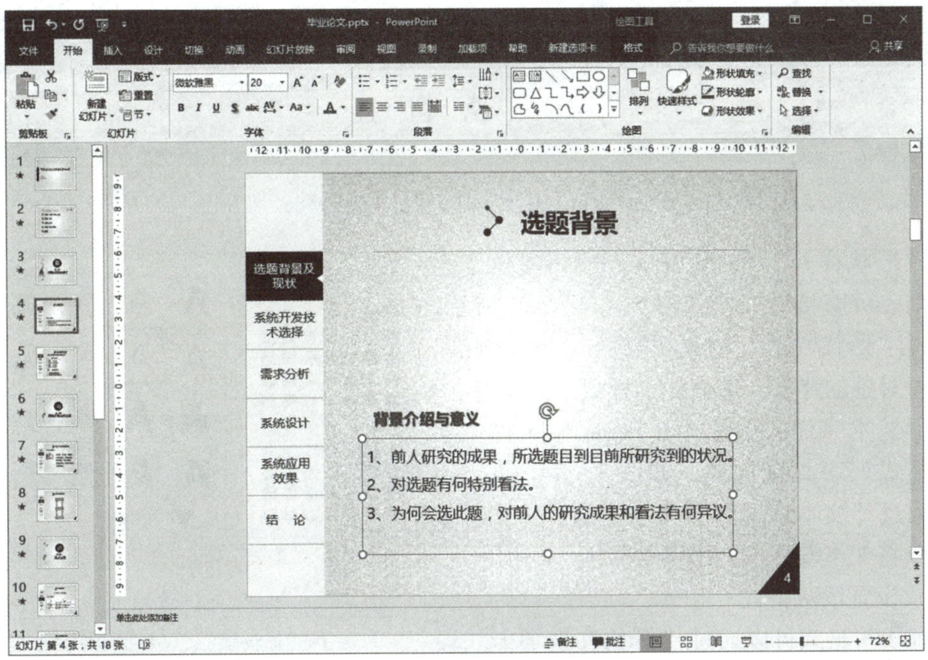

图 5－11　在文本框中输入文本

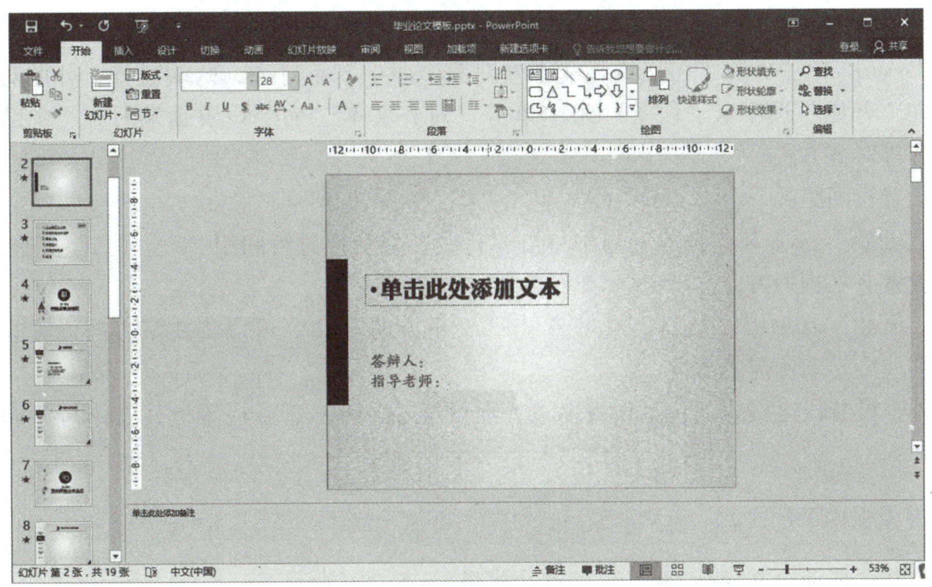

图 5－12　PowerPoint 中的占位符

设置字符格式可以通过“开始”选项卡“字体”组中的命令实现，也可以单击该组右下角的“对话框启动器”，在打开的“字体”对话框中设置。设置字符格式中的字体、字号、效果和字符间距等的操作方法与 Word 的基本相同。

在 PowerPoint 中，字符在占位符、文本框或图形中输入，设置字符格式的操作与 Word 的略有不同。当用户选定文字、占位符、文本框或图形后，在功能区增加了绘图工具“格式”选项卡，如图 5－13 所示。

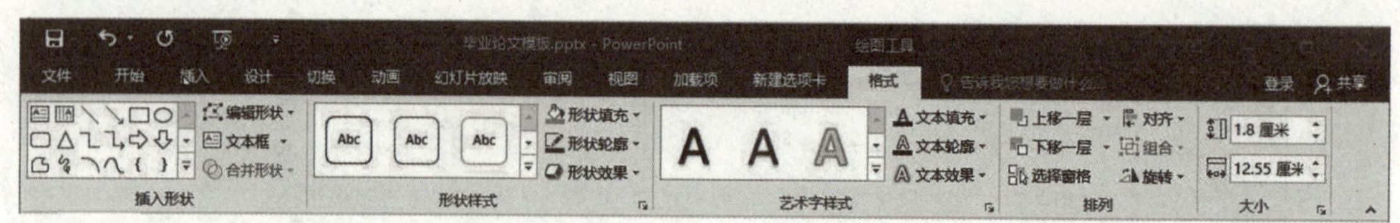

图 5-13　绘图工具“格式”选项卡

在“形状样式”组中，PowerPoint 提供了主题样式列表可直接选择，如图 5-14（a）所示。也可通过“形状填充”“形状轮廓”“形状效果”命令设置对象的背景、边框线、样式、效果等。

在“艺术字样式”组中，PowerPoint 提供了艺术字样式列表直接选择，如图 5-14（b）所示。可通过“文本填充”“文本轮廓”“文本效果”命令将文本设置成艺术字效果。

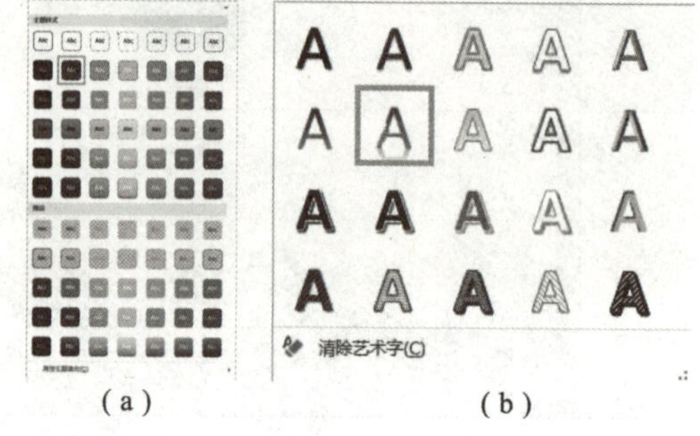

（a）　　（b）

图 5-14　样式列表

（a）形状样式；（b）艺术字样式

（2）设置段落格式

设置段落格式可以通过“开始”选项卡“段落”组中的命令实现，也可以单击该组右下角的“对话框启动器”，在打开的“段落”对话框中设置。

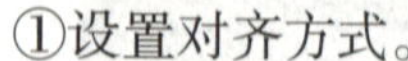

①设置对齐方式。

在 PowerPoint 中，除了可以设置文本左对齐、居中、右对齐、两端对齐、分散对齐外，还可以在“开始”选项卡“段落”组中单击“对齐文本”命令设置顶端对齐、中部对齐、底端对齐等对齐方式。

②设置行间距。

在“开始”选项卡“段落”组中单击“行距”命令设置行间距。

③设置文字排列方向。

在“开始”选项卡“段落”组中单击“文字方向”命令可以将文字方向设置为垂直、堆积排列或旋转到所需的方向。

此外，设置段落格式还包括设置缩进、项目符号、编号、分栏等，其操作与 Word 的基本相同。

3. 在模板中添加文本

①打开“毕业论文模板.pptx”幻灯片模板。

②在缩略图区中选择第一张幻灯片，在右侧幻灯片编辑区中单击“单击此处添加文本”，在占位符中添加幻灯片标题为“毕业论文演示文稿基本结构示范”，如图 5-15 所示。

③在缩略图区中选择第四张幻灯片，在“插入”选项卡“文本”组中单击“文本框”命令，在幻灯片中单击并输入“背景介绍与意义”，选择所输入文字，设置字体为微软雅黑、字号 20。

④选择该文本框，在绘图工具“格式”选项卡“艺术字样式”组中从列表中选择一种艺术字效果，如图 5-16（a）所示。

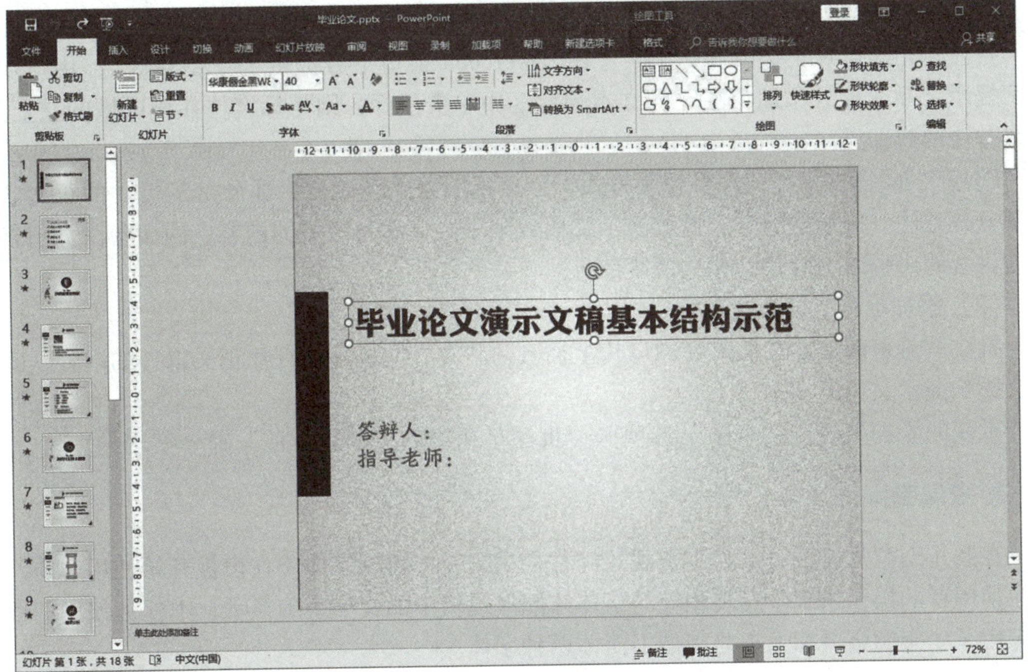

图 5－15　在占位符中添加标题

⑤在该文本框下方再插入文本框，输入“1. 前人研究的成果，所选题目到目前所研究到的状况。2. 对选题有何特别看法。3. 为何会选此题，对前人的研究成果和看法有何异议。”，设置字体为微软雅黑、字号 20。选择该文本框，在“开始”选项卡“段落”组中单击“行距”命令中的“行距选项”，设置行距为“1.5 倍行距”，如图 5－16（b）所示。

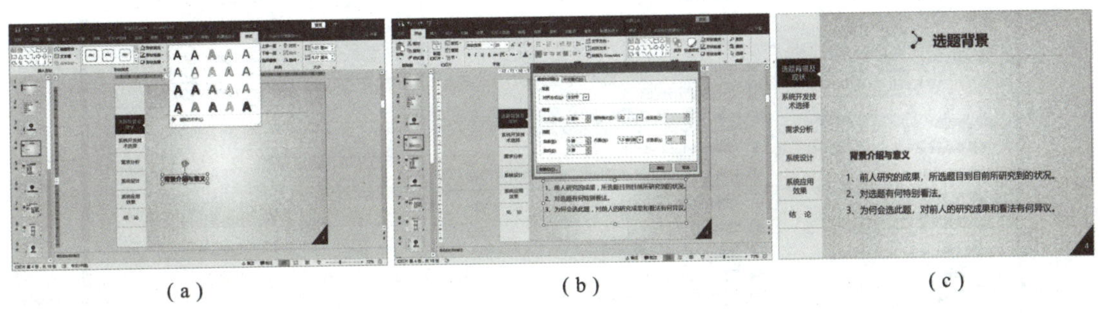

（a）　（b）　（c）

图 5－16　格式化文本

（a）艺术字样式；（b）段落设置；（c）效果图

⑥保存演示文稿。单击“文件”，选择“另存为”命令，打开“另存为”对话框，在文件名文本框中输入“毕业论文”，其他默认，单击“保存”按钮。最终效果如图 5－16（c）所示。

知识拓展

1. 添加备注和批注

在 PowerPoint 中，文本对象还包括备注和批注，通过在幻灯片中添加备注和批注可以提高演示文稿的可读性，方便演示文稿使用者，也为实现演示文稿的共享提供方便。

（1）添加备注

备注是指幻灯片正文以外的内容。在 PowerPoint 窗口下方提供了“备注区”，用户在有文字提示“单击此处添加备注”的文本预留区中单击鼠标，则光标定位在该区域的左上角，输入备注内容即可。

PowerPoint 还提供了备注页视图方式，在该视图方式下，上半部分是幻灯片的正文，下半部分是备注。按通常的方式播放演示文稿，则不会显示备注页的内容，因而备注页用来添加演讲者的讲稿或幻灯片的相关说明信息。

（2）添加批注

批注就是审阅演示文稿时在幻灯片上插入的附注，它也是幻灯片正文以外的内容，因此不会影响演示文稿的文本。

批注的添加是通过“审阅”选项卡“批注”组中的“新建批注”命令实现的。

2. 安装字体

在制作幻灯片模板时，为了美观，经常会用到一些特殊字体。在模板开始使用之前，需要在使用者的操作系统中安装相应的字体才能使模板中的文字正确显示，本任务使用的模板中应用了华康俪金黑和方正北魏楷书简体两种字体。

在任务配套素材文件中有字体压缩包，解压后打开相应文件夹，右键单击字体，选择“安装”进行字体安装，如图 5 – 17 所示。需要注意的是，如果无法成功安装新字体，则主要是由于防火墙服务被禁用，只要将防火墙服务启用即可。

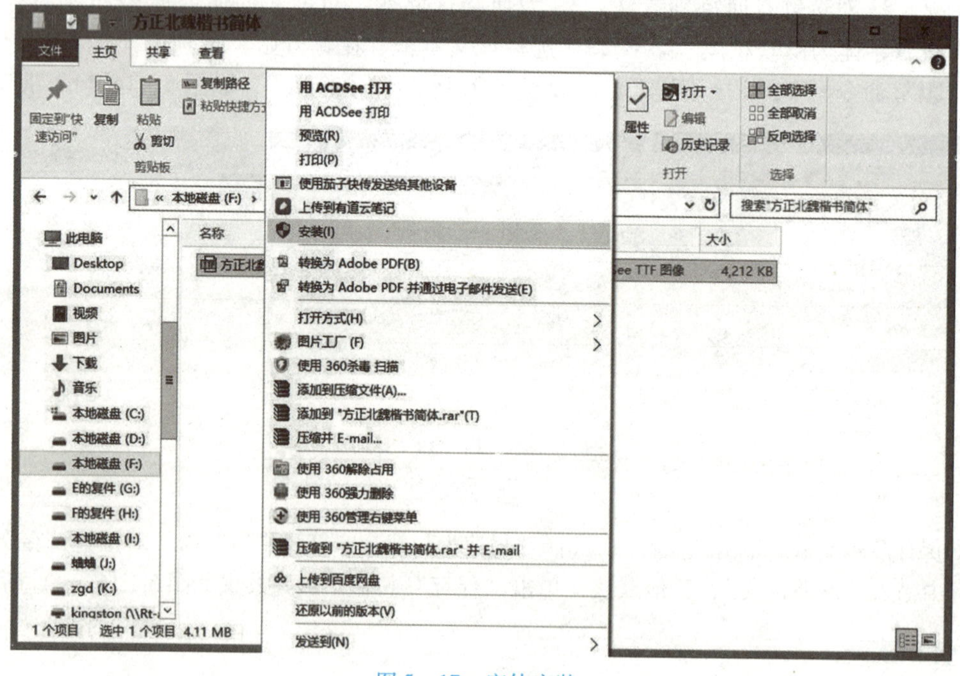

图 5 – 17　字体安装

实践提高

1. 在“毕业论文”演示文稿中输入文字。设置第 5 页字体为微软雅黑，字号 20，行间

距为 1.5 倍；设置第 7 页字体为微软雅黑，大字字号为 28 号、小字字号为 20 号，行间距为 1.5 倍，如图 5－18 所示。

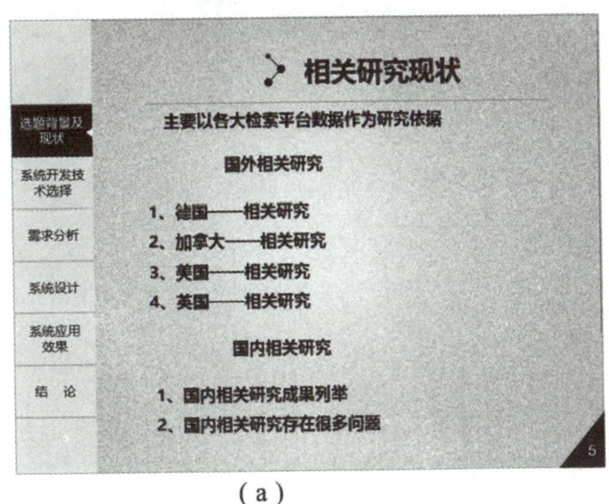

(a)

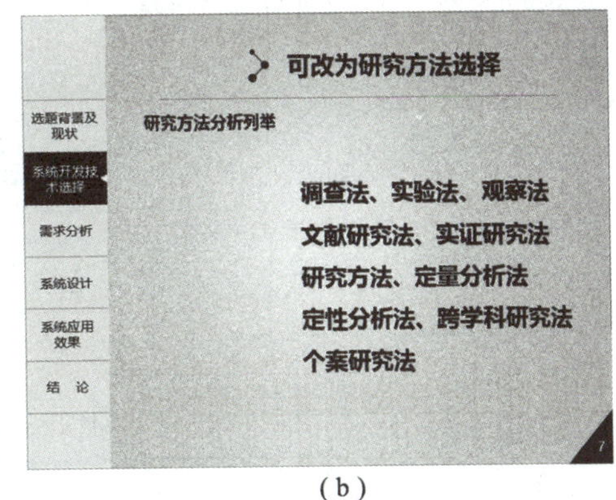

(b)

图 5－18　幻灯片

(a) 第 5 页；(b) 第 7 页

2. 利用艺术字样式制作“欢迎新同学”幻灯片，上面文字字号为 88 号，下面文字字号为 54 号，如图 5－19 所示。

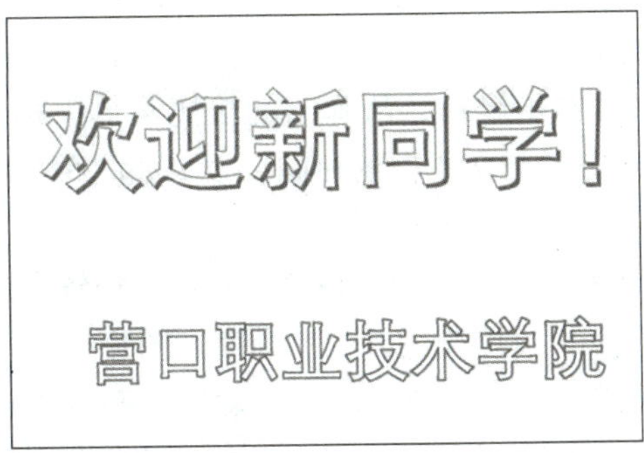

图 5－19　“欢迎新同学”幻灯片效果

5.1.3　应用图形、图片、艺术字和 SmartArt 对象

任务描述

在“毕业论文”幻灯片模板中应用图片、图形、艺术字和 SmartArt 对象完成设计。

知识准备

1. 处理图形

(1) 绘制图形

①在“插入”选项卡“插图”组中单击“形状”命令，展开形状列表，如图 5－20 (a) 所示。

②选择一种图形（如矩形、平行四边形、线条等），将光标定位到幻灯片上，拖动鼠标

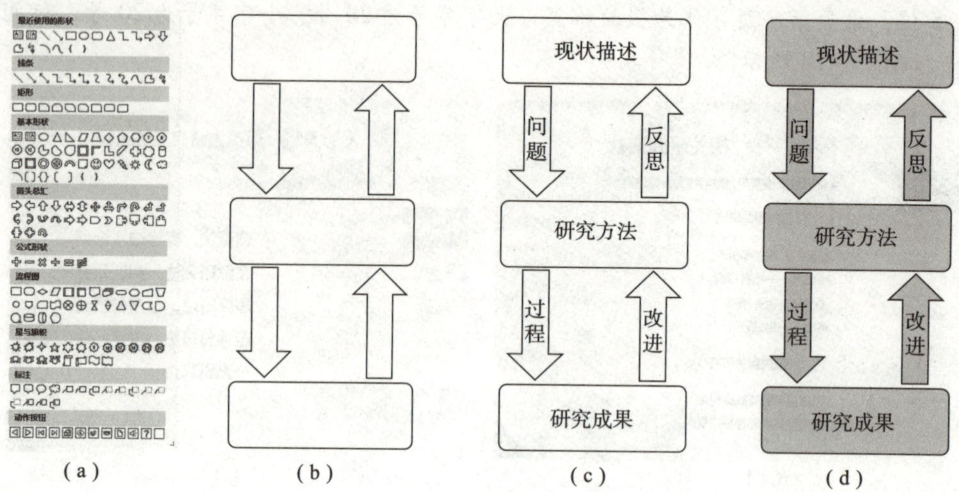

(a) (b) (c) (d)

图 5-20 应用自选图形对象

(a) 形状列表；(b) 绘制图形；(c) 添加文字；(d) 设置格式

绘制图形。

③重复步骤②，在幻灯片上绘制多个图形，绘制完成后的效果如图 5-20 (b) 所示。

(2) 在自选图形中添加文字

选定要添加文字的图形，右击鼠标，从弹出的快捷菜单中选择"编辑文字"命令，输入文字（如"开始"），操作方法与文本框的相同，效果如图 5-20 (c) 所示。

(3) 设置图形格式

在"格式"选项卡"形状样式"组中选择命令，可以设置自选图形格式。

①选择"形状填充"命令，可以使用纯色、渐变、图片或纹理填充选定形状。

②选择"形状轮廓"命令，可以设置选定形状轮廓的颜色、宽度和线型。

③选择"形状效果"命令，可以对形状应用阴影、发光、映射或三维旋转等效果。

此外，通过 PowerPoint 提供的"形状样式"列表可以快速设置图形格式，设置如图 5-20 (d) 所示图片效果。

2. 处理图片

(1) 插入文件中的图片

在"插入"选项卡"插图"组中单击"图片"命令，打开"插入图片"对话框，选择图片文件。详细操作方法与 Word 的相同。

(2) 编辑图片

PowerPoint 除了可以调整图片大小、移动图片位置外，还可以对图片进行剪裁，调整图片亮度、对比度及进行重新着色等。

①调整大小。

选定图片，在"格式"选项卡"大小"组中输入图片的高度和宽度，可将图片调整为指定的大小；也可在选定图片时将光标移动到图片边框，当指针呈"↘"形状时拖动鼠标，将图片调整到合适大小后释放鼠标。

②移动图片。

移动光标到图片上任意位置，当指针变为“✥”形状时拖动鼠标，到目标位置释放鼠标，就可以将图片移动到任意位置。

③旋转图片。

选定图片，在“格式”选项卡“排列”组中单击“旋转”命令，可以将图片按垂直、水平或任意角度旋转；或将光标移动到图片上方绿色按钮处，当指针变为“↻”形状时，拖动鼠标可将图片旋转任意角度。

④剪裁图片。

选定图片，在“格式”选项卡“大小”组中单击“剪裁”命令，当指针变为“⌗”形状时，移动指针到图片边缘，拖动鼠标就可以对图片进行剪裁。

⑤校正和调整颜色。

选定图片，在“格式”选项卡“调整”组中单击“校正”命令或“颜色”命令，从下拉列表中选择合适的值，就可以完成校正和颜色的调整，如图5－21（a）和图5－21（b）所示。

⑥艺术效果。

选定图片，在“格式”选项卡“调整”组中单击“艺术效果”命令，从下拉列表中选择一种方案，如图5－21（c）所示。

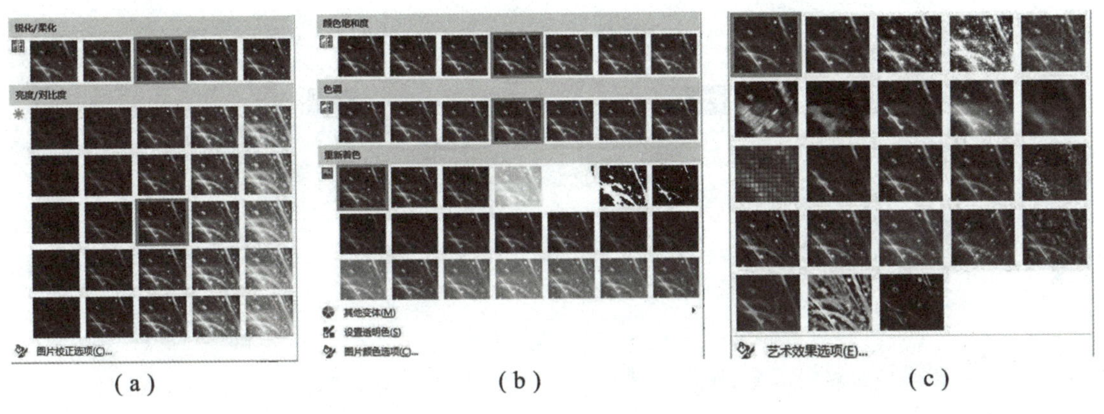

图5－21　图片效果

（a）校正；（b）调整颜色；（c）艺术效果

（3）设置图片格式

PowerPoint提供了丰富的图片格式，包括图片的形状、边框和效果等，用户可以直接选择图片样式，也可根据需要设置图片格式。

①应用图片样式。

选定图片，在“格式”选项卡“图片样式”组中单击“图片样式”列表，图片样式如图5－22（a）所示，设置完成的图片效果如图5－22（b）所示。

②设置图片格式。

对图片格式的设置可以通过“格式”选项卡“图片样式”组中的“图片边框”“图片效果”和“图片版式”命令实现。

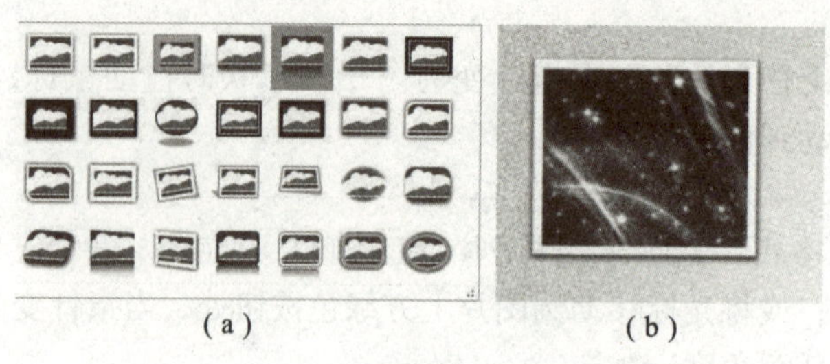

图 5－22　应用图片样式

(a) 图片样式列表；(b) 图片样式效果

3. 处理艺术字

(1) 插入艺术字

①在“插入”选项卡“艺术字”组中单击“艺术字”命令，打开艺术字列表，如图 5－23 (a) 所示。

②从列表中选择一种艺术字效果（如“渐变填充，强调文字颜色”），在幻灯片中插入艺术字占位符，如图 5－23 (b) 所示。单击占位符，编辑艺术字内容，如图 5－23 (c) 所示。

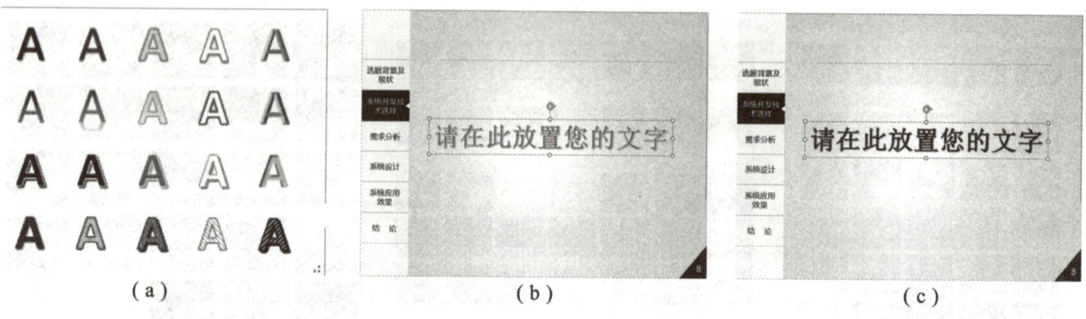

图 5－23　插入艺术字

(a)“艺术字样式”列表；(b) 艺术字占位符；(c) 艺术字效果

(2) 将文本转换为艺术字

选定文本，在“格式”选项卡“艺术字样式”组中通过“艺术字样式”列表选择艺术字样式，就可以把文本对象转换为艺术字效果。

(3) 设置艺术字格式

选定艺术字，在“格式”选项卡“艺术字样式”组中可以完成艺术字格式的设置。

①选择“文本填充”命令，可以使用纯色、渐变、图片或纹理填充选定文本。

②选择“文本轮廓”命令，可以指定文本轮廓的颜色、宽度和线型。

③选择“文本效果”命令，可以对选定文本应用阴影、发光、映射或三维旋转等外观效果。

此外，通过 PowerPoint 提供的“艺术字样式”可以快速设置艺术字格式，还可以通过“设置文本效果格式”对话框准确设置艺术字效果。

4. SmartArt 图形处理

(1) 插入 SmartArt 图形

①在“插入”选项卡“插图”组中单击“SmartArt”命令，打开“选择 SmartArt 图形”对话框，对话框分为 3 个区域，分别是模板类型、模板示意图和模板应用说明，如图 5－24（a）所示。

②选择一种模板（如“流程”类型中的“交替流”），单击“确定”按钮，在幻灯片中插入流程图模板，同时在右侧显示“在此处键入文字”文本窗格，PowerPoint 窗口中增加了 SmartArt 工具“设计”选项卡。

③单击“在此处键入文字”文本窗格，输入流程中的文字（如“业务洽谈”“签定合同”“客户付款”“发货”“客户收货”等）。

④在文本窗格中输入流程中各环节的名称及说明，完成后的效果如图 5－24（b）所示。

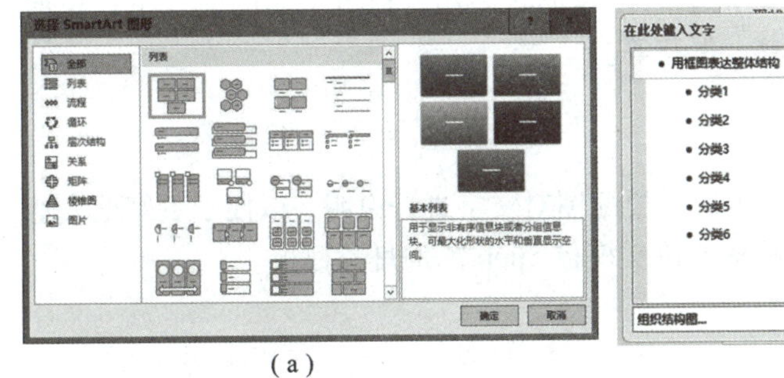

(a)

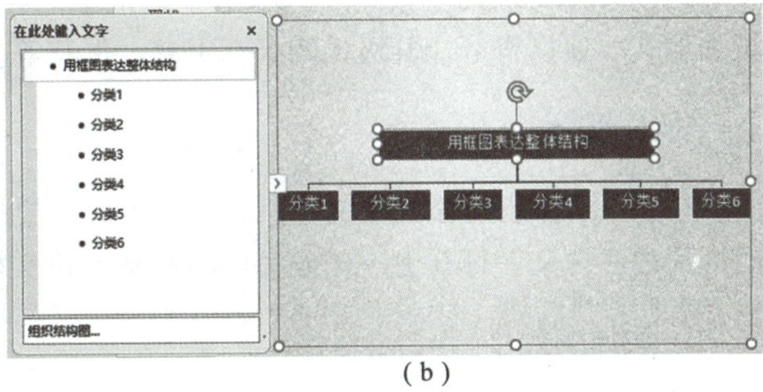

(b)

图 5－24 插入 SmartArt 图形

(a)“选择 SmartArt 图形”对话框；(b) 插入 SmartArt 图形

(2) 将文本转换为 SmartArt 图形

①选定文本，如图 5－25（a）所示。

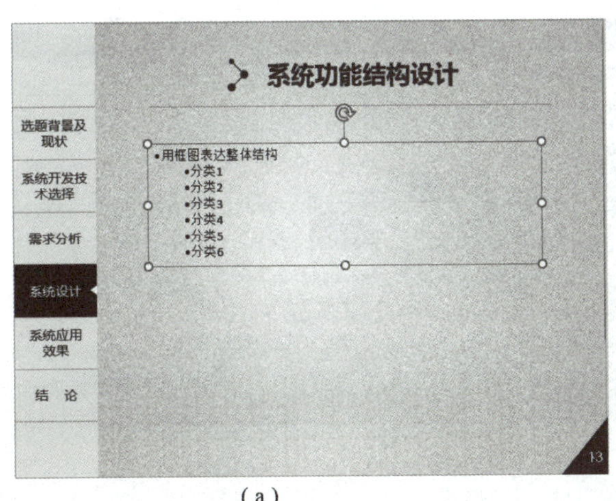

(a)

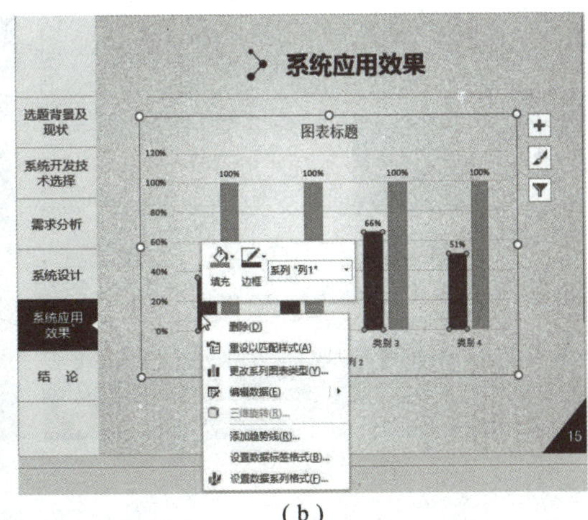

(b)

图 5－25 将文本转换为 SmartArt 图形

(a) 选定文本；(b) 转换为 SmartArt 图形

②在“开始”选项卡“段落”组中单击“转换为 SmartArt 图形”命令，打开“SmartArt 图形”列表，选择一种样式（如“组织结构图”），选定的文本将转换为 SmartArt 图形，如图 5－25（b）所示。

（3）设置 SmartArt 图形格式

①更改布局。

选定 SmartArt 图形，在 SmartArt 工具“设计”选项卡“版式”组中选择所需的布局，则更改 SmartArt 图形的布局。

②更改样式。

选定 SmartArt 图形，在 SmartArt 工具“设计”选项卡“SmartArt 样式”组中单击“更改颜色”命令，可以更改 SmartArt 图形的主题颜色；单击“SmartArt 样式”列表，可以更改 SmartArt 图形的样式。

③创建形状。

在 SmartArt 工具“格式”选项卡中提供了“创建形状”组，通过上面的命令可以更改添加形状、项目符号、升级、降级、上移、下移等。

任务实施

在上一节中已经添加了文字，在文字上方需要配图对文字进行说明，以便于更好地表达幻灯片内容含义。打开上一任务完成的“毕业论文模板 . pptx”幻灯片模板。

1. 添加图片

①在“缩略图区”中选择第四张幻灯片，在“插入”选项卡“图像”组中单击“图片”命令，打开“插入图片”任务窗格，选择配套素材中的“报告 . jpg”，单击打开，或直接将图片文件拖拽到幻灯片中，调整大小及在幻灯片中的位置，如图 5－26（a）所示。

②单击所插入的图片，在“格式”选项卡“图片样式”组中单击“简单框架，白色”，如图 5－26（b）所示。

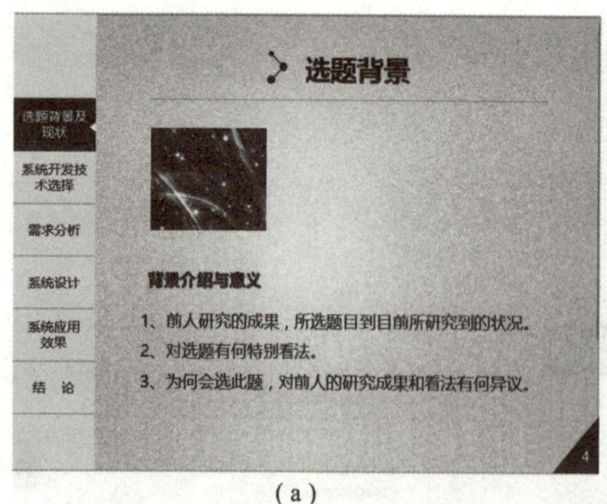

（a）

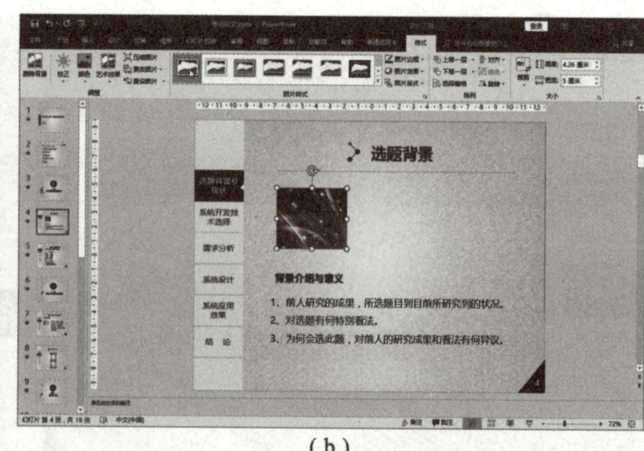

（b）

图 5－26　插入图片到幻灯片

（a）插入图片；（b）选择图片样式

2. 添加图形

①在标题“背景介绍与意义”下方画出装饰线，以突出标题。在“插入”选项卡“插图”组中单击“形状”命令，选择“直线”形状，在幻灯片上绘制两条直线，在“格式”选项卡“大小”组中调整左侧直线为 0.11、1.25，右侧直线为 0.11、2.75，调整其位置，如图 5 - 27（a）所示。

②在“格式”选项卡“形状样式”组中单击“形状填充”命令，选择“红色”，如图 5 - 27（b）所示，效果如图 5 - 27（c）所示。

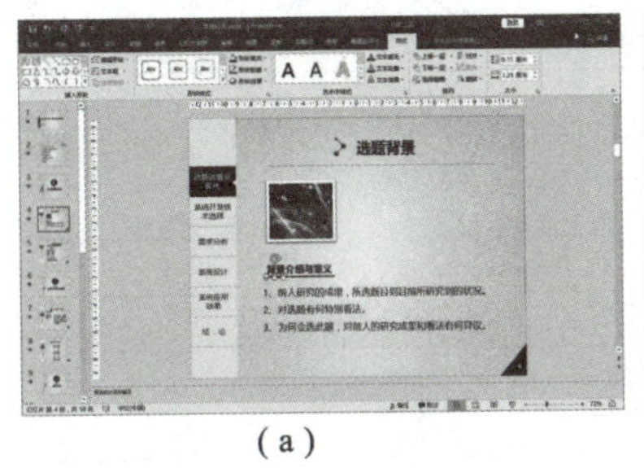

（a）

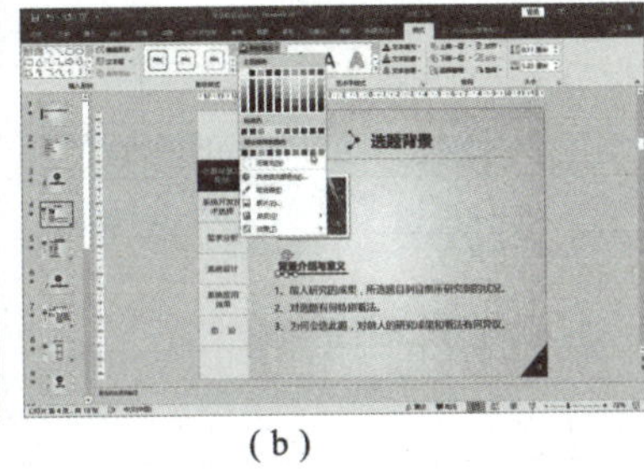

（b）

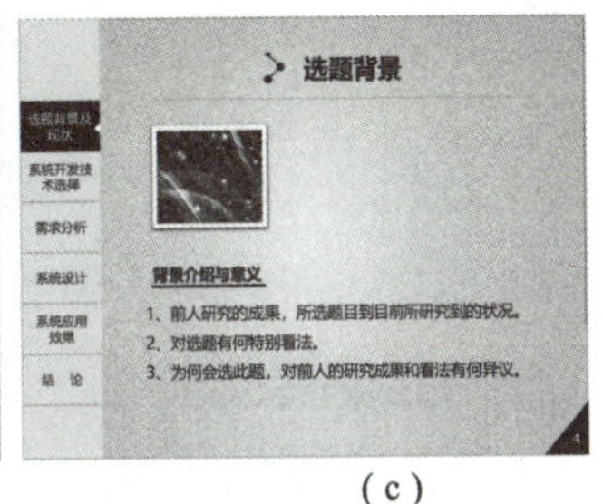

（c）

图 5 - 27　插入图片到幻灯片

（a）插入直线；（b）选择直线颜色；（c）效果图

③在“缩略图区”中选择第 8 页幻灯片，在“插入”选项卡“插图”组中单击“形状”命令，选择“圆角矩形”形状，在幻灯片上绘制圆角矩形，如图 5 - 28（a）所示。

④在“格式”选项卡“形状样式”组中选择“半透明 - 蓝色，强调颜色 1，无轮廓”，如图 5 - 28（b）所示。

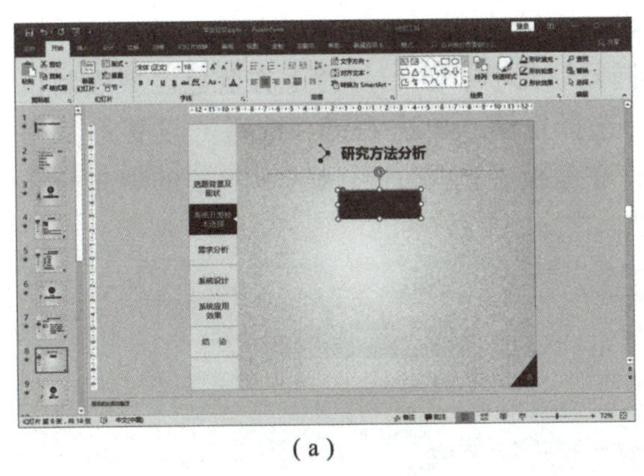

（a）

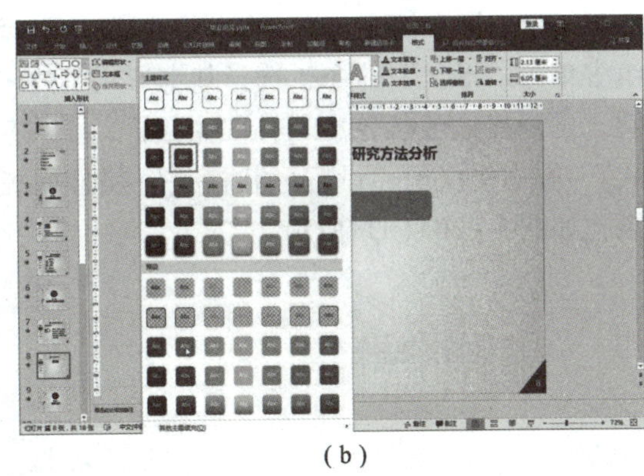

（b）

图 5 - 28　插入图形到幻灯片

（a）插入圆角矩形；（b）选择样式

⑤选择圆角矩形，单击右键，选择编辑文字，输入如图 5 - 29（a）所示文字。

⑥重复上述步骤，完成的效果图如图 5 - 29（b）所示。

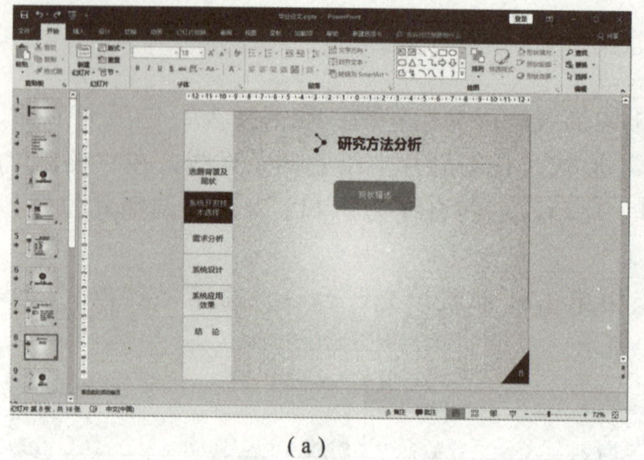

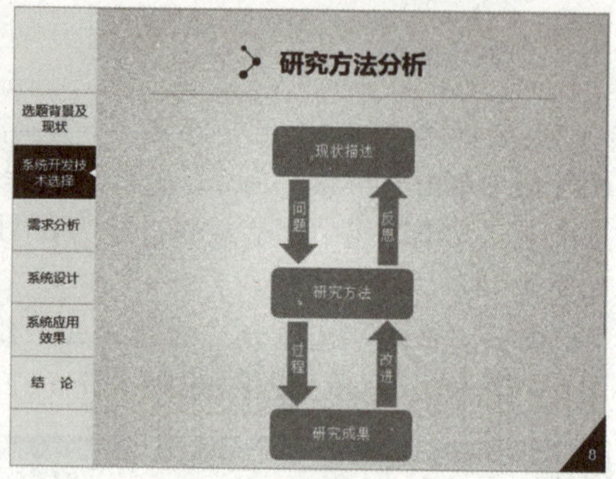

(a) (b)

图 5－29　架构图绘制

(a) 输入文字；(b) 效果图

知识拓展

1. 实现微立体风格幻灯片

任务中所提供的幻灯片模板属于扁平风格。除了扁平风格，幻灯片还可以做出立体风格，其中微立体风格独特。微立体是轻微立体效果的体现，相对扁平化来说，微立体风格更有质感，提升了图形图表的视觉辨识度。下面以碗形微立体的设计为例来讲解微立体风格在幻灯片中的实现方法。

首先假定场景的光源在左上方。微立体实现步骤为：碗内渐变填充、边缘渐变填充和个性化阴影设置。

①碗内渐变填充。在“缩略图区”中选择第 18 张幻灯片，在“插入”选项卡“插图”组中单击“形状”命令，选择基本形状中的“椭圆”形状，在幻灯片下方蓝色区域绘制正圆，设置其“形状轮廓”中“粗细”为 6 磅。选择正圆，单击右键，选择“设置形状格式”，在右侧出现“设置形状格式”属性面板，在面板中选择“形状选项”中的填充与线条，如图 5－30（a）所示。

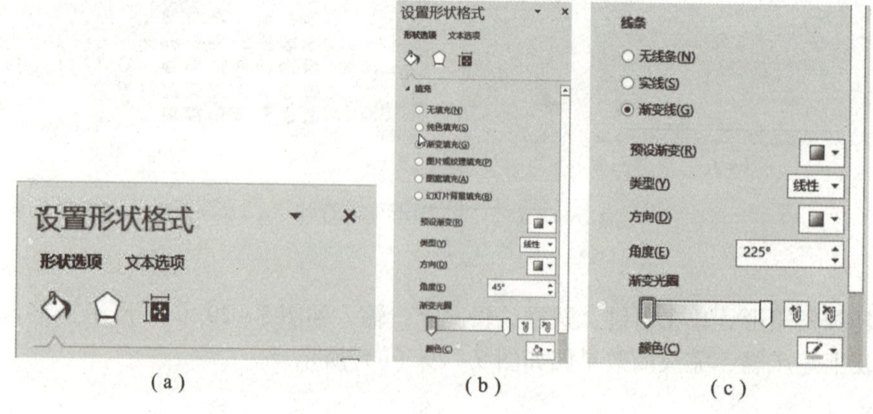

(a) (b) (c)

图 5－30　渐变填充

(a) 填充与线条；(b) 填充属性；(c) 线条属性

②在“填充”中选择“渐变填充”，设置只保留两个渐变光圈，多余的光圈可以向下拖拽删除，两个渐变光圈分布在左、右两端，其中左侧光圈设置“白色，背景 1，深色 15%”，右侧光圈设置纯白，“角度”设为 45°，如图 5－30（b）所示。

③边缘渐变填充。在“线条”中选择“渐变线”，设置只保留两个渐变光圈，多余的光圈可以向下拖拽删除，两个渐变光圈分布在左、右两端，其中左侧光圈设置“白色，背景 1，深色 15%”，右侧光圈设置纯白，“角度”设为 225°，如图 5－30（c）所示。

④个性化阴影设置。在“设置形状格式”属性面板中选择“形状选项”中的颜色为黑色，其他设置如图 5－31（a）所示。

⑤在“阴影”属性面板中设置“透明度”为 65%，“大小”为 100%，“模糊”为 22 磅，“角度”为 45°，“距离”为 13 磅，如图 5－31（b）所示。所有参数都是可以根据实际情况来调整，最终效果如图 5－31（c）所示。

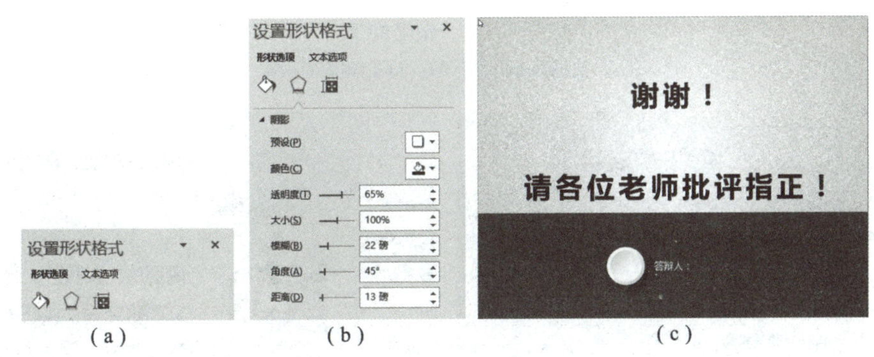

（a）　（b）　（c）

图 5－31　效果

（a）效果；（b）阴影属性；（c）最终效果

2. 在幻灯片中去除图片背景

在幻灯片中插入 JPG 图片后，会发现图片带有背景。在 PowerPoint 中可以直接去除相同颜色的背景。选择所插入的图片，在“格式”选项卡的“调整”组中单击“删除背景”按钮，图片会出现一个选择范围边框，紫红色区域即是要删除的区域，如图 5－32（a）所示。鼠标按住边框上的小方框进行拖动，使要保留的部分放在边框之内，如果还有些部分想要保留而系统选择自动删除的话，可以用“背景消除”选项卡中的“标记要保留的区域”画出被删除区域，效果满意后，可以选择“保留更改”。最终效果如图 5－32（b）所示。

实践提高

1. 在“毕业论文”演示文稿中处理图形、图片。在第 5 张幻灯片中插入图片，绘制灰色线条，如图 5－33（a）所示；在第 7 张幻灯片中插入图片，去除白色背景，并绘制线条，如图 5－33（b）所示。线条样式同“任务实施”中所述。

2. 在“毕业论文”幻灯片的第 11 张中制作如图 5－34 所示内容，可自行设计图形填充样式。

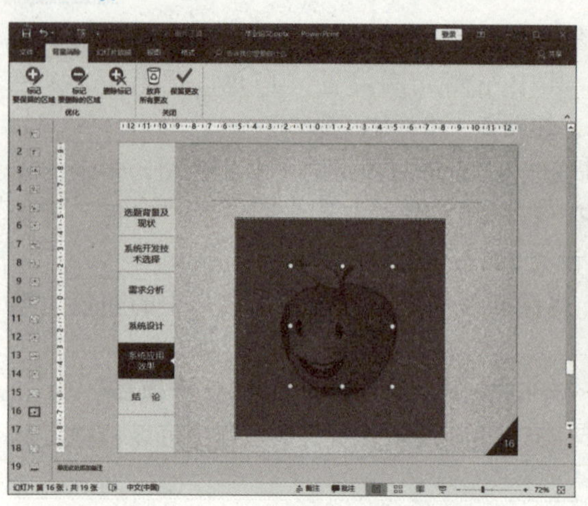

(a)

(b)

图 5-32　删除背景

(a) 选择要删除的区域；(b) 删除后效果

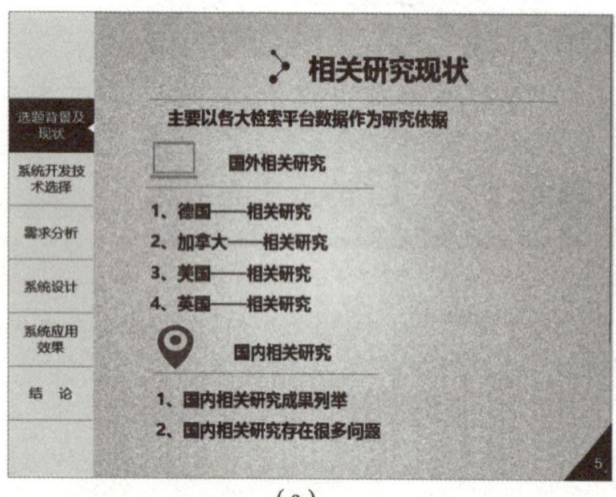

(a)

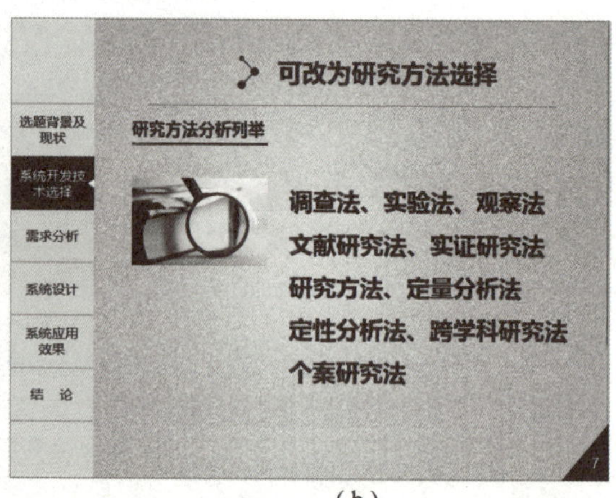

(b)

图 5-33　幻灯片效果

(a) 第 5 张；(b) 第 7 张

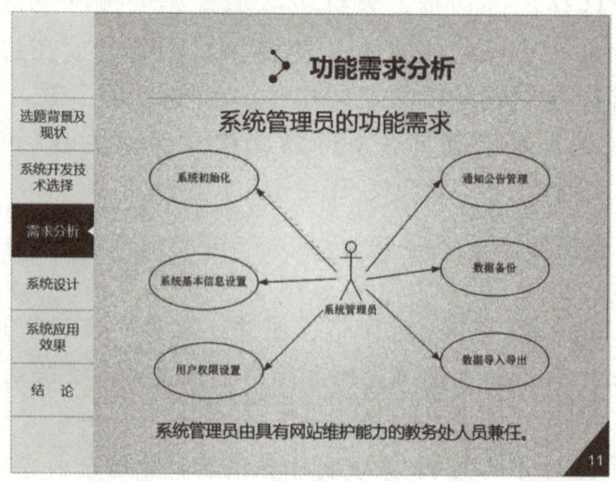

图 5-34　第 11 张幻灯片

3. 制作带背景的“欢迎新同学”幻灯片，文字加阴影效果，背景图片设置重新着色为“冲蚀”，如图5－35所示。

图5－35 “欢迎新同学”幻灯片

4. 设计制作“迎新晚会”幻灯片。

5.1.4 应用表格、图表

任务描述

在“毕业论文”幻灯片模板中应用表格和图表完成设计。

知识准备

PowerPoint除了可以添加、绘制表格外，还可以方便地使用Word或Excel中的表格，PowerPoint提供的表格功能可以快速更改表格样式或添加效果。应用图表不仅可以快速、直观地表达信息，还可以将图表转换为工作表数据，演示、比较、分析趋势，增强演示文稿的吸引力和感染力。

1. 插入表格

在幻灯片中可以绘制表格，也可以直接插入表格或插入Excel、Word表格，还可以插入文件中的表格。

（1）绘制表格

①在“插入”选项卡“表格”组中单击“表格”命令▦，从下拉列表中选择“绘制表格”命令，指针变为“✎”形状。

②沿对角线方向拖动鼠标至所需表格大小，释放鼠标，则创建表格列边界和行边界。

③选定表格，在“设计”选项卡“绘图边框”组中选择“绘制表格”命令或“擦除”命令，绘制或擦除表格线，完成表格设计。

（2）插入表格

①选定要插入表格的幻灯片。

②在“插入”选项卡“表格”组中单击“表格”命令▦，在下拉列表中移动鼠标，当

达到指定行数和列数时单击鼠标，如图 5－36（a）所示；或选择“插入表格”命令，在打开的“插入表格”对话框中输入列数、行数，单击“确定”按钮，如图 5－36（b）所示，则在幻灯片中插入了指定行数和列数的表格。

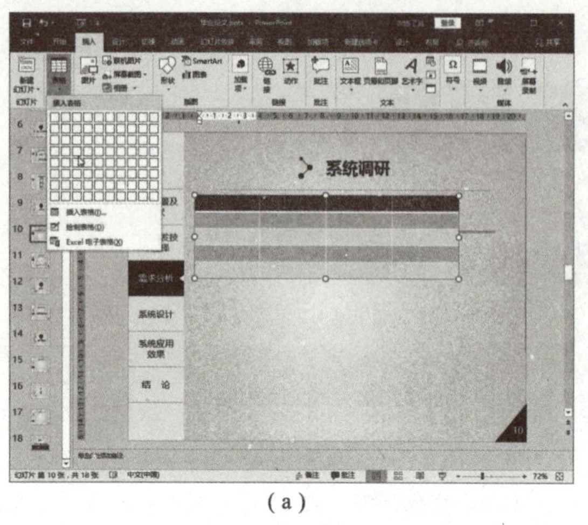

（a）

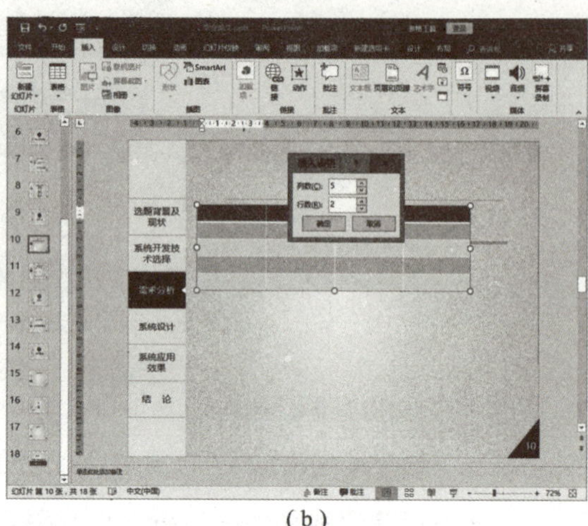

（b）

图 5－36　插入表格

（a）直接插入表格；（b）“插入表格”对话框

（3）插入 Excel 表格

①选定要插入表格的幻灯片。

②在“插入”选项卡“表格”组中单击“表格”命令▦，选择“插入 Excel 电子表格”命令，显示 Excel 功能区，如图 5－37（a）所示。

③在工作表上编辑数据、设置格式，操作方法与 Excel 的相同，输入完成后单击空白区域，效果如图 5－37（b）所示。

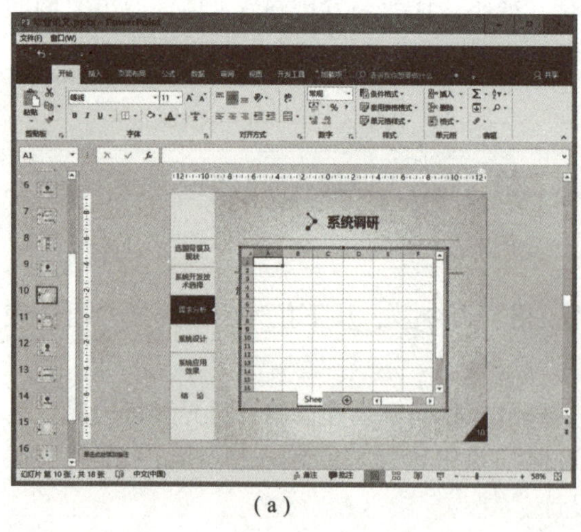

（a）

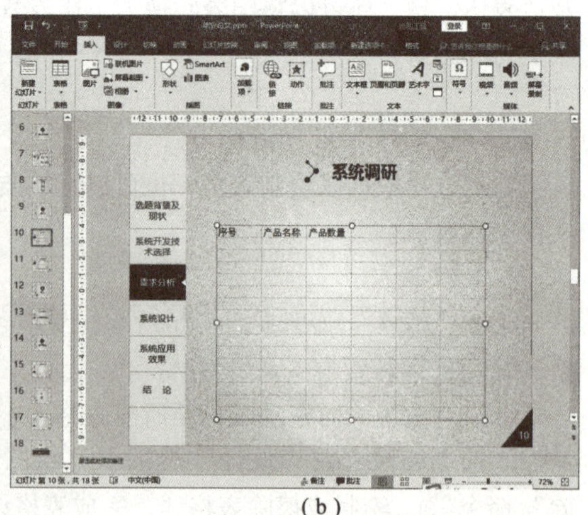

（b）

图 5－37　插入 Excel 电子表格

（a）插入 Excel 电子表格；（b）输入表格内容

(4) 复制 Word 或 Excel 中的表格

①在 Word 或 Excel 中选定要复制的表格，在“开始”选项卡“剪贴板”组中单击“复制”命令。

②在 PowerPoint 演示文稿中选择要复制表格的幻灯片，在“开始”选项卡“剪贴板”组中单击“粘贴”命令。

2. 编辑表格

在幻灯片中插入表格后，可以通过表格工具“布局”选项卡中的命令对表格进行编辑，“布局”选项卡如图 5－38 所示。编辑表格操作包括移动表格、选定表格、调整表格大小、合并/拆分表格等，操作与 Word 的基本相同。

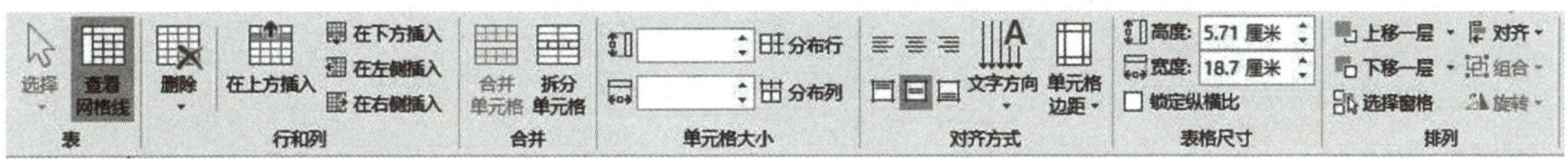

图 5－38 “布局”选项卡

3. 设置表格格式

设置表格格式可以通过表格工具“设计”选项卡中的命令实现，“设计”选项卡如图 5－39 所示。设置表格格式包括更改表格的轮廓、边框，更改表格单元格的颜色，添加填充效果及设置文本格式等，操作与 Word 的基本相同。

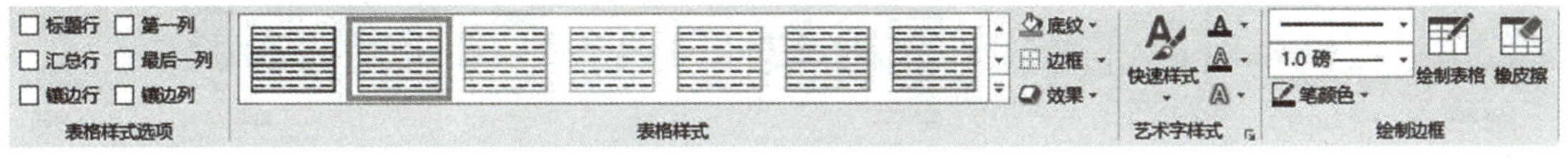

图 5－39 “设计”选项卡

4. 插入图表

在幻灯片中插入图表，可以使用功能区中的命令直接插入图表，也可以将 Excel 的图表复制到幻灯片中并链接到 Excel 中的数据。

(1) 直接插入图表

①在“插入”选项卡“插图”组中单击“图表”命令，打开“插入图表”对话框（与 Excel 相同），选择一种图表类型，单击“确定”按钮。

②工作窗口被分成两个部分，左侧是 PowerPoint 窗口，显示默认数据制作的图表；右侧是 Excel 窗口，显示默认的数据，如图 5－40 (a) 所示。

③在 Excel 窗口的工作表中输入制作图表的数据，则 PowerPoint 窗口中的图表自动更新。

④关闭 Excel 窗口，返回到 PowerPoint 窗口，如图 5－40 (b) 所示。

(2) 将 Excel 图表粘贴到幻灯片中

①在 Excel 中创建并选定要复制的图表，在“开始”选项卡“剪贴板”组中单击“复制”命令。

②在 PowerPoint 中选定要插入图表的幻灯片，在“开始”选项卡“剪贴板”组中单击

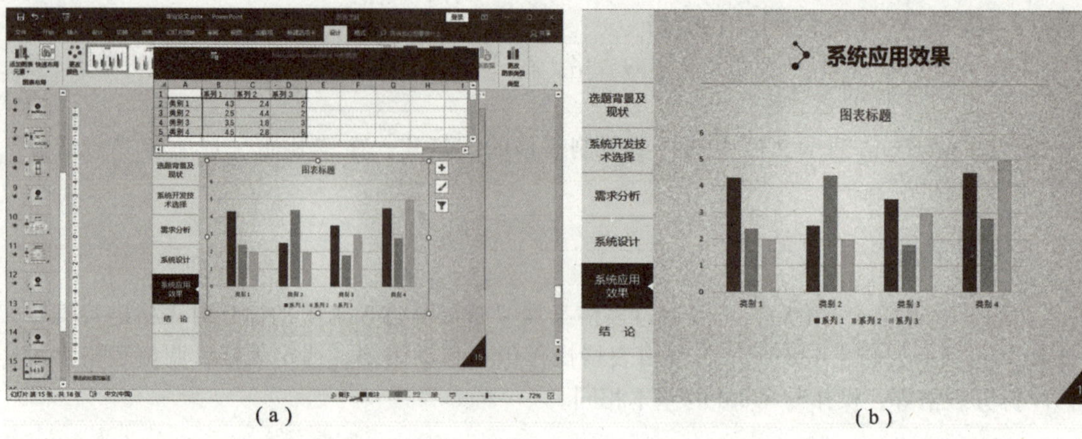

(a)　　　　　　　　(b)

图 5－40　插入图表

(a) 插入图表；(b) 图表效果

“粘贴” 命令。

③单击图表右下角的 “粘贴选项” 命令，打开下级菜单，可以选择以图表、Excel 图表或图片等格式粘贴。

5. 编辑和格式化图表

在幻灯片中选定图表，功能区中增加了图表工具的 “设计” 和 “格式” 选项卡，如图 5－41 所示。选择选项卡中的命令对图表进行编辑和格式化操作。

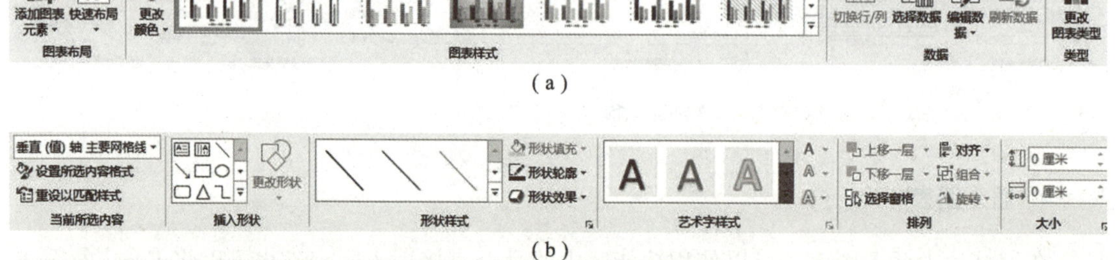

(a)

(b)

图 5－41　图表工具

(a) “设计” 选项卡；(b) “格式” 选项卡

(1) 更新图表数据

①选定要更新数据的图表。

②在图表工具 “设计” 选项卡 “数据” 组中单击 “选择数据” 命令，Excel 将在拆分窗口中显示要编辑的工作表，同时打开 “选择数据源” 对话框，如图 5－42 所示。数据源的编辑操作与 Excel 的相同。

③在 Excel 工作表中选定要更改数据的标题或单元格，输入数据。

(2) 更新图表类型、样式和布局

“表格工具” 提供了丰富的更改图表类型、样式和布局的命令，设置方法与 Excel 的基本相同。

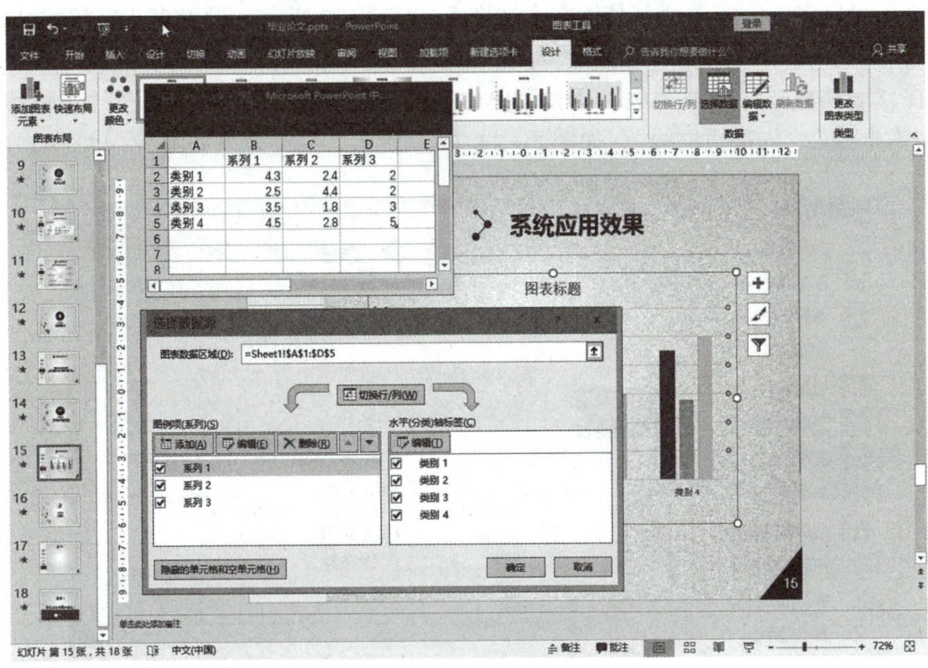

图 5－42　插入图表

任务实施

1. 插入表格

①打开“毕业论文模板 . pptx”幻灯片模板，在缩略图区选择第 10 张幻灯片，在“插入”选项卡“表格”组中单击“插入表格”命令，打开“插入表格”对话框，设置列数为“2”，行数为“5”，单击“确定”按钮，如图 5－43（a）所示。

②选择表格，在“设计”选项卡“表格样式”组中单击“无样式，网格型”，如图 5－43（b）所示。调整首列表格宽度，在“表格样式”组中将“底纹”设置为“白色”，如图 5－43（c）所示。

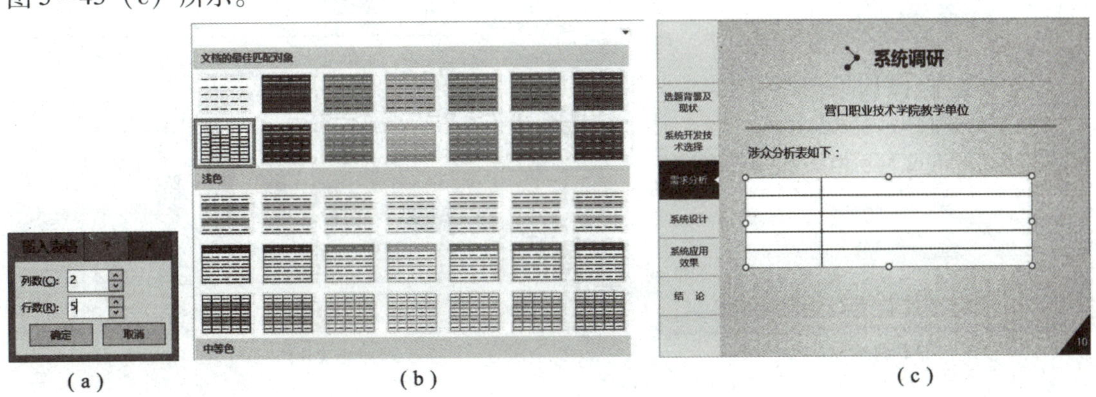

图 5－43　插入图表

（a）“插入表格”对话框；（b）无样式，网格型；（c）表格

③输入表格中的文本内容，具体文本如图 5－43（b）所示，设置表头字符格式为“微软雅黑、加粗、18 磅、黑色”；设置表内字符格式为“微软雅黑、18 磅、黑色”。

④在“表格样式”组“边框”下拉菜单中选择“外侧框线”“上框线”“下框线”“左框线”“右框线”“内部横框线”，如图 5－44（a）所示。最终效果如图 5－44（b）所示。

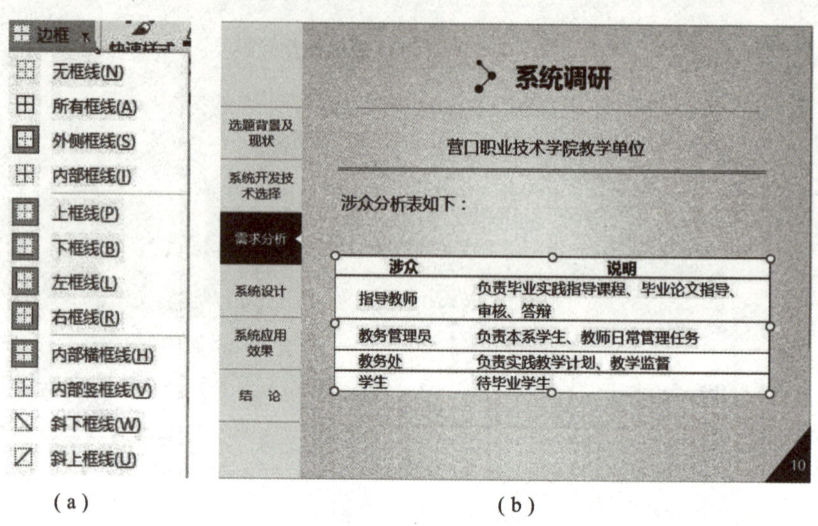

图 5－44　插入图表

（a）边框；（b）图表效果

2. 插入图表

①在缩略图区中选择第 15 张幻灯片，单击“插入”选项卡“插图”组中的“图表”图标，打开“插入图表”对话框，选择“柱形图”类中的“簇状柱形图”图表，如图 5－45（a）所示。

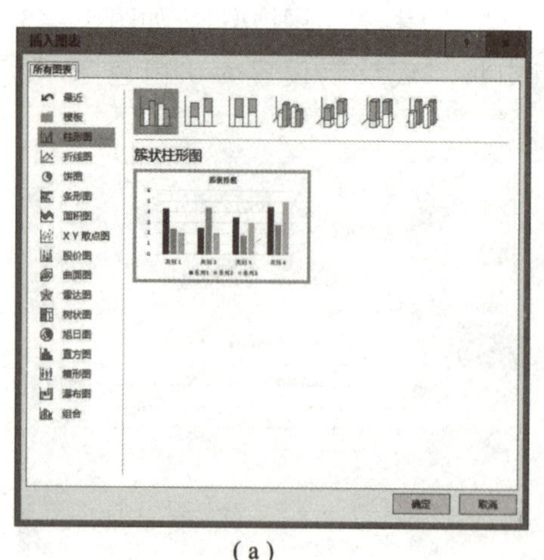

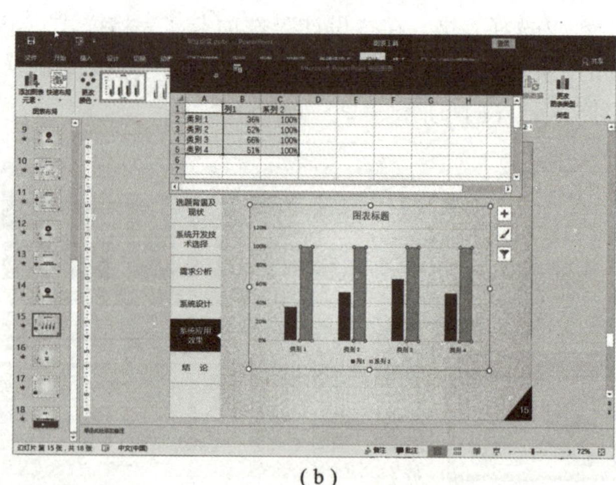

图 5－45　插入图表对象

（a）“插入图表”对话框；（b）图表自动更新

②单击“确定”按钮，系统自动启动 Excel 应用程序，并在幻灯片中插入图表。在 Excel 电子表格中编辑数据，图表自动更新，如图 5－45（b）所示。关闭 Excel 应用程序窗口，返回 PowerPoint 程序窗口。

③选定图表，在“设计”选项卡“图表布局”组中单击“添加图表元素”命令，从列表中可以选择对图表相应位置进行设置，如图 5－46（a）所示，单击“图例”命令，从列表中选择“右侧”；单击“数据标签”命令，从列表中选择“其他数据标签选项”，打开“设置数据标签格式”对话框，选择“数据标签外”单选按钮和“值”复选框，如图 5－46（b）所示。最终效果如图 5－46（c）所示。

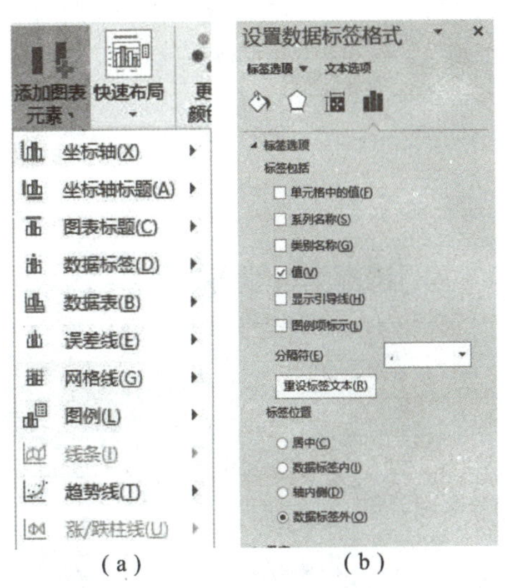

(a)　(b)

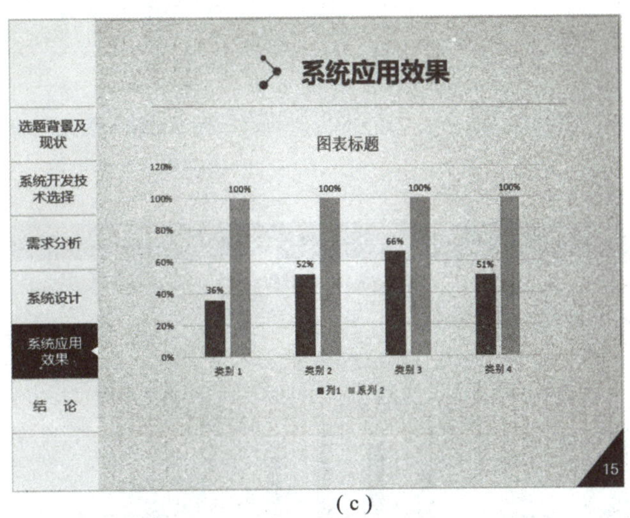

(c)

图 5－46　插入图表对象

(a) 添加图表元素；(b) 标签格式；(c) 效果图

知识拓展

幻灯片中图表有很多美化的方法，可以根据实际情况灵活运用“添加图表元素”命令中的设置项进行设置。现以“管状”图表为例。

在缩略图区中选择第 15 张幻灯片，选择已经插入的图表中深蓝色的“列 1”，单击右键，如图 5－47（a）所示；单击“设置数据系列格式”，在“系列选项”中选择“次坐标轴”单选按钮，如图 5－47（b）所示。单击选择图表右侧的次坐标轴，如图 5－48（a）所示；在“设置坐标轴格式”的“坐标轴选项”中选择“坐标轴选项”，设置“边界”最大值为 1.2，如图 5－48（b）所示。

在图表中选择“系列 2”图表，如图 5－49（a）所示；在“设置坐标轴格式”的“系列选项”中选择“线条与填充”，在“填充”中选择“纯色填充”，并设置“颜色”为“深灰 35%”，“透明度”为 66%，如图 5－49（b）所示。

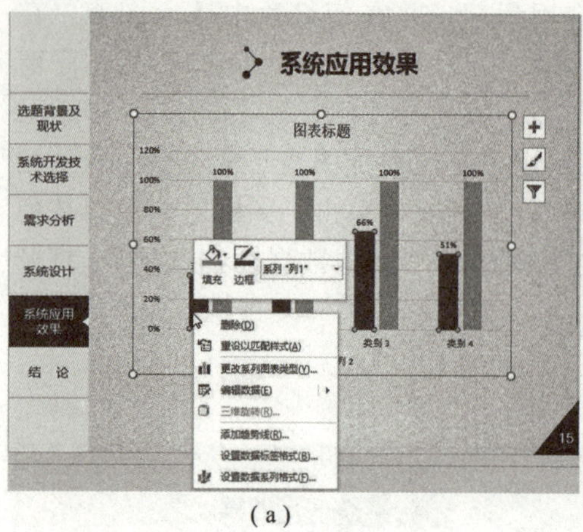

(a)

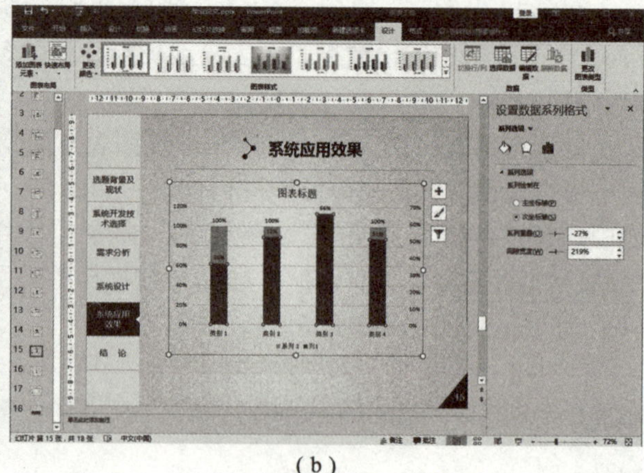

(b)

图 5-47　美化图表（1）

（a）设置数据系列格式；（b）次坐标轴

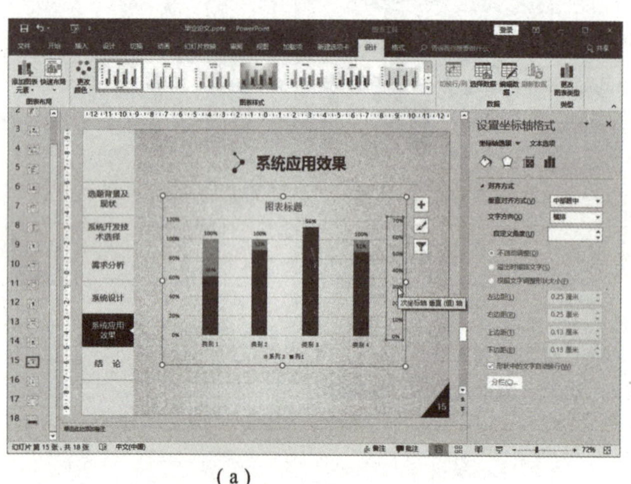

(a)

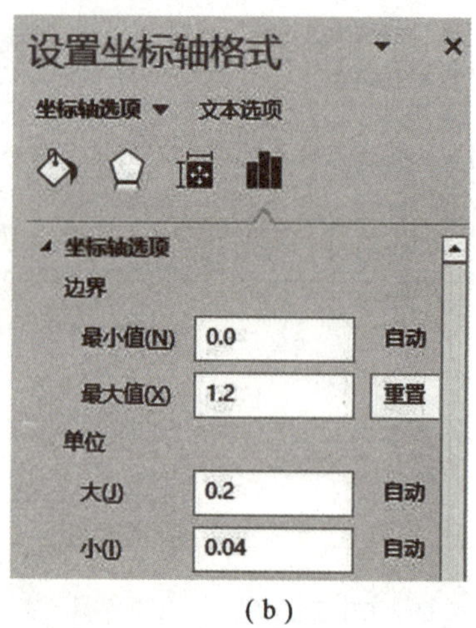

(b)

图 5-48　美化图表（2）

（a）次坐标轴；（b）边界

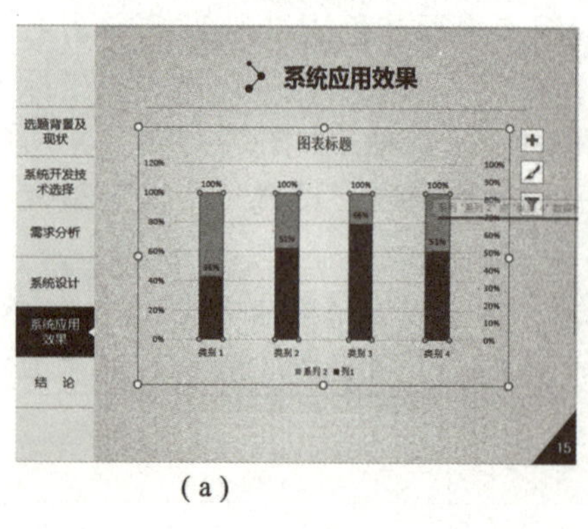

(a)

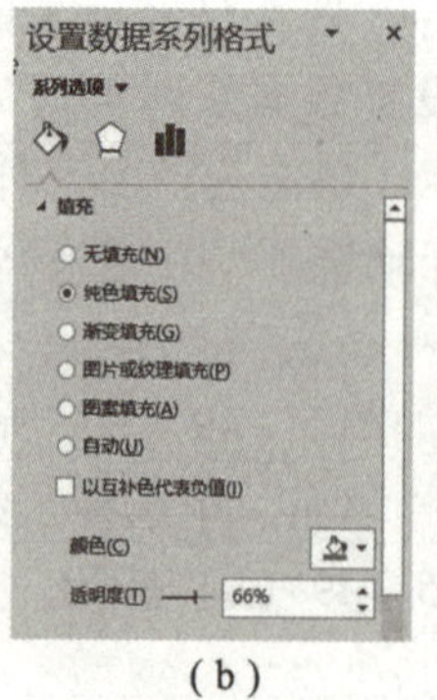

(b)

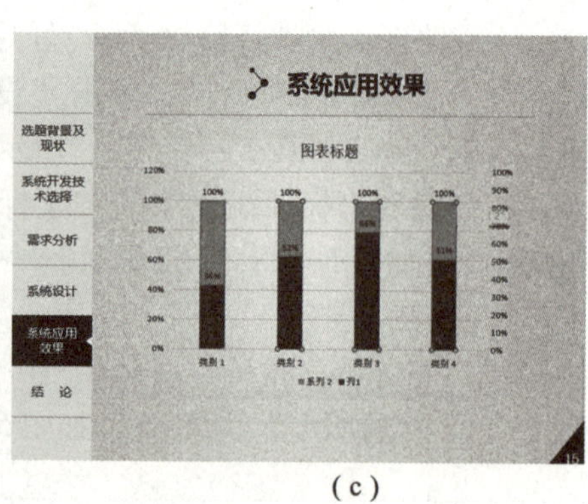

(c)

图 5-49　美化图表（3）

（a）选中“系列 2”；（b）设置填充；（c）效果图

任务 2　制作演示文稿模板

任务描述

利用幻灯片母版制作扁平化风格“毕业论文”演示文稿模板。

知识准备

幻灯片母版是一种设计模板，包括文本和对象在幻灯片上的位置、文本和对象占位符的大小、文本样式、背景、主题颜色、效果和动画等，分为幻灯片母版、讲义母版和备注母版。母版的主要作用是方便用户对演示文稿进行全局修改，使整个演示文稿具有统一的风格。

1. 幻灯片母版的编辑

①在“视图”选项卡“母版视图”组中单击“幻灯片母版”命令，切换到幻灯片母版视图，如图 5－50（a）所示。

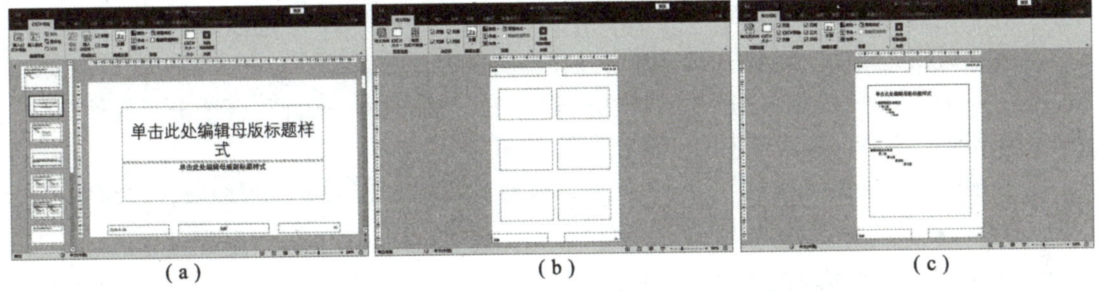

图 5－50　母版视图

（a）幻灯片母版视图；（b）讲义母版视图；（c）备注母版视图

②编辑幻灯片母版，操作方法和编辑幻灯片的相同。

③编辑完成后，在“幻灯片母版”选项卡“关闭”组中单击“关闭母版视图”命令 ×，切换到幻灯片浏览视图，查看设置效果。

④幻灯片母版的结构分为“母版”和“版式”，切换到幻灯片母版视图后，缩略图区中最上方的为“母版”，“母版”下链接的多个页面为“版式”。“母版”的特点是“一直出现”，即设计好后，每个“版式”都将会出现“母版”效果。“母版”一般用来设置高频出现的元素，如背景、LOGO 等。“版式”的特点是“按需出现”，即设计好后，可根据“版式”的需求自由选用。当前“版式”勾选“隐藏背景图形”后，“母版”效果不再出现。

2. 讲义母版的编辑

更改讲义母版包括对页眉和页脚占位符进行移动、调整大小和格式设置等。

①在“视图”选项卡“母版视图”组中单击“讲义母版”命令，切换到讲义母版视图，如图 5－50（b）所示。

②编辑讲义母版后，在“讲义母版”选项卡“关闭”组中单击“关闭母版视图”命令。

3. 备注母版的编辑

①在“视图”选项卡“演示文稿视图”组中单击“备注母版”命令，切换到备注母版视图，如图 5－50（c）所示。

②编辑讲义母版，编辑完成后，在“备注母版”选项卡“关闭”组中单击“关闭母版视图”命令。

任务实施

1. 制作封皮

①启动 PowerPoint，打开启动窗口，单击“空白演示文稿”图标，创建一个空白演示文稿。

②在“视图”选项卡“母版视图”组中单击“幻灯片母版”命令，切换到幻灯片母版视图。

③在“幻灯片母版”选项卡“大小”组中单击“幻灯片大小”，选择标准（4:3）。

④在缩略图区单击“母版”幻灯片，并在编辑区内单击右键，打开“设置背景格式”，在右侧“填充”选项中选择“图片或纹理填充”，在“插入图片来自”区单击“文件”，如图 5－51 所示，选择配套素材中的“模板背景 . jpg”。

⑤在缩略图区单击“母版”幻灯片，在“幻灯片母版”选项卡“母版版式”组中单击“母版版式”命令，在弹出的对话框中去掉所有复选框的勾选，如图 5－52 所示。

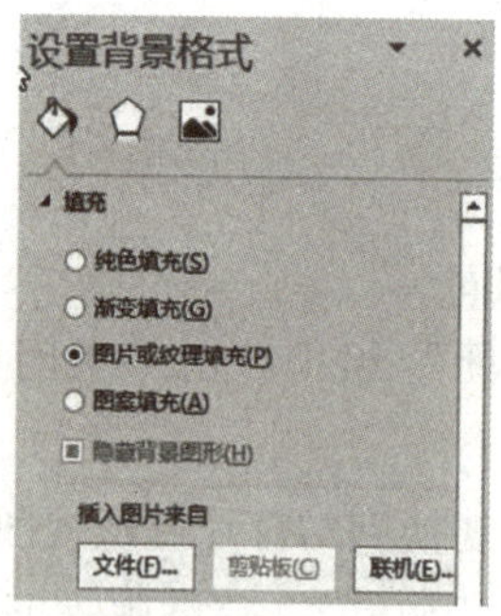

图 5－51　背景设置

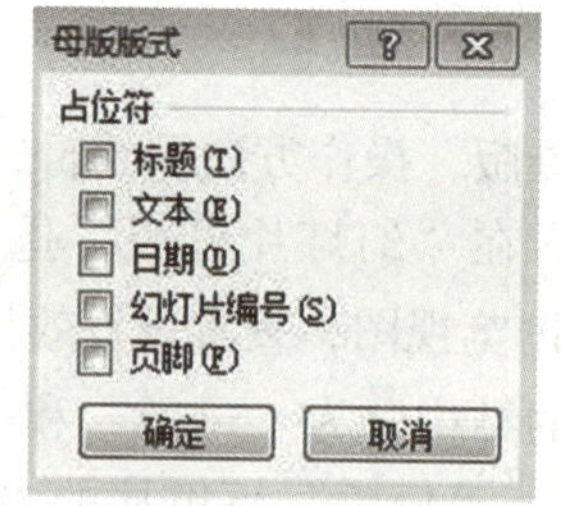

图 5－52　母版版式

⑥在缩略图区单击第一张“版式”幻灯片，在“幻灯片母版”选项卡“母版版式”组中去掉“标题”和“页脚”复选框的勾选，单击选择幻灯片编辑区内的“母版副标题样式”占位符，按 Del 键删除。

⑦在“插入”选项卡“插图”组中单击“形状”命令，用“矩形”在第一张“版式”幻灯片中画出高 9 厘米、宽 1.5 厘米的矩形，“形状轮廓”为“无轮廓”，“形状填充”为“靛蓝，文字 2，深色 50%”，位置如图 5－53（a）所示。

⑧在“幻灯片模板”选项卡“模板版式”组中单击“插入占位符”命令，在幻灯片

中画出标题占位区域，删除“第二级”至“第五级”，选择占位符，在“开始”选项卡“字体”组中设置该占位符的字体为“华康俪金黑”，字号为“40”，并单击“段落”组中的“项目符号”命令，使其项目符号格式去除，如图 5 – 53（b）所示，此页为模板封面。

(a) (b)

图 5 – 53 模板封面

(a)“版式”幻灯片；(b) 插入占位符

2. 制作过渡页

①在缩略图区单击第 3 张“版式”幻灯片，在“插入”选项卡“图像”组中单击“图像”命令，在幻灯片左侧插入“修饰 . png”，如图 5 – 54（a）所示。

②在“插入”选项卡“插图”组中单击“形状”命令，在幻灯片中插入直径为 5. 5 厘米的正圆，“形状轮廓”为“无轮廓”，“形状填充”为“靛蓝，文字 2，深色 50%”，位置如图 5 – 54（b）所示。

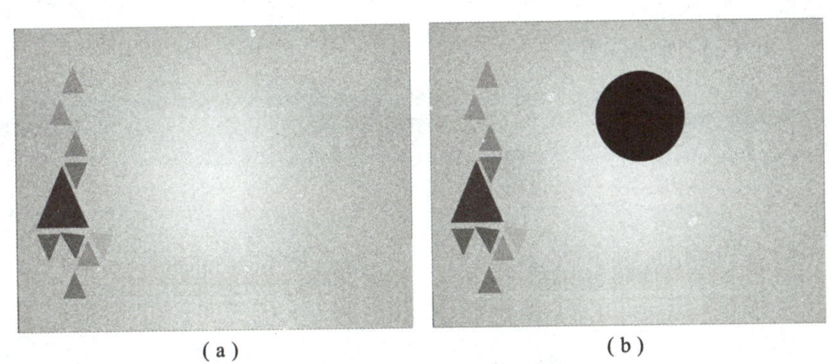

(a) (b)

图 5 – 54 模板过渡页

(a) 添加图片；(b) 添加图形

③在文本下方插入过渡页标题占位符，字体“微软雅黑”，字号“54”，颜色“靛蓝，文字 2，深色 50%”，如图 5 – 55（a）所示，此页为模板过渡页。

3. 制作内容页

①在缩略图区单击第4张“版式”幻灯片，在“插入”选项卡“图像”组中单击“图像”命令，在幻灯片左侧插入“修饰圆点图标.png”，在图片右侧插入内容页标题占位符，字体“微软雅黑”，字号“32”，颜色“靛蓝，文字2，深色50%”，如图5-55（b）所示。

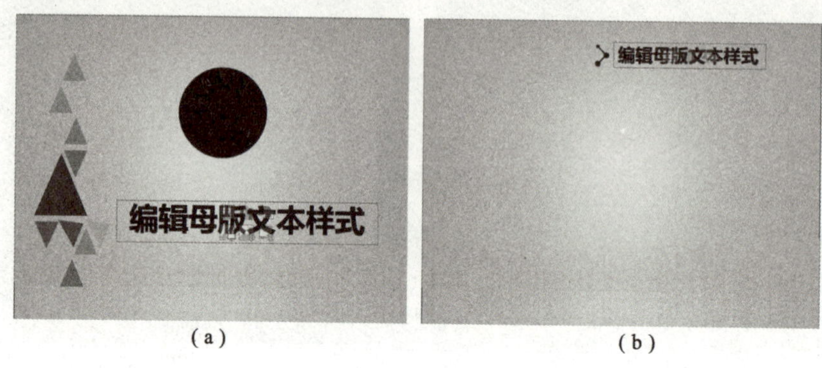

(a)　　(b)

图5-55　模板过渡页、内容页标题

（a）文本、占位符；（b）内容页标题

②在“插入”选项卡“插图”组中单击“形状”命令，在幻灯片中内容页标题占位符下方插入长为17.5厘米的直线，“形状轮廓”为“白色，背景1，深色25%”，位置如图5-56（a）所示。

③在“插入”选项卡“表格”组中单击“表格”命令，建立6行×1列的表格；选择表格，在“布局”选项卡“表格尺寸”组中设置“表格高度”13厘米、“表格宽度”3.5厘米，如图5-56（b）所示。

④在“设计”选项卡“表格样式”组中单击“底纹”设置底纹为“无填充”；在“绘制边框”组中单击“笔颜色”，设置颜色为“白色，背景1，深色35%”；在“表格样式”组中单击“边框”，依次选择“无框线”“上框线”“下框线”“内部横框线”，然后将表格移动到如图5-56（c）所示位置。

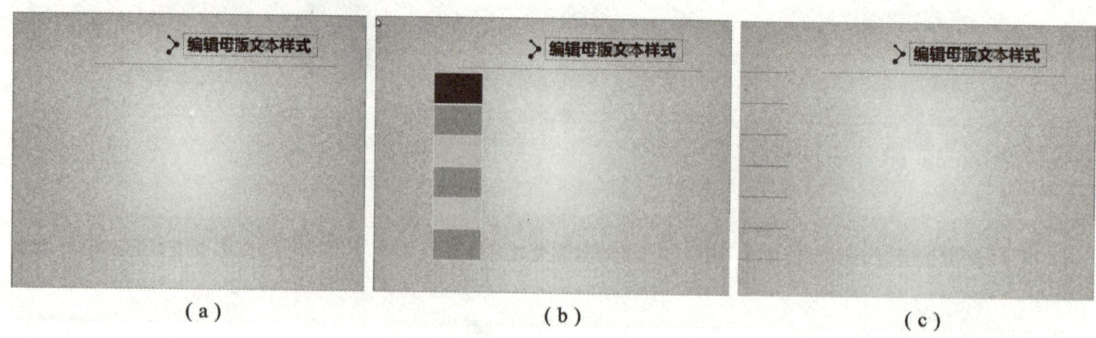

(a)　　(b)　　(c)

图5-56　内容页

（a）标题线；（b）表格；（c）表格位置

⑤在“插入”选项卡“插图”组中单击“形状”命令，在幻灯片的内容页中利用矩形工具画高为19.1厘米、宽为3.5厘米的矩形，“形状轮廓”为“无轮廓”，“形状填充”为“白色，背景1，深色5%”，移动到幻灯片最左侧，单击右键，设置为“置于底层”，如

图5－57（a）所示。

⑥在“插入”选项卡“插图”组中单击“形状”命令，在幻灯片内容页中利用矩形工具画高为2.2厘米、宽为3.5厘米的矩形，“形状轮廓”为“无轮廓”，“形状填充”为“蓝色，个性色1，深色50%”，移动到幻灯片最左侧，如图5－57（b）所示。

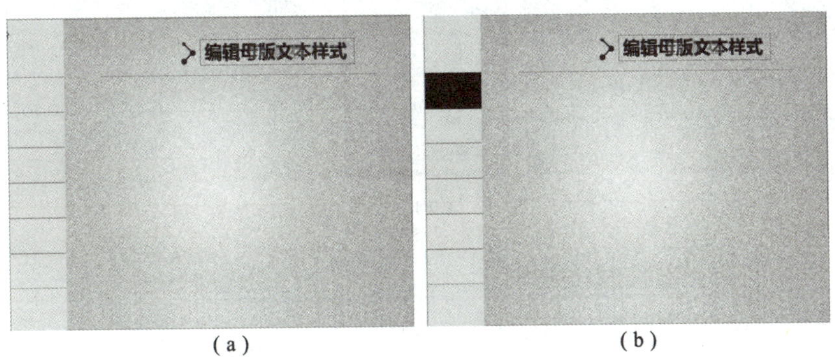

（a） （b）

图5－57 内容页

⑦在“插入”选项卡“插图”组中单击“形状”命令，在幻灯片的内容页中利用三角形工具画高为0.3厘米、宽为0.4厘米的三角形，“形状轮廓”为“无轮廓”，“形状填充”为“白色，背景1”，移动到幻灯片最左侧矩形边缘，如图5－58（a）所示。

⑧在“插入”选项卡“插图”组中单击“形状”命令，在幻灯片的内容页中利用三角形工具画高为2.3厘米、宽为2厘米的三角形，“形状轮廓”为“无轮廓”，“形状填充”为“蓝色，个性色1，深色50%”，移动到幻灯片右下角，如图5－58（b）所示。

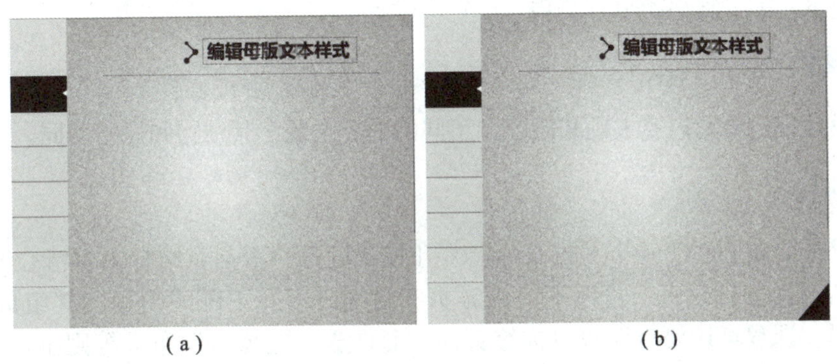

（a） （b）

图5－58 内容页

（a）左侧三角形；（b）右下角三角形

⑨单击左侧蓝色矩形，在“格式”选项卡“插入形状”组中选择“文本框”命令，在表格内输入如图5－59（a）所示文本。

⑩在缩略图区单击“母版”幻灯片，在“幻灯片母版”选项卡“母版版式”组中单击“母版版式”命令，在弹出的对话框中选择“幻灯片编号”复选框，如图5－59（b）所示。单击“确定”按钮后，在右下角会出现编号占位符，选取其中的“<#>”，剪切，粘贴到第四张“版式”幻灯片右下角，设置字体颜色为白色，如图5－59（c）所示。

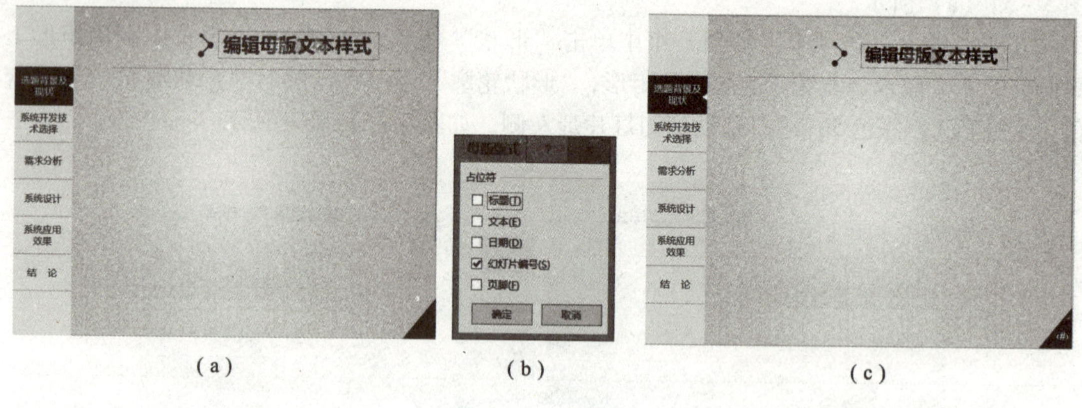

(a) (b) (c)

图 5－59 内容页

(a) 文本；(b) 幻灯片编号；(c) 版式编号

知识拓展

幻灯片母版的风格取决于演示文稿的应用场合，不同的主题需要不同的风格，结构合理的幻灯片母版是提高演示文稿制作效率的关键。

1. 风格化

设计模板之前要确定风格，以便搜集素材。汇总已搜集的素材，以便设计时随时调用。风格一定是和主题相配的，不同的风格对应着不同的主题，如扁平化风格适合教学、互联网、高科技等，微立体风格适合营销、广告类等。

2. 主题化

模板设计一定要和内容主题相匹配，不同的内容主题，其结构和风格不同。

3. 结构化

模板设计的核心在于几个关键页面。专业模板的每一页都会结合内容精心设计。模板的结构包括封面、目录页、过渡页、内容页、封底。不同主题的模板，其组成结构也可能是不同的，课程类还要有课程目标等页面，而广告、宣传、发布会等则不需要目录页、过渡页。

实践提高

将“毕业论文”演示文稿模板的其他页面制作完成，整体效果如图 5－60 所示。

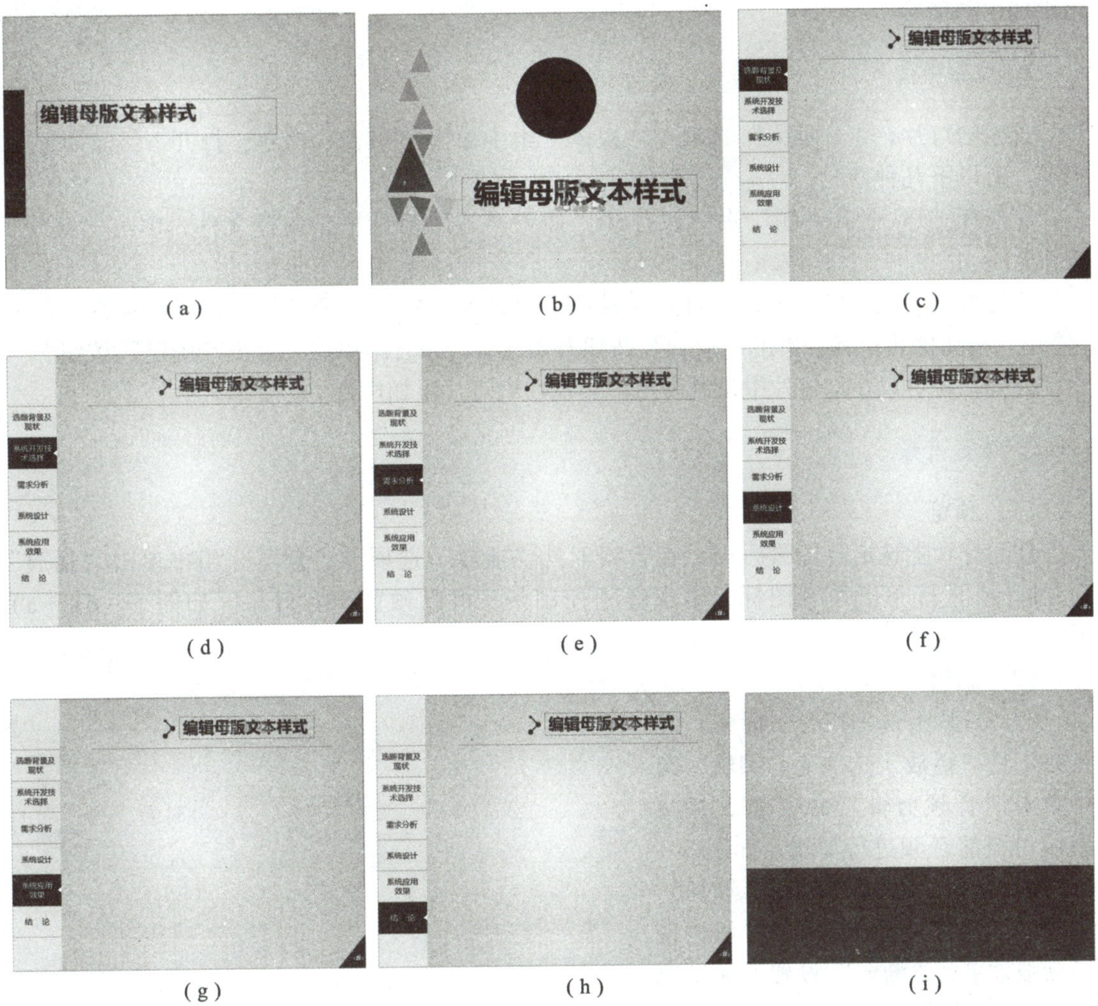

(a) (b) (c)

(d) (e) (f)

(g) (h) (i)

图5-60 演示文稿模板

(a) 封面；(b) 过渡页；(c) 内容页1；(d) 内容页2；(e) 内容页3；(f) 内容页4；(g) 内容页5；(h) 内容页6；(i) 封底

任务3 放映演示文稿

5.3.1 设置多媒体效果、幻灯片切换效果及超链接

任务描述

设置“毕业论文”幻灯片的动画效果、幻灯片切换效果及链接。

知识准备

演示文稿由若干张幻灯片组成，幻灯片制作的最终目的是放映与输出。演示文稿在放映和输出前，通过设置声音效果、视频效果、动画效果、切换效果、超链接等，可以使放映效果更加生动精彩。

1. 添加声音

选定幻灯片，在“插入”选项卡“媒体”组中单击“声音”命令，打开下级菜单添加声音。有以下几种情况：

①选择“PC 上的音频”命令，打开“插入声音”对话框，选择文件，单击“确定”按钮。

②选择“录制音频”命令，打开“录音”对话框，单击“录音”按钮开始录音；单击“停止”按钮停止录音；单击“放音”按钮开始放音。录音结束后，单击“确定”按钮。

此外，还可以在幻灯片中录制旁白，实现在幻灯片添加声音。

2. 设置音频

（1）预览

在幻灯片上选定声音图标，在音频工具“播放”选项卡“预览”组中单击“播放”命令，或直接单击声音图标，出现音频控制条，可以预览声音效果，如图 5 – 61（a）所示。

（2）编辑

在幻灯片上选定声音图标，在音频工具“播放”选项卡“编辑”组中单击“音频剪辑”命令，通过滑块对当前音频进行剪辑，如图 5 – 61（b）所示。通过“淡化持续时间”中的“渐强”设置音频开始几秒内使用渐强效果，“渐弱”设置音频结束几秒内使用渐弱效果。

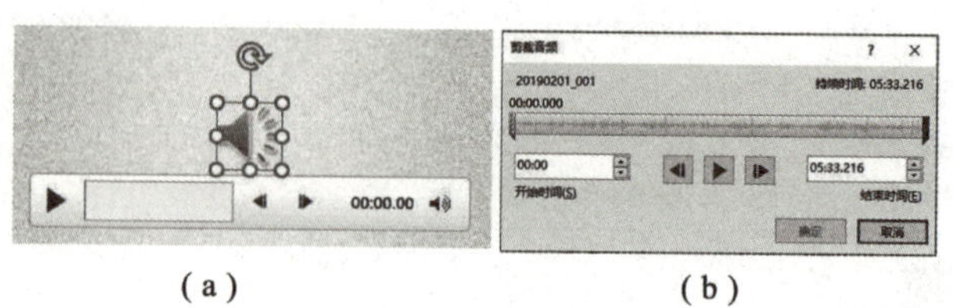

（a）　　（b）

图 5 – 61　声音编辑

（a）音频控制条；（b）音频剪辑

（3）自动/在单击时播放

在幻灯片上选定声音图标，在音频工具“播放”选项卡“声音选项”组“开始”列表中选择“自动”方式，则在放映幻灯片时，如果没有其他媒体效果，则会自动播放此声音，否则将在该效果后播放声音。将“播放声音”列表设置为“在单击时”，则放映幻灯片时必须单击某一特定区域才能播放声音。选择“跨幻灯片播放”复选框，则声音在幻灯片换页时仍会播放。选择“放映时隐藏”，则在幻灯片播放时，幻灯片中的声音图标会被隐藏。

（4）音频样式

在幻灯片上选定声音图标，在音频工具“播放”选项卡“音频样式”组中默认为“无样式”，即不应用任何设置。选择“在后台播放”样式，音频会在幻灯片放映时自动播放，并隐藏声音图标，跨幻灯片播放，循环播放，直到幻灯片结束。

3. 添加文件中的影片

添加文件中的影片的操作方法与添加文件中的声音的操作方法相同，此处不再赘述。

4. 应用动画效果

在幻灯片中选定一个对象，在“动画”选项卡“动画”组中从“动画”列表中选择一种动画效果，则该动画效果应用于所选的对象。

5. 设置自定义动画效果

①选定要设置动画效果的幻灯片，在“动画”选项卡“高级动画”组中单击“动画窗格”命令，在窗口右侧打开“动画窗格”任务窗格，如图5－62（a）所示，在该窗口内可以查看该幻灯片内所有已经设置的动画。

②依次选择幻灯片中要设置动画的对象，在“动画”选项卡“高级动画”组中单击“添加效果”按钮，从弹出的菜单中选择一种动画效果，动画效果包括进入、强调、退出、动作路径等。

③每次添加动画都会添加到“动画窗格”的任务窗格。通过选择▲或▼按钮调整幻灯片中各对象的动画顺序。

④单击“全部播放”按钮，在编辑状态下预览对象动画效果；选择其中一个动画任务，单击“播放自”可以从选择位置开始播放。

⑤右键单击“动画窗格”的任务窗格内的动画任务，在弹出的菜单中可以对动画任务进行播放方式设置，如图5－62（b）所示。其中“单击开始”是该动画在鼠标左键单击时启动，“从上一项开始”是该动画与上一动画同时启动，“从上一项之后开始”是该动画在上一动画结束后启动。

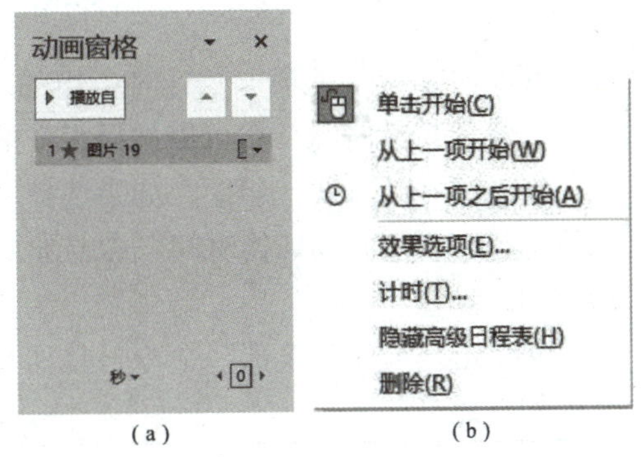

图5－62 “动画窗格”任务窗格
（a）动画窗格；（b）右键弹出菜单

⑥“效果选项”可以修改该动画的效果和计时方式，如图5－63所示。其中“效果”选项卡中可以设置该动画播放时是否带有声音，在播放动画后是否有变暗、隐藏等效果。在“计时”选项卡中可以设置播放方式、播放延迟多长时间、播放的过程持续多长时间、动画重复几次；还可以设置触发器，关联其他对象的动画。

⑦“删除”命令可以删除该动画任务。

6. 应用幻灯片切换效果

“切换”选项卡“切换到此幻灯片”组中包括幻灯片切换效果列表和设置幻灯片切换效果的命令，如图5－64所示。从“幻灯片切换效果”组中选择一种切换效果，则该切换效果应用于所选的幻灯片。

7. 设置幻灯片自定义切换效果

①在“切换”选项卡“切换到此幻灯片”组的“效果选项”下拉列表中设置幻灯片的切换效果是平滑或全黑。

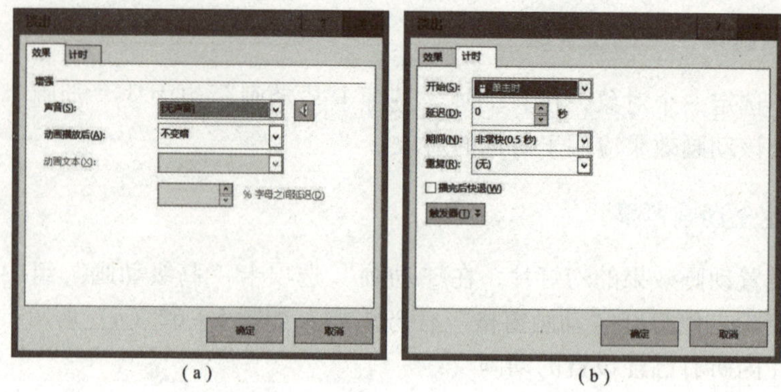

(a) (b)

图 5－63　效果选项

（a）“效果”选项卡；（b）“计时”选项卡

图 5－64　“切换到此幻灯片”组

②在“切换”选项卡“计时”组的“声音”下拉列表中可以设置幻灯片切换过程中的声音，在“持续时间”中可以选择声音的持续时间。

③在“换片方式”组中，如果选择“单击鼠标时”复选框，则单击鼠标时切换幻灯片；如果选择“设置自动切换时间”复选框，可在其后的数值框中输入或调整幻灯片自动切换的时间间隔。

④单击“应用到全部”命令，将所设置的切换效果应用于所有的幻灯片，否则应用于当前幻灯片。

8. 建立超链接

在演示文稿中可以为文本、图片等对象建立超链接。当放映幻灯片时，单击设置了超链接的对象，幻灯片会自动跳转到关联的对象。设置超链接的步骤如下：

①选择要建立超链接的对象。

②在“插入”选项卡“超链接”组中单击“超链接”命令，打开“插入超链接”对话框，如图 5－65（a）所示。

③设置超链接。在“插入超链接”对话框中选择链接到“本文档中的位置”，在“请选择文档中的位置”列表框中选择指定超链接的位置，同时，在“幻灯片预览”框内显示预览效果，如图 5－65（b）所示。

④设置动作。在“插入”选项卡“超链接”组中单击“动作”命令，打开“动作设置”对话框，包括“单击鼠标”和“鼠标悬停”两个选项卡，其中的设置基本相同，只是前者单击鼠标时才起作用，后者移动鼠标时就起作用。在其中一个选项卡上选择“无动作”按钮，表示不设置超链接；选择“超链接到”按钮，从下面组合列表框中选择链接到的位置；选择“运行程序”按钮，可在其下面的编辑框内输入程序文件名；选择“播放声音”

复选框，可从其下面组合列表框中选择所需的声音，如图 5－65（c）所示。

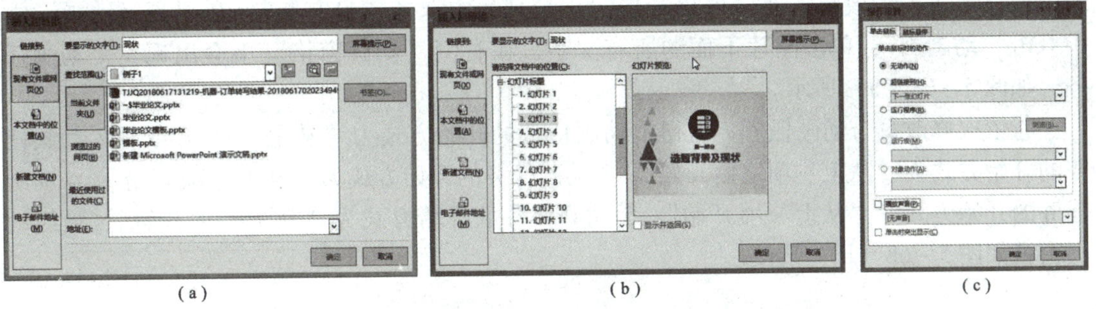

（a）　　（b）　　（c）

图 5－65　建立超级链接

（a）“插入超链接”对话框；（b）设置超链接；（c）“动作设置”对话框

9. 建立动作按钮

PowerPoint 提供了一组预定义的标准动作按钮，可以将动作按钮插入幻灯片中并设置超链接。在“插入”选项卡“插图”组中单击“形状”命令，下拉列表中提供了一组“动作按钮”命令，如图 5－66 所示。

动作按钮

图 5－66　动作按钮

选择一个命令按钮，当指针变为“＋”形状时，在幻灯片中拖动鼠标可绘制动作按钮。系统自动打开“动作设置”对话框，用户可以在对话框中设置超链接，设置方法同建立超链接。

任务实施

①打开“毕业论文 . pptx”，在缩略图区单击第 2 张幻灯片，输入如图 5－67（a）所示文本。

②选择“选题背景及现状”文本，在“插入”选项卡“超链接”组中单击“超链接”命令，在“链接到”中选择“本文档中的位置”，在右侧选择要链接的幻灯片，如图 5－67（b）所示。

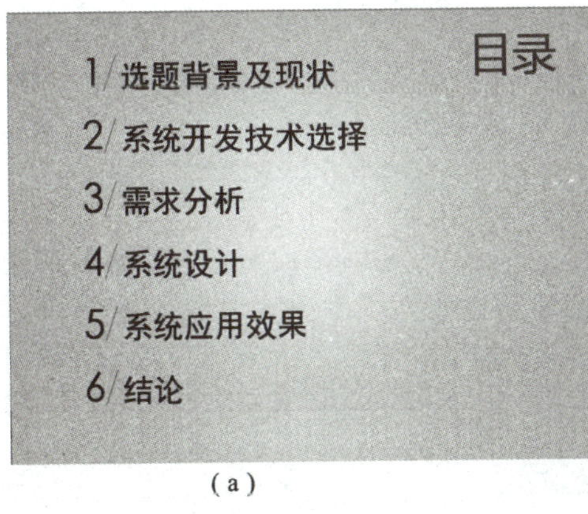

（a）

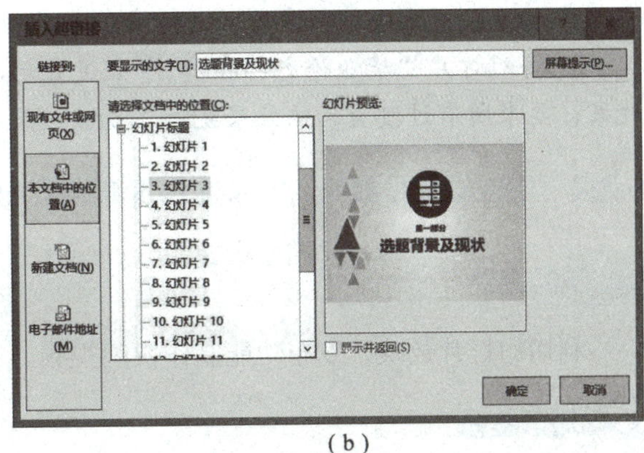

（b）

图 5－67　超链接

（a）文本；（b）选中要链接的幻灯片

③在缩略图区单击第4张幻灯片，选择幻灯片中的图片，在“动画”选项卡“动画”组中选择“飞入”效果，在“效果选项”下拉列表中选择“自右侧”，在“高级动画”组中双击“动画刷”，单击图片下面的所有文字，在右侧“动画窗格”中会出现5个动画任务，如图5-68（a）所示。

④依次修改每个动画任务，使得1动画任务的开始方式为“从上一项开始”，2动画任务的开始方式为“从上一项之后开始”，3动画任务的开始方式为“从上一项开始”，4动画任务的开始方式为“从上一项开始”，5动画任务的开始方式为“从上一项开始”，最终动画窗格如图5-68（b）所示。

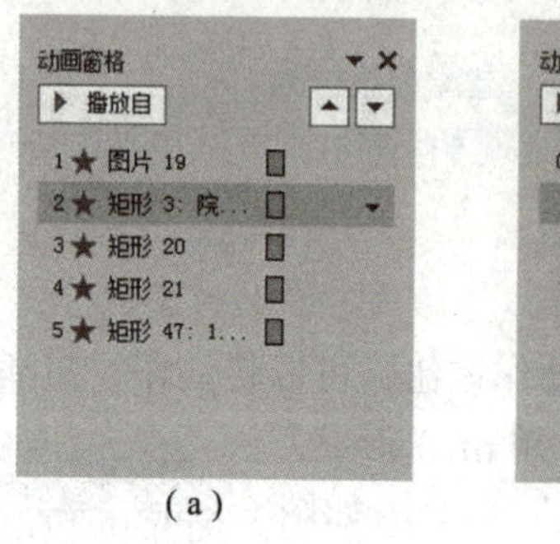

(a)

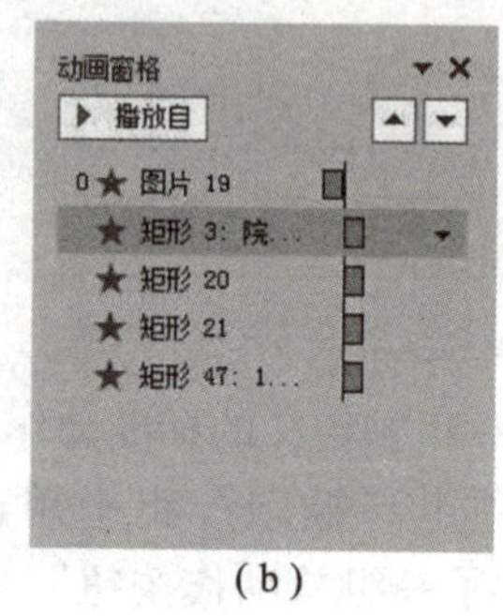

(b)

图5-68　超链接

（a）修改前的动画窗格；（b）修改后的动画窗格

⑤在缩略图区单击第5张幻灯片，在“切换”选项卡“切换到此幻灯片”组中选择“擦除”效果，可以实现左侧菜单不动，右侧内容进行切换的效果。

知识拓展

遇到复杂动画时，可以在母版的版式中先实现一部分，再在幻灯片中实现另一部分。应注意的是，幻灯片在放映时优先播放母版中的动画。

实践提高

1. 在第17张幻灯片中插入任务配套素材中的视频。
2. 将目录页中除第一章外的其他章节制作出超链接效果。
3. 将幻灯片“毕业论文.pptx”中未设置动画、幻灯片切换效果的页面设置动画和切换效果，要求所有过渡页动画效果统一、切换效果统一、内容页切换效果统一。

5.3.2　设置幻灯片放映、演示文稿发布和打印

任务描述

利用幻灯片放映、发布功能制作快闪视频。

知识准备

演示文稿制作完成后，可以对幻灯片的放映模式和放映方式进行设置。通过PowerPoint提供的发布命令可以将演示文稿以不同形式发布给其他用户实现共享，也可以通过打印命令

将演示文稿以幻灯片、讲义等形式打印出来。

1. 自定义放映

在一个演示文稿中可以创建多个自定义放映，其中可以使用演示文稿中一组独立的幻灯片，或创建指向演示文稿中一组幻灯片的超链接，使一个演示文稿适合不同的观众要求。

自定义放映有两种类型，即基本的自定义放映和带超链接的自定义放映。基本的自定义放映是一个独立的演示文稿，或是一个包括原始演示文稿中某些幻灯片的演示文稿；带超链接的自定义放映是导航到一个或多个独立演示文稿的快速方法。

（1）创建基本的自定义放映

①在“幻灯片放映”选项卡“开始幻灯片放映”组中单击“自定义幻灯片放映”命令，选择“自定义放映”命令，打开“自定义放映”对话框，如图 5－69（a）所示。

②在“自定义放映”对话框中单击“新建”命令，打开“定义自定义放映”对话框，从“在演示文稿中的幻灯片”列表中选择幻灯片，单击“添加”按钮或双击要选择的幻灯片，则幻灯片添加到右侧“在自定义放映中的幻灯片”列表中，如图 5－69（b）所示。

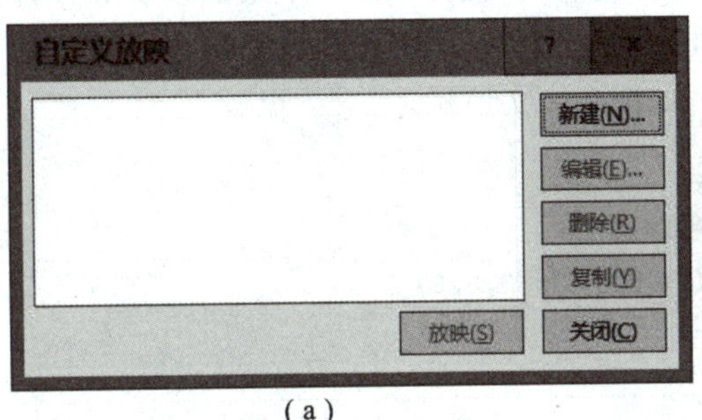

（a）

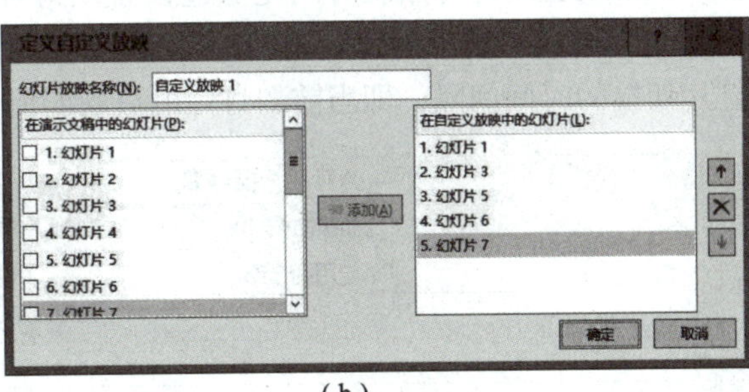

（b）

图 5－69　创建基本自定义放映

（a）“自定义放映”对话框；（b）“定义自定义放映”对话框

③在上方“幻灯片放映名称”文本框中输入自定义放映名称（如“主要内容介绍”），单击“确定”按钮，创建的自定义放映添加到“自定义放映”对话框“自定义放映”列表中。

（2）创建带超链接的自定义放映

①按创建基本自定义放映方法设置多个自定义放映，如图 5－70（a）所示。

②选定用于建立超链接的文本或对象，在“插入”选项卡“链接”组中单击“超链接”命令，打开“编辑超链接”对话框。

③在“链接到”列表中选择“本文档中的位置”，在“请选择文档中的位置”列表中选择要转到的自定义放映，如图 5－70（b）所示。

④单击“确定”按钮，创建的自定义放映添加到“自定义放映”对话框“自定义放映”列表中。

2. 设置放映时间

放映幻灯片时，默认方式是单击鼠标或按空格键切换到下一张幻灯片。用户也可以设置放映时间，实现无须人工干预的自动播放。设置放映时间有两种方式：人工设时和排练

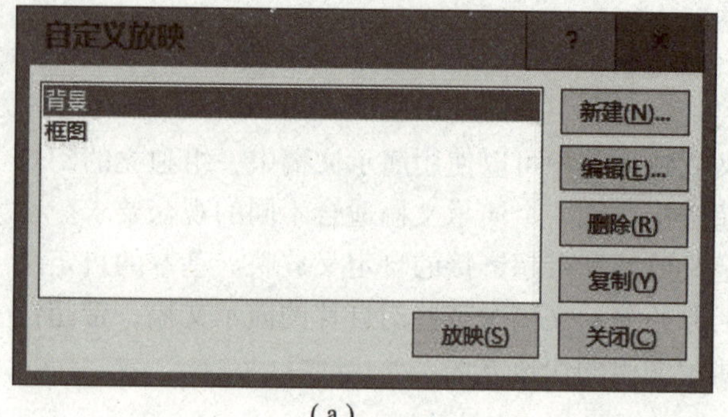

(a)

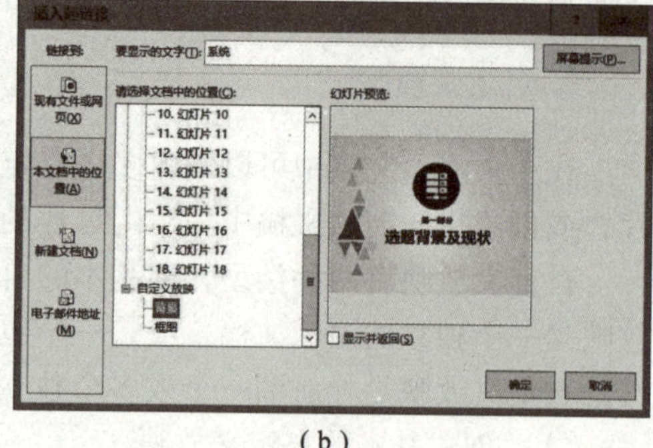

(b)

图 5－70　创建带超链接的自定义放映

(a) 创建多个自定义放映；(b) 超链接到自定义放映

计时。

(1) 人工设时

人工设置幻灯片放映时间是通过设置幻灯片切换效果实现的。在“切换”选项卡“计时”组中选定“换片方式”中的“设置自动换片时间”复选框，在数值框中输入或调整幻灯片切换的时间间隔，即当前幻灯片的放映时间，如图 5－71 所示。

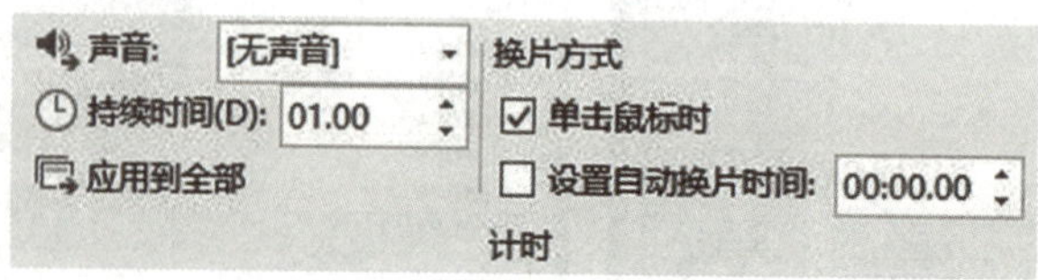

图 5－71　“计时”组

(2) 排练计时

①在“幻灯片放映”选项卡“设置”组中单击“排练计时”命令，系统切换到“幻灯片放映”视图，同时屏幕上显示“录制”对话框，如图 5－72 (a) 所示。

②在“录制”对话框中，第 1 个时间框表示当前幻灯片放映的时间，第 2 个时间框表示演示文稿放映的总计时间，此外，还提供了“下一张”按钮➔、“暂停”按钮❚❚、“返回”按钮↶等。

③当所有幻灯片放映结束或中断排练时，将弹出“Microsoft Office PowerPoint”对话框，提示用户放映幻灯片所用的时间，如图 5－72 (b) 所示。单击“是”按钮，打开“幻灯片浏览”视图，显示演示文稿中每张幻灯片的放映时间。

(a)　(b)

图 5－72　排练计时

(a)“录制”对话框；(b)“Microsoft Office PowerPoint”对话框

3. 录制幻灯片演示

在演示文稿中录制旁白和鼠标活动可增强基于 Web 或自动运行的演示文稿的效果；使用录制幻灯片演示还可以将会议存档，以便缺席者以后观看演示文稿，或演示者听取别人在演示过程中做出的评论。

①在“普通”视图中选定要录制的幻灯片。

②在“幻灯片放映”选项卡“设置”组中单击“录制演示文稿”下拉列表，选择“从当前幻灯片开始录制”或“从头开始录制”。选择录制的内容，如图 5－73 所示。

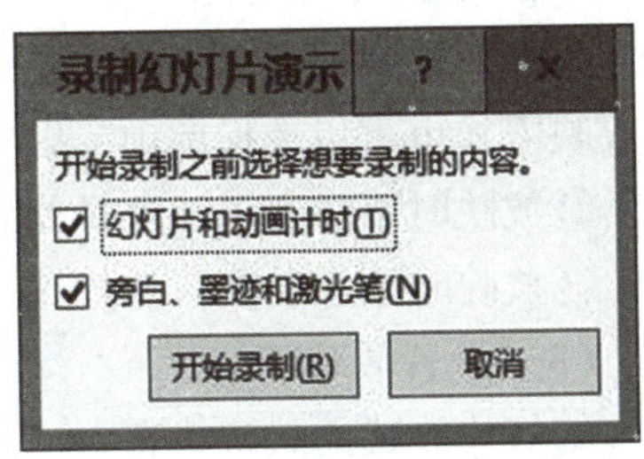

图 5－73 “录制旁白”对话框

③系统切换到“幻灯片放映”视图中，录制旁白，单击幻灯片转到下一张幻灯片，对要添加旁白的每张幻灯片重复执行此过程。

④放映结束或中断放映时，会自动保存录制。

⑤打开“幻灯片浏览”视图，在每张幻灯片上显示小喇叭图标，单击下方的播放按钮可以预览旁白效果。放映幻灯片可以查看激光笔、墨迹、旁白等。

4. 设置放映方式

幻灯片有多种放映方式，用户可以根据不同场合需要设置幻灯片的放映方式。在“幻灯片放映”选项卡“设置”组中单击“设置幻灯片放映”命令，打开“设置放映方式”对话框，如图 5－74 所示。其中主要包括以下几组功能。

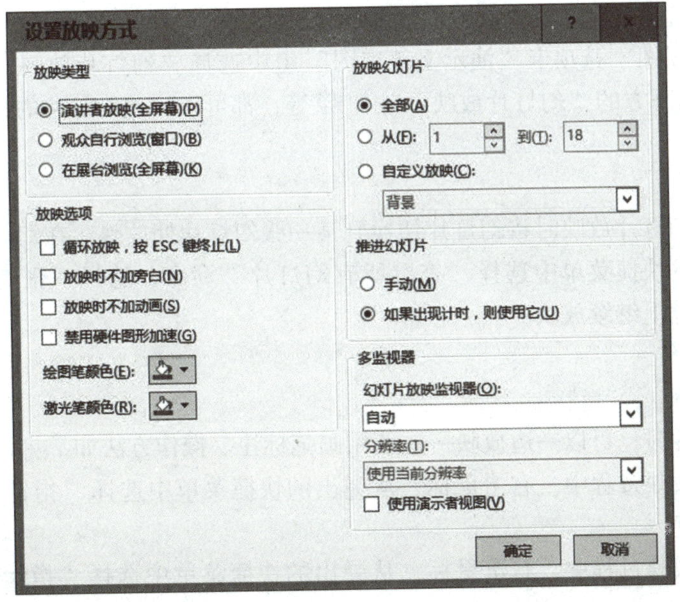

图 5－74 “设置放映方式”对话框

（1）设置放映类型

①演讲者放映。以全屏方式放映幻灯片，在放映过程中，演讲者可以采用自动或人工放

映，还可以添加会议记录和旁白等。

②观众自行浏览。以窗口方式放映幻灯片，在放映过程中可以编辑、移动、复制幻灯片。

③在展台浏览。以全屏幕、自动运行方式放映幻灯片。在放映幻灯片过程中，大多数的菜单或命令都不可用，并且每次放映结束后重新启动放映。

（2）设置放映选项

①循环放映，按 Esc 键中止。选择“在展台浏览”放映方式，则此项被自动选择；其他放映方式也可以选择此项，以达到循环放映的目的。

②放映时不加旁白。选择此项，放映时不允许添加旁白。

③放映时不加动画。选择此项，放映时不播放动画。

（3）设置放映幻灯片

幻灯片放映的默认状态为“全部”，即全部幻灯片；选定“从…到…”选项，输入幻灯片编号，则放映指定的幻灯片；选定“自定义放映”选项，则从“自定义放映”列表中选择一个自定义放映方式放映幻灯片。

（4）换片方式

换片方式即幻灯片切换时的切换方法。选定“手动”选项，则采用单击鼠标方式换片；选定“如果出现计时，则使用它”选项，则按排练时间自动放映。

5. 幻灯片放映

在“幻灯片放映”选项卡“开始放映幻灯片”组中提供了“从头开始”、“从当前幻灯片开始放映幻灯片”和“自定义放映幻灯片”3 个命令，分别实现从第 1 张幻灯片、从当前幻灯片和选择自定义方式放映幻灯片操作。

此外，在“视图”选项卡“演示文稿视图”组中选择“幻灯片放映”命令，或单击 PowerPoint 窗口右下方的“幻灯片放映”按钮等，都可以实现幻灯片的放映操作。

6. 定位

定位是指在幻灯片放映时将幻灯片切换到某一张幻灯片处放映。在幻灯片放映过程中右击鼠标，从弹出的快捷菜单中选择“查看所有幻灯片”命令，选择一张幻灯片，可以快速切换到该张幻灯片上继续放映。

7. 标注放映

在放映幻灯片时，可以一边放映一边使用画笔标注。操作方法如下：

①在幻灯片放映过程中，右击鼠标，从弹出的快捷菜单中选择“指针选项”→“墨迹颜色”中的一种颜色。

②在幻灯片放映过程中，右击鼠标，从弹出的快捷菜单中选择“指针选项”中的一种画笔。

③在幻灯片标注状态下拖动鼠标，在幻灯片上进行标注。

④在幻灯片放映过程中，右击鼠标，从弹出的快捷菜单中选择“指针选项”→“箭头”，则取消幻灯片标注状态。

8. 创建 PDF/XPS 文档

PowerPoint 提供了将演示文稿另存为 PDF/XPS 文档的功能。PDF/XPS 文档可以保留布局、格式、字体和图像，内容不能轻易更改。Web 上提供了免费查看器。操作步骤如下：单击选项卡最左端的“文件”，选择“导出”，单击创建 PDF/XPS 文档，选择保存路径。

9. 创建视频

PowerPoint 提供了将演示文稿另存为视频的功能，视频可以包含所有录制的计时、旁白和墨迹笔画。操作步骤如下：单击选项卡最左端的“文件”，选择“导出”，单击“创建视频”，右侧会出现视频设置项。第一项为清晰度选项，其中有超高清（4K）、全高清（1080P）、高清（720P）、标准（480P），生成的视频越清晰，占用磁盘空间越大；第二项为视频中是否带计时和旁白；第三项为复选框，设置每张幻灯片播放时长。单击下面的“创建视频”按钮，选择保存路径。

任务实施

抖音的快闪视频给人留下了深刻印象，利用 PowerPoint 可以制作快闪视频。

1. 输入文本

①启动 PowerPoint，创建一个空白演示文稿。

②分别创建如图 5－75 所示效果的 13 张幻灯片。其中文字的字体、字号、位置合理设置即可。大字号的设置方法是，在字号下拉框中直接输入字号数值，可以是几百或更大。黑色底面的设置方法是，在背景任意处单击右键，选择“设置背景格式”，在设置背景格式面板中，将“填充”下的“颜色”改为黑色。“为了大家”“更多了解”“先来段儿”都使用文本框方式插入，“快闪介绍”的文本框填充黑色，“走”“起”“啦”为 3 个文本框，其他均使用文本框方式插入。

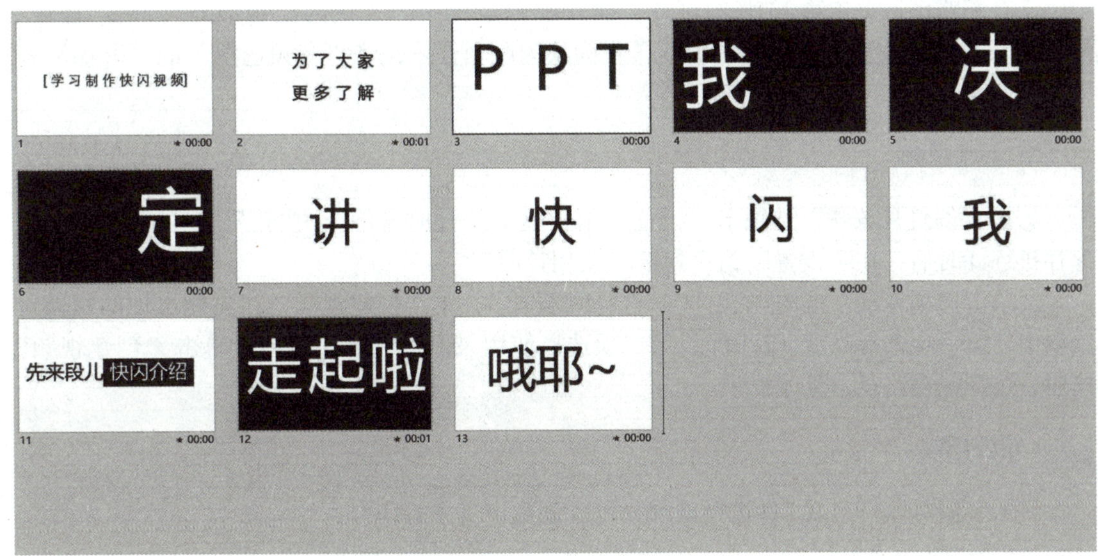

图 5－75　快闪文字效果

2. 设置动画、插入声音

①在缩略图区单击第1张幻灯片，选择幻灯片中的文本框，在“动画”选项卡“动画”组中选择“浮入”效果，在“效果选项”下拉列表中选择“上浮”。双击右侧“动画窗格”中相应的动画任务，在弹出窗口的“计时”中将“开始”改为“与上一动画同时”，将“期间”设置为1秒。

②在缩略图区单击第2张幻灯片，选择幻灯片中的“为了大家”文本框，在“动画”选项卡“动画”组中选择“飞入”效果，在“效果选项”下拉列表中选择“自左侧”。双击右侧“动画窗格”中相应的动画任务，将弹出窗口的“效果”→“平滑结束”改为0.5秒，在“计时”中将“开始”改为“与上一动画同时”，将“期间”设置为0.5秒。“更多了解”文本框的“效果选项”选择“自右侧”，其他设置相同。

③选择幻灯片中“为了大家”文本框，在“动画”选项卡“动画”组中选择“飞出”效果，在“效果选项”下拉列表中选择“到右侧”。双击右侧“动画窗格”中相应的动画任务，将弹出窗口的“效果”→“平滑开始”改为0.5秒，在“计时”中将“开始”改为“与上一动画同时”，将“延迟”设置为0.5秒，将“期间”设置为0.5秒。“更多了解”文本框的“效果选项”选择“到左侧”，其他设置相同。

④插入配套素材中的“快闪配音.mp3”，在“播放”的“剪裁音频”中剪辑00:03到00:09.5作为快闪配套音乐，将“音频选项”的“开始”设置为“自动”，勾选“跨幻灯片播放”复选框。

⑤在缩略图区单击第11张幻灯片，设置“先来段儿”为“基本缩放”“从屏幕底部缩小”动画效果，“计时”中设置“与上一动画同时”，“期间”设置为0.2秒。设置“快闪介绍”为“擦除”“自左侧”动画效果，“计时”中设置“上一动画之后”，其他设置相同。

⑥在缩略图区单击第12张幻灯片，“走”文本框的动画设置与上一幻灯片中“先来段儿”文本框的动画设置相同，“起”“啦”文本框的动画设置与上一幻灯片中“快闪介绍”文本框的动画设置相同。可以使用动画格式刷来设置。

⑦在缩略图区单击第13张幻灯片，插入配套素材中的“快闪配音.mp3”，在“播放”的“剪裁音频”中剪辑01:15到01:15.7作为快闪配套音乐，将“音频选项”的“开始”设置为“自动”。

3. 生成视频

①在“幻灯片放映”选项卡“设置”组中单击“计时排练”，按音乐节奏播放幻灯片，保存排练计时后，在“设置”组中勾选“使用计时”。

②单击选项卡最左端的“文件”，选择“导出”。单击创建视频，在右侧出现的视频设置项中，第一项选择高清（720P），第二项选择使用录制的计时和旁白。单击“创建视频”按钮，选择保存路径，生成视频。

知识拓展

演示文稿可以打包成CD进行刻录，可以创建讲义并打印。

1. 将演示文稿打包成 CD

PowerPoint 提供了将幻灯片和媒体链接复制到 CD 上，制作成 CD 数据包，实现直接播放的功能。操作步骤如下：单击选项卡最左端的“文件”，选择“导出”，在右侧选择“打包成 CD”按钮，弹出对话框，如图 5 – 76（a）所示。在“将 CD 命名为”文本框中输入 CD 名，单击“添加”按钮，打开“添加文件”对话框，选择要添加的文件。单击“选项”按钮，打开“选项”对话框，如图 5 – 76（b）所示，设置打包选项。单击“复制到文件夹”按钮，打开“复制到文件夹”对话框，输入文件夹名称并指定复制的位置，幻灯片将被打包到指定位置上。若单击“复制到 CD”按钮，则将幻灯片复制到 CD 上。

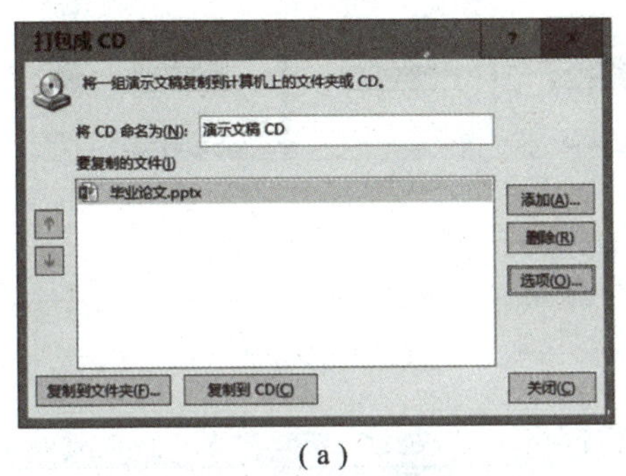

(a)

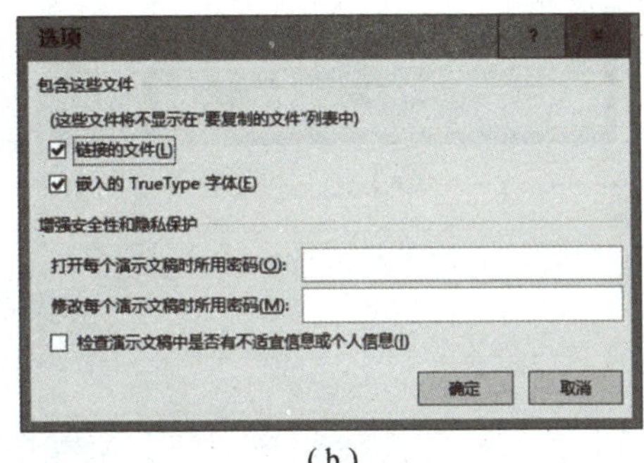

(b)

图 5 – 76　制作 CD 数据包

（a）“打包成 CD”对话框；（b）“选项”对话框

2. 创建讲义

PowerPoint 提供了将幻灯片粘贴或链接到 Word 上，制作成讲义的功能。具体功能包括将幻灯片和备注放在 Word 文档中，在 Word 中编辑内容和设置内容格式。此幻灯片发生更改时，自动更新讲义的幻灯片。操作步骤如下：单击选项卡最左端的“文件”，选择“导出”，单击创建讲义，在右侧选择“创建讲义”按钮，弹出对话框，如图 5 – 77（a）所示。生成的效果如图 5 – 77（b）所示。

3. 打印设置

单击选项卡最左端的“文件”，选择“打印”命令，右侧显示“打印”设置，如图 5 – 78（a）所示。在“打印”设置中，可以进行以下操作：

（1）设置打印范围

用户可以选择“打印全部幻灯片”“打印选定区域”“打印当前幻灯片”和“自定义范围”。若选择“自定义范围”，则需要在下方空白处输入打印的幻灯片编号。

（2）设置打印版式

打印可以是整页幻灯片、备注页、大纲，可以是 1 张幻灯片或多张幻灯片，如图 5 – 78（b）所示。

（3）设置颜色/灰度

打印效果可以是颜色、灰度和黑白。默认以灰度方式打印。

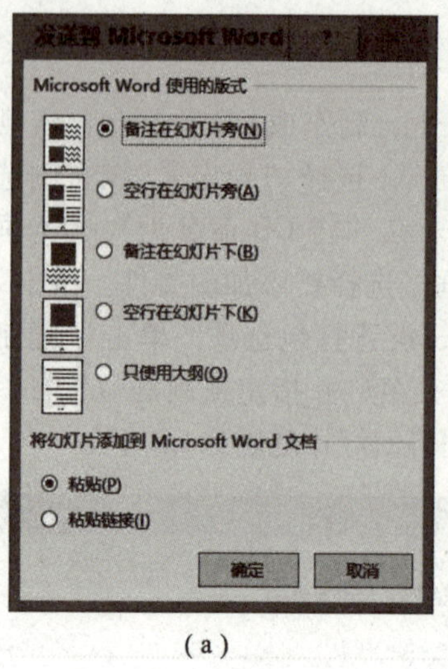

（a）

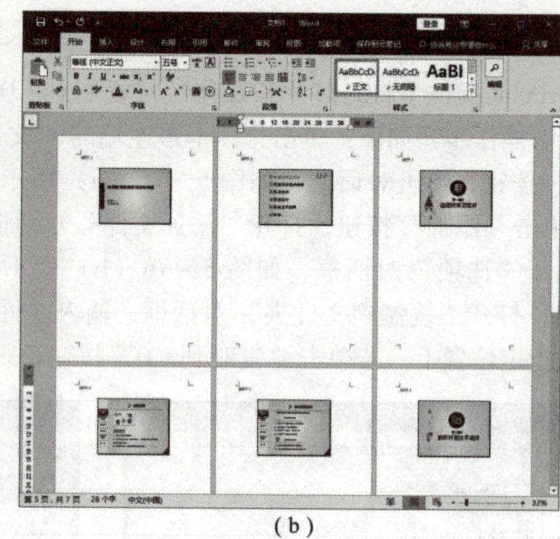

（b）

图 5－77　创建讲义

（a）创建讲义；（b）效果

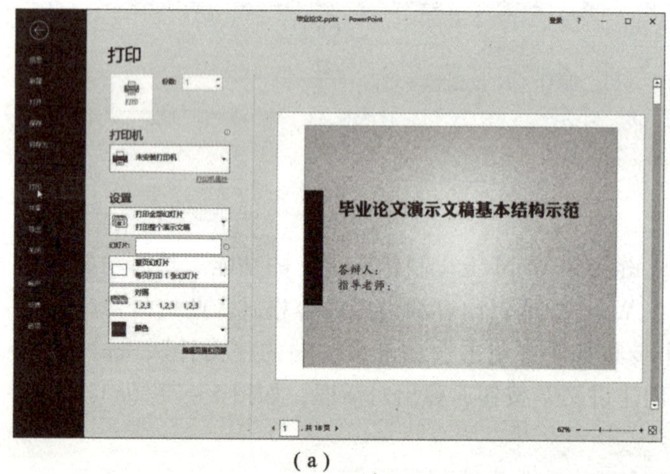

（a）

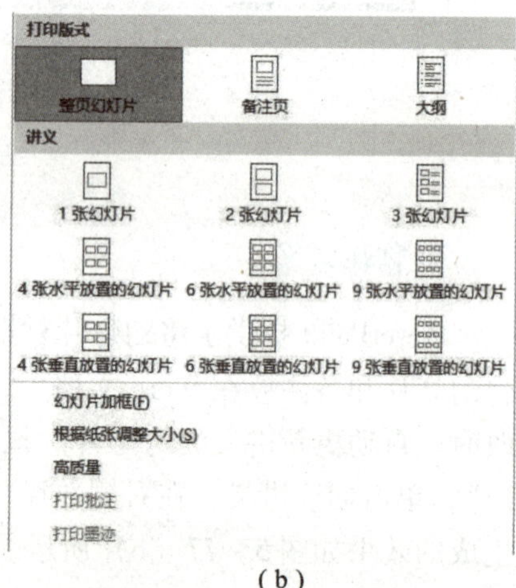

（b）

图 5－78　打印

（a）打印设置；（b）打印版式

（4）其他选项

其他选项包括根据纸张调整大小、幻灯片加边框、批注页等，用户可根据需要设置。

在制作“毕业论文.pptx”时，在前面任务中已经设置了幻灯片大小为 4:3，这种尺寸的幻灯片适合在大屏幕投影的展示环境中使用，而另外一种宽屏（16:9）的尺寸适合在液晶屏、电视、电脑屏幕上展示使用。

实践提高

以“我的美好时光”为题制作幻灯片，要求发布成视频（720P）格式，尺寸为 16:9，内容可以是以图片为主的幻灯片视频，也可以制作成文字快闪视频。

小　结

通过本项目的学习，可以掌握PowerPoint演示文稿的基本功能和基本结构及模板获取方法；插入图片、图形、艺术字和SmartArt方法；表格和图表的作用及插入方法，对幻灯片的表格和图表的美化；插入音频和视频的方法；母版的用途，模板的设计规范，模板的制作过程；幻灯片中动画效果、幻灯片切换效果、超链接的实现方法；设置幻灯片放映、演示文稿发布和打印方法等。

习　题

一、选择题

1. 演示文稿类型文件的扩展名是（　　）。

A. .htmx　　B. .pptx　　C. .ppsx　　D. .potx

2. PowerPoint共有（　　）种视图方式。

A. 3　　B. 4　　C. 5　　D. 6

3. 在（　　）视图中不能改变个别幻灯片的内容，但可以删除或复制幻灯片，调整各幻灯片次序。

A. 幻灯片　　B. 幻灯片浏览　　C. 幻灯片放映　　D. 备注页

4. 在PowerPoint自定义动画中，不可以设置（　　）。

A. 动画效果　　B. 动作循环的播放

C. 时间和顺序　　D. 多媒体设置

5. 在演示文稿中插入超链接时，所链接的目标不能是（　　）。

A. 另一个演示文稿　　B. 同一演示文稿的某一张幻灯片

C. 其他应用程序的文档　　D. 幻灯片中的某个对象

6. 在PowerPoint中，为建立图表而输入数字的区域是（　　）。

A. 边距　　B. 数据表　　C. 大纲　　D. 图形编译器

7. 在PowerPoint中，停止幻灯片播放的快捷键是（　　）。

A. Enter　　B. Shift　　C. Ctrl　　D. Esc

8. 在“幻灯片切换”任务窗格中，不可以设置幻灯片切换的（　　）。

A. 换页方式　　B. 颜色　　C. 效果　　D. 声音

9. 在PowerPoint中，当要改变一个幻灯片模板时，（　　）。

A. 所有幻灯片都采用新模板

B. 只有当前幻灯片采用新模板

C. 所有剪贴画都丢失

D. 除空白幻灯片，所有幻灯片均采用新模板

10. PowerPoint中的图表是用于（　　）。

A. 可视化地显示数字　　B. 可视化地显示文本

C. 可以说明一个进程　　D. 可以显示一个组织的机构

11. 在 PowerPoint 中，可以改变单个幻灯片背景的（　　）。

A. 颜色和底纹　　B. 颜色、图案和纹理

C. 图案和字体　　D. 灰度、纹理和字体

12. 下列各项中，不能实现新建演示文稿的是（　　）。

A. 打包功能　　B. 空演示文稿　　C. 模板设计　　D. 内容提示向导

13. 下面不能在“设置放映方式”对话框中实现的操作是（　　）。

A. 演讲者放映　　B. 观众自行浏览　　C. 在展台浏览　　D. 幻灯片版式

14. 在幻灯片视图窗格中，状态栏中出现了“幻灯片 2/7”的文字，则表示（　　）。

A. 共有 7 张幻灯片，目前只编辑了 2 张

B. 共有 7 张幻灯片，目前编辑的是第 2 张

C. 共编辑了 2/7 张幻灯片

D. 共有 9 张幻灯片，目前显示的是第 2 张

15. 在幻灯片中设置母版可以起到（　　）作用。

A. 统一整套幻灯片风格　　B. 统一标题内容

C. 统一图片内容　　D. 统一页码内容

16. PowerPoint 中用于显示文件名的位置是（　　）。

A. 常用工具栏　　B. 菜单栏　　C. 标题栏　　D. 状态栏

17. PowerPoint 是讲演软件，它（　　）。

A. 在 DOS 环境下运行　　B. 在 Windows 环境下运行

C. 在 DOS 和 Windows 环境下都可以运行　　D. 可以不要任何环境，独立地运行

18. PowerPoint 窗口中，视图切换按钮有（　　）。

A. 4 个　　B. 5 个　　C. 6 个　　D. 7 个

19. 如要关闭演示文稿，但不想退出 PowerPoint，可以单击（　　）。

A. PowerPoint“文件”按钮→左侧导航栏中的“关闭”按钮

B. PowerPoint“文件”按钮→左侧导航栏中的“退出”按钮

C. PowerPoint 窗口中的“关闭”按钮

D. PowerPoint 窗口左上角的“控制菜单”图标

20. PowerPoint 中 18 号字体比 8 号字体（　　）。

A. 大　　B. 小　　C. 有时大，有时小　　D. 一样

二、操作题

1. 制作 PowerPoint 幻灯片，如图 5－79 所示。

要求：

（1）字体可选用微软雅黑、字号模仿图示比例，文字内容自拟。

（2）整体风格模仿图示，尽量做到与图示一致。

（3）利用形状与填充完成。

2. 制作完成如图 5－80 所示内容幻灯片，并进行美化，如图 5－81 所示。

3. “抖音”风格演示文稿综合作业。

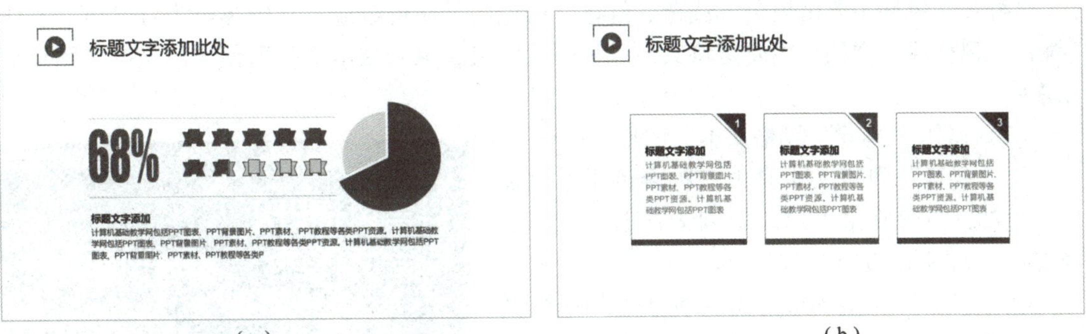

图 5－79　PowerPoint 幻灯片

■ 中国羽毛球获得冠军的次数

目前，中国羽毛球获得奥运冠军的次数为18次。

亚特兰大奥运会：女子双打冠军，悉尼奥运会：男子单打冠军、女子单打冠军、女子双打冠军、混合双打冠军，雅典奥运会：女子单打冠军、女子双打冠军、混合双打冠军，北京奥运会：男子单打冠军、女子单打冠军、女双冠军，伦敦奥运会：男子单打冠军、女子单打冠军、男子双打冠军、女子双打冠军、混合双打冠军，里约奥运会：男子单打冠军、男子双打冠军。

图 5－80　原幻灯片

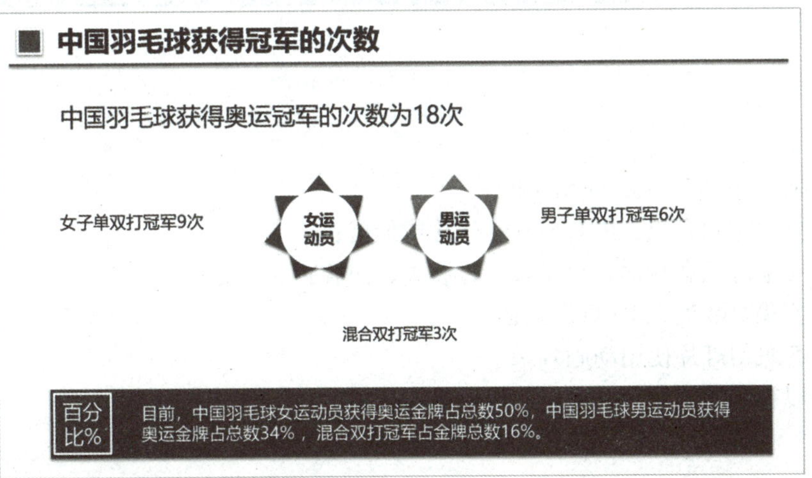

图 5－81　效果图

（1）认识“抖音”风格（配色）。

“抖音”风格主要由黑色、浅蓝、红色、白色四种颜色组成，其中黑色为背景色。制作“抖音”风格演示文稿，主要是将其余三种颜色的组合融入演示文稿所使用的文本、图形等元素中。

（2）制作“抖音”风格文本与图形。

①“抖音”风格文本是由三种颜色文本叠加后产生的，白色在最上层，中间为浅蓝，最下层为红色，如图 5－82 所示。

②“抖音”风格图形是由两种颜色的线性渐变色填充而成的，“渐变填充”的“渐变光圈”的左边为浅蓝色，右边为红色，角度为 250°，如图 5－83（a）所示。图形、线的填充效果如图 5－83（b）所示。

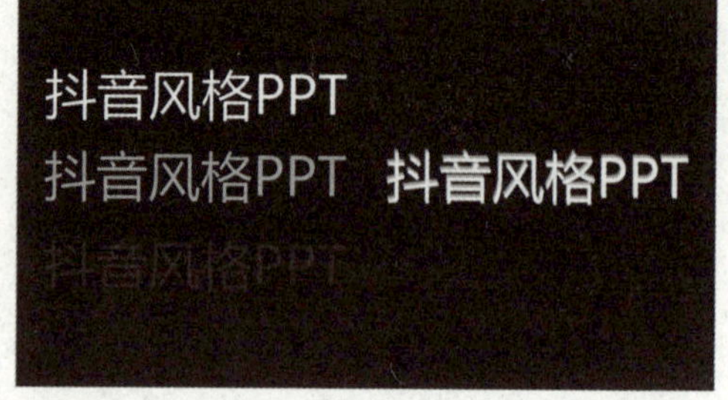

图 5－82 “抖音”风格文本

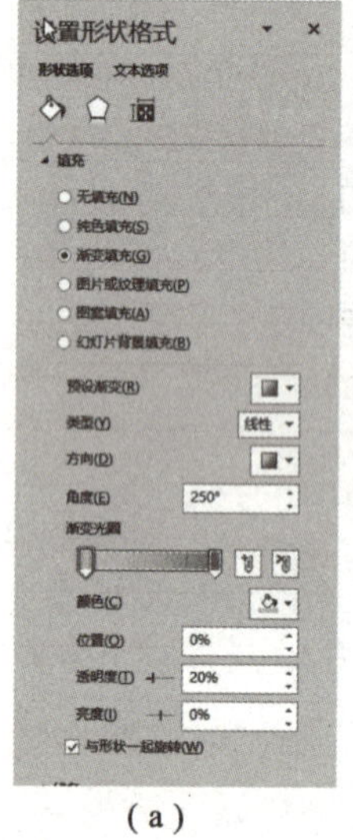

（a）

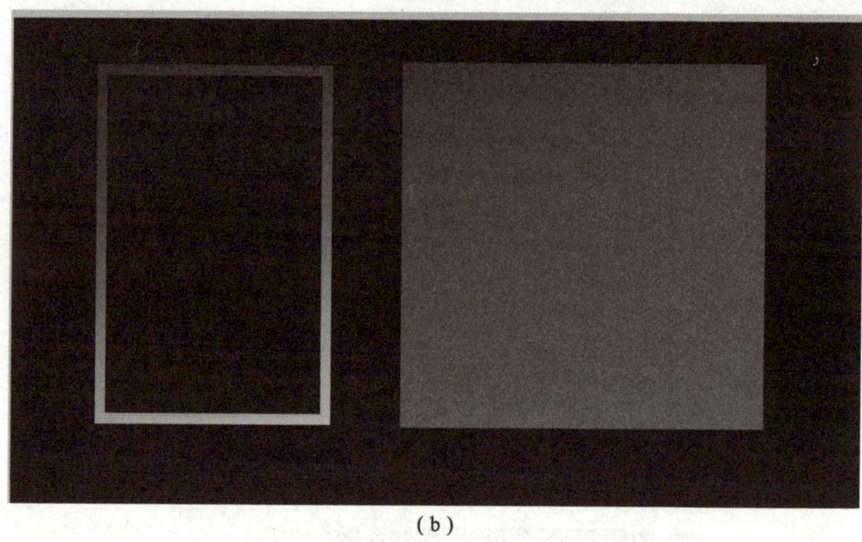

（b）

图 5－83 “抖音”风格图形

（a）渐变设置；（b）效果图

（3）制作“抖音”风格演示文稿。

①演示文稿主题自拟，内容应杜绝违法或低俗；

②演示文稿应该有封面、目录页、过渡页、内容页和封底；

③演示文稿页数应在 10 页以上；

④至少 5 页幻灯片使用动画效果；

⑤最终以视频形式发布，可以制作成快闪视频形式。

项目 6

互联网应用与计算机安全

- **知识目标：**

◇ 理解计算机网络的定义，了解计算机网络的发展历程和计算机网络的分类。

◇ 掌握 Internet Explorer 浏览器的使用。

◇ 了解电子邮件的使用方法。

◇ 掌握计算机安全知识。

- **能力目标：**

◇ 能够识别计算机网络硬件设备，能够进行网络硬件设备的连接。

◇ 能够应用 Internet Explorer 浏览网页、搜索信息。

◇ 能够发送电子邮件。

◇ 能够使用防病毒软件。

Internet 中文为因特网，也称为国际互联网，以 TCP/IP 网络协议进行数据通信，把全世界众多的计算机网络和近亿台计算机互相连接起来，实现资源共享和信息交换。计算机网络广泛应用于政府部门、生产部门、商务活动、教育科研及个人应用等领域，改变着人们的生活、工作和学习方式。

任务 1　认识计算机网络

6.1.1　了解计算机网络

了解计算机网络的定义、发展历史和功能。

知识准备

1. 计算机网络的定义

计算机网络是指将地理位置不同、具有独立功能的多个计算机系统通过通信介质和互联设备相互连接起来，配以完整的网络软件，实现信息交换和资源共享的系统。

2. 计算机网络的形成与发展

计算机网络是计算机技术与通信技术相结合的产物，从技术角度来看，计算机网络的发展大致可分为以下四个阶段。

（1）第一代计算机网络

第一代计算机网络是20世纪60年代中期之前，以单个主机为中心的联机系统。将地理位置分散的多个终端通过通信线路连到一台中心计算机上，用户在自己的终端上键入程序，通过通信线路传送到中心计算机上，中心计算机将处理结果回送到用户终端显示或打印。

（2）第二代计算机网络

20世纪60年代中期至70年代，以通信子网为中心，将分布在不同地点的计算机通过通信线路互连成计算机-计算机网络。连网用户可以使用网络中其他计算机上的软件、硬件与数据资源，以达到资源共享的目的。

（3）第三代计算机网络

第三代计算机网络是20世纪70年代至90年代在网络体系结构标准化基础上形成的。70年代后期，国际标准化组织ISO的计算机与信息处理标准化技术委员会TC97成立了一个分委员会SC16，研究网络体系结构与网络协议国际标准化问题。经过多年的工作，ISO正式制定并颁布了开放系统互连参考模型，该模型得到了许多计算机厂商的支持，成为研究和制定新一代计算机网络标准的基础。

（4）第四代计算机网络

第四代计算机网络是20世纪90年代至今由各种网络互连形成的。其以Internet为典型代表，采用TCP/IP协议。各种计算机网络只要遵循TCP/IP协议，就可以连入Internet。Internet提供了多种网络应用工具，可以实现网上通信、访问网上各种信息、共享计算机资源等。

任务实施

计算机网络有多种分类方法，常用的有按覆盖范围、传输介质、网络拓扑结构、服务方式等分类。

（1）按覆盖范围分类

①局域网。局域网（Local Area Network，LAN），指在有限地理区域内构成的计算机网络，其覆盖范围一般不超过10 km。局域网通常建在一个实验室、一幢大楼、一个校园等有限范围内。

②城域网。城域网（Metropolitan Area Network，MAN），指在城市地区之间构成的计算机网络，其覆盖范围在50~80 km。城域网主要是为企业、事业、机关、公司、社会服务等部门提供计算机连网服务，实现大量用户之间多种信息的传输，是一种综合性的信息网络。

③广域网。广域网（Wide Area Network，WAN），也称为远程网，所覆盖的范围比城域网更广，其覆盖范围从几百千米到几千千米。广域网一般是不同城市和不同国家之间的局域网或城域网的互连。

（2）按网络拓扑结构分类

计算机网络的拓扑结构是指网络节点连接的几何图形，即网络节点的互连方式。

①星形结构。网络中设备直接连在集线器（Hub）上，如图6－1所示；对星形结构进行扩充，便形成星形树结构，如图6－2所示。

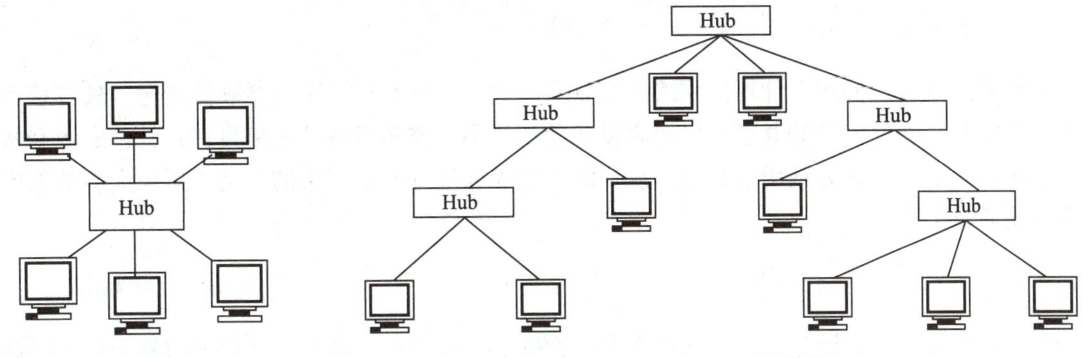

图6－1　星形基本结构　　图6－2　星形树结构

②环形结构。传输媒体从一个端用户到另一个端用户，直到将所有端用户连成环形，如图6－3所示。

③总线型结构。将所有的端用户通过同一媒体连接，如图6－4所示。

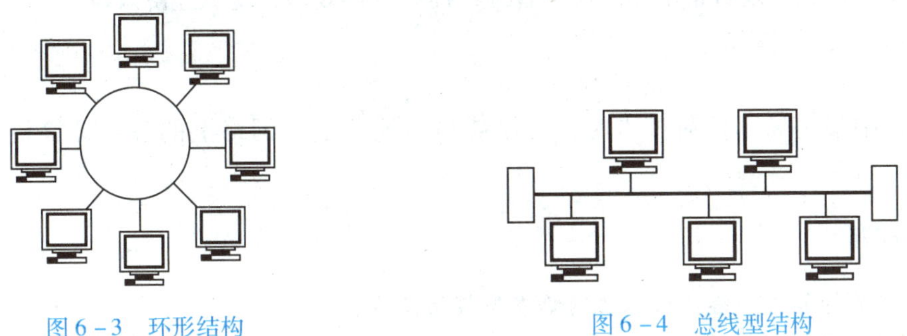

图6－3　环形结构　　图6－4　总线型结构

（3）按服务方式分类

①客户机/服务器（Client/Server，C/S）模式，以PC机或工作站作为客户机。工作特点是文件从服务器下载到客户机上，然后在客户机上进行处理。

②浏览器/服务器（Browser/Server，B/S）模式，主要特点是它与软硬件平台无关。

③对等网（Peer to Peer），对等网中的每台客户机都可以与其他客户机实现“平等”的对话操作，共享彼此的信息资源和硬件资源。组网的计算机类型相同，甚至操作系统也相同。

知识拓展

计算机网络使计算机的应用超越了时间和空间的限制，对人们的生活产生着越来越深远的影响。

1. 数据通信

数据通信是依照一定的通信协议，利用数据传输技术在两个终端之间传递数据信息的一种通信方式和通信业务，是计算机网络的最主要的应用之一。它可实现计算机和计算机、计算机和终端及终端与终端之间的数据信息传递，是继电报、电话业务之后的第三种最大的通信业务。

2. 资源共享

资源共享是人们建立计算机网络的主要目的之一。计算机资源包括硬件资源、软件资源和数据资源。硬件资源的共享可以提高设备的利用率，避免设备的重复投资；软件资源和数据资源的共享可以充分利用已有的信息资源，减少软件开发过程中的劳动，避免大型数据库的重复建设。

3. 分布式处理

将复杂的任务进行分解，分别在多台计算机上进行处理，降低软件设计的复杂性，提高效率，降低成本。

4. 集中管理

计算机网络技术的发展和应用改变了办公手段、经营管理模式。许多管理信息系统、办公自动化系统可以实现日常工作的集中管理，提高工作效率，增加经济效益。

5. 负载分担

当网络中某一局部负荷过重时，工作被均匀地分配给网络上的各台计算机，以均匀负载。

实践提高

1. 什么是计算机网络？计算机网络发展经历几代？
2. 计算机网络分成哪几种类型？试比较不同类型网络的特点。

6.1.2 认识 Internet

任务描述

理解 TCP/IP、IP 协议概念，了解计算机接入网络的方法。

知识准备

1. 网络协议

网络协议是网络中计算机之间遵守的格式和约定。只有遵守相同协议的计算机之间才能正确通信。

2. 网络的体系结构

为简化计算机网络设计，将网络功能划分为若干层，每层完成独立的功能，下层为上层

提供服务，对等层间遵守相同的通信协议。通常将网络功能的层次结构和各层协议统称为网络的体系结构。采用层次结构的优点是每一层实现相对独立的功能，用户只需知道下层通过层间接口提供的服务及本层应向上层提供的服务，即可独立地进行本层的设计开发。

3. OSI模型

1977年，国际标准化组织（ISO）公布了一个开放系统互连（Open System Interconnection，OSI）参考模型。OSI参考模型各个层次划分遵循的原则是：网络中各节点都有相同的层次；不同节点的同等层具有相同的功能；同一节点内相邻层之间通过接口通信；每一层使用下层提供的服务，并向其上层提供服务；不同节点的同等层按照协议实现对等层之间的通信。

OSI参考模型采用了7个层次的体系结构，由低至高，依次是物理层、数据链路层、网络层、传输层、会话层、表示层和应用层，如图6-5所示。

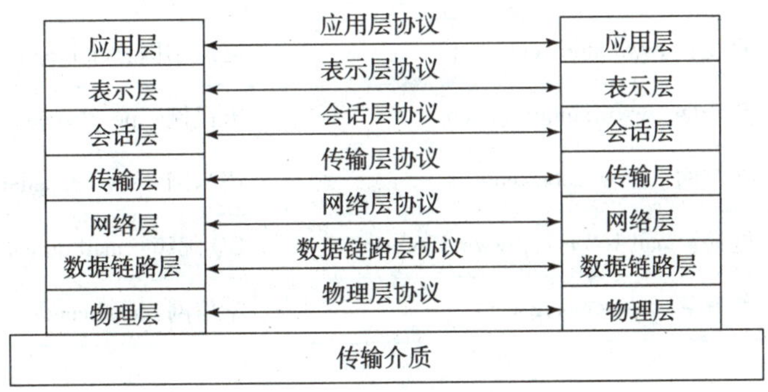

图6-5　OSI参考模型

4. TCP/IP协议

在计算机网络中，计算机之间相互通信必须遵守预先的约定和规则，称作网络协议。Internet中使用的网络协议是TCP/IP协议。TCP/IP协议（Transmission Control Protocol/Internet Protocol，传输控制/网际协议）是一个协议族，包括TCP、IP、UDP、ICMP、RIP、SMTP、ARP、TFTP等，TCP和IP是最重要的两个协议。

TCP/IP协议采用四层网络体系结构，即网络接口层、互联层、传输层和应用层。

5. IP地址

为了确保计算机在网络中能相互识别，网络中的每台计算机都必须有唯一的标识，即IP地址。IP地址包括网络编号和主机编号两部分。

在IPv4协议中，IP地址由32位（Bit）二进制数组成，可以有2^{32-1}个IP地址。随着互联网的迅速发展，IPv4定义的有限地址空间将被耗尽，为了扩大地址空间，采用IPv6协议重新定义地址空间。IPv6协议的地址长度为128位，可以有2^{128-1}个IP地址，可以保证地球上的每个人都拥有一个或多个IP地址。IPv6协议为互联网的普及提供了基本条件。

6. 域名系统DNS

在Internet中，主机的唯一标识就是IP地址，直接使用IP地址就可以访问网上其他主机。但 IP 地址难以识记，因此 Internet 中使用了一套和 IP 地址对应的域名系统（Domain Name System，DNS），用英文字母、数字或它们的组合来标识主机，称为域名。例如，www.cctv.com、www.moe.gov.cn、www.tsinghua.edu.cn 等。域名系统的主要功能就是完成 IP 地址和域名之间的转换。

7. 统一资源定位符（URL）

在 Internet 上，每一个信息资源都有唯一的地址，该地址叫 URL。URL 由资源类型、主机域名、资源文件路径和资源文件名组成，其格式是“资源类型://主机域名/资源文件路径/资源文件名”。典型网站的 URL 地址见表 6－1。

表 6－1　典型网站的 URL 地址

网站类型	URL 地址	
搜索引擎网站	百度：www.baidu.com	必应中国：cn.bing.com
新闻网站	新华网：www.xinhuanet.com	人民网：people.com.cn
电子商务网站	淘宝网：www.taobao.com	当当网：www.dangdang.com
免费电子邮箱	网易：mail.163.com，www.126.com	QQ 邮箱：mail.qq.com
教育网站	教育部：www.moe.gov.cn	学信网：chsi.com.cn

8. 接入 Internet 的方式

计算机接入 Internet 的方式有基于传统电话网的有线接入、基于有线电视网的接入、光纤接入、以太网接入和无线接入。

（1）基于传统电话网的有线接入

拨号入网是一种利用电话线和公用电话网（PSTN）接入 Internet 的方式。

（2）基于有线电视网的接入

电缆调制解调器是一种通过有线电视网络进行高速数据接入的装置。一般有两个接口，一个用来连接室内有线电视端口，另一个与计算机或交换机相连。

（3）光纤接入

光纤接入就是在接入网中全部或部分采用光纤传输介质，构成光纤用户环路（或称光纤接入网（OAN））。其是实现用户高性能宽带接入的一种方案。光纤由于其具有大流量、保密性好、不怕干扰和雷击、质量小等诸多优点，正在得到迅速发展和应用。

（4）以太网接入

在用户的家中添加以太网 RJ45 信息插座作为接入网络的接口，连接到局域网的交换机上，局域网的交换机通过光纤接入 Internet。

（5）无线接入

无线接入是指在终端用户和交换端之间全部或部分采用无线传输方式，为用户提供固定或移动接入服务。无线接入是当前发展最快的接入互联网方式之一。无线接入技术主要有蜂窝技术、数字无绳技术、点对点微波技术、卫星技术、蓝牙技术等。

任务实施

1. 更改计算机名称

①在桌面上右击“此电脑”图标，从弹出的快捷菜单中选择“属性”，打开“系统”对话框，如图6-6（a）所示。

②单击“更改设置”，打开“系统属性”对话框，如图6-6（b）所示；单击“更改”命令，打开“计算机名/域更改”对话框，重命名计算机。

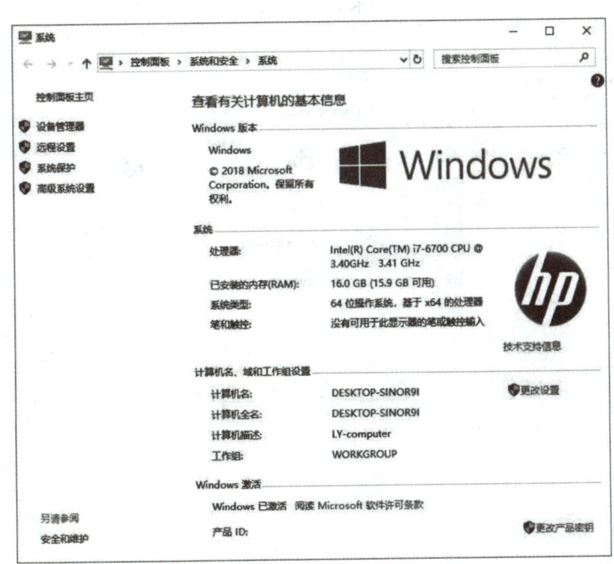

（a）

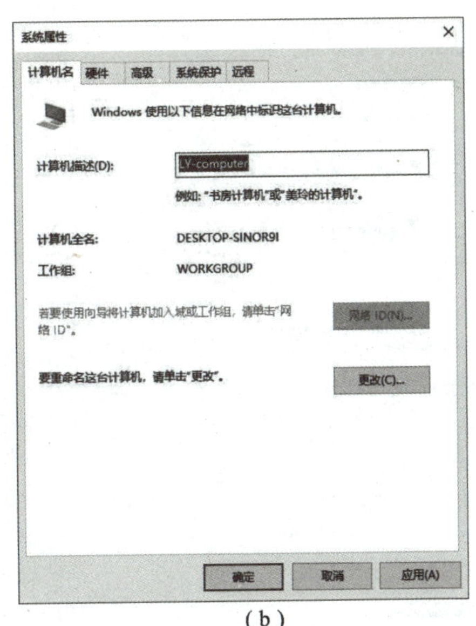

（b）

图6-6　更改计算机名

（a）“系统”对话框；（b）“系统属性”对话框

2. 网络连接

①在桌面上右击“网络”图标，从弹出的快捷菜单中选择“属性”命令，打开“网络和共享中心”对话框，如图6-7（a）所示。

②单击“Internet 选项”，打开“Internet 属性”对话框，如图6-7（b）所示；在“连接”选项卡中单击“设置”命令，结合实际情况选择连接方式，创建网络连接，如图6-7（c）~（e）所示。

3. 查看或更改计算机的网络协议

①在桌面上右击“网络”图标，从弹出的快捷菜单中选择“属性”命令，打开“网络和共享中心”对话框，如图6-8（a）所示。

②在“查看活动网络”区域单击“以太网”图标，打开“以太网状态”对话框，如图6-8（b）所示；单击“属性”，打开“以太网属性”对话框，选择“Internet 协议版本4（TCP/IPv4）”项，如图6-8（c）所示。若采用无线上网，则单击“WLAN”图标，打开“WLAN 属性”对话框。

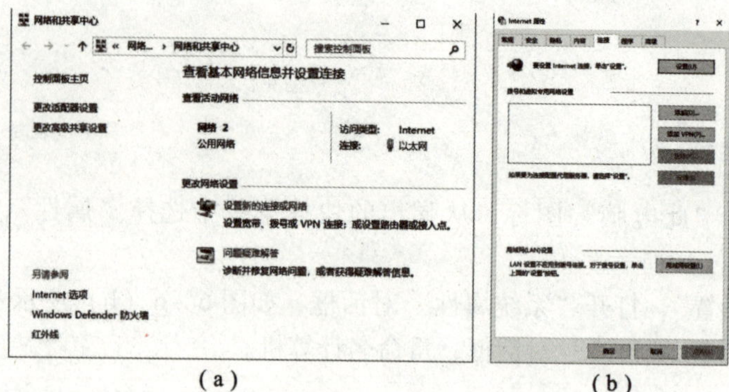

(a)　　(b)

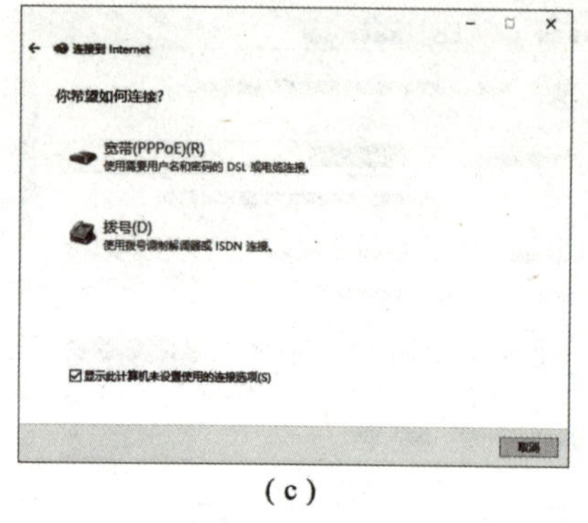

(c)

(d)

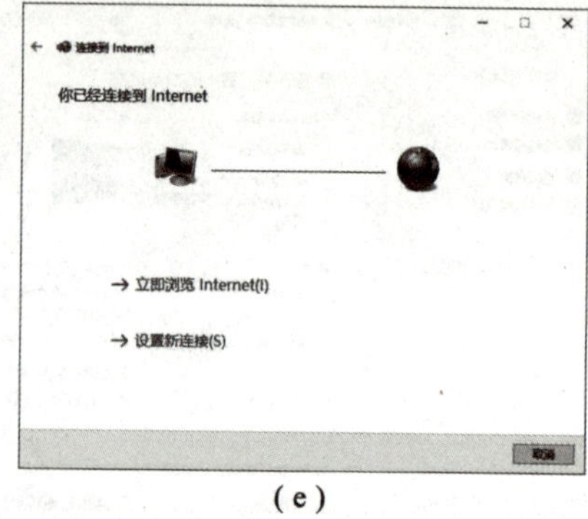

(e)

图 6－7　网络连接

（a）“网络和共享中心”对话框；（b）“Internet 属性”对话框；（c）Internet 连接设置；（d）无线网络连接；（e）连接到 Internet

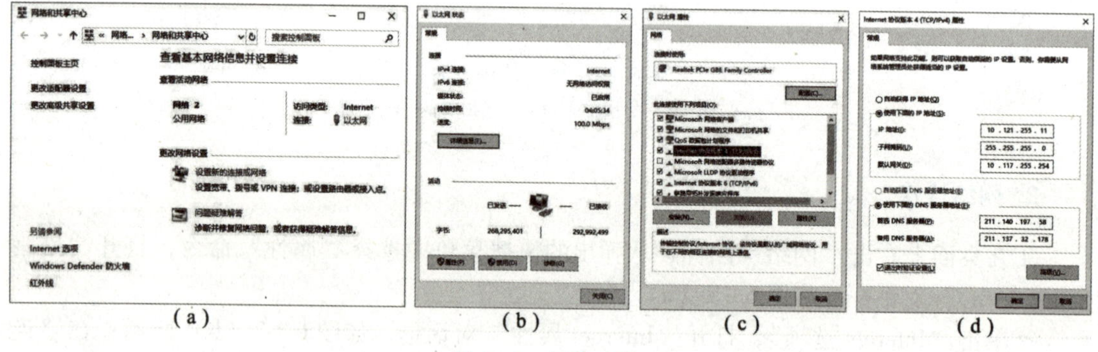

(a)　　(b)　　(c)　　(d)

图 6－8　网络连接

（a）“网络和共享中心”对话框；（b）“以太网状态”对话框；（c）“以太网属性”对话框；（d）“Internet 协议版本 4（TCP/IPv4）属性”对话框

③在“以太网属性”对话框中单击“属性”，打开“Internet 协议版本 4（TCP/IPv4）属性”对话框，查看或设置计算机的 IP 地址、子网掩码、网关地址、域名服务器，设置完毕后单击“确定”按钮，如图 6－8（d）所示。

4. 查看本地网络连接信息

①单击任务栏右侧托盘中的“网络”图标，选择“网络和 Internet”，打开“设置”对话框，如图 6－9（a）所示。

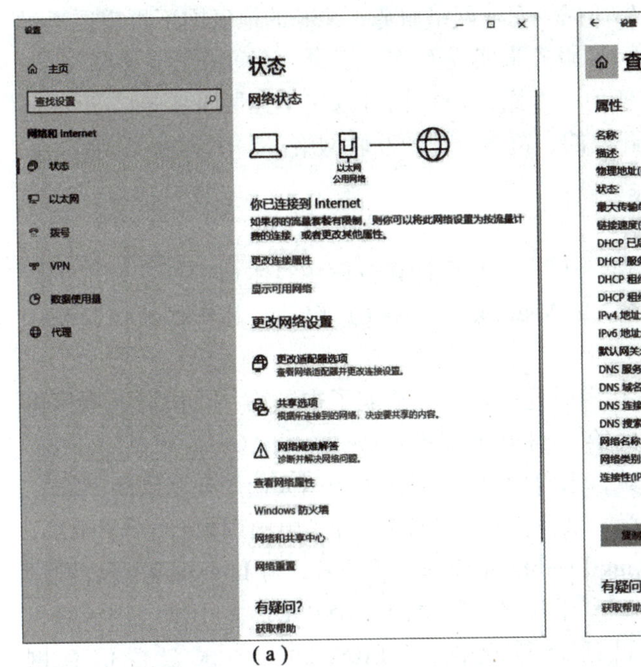

(a)

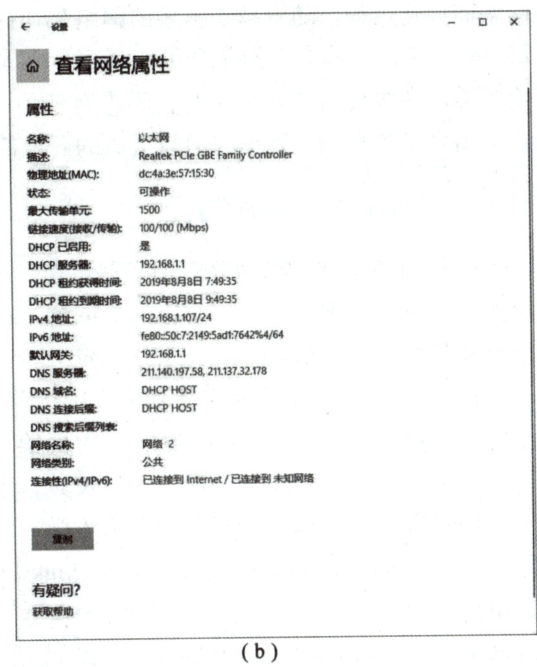

(b)

图 6－9　网络属性

(a)“设置”对话框；(b)“查看网络属性”对话框

②在“状态”选项卡中单击“查看网络属性”，打开“查看网络属性”对话框，查看网络名称、物理地址（MAC）、IP 地址、默认网关、DHCP 服务器、DNS 服务器等信息，如图 6－9（b）所示。实际地址即网卡的 MAC 地址，每个网卡的 MAC 地址都是全世界唯一的，是网卡制造厂商在出厂前设置好的，不允许用户进行修改。

知识拓展

1. Internet 的产生和发展

Internet 的中文称为因特网，也称为国际互联网，是以 TCP/IP 网络协议进行数据通信，把全世界众多的计算机网络和近亿台计算机互相连接起来，实现资源共享和信息交换的互联网络。

Internet 起源于 1969 年美国国防部高级科研计划局（Advanced Research Projects Agency，ARPA）为军事实验用而建立的网络——ARPANET。1974 年，推出了适用于网络互连通信的 TCP/IP 协议族，可以实现多种网络的互连。1977 年，ARPANET 发展到上百个节点，已成为一个实用性的网络。1983 年，美国军方将 TCP/IP 协议确定为网络协议标准；同年，为保证军事机密的安全，将 ARPANET 分成公用性的 ARPANET 和纯军用性的 MILNET 两个网络，其相互之间可进行通信和数据共享。由这两个网络互连构成的网际网被称为 DARPA Internet，后又简称为 Internet，这就是 Internet 最早的起源。

1985 年，美国国家科学院基金会（National Science Foundation，NSF）以 6 个为科研教育服务的超级计算机中心为基础，建立了基于 TCP/IP 协议的 NSFNET。1990 年将 NSFNET 移交给美国高级网络和服务公司（Advanced Networks and Services，ANS）进行管理，开始了网络商业化过程。随着越来越多的网络公司提供商业网络服务，NSF 的地区网不再需要通过 ANSNET 进行互连，它们完全可以通过购买服务来实现互连。于是，ANSNET 于 1995 年卖给了美国在线公司 AOL。至此，不再有任何一个组织或机构可以完全控制 Internet，Internet 成为由多个各自独立管理的网络组成的开放的、覆盖全球的互联网络。

2. Internet 在我国的发展

Internet 在我国起步较晚，但发展迅速。1986 年北京计算机应用技术研究所实施的国际联网项目——中国学术网（Chinese Academic Network，CANET）启动，其合作伙伴是德国卡尔斯鲁厄大学（University of Karlsruhe）。

1987 年，CANET 在北京计算机应用技术研究所内正式建成了中国第一个国际互联网电子邮件节点，并于 9 月 14 日发出了中国第一封电子邮件："Across the Great Wall，we can reach every corner in the world"（越过长城，走向世界），揭开了中国人使用互联网的序幕。

1994 年 5 月，以"中科院—北京大学—清华大学"为核心的"中国国家计算与网络设施"（the National Computing and Networking Facility of China，NCFC）与 Internet 联通，我国的 Internet 初具雏形。随后，又建成了中国科学技术计算机网（CSTNET）、中国公用计算机互联网（CHINANET）、中国教育和科研计算机网（CERNET）、中国金桥信息网（CHINAGBN）4 个互联网络，提供 6 个 Internet 国际出口信道，初步形成了我国的 Internet 主干网。

我国目前已经建成的大型互联网络还有中国网通公用互联网（CNCNET）、宽带中国网（CHINA169）、中国移动互联网（CMNET）、中国联通互联网（UNINET）、中国国际经济贸易互联网（CIETNET）、中国长城互联网（CGWNET）、中国卫星集团互联网（CSNET）等。

3. Internet 服务

（1）WWW 服务

WWW（World Wide Web，也称 Web，中文称为万维网）是 Internet 中最基本，也是应用最广、最受欢迎的一种服务。WWW 采用客户/服务器结构，应用超文本传输协议（HTTP），它采用 HTML（超文本标记语言）技术实现在 Internet 上发布信息，用户在客户端使用专门的浏览工具（如 Internet Explorer）浏览信息。

（2）电子邮件

电子邮件（E-mail）是通过网络实现 Internet 用户之间快捷、安全、经济的现代化通信手段，也是 Internet 最基本、最重要、最广泛的一种服务功能。应用电子邮件，用户之间不仅可以传递文本信息，还可以传递声音、图像等其他信息，电子邮件已成为人们相互沟通的重要途径之一。

（3）电子商务

电子商务是与传统商务形式相对应的一个概念，是基于计算机网络从事的商业商务活动。在宏观上，电子商务是利用计算机网络和信息技术的一次创新，不仅涉及商务活动本身，也涉及各种具有商业活动能力的诸如金融、税务、法律和教育等其他社会层面；在微观上，电子商务是指各种具有商业活动能力的企业、政府机构、个人消费者等利用计算机和其他信息技术手段进行的各项商业活动。目前电子商务已成为 Internet 应用比较广泛的一个应

用领域。

（4）网上教育

网上教育即Internet远程教育，是指利用Internet实现跨越地理空间的教育活动。远程教育涉及授课、讨论等各种教学活动，克服了传统教育在空间、时间、受教育者年龄和教育环境等方面的限制。

（5）实时通信

实时通信工具自1998年面世以来，以实时交互、资费低廉等优点受到了广大用户的喜爱，已经成为网络生活中不可或缺的一部分。它能实现快速人际交流、数据共享，提高效率和生产力。实时通信开拓了网络应用的新领域，它的魅力不仅在于娱乐和聊天，还在于即时通信软件显示出的卓越的商务通信功能。

（6）IP电话

IP电话又称网络电话，是通过Internet实现计算机与计算机、计算机与电话机、电话机与电话机之间的通信。

（7）视频会议

视频会议是指两个以上地点的个人或群体，通过传输线路及多媒体设备，将声音、影像及文件资料互相传送，达到即时、交互式沟通。在视频会议中，用户之间不仅可以听到声音，还可以看到图像，可以进行面对面讨论，与真实会议无异，与会者有身临其境之感。视频会议广泛应用于现场教学、现场办公、商务谈判等领域。

（8）物联网技术

物联网概念最早出现于比尔·盖茨1995年出版的《未来之路》一书。1998年，美国麻省理工学院（MIT）创造性地提出了当时被称为EPC（Electronic Product Code）系统的“物联网”构想。1999年，美国“Auto－ID实验室”首先提出“物联网”的概念。2010年年初，我国正式成立了传感（物联）网技术产业联盟。物联网指通过信息传感设备，按照约定的协议，把任何物品与互联网连接起来，进行信息交换和通信，以实现智能化识别、定位、跟踪、监控和管理的一种网络。它是在互联网基础上延伸和扩展的网络，有狭义和广义之分，狭义物联网即“联物”，基于物与物间通信，实现“万物网络化”；广义物联网即“融物”，是物理世界与信息世界的完整融合，形成现实环境的完全信息化，实现“网络泛在化”。

（9）云计算

云计算（Cloud Computing）是分布式计算的一种，通过网络将巨大的数据计算处理程序自动分解成无数个小程序，交由多部服务器组成的系统进行处理，结果返回给用户。通过云计算技术，网络服务提供者可以在数秒之内形成数以千万计甚至数以亿计的数据，达到与超级计算机具有同样强大效能的网络服务。云计算建立在先进互联网技术基础上，最为常见的应用是网络搜索引擎和网络邮箱，存储云、医疗云、金融云、教育云等都是云计算的社会生活中的应用。

实践提高

1. 什么是TCP/IP协议？什么是IP?
2. 查看本地网络连接信息，填写表6－2中的数据。

表6-2 本地连接信息记录表

查看项目	网络名称	物理地址（MAC）	DHCP 服务器	IP 地址	DNS 服务器
查看结果					

6.1.3 组建无线局域网络

任务描述

组建无线局域网络，实现计算机网络资源的共享。

知识准备

计算机网络由网络硬件和网络软件组成。网络硬件是计算机网络的物质基础，主要包括主机、终端、互连设备、传输介质和通信设备等，其组合形式决定了计算机网络的类型。网络软件是实现网络功能的软件环境，对网络资源进行全面的管理、调度和分配。

1. 计算机网络的硬件系统

（1）网络服务器

网络服务器主要负责对计算机网络进行管理和提供服务，它是网络运行、管理和提供服务的中枢，其性能直接影响着网络的整体性能。根据服务器所能提供的服务不同，可以将服务器分为域服务器、数据库服务器、Web 服务器、邮件服务器、FTP 服务器、打印服务器等。

（2）网络工作站

网络工作站是网络中用户使用的计算机，用户通过操作工作站使用网络中的资源。

（3）网络中的接口设备

网络中的接口设备是指实现网络中计算机互连的连接设备，主要有网络接口卡，即网卡，如图6-10所示。

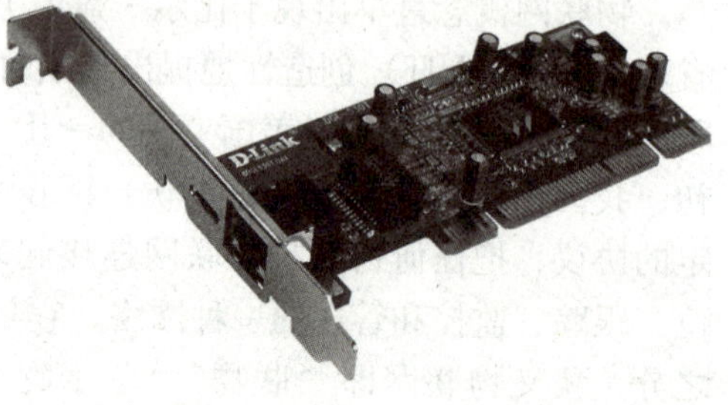

图6-10 网卡

（4）传输介质

传输介质是传输数据信号的物理通道。网络中的传输介质按物理形态可分为有线传输介质和无线传输介质。有线传输介质有双绞线、同轴电缆、光纤等，如图6-11所示；无线传输介质包括微波、红外线、无线电波、激光等无线信号。

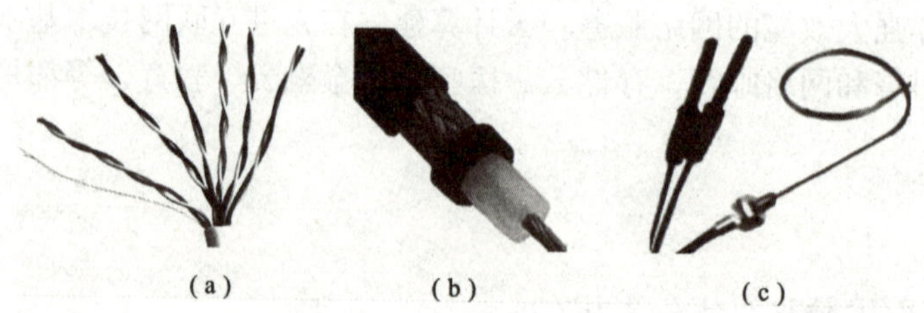

(a)　(b)　(c)

图6-11 有线传输介质

(a) 双绞线；(b) 同轴电缆；(c) 光纤

(5) 网络互连设备

网络互连设备是用来实现网络中各计算机之间的连接、网与网之间的互联、数据信号的变换及路由选择等功能的设备，主要包括集线器（Hub）、交换机（Switch Hub）、路由器（Router）等，如图6-12所示。

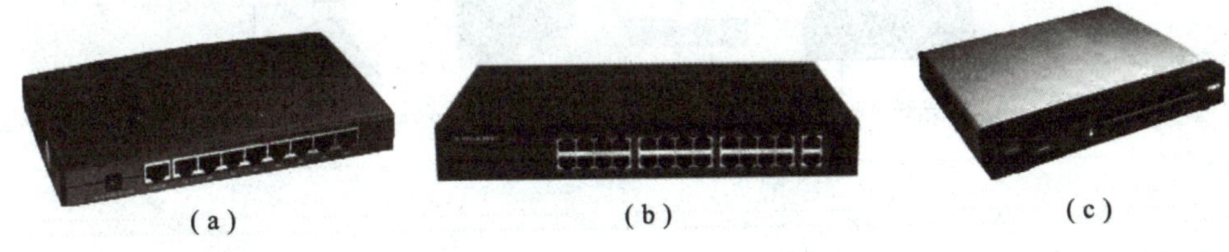

(a)　(b)　(c)

图6-12　网络互连设备
(a) 集线器；(b) 交换机；(c) 路由器

2. 计算机网络的软件系统

(1) 网络操作系统

网络操作系统能够实现对网络的管理控制，为网络中的计算机、用户及各种外部设备提供各种网络资源和网络服务，保障服务器安全。网络操作系统有UNIX、Windows、Linux等。

(2) 协议软件

协议软件是实现网络协议功能的软件。常见的有TCP/IP、IPX/SPX等。

(3) 网络管理软件

网络管理软件用于监视和控制网络的运行。例如监控网络设备、网络流量、网络性能，还可以进行网络配置等管理工作。

(4) 网络应用软件

网络应用软件是用来提供网络用户各种应用服务的软件系统。例如数据库管理系统（Oracle、SQL Server）、办公自动化管理系统（Notes/Domino）等。

任务实施

1. 组装无线局域网络

(1) 硬件连接

将光纤接至调制解调器（Modem）的WAN端口，用网线将调制解调器的LAN端口与无线路由器WAN连接，再用网线将无线路由器LAND端口与电脑网络接口连接。网络连接示意如图6-13所示。

(2) 软件设置

在IE地址栏输入http://192.168.1.1（或192.168.0.1），输入登录密码（默认为admin），进入路由器主界面；单击“高级设置”，选择“设置向导”，按向导分别可完成上网设置和无线设置，如图6-14所示。

2. 设置共享磁盘

①在“此电脑”中右击要共享的磁盘，在弹出的快捷菜单中选择“属性”，打开“属

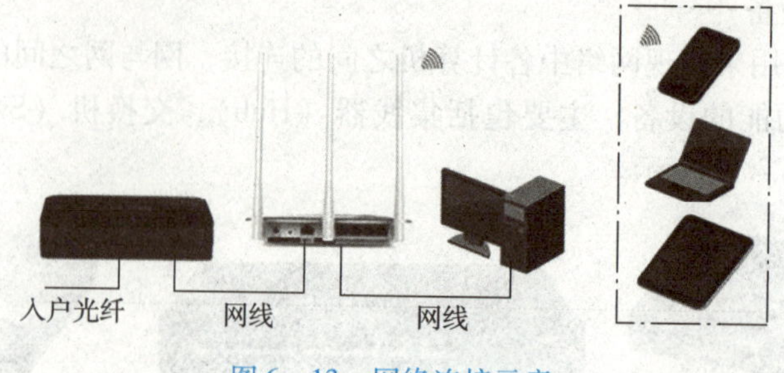

图 6－13　网络连接示意

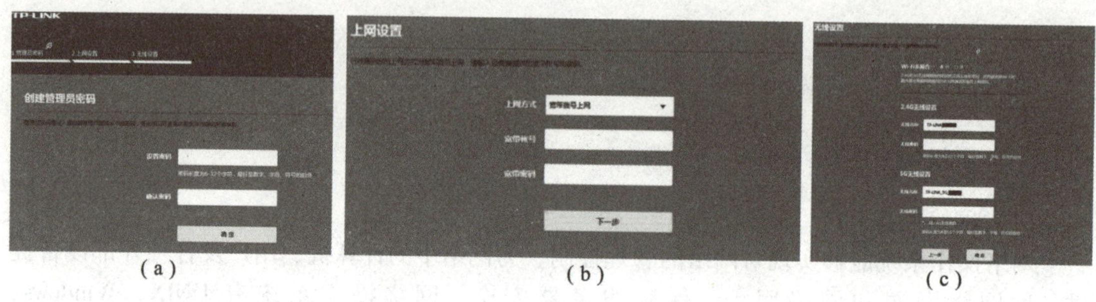

（a）　（b）　（c）

图 6－14　家庭网络软件设置

（a）登录；（b）上网设置；（c）无线设置

性”对话框。

②单击“属性”对话框中的“共享”选项卡，如图 6－15（a）所示。

③选择“高级共享”，打开“高级共享”对话框，选中“共享此文件夹”，设置共享名（如“我的共享”），单击“确定”按钮，完成共享设置，如图 6－15（b）所示。

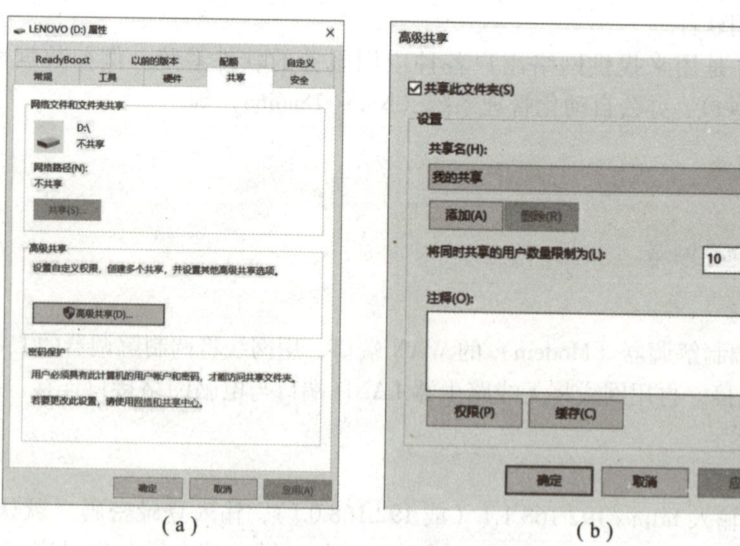

（a）　（b）

图 6－15　设置共享磁盘

（a）“共享”选项卡；（b）“高级共享”对话框

④设置共享磁盘后，磁盘前面会加一个“群”的图标，表示此磁盘可以通过网上邻居进行共享相关操作。

3. 设置共享打印机

①在“控制面板”窗口选择“硬件和声音”，在“硬件和声音”中选择“设备和打印机”，打开如图6-16（a）所示窗口，右击要共享的打印机，在弹出的快捷菜单中选择“打印机属性”，打开“打印机属性”对话框。

②在“共享”选项卡中选中“共享这台打印机”，输入共享名（如“我的打印机”），单击“确定”按钮，如图6-16（b）所示。

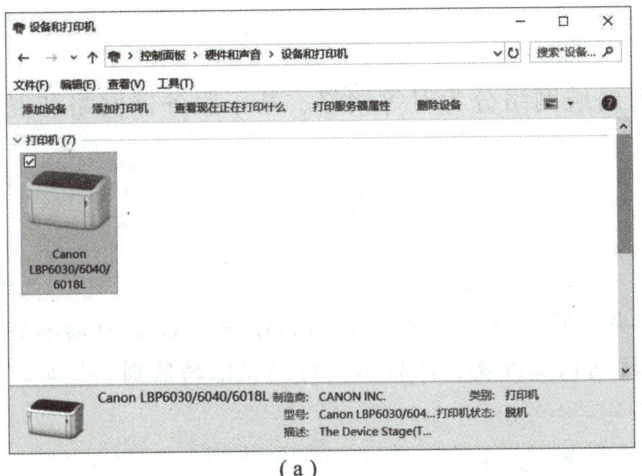

（a）

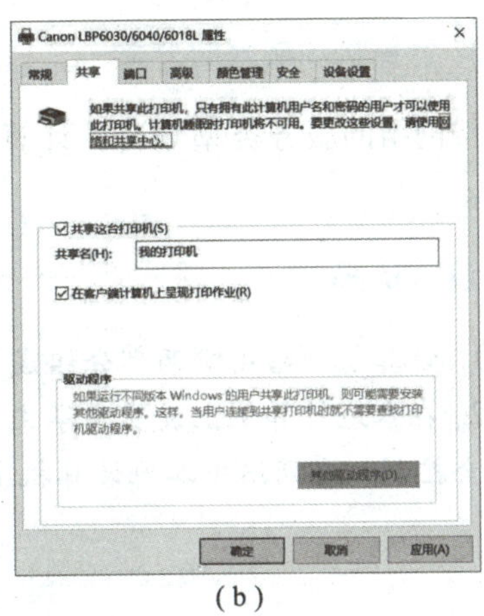

（b）

图6-16　设置共享打印机

（a）“设备和打印机”窗口；（b）“共享”选项卡

知识拓展

计算机局域网是在小型计算机与微型计算机大量普及推广后逐步发展起来的一种使用范围最广的网络。

1. 计算机局域网的特点

局域网与广域网相比，主要具有以下特点：

①传输距离有限。局域网覆盖范围通常在10 m～10 km，适用于公司、机关、校园、工厂等有限范围的计算机终端与各类信息处理设备连网。

②传输速率高。一般在1～1 000 MB/s，最高速率可达10 GB/s。

③通信质量好，可靠性高，误码率通常在10^{-12}～10^{-7}。

④支持多种传输介质。

⑤成本低、安装简单、扩充维护方便。

2. 计算机局域网的功能

①资源共享。资源共享包括硬件、软件、数据库等资源的共享。局域网上的用户可以共享昂贵的硬件资源，如大型外部存储器、绘图仪、扫描仪、激光打印机等，减少或避免重复投资。

②数据传送。数据和文件的传输是局域网的最基本功能，是实现办公自动化的主要途

径。局域网不仅能传送文件、数据信息，还可以传递语音、图像等多媒体信息。

③提高计算机系统的可靠性。局域网中计算机可以互为后备，避免单机系统无后备时可能出现故障而导致系统瘫痪的问题，大大提高了系统的可靠性，特别是在工业过程控制、实时数据处理等应用中尤为重要。

④易于分布处理。利用网络技术将多台计算机互连成高性能的计算机系统，通过一定算法将较大型、综合性问题分给不同计算机去完成，即所谓分布式系统，可以提高整个系统的效能。

3. 计算机局域网的分类

按网络的服务类型划分，计算机局域网络分为对等网络、基于服务器网络和混合型网络。

实践提高

1. 计算机网络由哪两部分组成？

2. 在本地计算机上设置共享文件夹，将共享文件夹的访问权限分别设置为读取、更改和完全控制，在网络中其他计算机上访问该文件夹，比较不同访问权限的区别。

任务2　使用 Internet Explorer 浏览器

6.2.1　认识 Internet Explorer

任务描述

掌握 Internet Explorer 的启动和退出的方法，了解 Internet Explorer 的设置。

知识准备

Internet Explorer（简称 IE）是由微软公司推出的一款网络浏览器，是专门用于 Internet 信息浏览、搜索的应用软件。IE 浏览器一直都是 Windows 系统中自带的一种网页浏览器，并不断升级。2015 年 3 月，微软公司将 IE 浏览器整合在 Windows 10 操作系统之上，由 Microsoft Edge 取代，但仍可切换至 IE 浏览器。

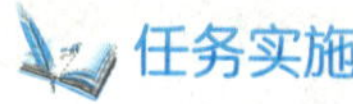

任务实施

1. 启动和退出 IE

（1）启动 IE 浏览器

单击“开始”按钮，选择“所有应用”中的“Microsoft Edge”，打开“Microsoft Edge”窗口；单击窗口右上角的“设置及其他”命令，在打开的菜单中选择“使用 Internet Explorer 打开”，如图 6－17 所示。

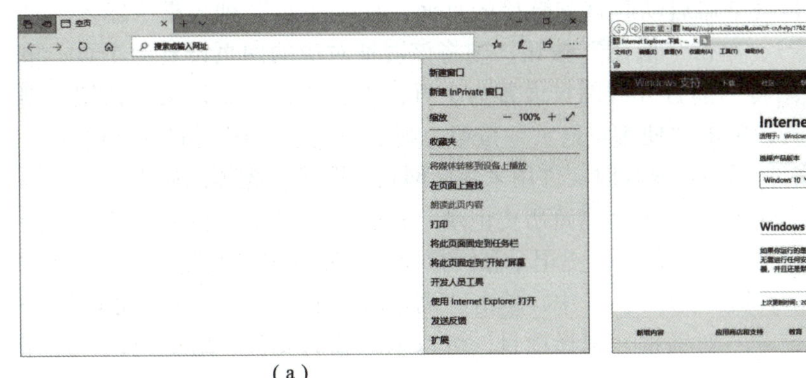

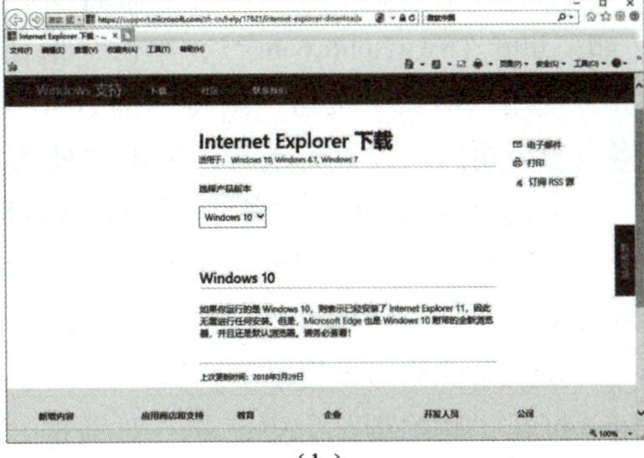

(a) (b)

图6-17 启动IE

(a)"Microsoft Edge"窗口；(b)"Internet Explorer"窗口

(2) 退出IE

单击窗口右上角的"关闭"按钮，或按Alt+F4组合键。

2. IE的设置

为了使IE浏览器满足用户个性化需要，可以对IE设置进行调整。单击"工具"菜单中的"Internet选项"命令，打开"Internet选项"对话框。

(1)"常规"选项卡

在"常规"选项卡中，可以对主页、历史记录及外观等进行设置，如图6-18 (a)所示。

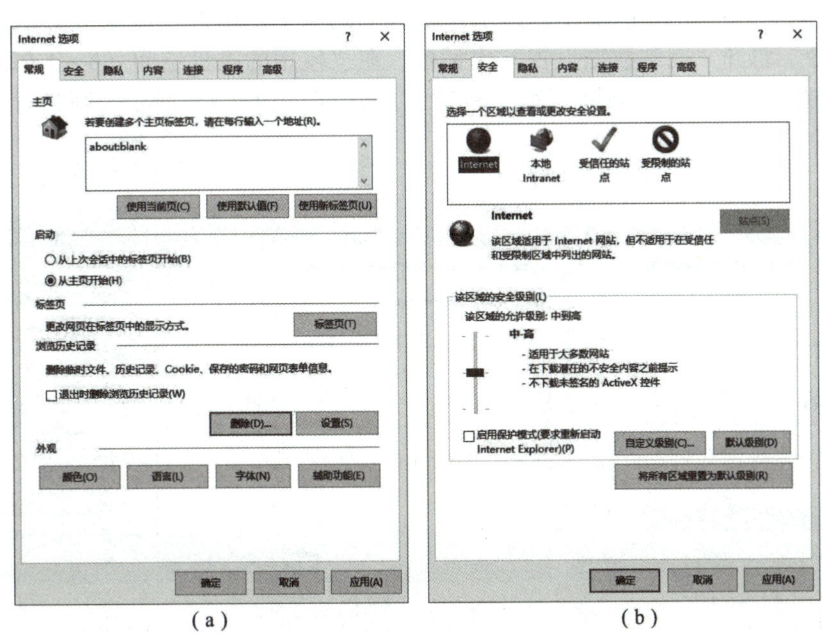

(a) (b)

图6-18 "Internet选项"对话框

(a)"常规"选项卡；(b)"安全"选项卡

①设置主页。主页就是浏览器启动时首先链接的页面。在“主页”列表框中输入地址（如“http://www.sohu.com”），单击“应用”按钮，则将该网址对应的网页设置为主页；单击“使用当前页”按钮，则将当前打开的网页设置为主页；单击“使用默认页”按钮，则将微软公司网页设置为主页；单击“使用空白页”按钮，则下一次启动 IE 时打开空白页。

②设置 Internet 临时文件。Internet 临时文件用来存储网页、图像和媒体的副本，以便以后快速查看。在图 6－18（a）中，单击“浏览历史记录”栏中的“设置”按钮，打开“网络数据设置”对话框，可以对临时文件、历史记录和缓存和数据库等进行设置。

③删除游览历史记录。在图 6－18（a）中，单击“浏览历史记录”栏中的“删除”按钮，打开“删除浏览历史记录”对话框，选择项目，可以删除临时文件、历史记录、保存的密码等信息。

（2）“安全”选项卡

在 Internet 上，安全问题包含两方面的内容，一方面是当用户向外发送个人信息时可能产生的安全问题，另一方面是当用户从网上接收信息或文件时可能收到损坏计算机及存储信息的程序。“安全”选项卡如图 6－18（b）所示。

在“安全”选项卡中，用户可以对 Internet、本地 Intranet、受信任的站点、受限制的站点分别进行安全级别的设置。用户也可以单击“自定义级别”按钮，在打开的对话框中自己定义安全级别的各项。

知识拓展

1. 设置临时文件所占空间

在“Internet 选项”对话框中，选中“常规”选项卡，单击“浏览历史记录”功能组“属性”命令，打开“网站数据设置”对话框，在“使用的磁盘空间（8～1 024 MB）”文本框中输入临时文件所占的空间（如“512”），如图 6－19（a）所示，则临时文件所占空间为 512 MB。

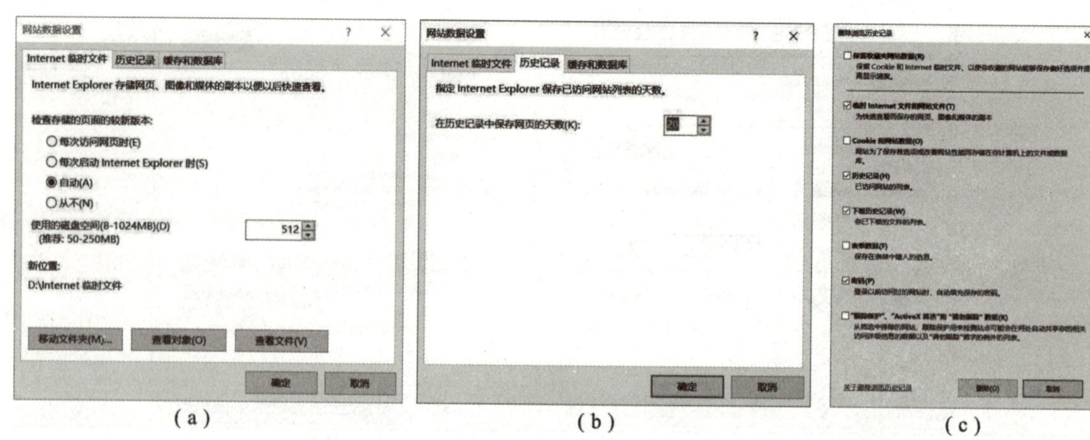

图 6－19 临时文件操作

（a）设置保存临时文件所占空间；（b）设置临时文件保存天数；（c）删除浏览历史记录

2. 设置临时文件保存位置

“当前位置”是系统默认保存临时文件的位置，单击该功能组中“移动文件夹”按钮，打开“浏览文件夹”对话框，选择保存临时文件的位置（如“D:\Internet 临时文件”），单击“确定”按钮。

3. 设置临时文件保存时间

在图6－19（a）“网站数据设置”对话框中选中“历史记录”选项卡，在“在历史记录中保存网页的天数”中输入天数（如“20”），单击“确定”按钮，如图6－19（b）所示。

4. 删除浏览历史记录

在“Internet 属性”对话框中单击“常规”选项卡“浏览历史记录”组中的“删除”按钮，打开“删除浏览的历史记录”对话框，可以选择删除历史记录、下载历史记录、密码等，如图6－19（c）所示。

实践提高

1. 采用两种以上方法启动和退出 IE。
2. 设置临时文件保存时间为10天，浏览1天前访问的网站。

6.2.2　使用 Internet Explorer

任务描述

掌握网页操作基本方法。

知识准备

IE 窗口包括标题栏、菜单栏、工具栏、地址栏、网页窗口和状态栏，如图6－20所示。

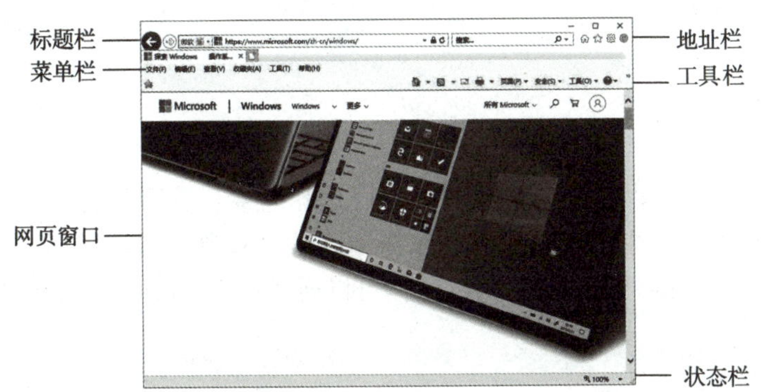

图6－20　IE 浏览器窗口

①标题栏。显示浏览器当前正在访问网页的标题。
②菜单栏。包含了在使用浏览器浏览时能选择的各项命令。

③工具栏。包括一些常用的按钮，如前后翻页键、停止键等。

④地址栏。在地址栏内输入或从下拉列表框中选择一个 URL 地址，浏览相应的网页。

⑤网页区。显示当前正在访问网页的内容。

⑥状态栏。状态栏位于窗口的底部，显示系统的状态信息。当打开网页时，状态栏中显示下载任务及下载进度；当鼠标指向超级链接时，状态栏中显示该链接的 URL 地址。

任务实施

1. 打开网页

①打开新网页。启动 IE 浏览器，在地址栏中输入 http://www.microsoft.com，按 Enter 键，打开微软主页，如图 6－20 所示。

②访问历史网页。选择“查看”菜单“浏览器栏”中的“历史记录”命令，打开“历史记录”窗格，选择历史网页，如图 6－21（a）所示。

③访问收藏夹中的网页。单击“收藏夹”菜单，从子菜单中选择相应的链接地址，或单击工具栏中的“收藏中心”命令☆，打开“收藏中心”窗格，选择相应的链接地址，如图 6－21（b）所示。

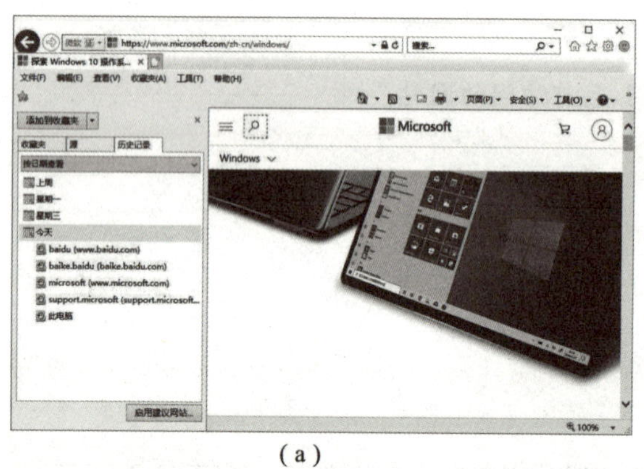

（a）

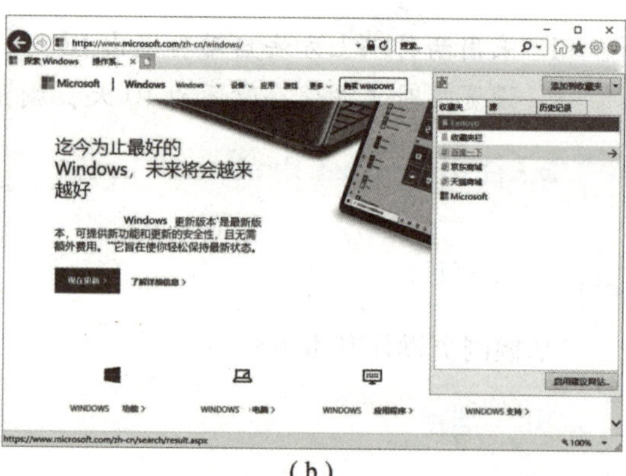

（b）

图 6－21　访问网页

（a）访问历史网页；（b）访问收藏夹中的网页

2. 浏览网页

打开一个网页后，可以直接浏览网页，也可打开链接、返回到前页、前进、刷新网页、中断下载等。网页中的某些文字或图形可作为超级链接对象，移动鼠标，当指针变成“👆”形状时，单击可打开链接对象。浏览网页操作可以通过单击 IE 窗口的地址栏中的命令实现，如图 6－22 所示。

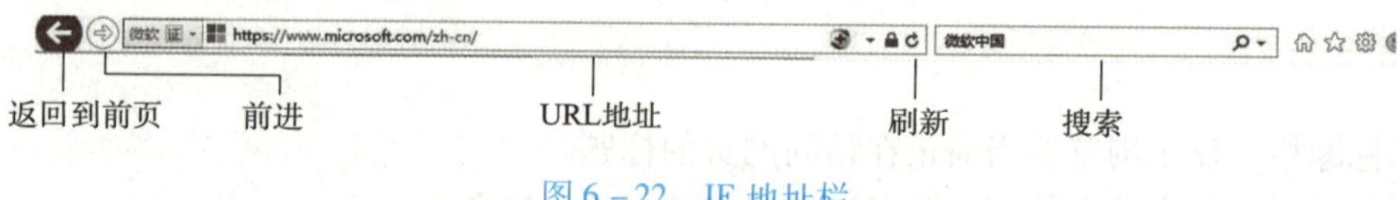

图 6－22　IE 地址栏

3. 保存网页

保存网页包括保存网页全部内容、网页中的文本和网页中的图片。

①保存网页全部内容。选择“文件”菜单中的“另存为”命令，打开“保存网页”对话框。选择保存位置，输入文件名，选择保存类型为“网页，仅 HTML（*.htm;*.html）”，单击“保存”按钮，如图 6－23 所示。

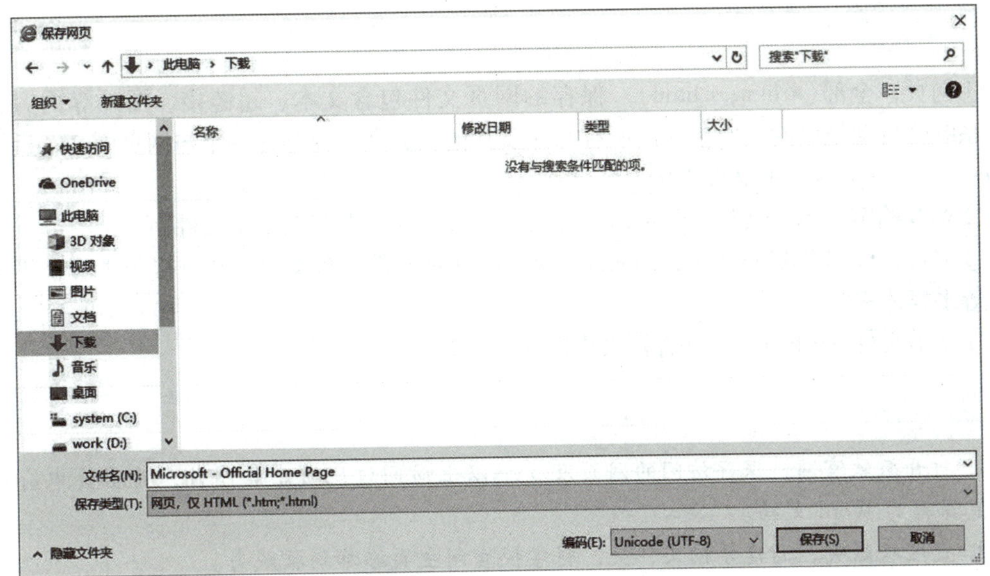

图 6－23　“保存网页”对话框

②保存网页中的文本。在打开的“保存网页”对话框中，在“保存类型”下拉列表框中选择“文本文件(*.txt)”，这样仅保存网页中的文本信息。

③保存图片。在网页中右击图片，从弹出的快捷菜单中选择“图片另存为”，打开“保存图片”对话框，选择保存位置，输入文件名，选择保存类型，单击“保存”按钮。

4. 收藏网页

选择“收藏夹”菜单中的“添加到收藏夹”命令，打开“添加收藏”对话框，在“名称”文本框中输入网页的名称，在“创建位置”列表中选择要保存到的文件夹，单击“添加”按钮，收藏当前网页，如图 6－24 所示。

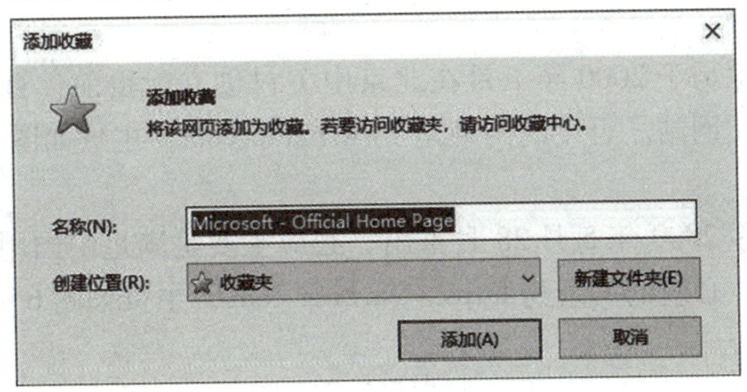

图 6－24　“添加收藏”对话框

知识拓展

1. 整理收藏夹

选择“收藏夹”菜单中的“整理收藏夹”命令，打开“整理收藏夹”对话框。在“整理收藏夹”对话框中可以新建文件夹，以及移动、重命名和删除收藏的网页。

2. 保存网页方式

①网页，全部(*.htm;*.html)。保存的网页文件包含文本、超链接、图片等内容，同时，系统会自动把该网页中包含的所有图片及其他相关文件保存在一个与网页同名、后缀加“.files”或“-files”的文件夹中。

②Web 档案，单个文件（*.mht）。将网页的所有内容保存在单个文件中。

③网页，仅 HTML（*.htm;*.html）。保存的网页文件包含文本、超链接等内容，不包含图片等多媒体素材。

④文本文件（*.txt）。只保存网页中的文本内容。

实践提高

1. 打开微软官网，保存访问的网页及 5 个以上访问过网页中的图片，将网页中有价值的信息保存为 Word 文档。

2. 整理收藏夹，新建学校文件夹，将学校官网主页添加到收藏夹。

6.2.3 学习信息搜索

任务描述

掌握常用搜索引擎的使用方法，了解常用的中文数据库。

知识准备

搜索引擎是指根据一定的策略，运用计算机程序从互联网上采集信息，对信息进行组织和处理后，为用户提供检索服务，将检索的相关信息展示给用户的系统。

1. 常用搜索引擎

（1）百度

百度由李彦宏、徐勇于 2000 年 1 月在北京中关村创立。目前，百度是全球最大的中文搜索引擎、最大的中文网站。百度的网址是 www.baidu.com，主页如图 6-25（a）所示。

（2）必应

必应由微软公司于 2009 年 5 月 28 日推出。必应主要是满足中国用户对全球搜索——特别是英文搜索的需求。必应的网址是 https://cn.bing.com/，主页如图 6-25（b）所示。

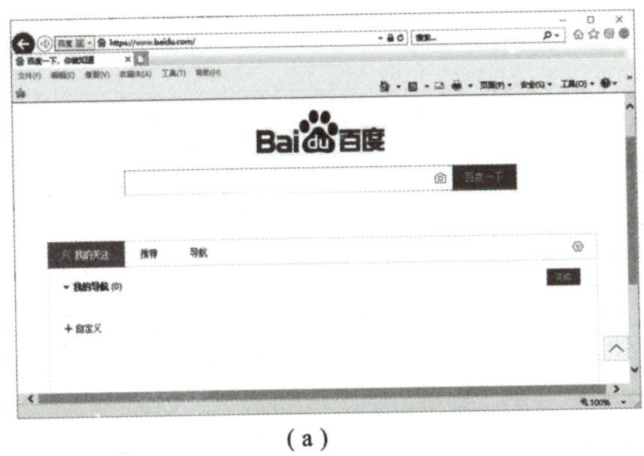

（a）

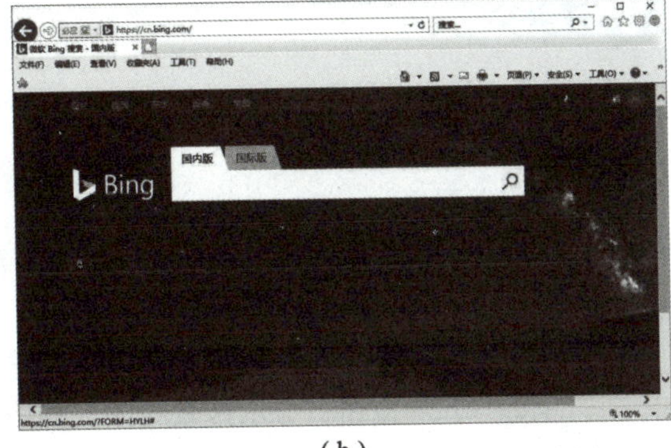

（b）

图6－25　常用搜索引擎

（a）百度主页；（b）必应主页

2. 中文数据库

（1）中国知网

中国知网1998年由世界银行提出，由清华大学、清华同方发起，始建于1999年6月。提供服务的内容包括中国知识资源总库、数字出版平台、文献数据评价和知识检索，是以实现全社会知识资源传播共享与增值利用为目标的信息化建设项目。中国知网网址为 http://www.cnki.net/，主页如图6－26（a）所示。

（2）万方数据库

万方数据库由万方数据股份有限公司开发，是与中国知网齐名的中国专业学术数据库，是涵盖期刊、会议纪要、论文、学术成果、学术会议论文的大型网络数据库。万方数据库网址为 http://www.wanfangdata.com.cn/，主页如图6－26（b）所示。

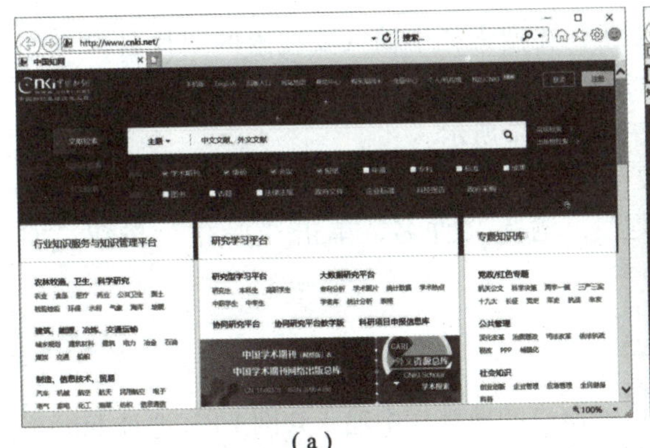

（a）

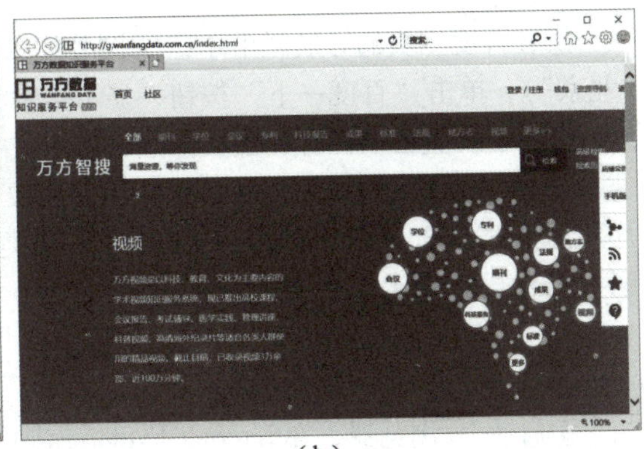

（b）

图6－26　中文数据库

（a）中国知网；（b）万方数据库

任务实施

1. 利用百度搜索信息

（1）搜索网页

①启动 IE 浏览器，在 Internet Explorer 窗口的地址栏中输入百度 URL 地址 http://www.baidu.com，按 Enter 键打开百度主页。

②在百度主页的导航栏中单击“网页”按钮，在搜索栏中输入关键字（如“北京”），单击“百度一下”按钮，显示搜索结果，如图 6－27（a）所示。

③在搜索结果中单击要查看的网页（如“北京_百度百科”），查看结果，如图 6－27（b）所示。

④在 IE 浏览器窗口上单击“工具”按钮，选择“文件”菜单的“另存为”命令，打开“保存网页”对话框，输入保存文件名为“北京”，选择保存类型为“网页，全部（*.htm;*.html）”，单击“保存”按钮，如图 6－27（c）所示。

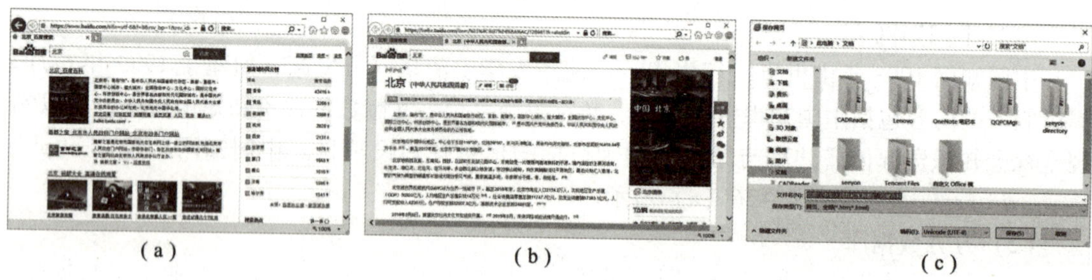

（a）　（b）　（c）

图 6－27　搜索网页

（a）搜索结果；（b）查看搜索结果；（c）“保存网页”对话框

（2）搜索图片

①在百度主页的导航栏中单击“图片”按钮，在搜索栏中输入要搜索的图片名称（如“北京”），单击“百度一下”按钮，显示搜索到的图片，如图 6－28（a）所示。

②单击要查看的图片，放大图片，如图 6－28（b）所示。

③右击要保存的图片，从弹出的快捷菜单中选择“图片另存为”命令，打开“保存图片”对话框，选择图片的保存位置、保存类型，输入文件名，单击“保存”按钮，如图 6－28（c）所示。

2. 利用知网检索文献

①启动 IE 浏览器，在 Internet Explorer 浏览器窗口的地址栏中输入知网 URL 地址 http://www.cnki.net，按 Enter 键，打开知网主页，如图 6－29（a）所示。

②在知网主页的导航栏中单击“文献”按钮，选择按“主题”检索，输入关键字（如“北京旅游”），单击“搜索”按钮，检索出与北京旅游相关的文献，如图 6－29（b）所示。

③单击要查看的文献，查看其摘要、关键词等信息，或在线阅读、下载等。

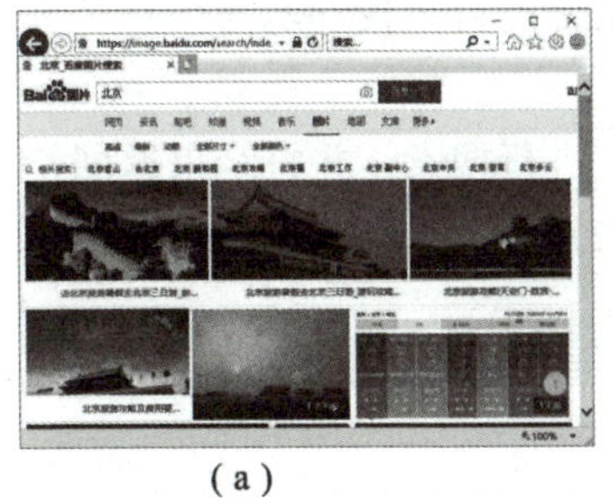

(a)

(b)

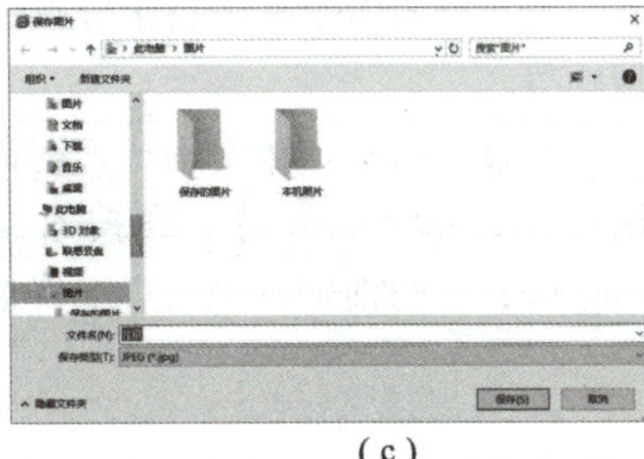

(c)

图6-28　搜索图片

(a) 搜索结果；(b) 查看图片；(c) "保存图片"对话框

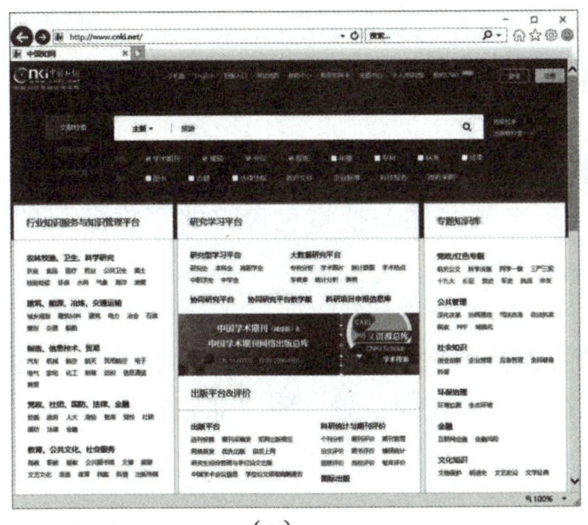

(a)

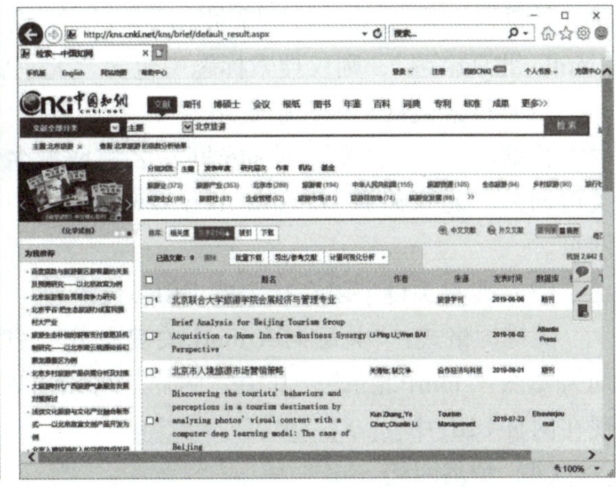

(b)

图6-29　知网检索文件

(a) "知网"主页；(b) 文献检索结果

知识拓展

1. 搜索引擎

(1) 搜索引擎基本工作原理

搜索引擎收集了Internet上几千万到几十亿个网页，通过对网页中的每一个词进行索引，建立索引数据库。在执行搜索操作时，只搜索预先整理好的网页索引数据库。当用户查找某个关键词时，所有在页面内容中包含该关键词的网页都将作为搜索结果，经过算法计算进行排序，结果将按照与搜索关键词的相关度由高到低依次排列。

(2) 搜索引擎的分类

搜索引擎是一个对Internet上信息资源进行搜集整理，然后供用户查询的系统。按工作方式，主要分为全文搜索引擎、目录搜索引擎和元搜索引擎。

全文搜索引擎在互联网上提取各个网站的信息（以网页文字为主）来建立索引数据库，在搜索时，从索引数据库中检索与用户查询条件匹配的相关记录，然后按一定的排列顺序将结果返回给用户，如百度等。

目录搜索引擎是按目录分类的网站链接列表，用户可以根据分类目录找到所需信息，如搜狐等。

元搜索引擎在接受用户查询请求时，同时在其他多个引擎上进行搜索，并将结果返回给用户，如 InfoSpace 等。在搜索结果排列方面，有的直接按来源引擎排列搜索结果，如 Dogpile；有的则按自定的规则将结果重新排列组合，如 Vivisimo。

2. 百度搜索技巧

百度搜索引擎除了可以按常规方法搜索信息外，还可以通过关键字指定在一定范围内搜索信息，增强搜索信息的结果的针对性。

（1）搜索关键字限在标题

关键词格式："intitle:关键词"，可以把查询内容限定在网页标题范围。例如，关键词为"intitle:北京旅游"，则仅搜索标题中包含"北京旅游"的网页。

（2）搜索关键字限在指定站点

关键词格式："关键词 site:网站名称或域名"，指定在某一个网站中搜索信息。例如，关键词为"北京旅游 site:www.cctv.com"，则在中央电视台网站搜索包含"北京旅游"的网页。

（3）搜索关键字限在指定的 URL 链接

关键词格式："关键词 A inurl:关键词 B"，把搜索范围限定在 URL 链接中。例如，关键词为"图片 inurl:北京"，其中"图片"可以出现在网页的任何位置，而"北京"则必须出现在网页 URL 中。

（4）精确匹配

如果输入的查询关键词很长，百度经过分析后，搜索结果中的查询关键词可能是拆分的。如果不希望拆分查询词，可以给查询关键词加上双引号。

3. 百度搜索服务

作为全球最大的中文搜索引擎公司，百度提供了多种搜索服务产品，包括百度地图、百度翻译、百度识图、百度外卖等。

①百度地图是为用户提供包括智能路线规划、智能导航（驾车、步行、骑行）、实时路况等出行相关服务的平台。

②百度翻译是百度发布的在线翻译服务，依托互联网数据资源和自然语言处理技术优势，致力于帮助用户跨越语言鸿沟，方便快捷地获取信息和服务。

③百度识图是通过上传图片或输入图片的 URL 地址，搜索互联网上与这张图片相似的其他图片资源并提供相关信息。

此外，百度还提供了百度百科、百度云、百度旅游等社会服务并得到广泛的应用。

4. 中国高等教育学生信息网

中国高等教育学生信息网简称学信网，官网地址为 http://www.chsi.com.cn/，是教育部学历查询网站、教育部高校招生阳光工程指定网站、全国硕士研究生招生报名和调剂指定网站，开通了学历查询系统、学籍学历信息管理平台、"阳光高考"信息平台、硕士研究生网

上报名和录取检查系统、国家助学贷款学生个人信息系统、学历认证网上办公系统、就业频道等多套电子政务系统和社会信息服务系统。

实践提高

1. 应用百度搜索北京10个景点的简介和图片，分别保存网页和图片。
2. 在中国知网检索本年度关于北京旅游研究方面的学术论文5篇。

任务3　使用电子邮件

6.3.1　申请电子邮箱

任务描述

掌握常用邮箱的申请方法。

知识准备

1. 电子邮件简介

电子邮件（Electronic mail，E－mail）又称电子信箱、电子邮政，标志为“@”，它是一种利用电子手段提供信息交换的通信方式，是Internet应用范围最广的服务之一。通过网络的电子邮件系统，用户可以用低廉的价格、快捷的方式与世界上任何一个网络用户联系。电子邮件的内容可以是文字、图像、声音等各种形式的文件。

2. 邮件地址的格式

电子邮件地址的标准格式为：用户名@服务器.域名，其中“@”读成“at”，“在”的意思。用户名是信件接收者的用户标识，@符号后是邮箱邮件服务器的域名，电子邮件地址可理解为在网络中某台服务器上某个用户的地址。

任务实施

网易邮箱是网易公司推出的一个网络邮箱，旗下有163免费邮、126免费邮、yeah免费邮、163VIP、126VIP、企业邮箱等。163免费邮箱后缀是@163.com、126免费邮箱后缀是@126.com、yeah免费邮箱后缀是@yeah.net。

1. 打开网易邮箱主页

在地址栏中输入“https://www.163.com/”，打开网易主页，在“我的产品”列表中选择“网易邮箱”→“免费邮”，打开免费邮品牌列表，如图6－30（a）所示。

2. 注册免费信箱

选择163网易免费邮，单击“去注册”按钮，打开注册页面，输入信息，如图6-30（b）所示；填写完成后，阅读服务条款和隐私权相关政策，勾选复选框，单击“立即注册”按钮，出现注册成功的页面。

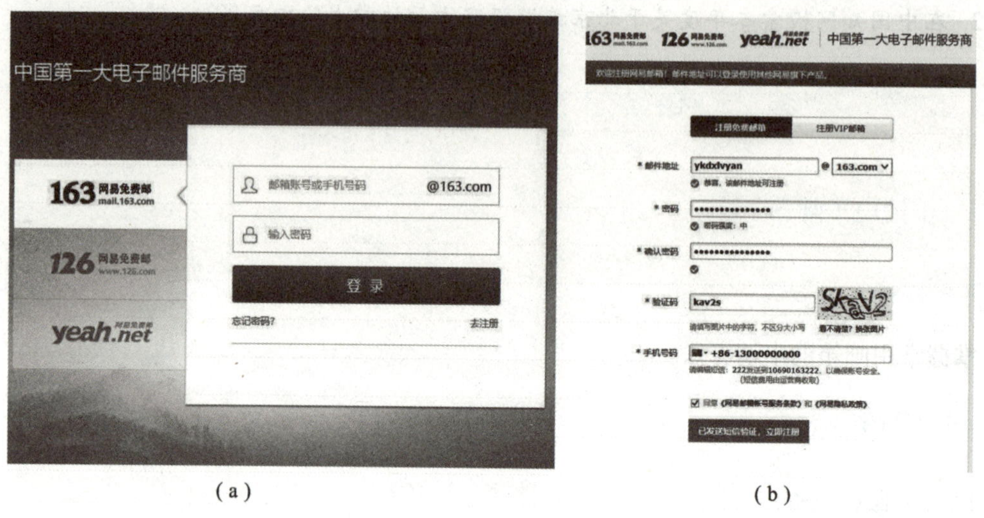

（a）　　（b）

图6-30　申请163邮箱

（a）免费邮品牌列表；（b）注册163邮箱

3. 登录和设置邮箱

①在免费邮箱主页，选中“163网易免费邮”，输入用户名、密码，单击“登录”按钮，进入免费邮箱，如图6-31（a）所示；选择“设置”选项，可以对邮箱进行常规设置、密码修改、手机号码邮箱设置等，如图6-31（b）所示。

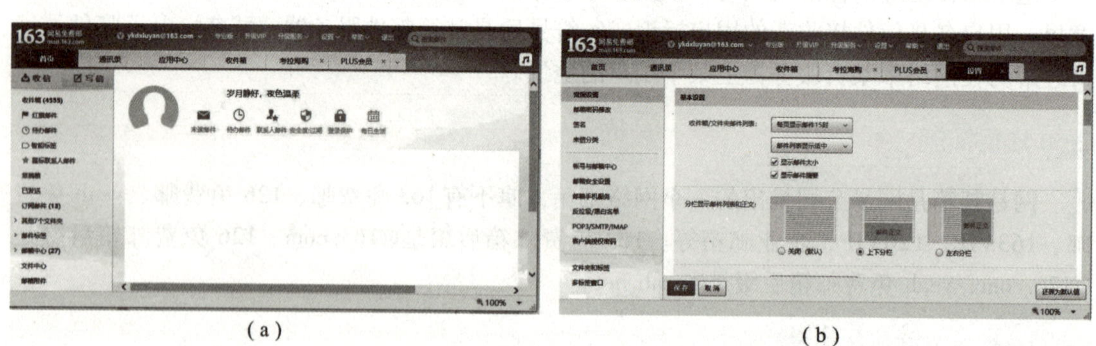

（a）　　（b）

图6-31　登录邮箱

（a）邮箱页面；（b）邮箱设置

②通讯录管理。在个人邮箱首页，单击上方“通讯录”选项卡，打开“通讯录”窗口，如图6-32（a）所示；单击“新建联系人”按钮，打开“新建联系人”窗口，输入联系人信息，单击“确定”按钮，向通讯录中添加联系人，如图6-32（b）所示。此外，单击“新建联系组”按钮，可以新建联系组，实现联系人的按组管理。

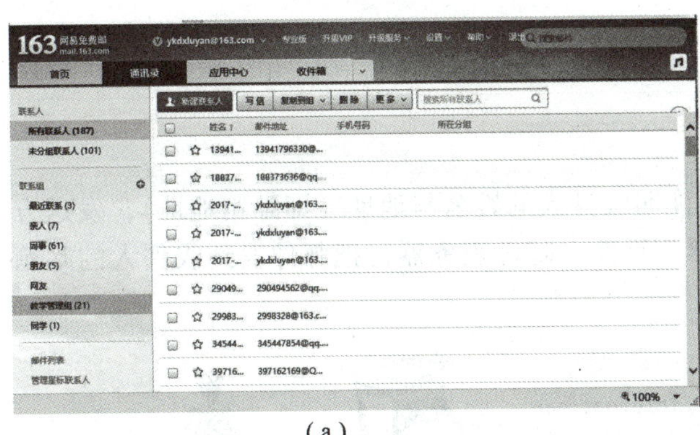

(a)

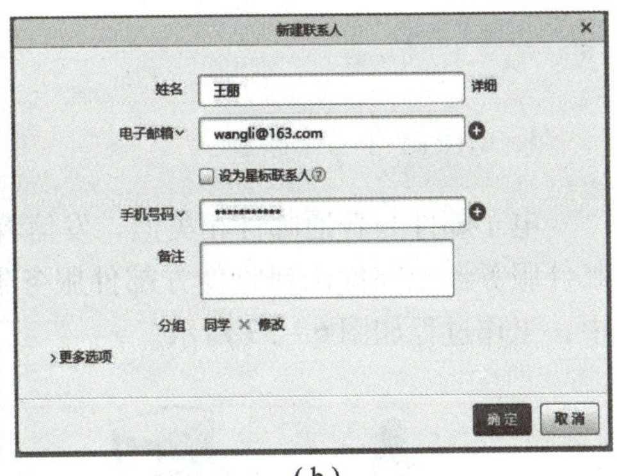

(b)

图 6－32　“通讯录”窗口

(a)“通讯录”窗口；(b)“新建联系人”窗口

知识拓展

电子邮件服务商为用户提供的电子邮件服务分为免费服务和收费服务，提供服务的功能也各不相同，用户要明确使用电子邮件的目的，根据不同的需求有针对性地去选择电子邮件服务商。根据用户的需求，选择电子邮件服务商可以遵循以下原则：

①如果经常和国外客户联系，可选择国外电子邮件服务商，如 Gmail、Hotmail、MSN mail、Yahoo mail 等。

②如果作为网络硬盘使用，可选择存储量大的邮箱，如 Gmail、Yahoo mail、网易 163 mail 和 126 mail、TOM mail、21CN mail 等。

③如果需要通过 Outlook、Foxmail 等邮件客户端软件将邮件下载到自己硬盘上，可选择支持 POP/SMTP 协议的邮箱。

④如果经常收发一些大的附件，可以选择 Gmail、Yahoo mail、Hotmail、MSN mail、网易 163 mail 和 126 mail 等。

⑤如果需要即时知道邮件收发状态，可以选择中国移动通信的移动梦网随心邮、中国联通如意邮箱。

此外，用户还可以根据所在区域选择地方性的邮箱，有些政府、机关、学校、企事业单位可选择本单位网站提供的邮箱。

实践提高

1. 在网易邮箱（http://mail.126.com）提供免费邮件服务器的网站上注册免费的电子邮箱。

2. 在 QQ 邮箱（http://mail.qq.com）提供免费邮件服务器的网站上注册免费的电子邮箱。

6.3.2　收发电子邮件

任务描述

掌握电子邮件的收发方法。

知识准备

1. 电子邮件工作原理

电子邮件与普通邮件相类似，发信者注明收件人的姓名与地址（即邮箱地址），发送方邮件服务器把邮件传到收件方邮件服务器，收件方邮件服务器再把邮件发到收件人的邮箱中，工作过程如图 6 - 33 所示。

图 6 - 33　E - mail 工作原理

①发送方通过邮件客户程序将电子邮件向邮局服务器（SMTP 服务器）发送。

②邮局服务器识别接收者的地址，并向管理该地址的邮件服务器（POP3 服务器）发送消息。

③邮件服务器将消息存放在接收者的电子信箱内，并告知接收者有新邮件到来。

④接收者通过邮件客户程序连接到服务器后，就会看到服务器的通知，进而打开自己的电子信箱来查收邮件。

2. 电子邮件协议

常用电子邮件协议有 SMTP（简单邮件传输协议）、POP3（邮局协议）、IMAP（Internet 邮件访问协议），这些协议都是由 TCP/IP 协议族定义的。

①SMTP（Simple Mail Transfer Protocol）：主要负责将底层的邮件系统中的邮件从一台机器传至另外一台机器。

②POP（Post Office Protocol）：主要负责把邮件从电子邮箱中传输到本地计算机的协议。

③IMAP（Internet Message Access Protocol）：提供邮件检索功能、邮件处理功能、邮件和文件夹目录操作功能、用户脱机操作功能。

任务实施

1. 发送邮件

①在个人邮箱首页中单击“写信”按钮，打开“写信”窗口，在“收件人”栏中输入收件人的邮箱，在“主题”栏中输入邮件主题，在邮件窗口中输入邮件正文，如图 6 - 34（a）所示。

②单击“添加附件”按钮，打开“选择要加载的文件”对话框，选中文件，可以在发送邮件时把文件同时发送；也可单击“从手机上传图片”按钮，从邮箱大师 App 上传图片。

③单击“发送”按钮发送邮件，邮件发送成功后，出现如图 6 - 34（b）所示窗口提示邮件发送成功。

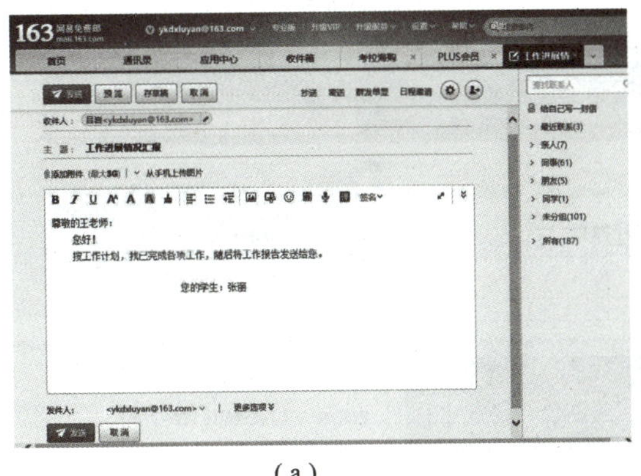

（a）

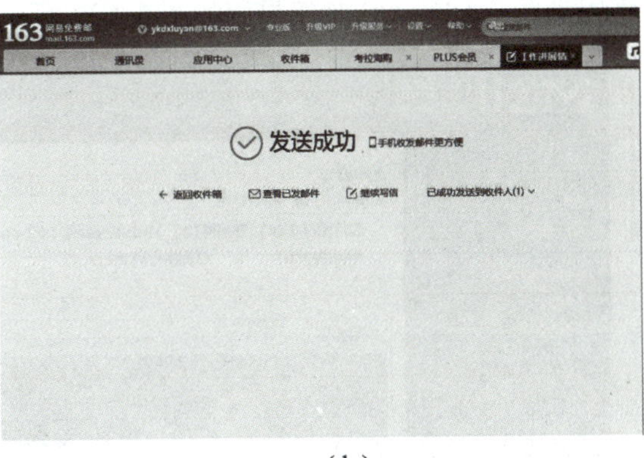

（b）

图 6-34　发送邮件

（a）写邮件；（b）发送成功

2. 读取邮件

①在 163 信箱首页输入已注册的用户名和密码，单击“登录”按钮，登录个人邮箱首页。

②在个人邮箱首页中单击“收信”按钮，或单击“文件夹”列表中的“收件箱”，打开收件箱窗口，如图 6-35（a）所示。

③在“邮件列表”中单击邮件主题或发件人选项，打开邮件，如图 6-35（b）所示。

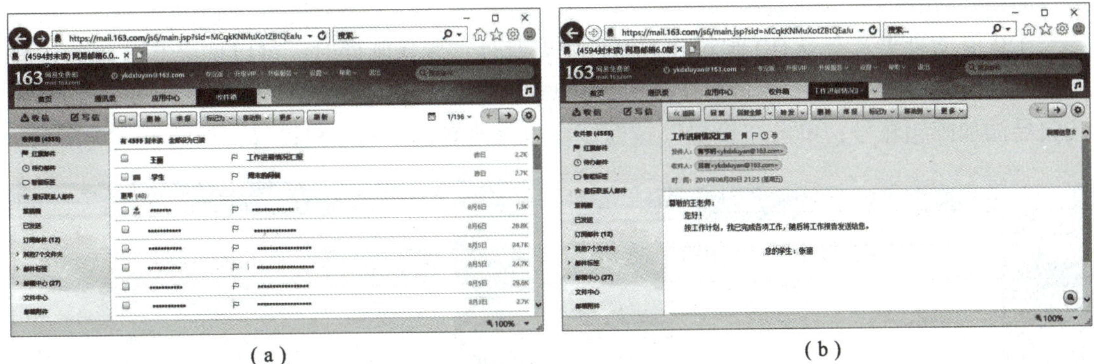

（a）　　　　（b）

图 6-35　收取邮件

（a）收取邮件；（b）读取邮件

知识拓展

2002 年，腾讯推出 QQ 邮箱，为用户提供安全、稳定、快速、便捷的电子邮件服务，现已超过 1 亿用户。

1. 申请 QQ 邮箱

申请了 QQ 账号的用户可直接登录 QQ 邮箱，邮箱地址为 QQ 号码@ qq. com。未使用 QQ 的用户，可以在 QQ 邮箱主页（https://mail.qq.com）注册账号，系统自动生成新的 QQ 号码，可用来登录 QQ。QQ 邮箱界面如图 6－36 所示。

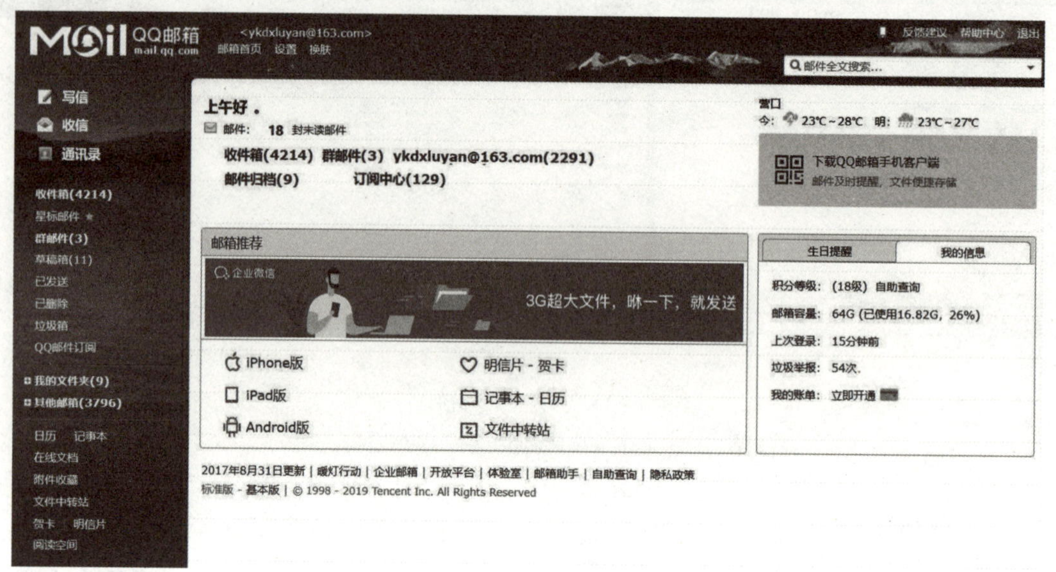

图 6－36　QQ 邮箱

2. 使用 QQ 邮箱的特色功能

QQ 邮箱除了可以进行邮件收发外，还提供了 POP 文件夹、记事本、文件中转站、贺卡、明信片等功能。

①POP 文件夹。登录 QQ 邮箱收取其他邮箱邮件；发送邮件时，可以选择其他邮箱账号发信。在邮箱首页，单击“设置”按钮，选择“其他邮箱”，单击“添加其他邮箱账户”，按向导添加邮箱账号；单击“设置”按钮，可以修改其他邮箱账户设置，如图 6－37 所示。

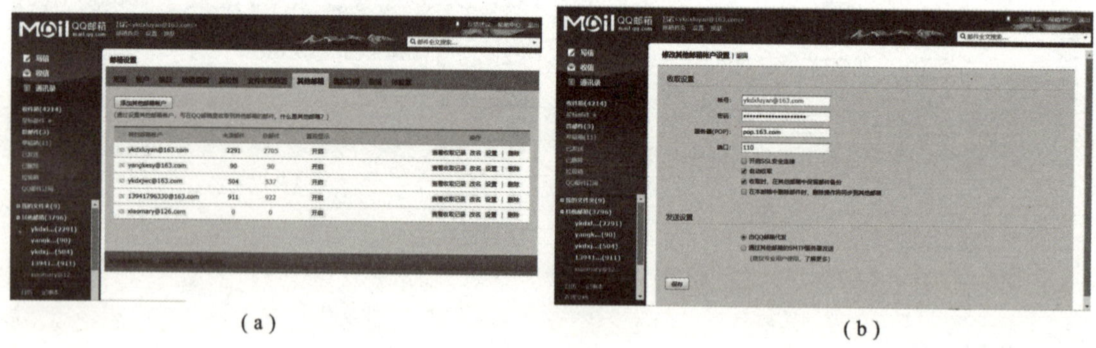

图 6－37　POP 设置

（a）设置其他邮箱；（b）修改其他邮箱账户设置

②记事本。QQ 邮箱为用户提供了记事本功能，提供了便捷的网络记录服务。用户可随时打开记事本，进行便签记事或上传照片等。单击“记事本”按钮，可以快捷记事；单击“完整格式”按钮，打开“写记事”编辑窗口进行记事，如图 6－38 所示。

③文件中转站。QQ 邮箱提供了 1 GB 文件网络临时存储空间，支持上传最大 1 GB 的文件，保存时间为 7 天。

(a) (b)

图6-38 记事本
(a) 快捷写记事；(b) 写记事

④贺卡/明信片。QQ邮箱提供贺卡、明信片，用户可以利用模板发送图文并茂的邮件。

实践提高

1. 在申请的163和QQ免费邮箱间互发电子邮件，将图片文件分别以正文和附件形式发送。

2. 把通讯录分为朋友、亲人、同事、老师、同学等联系组，整理个人电子邮箱的通讯录。

6.3.3 使用邮箱App

任务描述

掌握邮箱App的使用方法。

知识准备

互联网时代，人们沟通的渠道越来越多，电子邮箱现已成为互联网工作与学习中必不可少的工具，成为一种最为正式的沟通方式，邮箱App已成为职场必备工具。

1. QQ邮箱App

QQ邮箱全面支持邮件通用协议，在手机上管理所有邮箱；实现多账号管理，除QQ邮箱外，还可添加多种其他邮箱；可进行邮件收发，收取和管理多个邮箱里的所有邮件；支持在线预览文档、图片、音视频、压缩包等多种类型附件。

2. 网易邮箱大师App

支持网易邮箱、Gmail新浪邮箱等各类个人邮箱，支持网易企业邮、腾讯企业邮和国内外各高校的edu邮箱；支持一键登录，可以管理所有邮箱。

任务实施

1. 安装手机邮箱 App

登录 QQ 邮箱手机客户端（https://app.mail.qq.com/），选择手机类型，扫描二维码下载 QQ 邮箱，或从手机商城下载。下载完成后按安装向导安装到手机中，打开 QQ 邮箱 App，如图 6－39 所示。

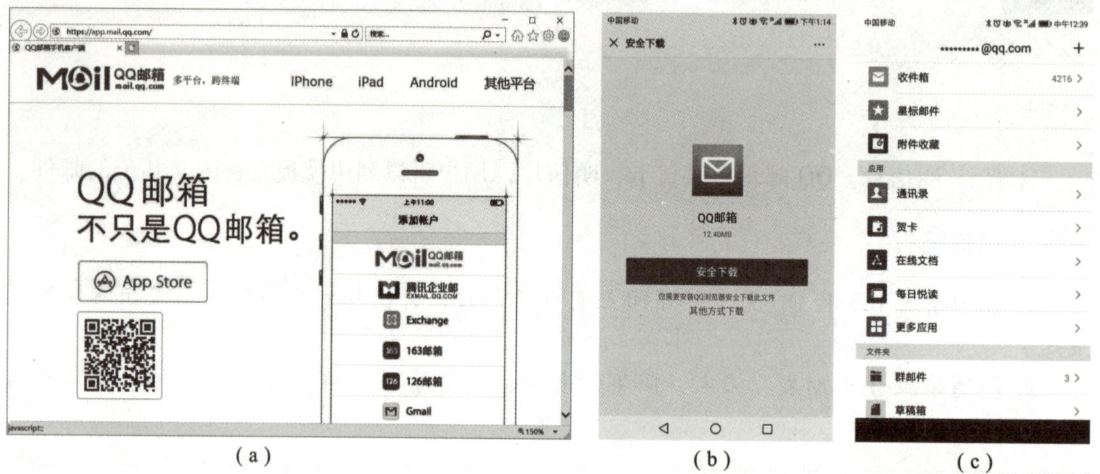

图 6－39 安装手机邮箱 App

（a）QQ 邮箱手机客户端；（b）安装 QQ 邮箱 App；（c）QQ 邮箱 App

2. 添加账号

单击 QQ 邮箱界面右上角的“＋”，从弹出的快捷菜单中选择“设置”；在打开的“设置”的界面上选择“添加账户”，打开“添加账户”对话框，选择添加的邮箱类型，打开“163 邮箱”界面，输入添加邮箱的账号和密码，验证通过后，完成添加用户操作，如图 6－40 所示。

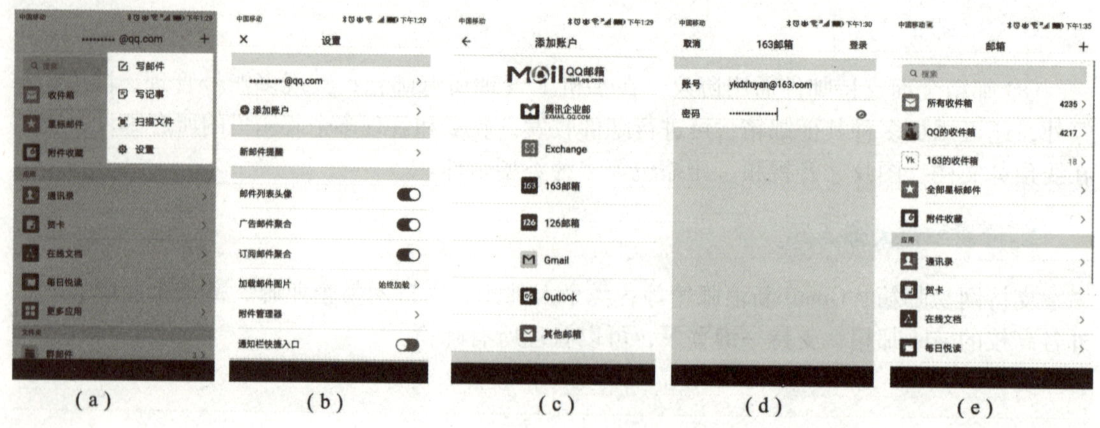

图 6－40 添加用户

（a）选择菜单；（b）“设置”界面；（c）“添加账户”界面；（d）添加邮箱；（e）“邮箱”界面

3. 收发邮件

（1）写邮件

登录手机上的QQ邮箱，在“邮箱”主界面上单击右上角的“+”，从弹出的快捷菜单中选择“写邮件”，打开“写邮件”界面，在“收件人”栏中输入收件人的邮箱，在“主题”栏中输入邮件主题，在“邮件窗口”中输入邮件正文，完成后单击“发送”按钮，如图6-41（a）所示。

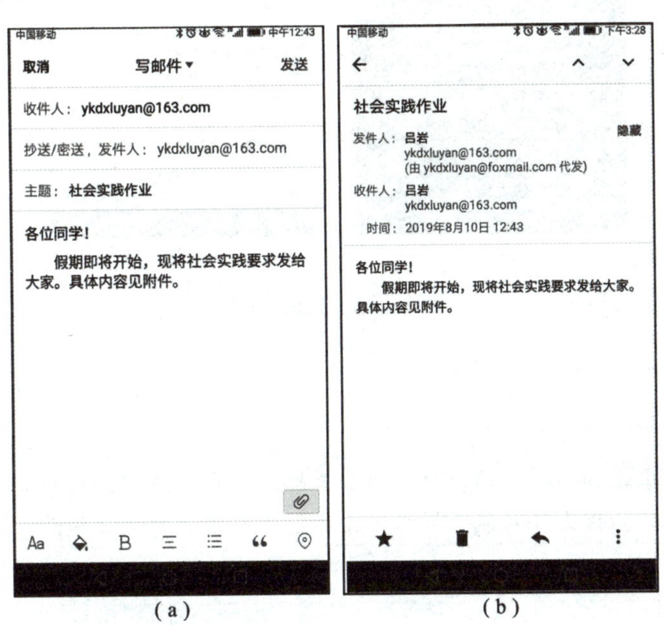

图6-41　收发邮件
（a）写邮件；（b）收邮件

（2）收邮件

在“邮箱”主界面上单击要收取邮件的收件箱，打开“收件箱”界面，选择要收取的邮件，读取邮件，如图6-41（b）所示。

知识拓展

QQ邮箱除了具有收发邮件、记事本、贺卡等功能外，还增加了扫描文件、每日悦读、日历等功能。

①扫描文件。在“邮箱”主界面上单击右上角的“+”，从弹出的快捷菜单中选择“扫描文件”，将相机镜头对准要扫描的文件，扫描完成后进行“选区调整”；单击“文字识别”，识别扫描的文字并保存，如图6-42所示。

②每日悦读。在“邮箱”主界面“应用”组中选择“每日悦读”，打开其主界面，选择文章进行阅读。

③日历。在“邮箱”主界面“应用”组中选择“更多应用”，选择“日历”，可以新建事件，提高工作效率。

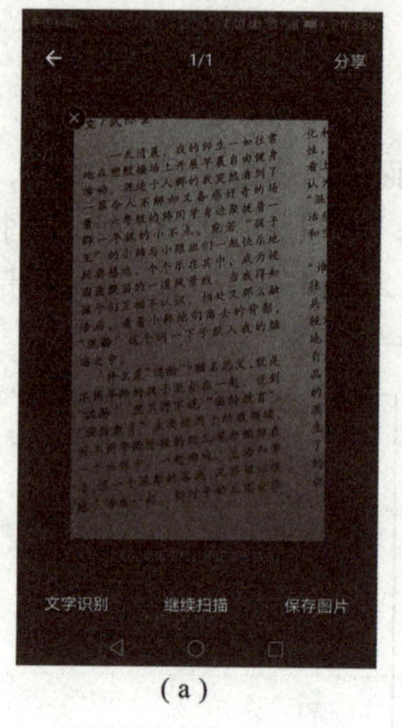

(a)

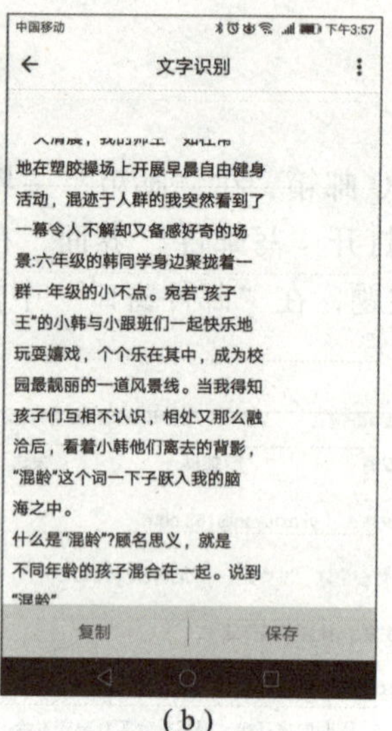

(b)

图 6-42　扫描文件

(a) 扫描文件；(b) 文字识别

实践提高

1. 在 QQ 邮箱中添加 163 邮箱用户，用 163 邮箱用户发送邮件到 QQ 邮箱。
2. 用 QQ 邮箱的扫描文件功能扫描本页文字；用日历新建生日提醒。

任务 4　学习计算机安全知识

6.4.1　认识计算机安全

任务描述

认识计算机安全的重要性，掌握信息保护方法。

知识准备

国际标准化委员会关于计算机安全的定义为：“为数据处理建立所采取的技术和管理的安全保护，保护计算机硬件、软件、数据不因偶然的或恶意的原因而遭到破坏、更改、显露。”中国公安部计算机管理监察司关于计算机安全的定义为：“计算机安全是指计算机资产安全，即计算机信息系统资源和信息资源不受自然和人为有害因素的威胁和危害。”计算机安全主要包括物理安全、系统安全、信息安全。

①物理安全主要是指系统设备、通信线路和信息存储设备等物理介质的安全。

②系统安全主要是指操作系统本身的安全，包括系统用户账号和口令设置、文件存取权限设置、系统安全管理设置、服务程序使用管理及计算机安全运行等保障安全的措施。

③信息安全主要是指保障计算机存储、处理、传送的信息不被非法读取、修改和泄露，包括软件安全和数据安全。

任务实施

1. 认识信息安全

信息安全通常是指信息在采集、传输、存储和应用等处理过程中的完整性、机密性、可用性、可控性和不可否认性。

①信息的完整性是指信息不被修改、破坏和丢失。数据被破坏会严重损害企业的利益，破坏政府正常的工作，使科研数据失去真实依据。因此，信息安全的首要任务是保证完整性。

②信息的保密性是信息存储和传输过程中面临的另一个难题，尤其在全球网络化时代，数据的远程传输及存储数据的计算机通过网络与外界连接，使数据被泄露或窃取的途径大大增加。

③信息的可用性是指信息的合法使用者能够使用为其提供的信息。对信息可用性的攻击，就是阻断信息合法使用者与信息数据之间的联系，使之无法得到所需要的信息。

2. 认识信息系统安全

信息系统的安全是指存储信息的计算机、数据库和信息传输的网络安全。存储信息的计算机、数据库如果受到损坏，信息将被丢失或损坏。信息的泄露、窃取和篡改就是通过破坏计算机、数据库和网络所组成的信息系统的安全来进行的。信息系统安全包括物理安全、运行安全、数据安全、内容安全。

（1）物理安全

物理安全主要是指由于主机、计算机网络的硬件设备、各种通信线路和信息存储设备等物理介质造成的信息泄露、丢失或服务中断等不安全因素。面对的威胁主要包括电源故障、通信干扰、信号注入、人为破坏、自然灾害、设备故障等。主要的保护方式有加扰处理、电磁屏蔽、数据检验、容错、冗余、系统备份等。

（2）运行安全

运行安全是指对网络与信息系统的运行过程和运行状态的保护。面对的威胁包括非法使用资源、系统安全漏洞利用、网络阻塞、网络病毒、越权访问、非法控制系统、黑客攻击、拒绝服务攻击、软件质量差、系统崩溃等。主要的保护方式有防火墙与物理隔离、风险分析与漏洞扫描、应急响应、病毒防治、访问控制、安全审计、入侵检测、源路由过滤、降级使用、数据备份等。

（3）数据安全

数据安全是指对信息在数据收集、处理、存储、检索、传输、交换、显示、扩散等过程中的保护，使得在数据处理层面保障信息依据授权使用，不被非法冒充、窃取、篡改、抵赖。面对的威胁包括窃取、伪造、密钥截获、篡改、冒充、抵赖、攻击密钥等；主要的保护方式有加密、认证、非对称密钥、完整性验证、鉴别、数字签名、秘密共享等。

（4）内容安全

内容安全是指对信息在网络内流动中的选择性阻断，以保证信息流动的可控能力。被阻断的对象可以是通过内容能够判断出来的会对系统造成威胁的脚本病毒、因无限制扩散而导致消耗用户资源的垃圾类邮件、导致社会不稳定的有害信息等。

3. 认识计算机网络安全

计算机网络安全是指网络系统中用户共享的软件、硬件等各种资源的安全，防止各种资源受到有意和无意的破坏。

①计算机网络系统面临的安全威胁来自多方面，可以分为被动攻击和主动攻击两类。被动攻击不修改信息内容，如偷听、监视、非法查询、非法调用信息；主动攻击则破坏数据的完整性，删除、冒充合法数据或制造假数据进行欺骗，甚至干扰整个系统的正常运行。

②计算机网络系统的安全漏洞。以 TCP/IP 协议为主的 Internet 给用户带来便利的同时，异型机之间实现资源共享的背后存在很多技术上的漏洞，许多使用灵活性的应用软件变成了入侵者的工具。

③计算机网络安全的内容主要包括保密性、完整性、可用性、身份认证、不可否认性、安全协议设计、存取控制（访问控制）。

④计算机网络安全措施包括物理访问控制、逻辑访问控制、组织控制、人员控制、操作控制、应用程序开发控制、服务控制、工作站控制、数据传输保护等。

知识拓展

随着网络的普及与发展，信息的安全性得到关注，密码技术为信息安全保护提供了有效的方法。

1. 数据加密

数据加密指通过加密算法和加密密钥将明文转变为密文，而解密则是通过解密算法和解密密钥将密文恢复为明文。数据加密利用密码技术对信息进行加密，实现信息隐蔽，从而起到保护信息的安全的作用。数据加密、解密过程如图 6－43 所示。

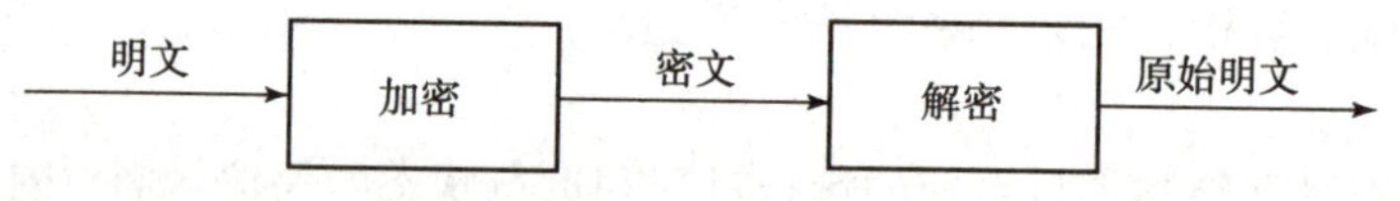

图 6－43　数据加密、解密过程

①明文：需要传输的原文。

②密文：对原文加密后的信息。

③加密算法：将明文加密为密文的变换方法。

④解密算法：将密文解密为明文的变换方法。

⑤密钥：控制加密结果的数字或字符串。

发送方用加密密钥，通过加密设备或算法将信息加密后发送出去；接收方在收到密文后，用解密密钥将密文解密，恢复为明文。

2. 数字签名

数字签名是在数字文档上进行身份认证的技术，类似纸上的普通物理签名。它利用数据加密技术，按照某种协议产生一个反映被签署文件特征和签署人特征，以保证文件的真实性

和有效性的数字技术。数字签名是个加密的过程，数字签名验证是个解密的过程。

数字签名有两种功效：一是能确定消息确实是由发送方签名并发出的；二是数字签名能确定消息的完整性。

在网络应用中，数字签名比手工签字更具优越性，数字签名是进行身份鉴别与网上安全交易的通用实施技术。

3. 数字证书

数字证书是指电子商务认证中心（CA中心）颁发的一种较为权威与公正的证书，是一串能够表明网络用户身份信息的数字，提供了一种在计算机网络上验证网络用户身份的方式，因此数字证书又称为数字标识。数字证书对网络用户在计算机网络交流中的信息和数据等以加密或解密的形式保证了信息和数据的完整性与安全性。

数字证书的基本架构是公开密钥PKI，即利用一对密钥实施加密和解密。其中密钥包括私钥和公钥，私钥主要用于签名和解密，由用户自定义，只有用户自己知道；公钥用于签名验证和加密，可被多个用户共享。

数字证书的用途很广泛，它可以用于方便、快捷、安全地发送电子邮件、访问安全站点、网上招标投标、网上签约、网上订购、网上公文的安全传送、网上办公、网上缴费、网上缴税、网上购物等安全电子事务处理和安全电子交易活动。

实践提高

1. 什么是计算机安全？计算机安全包括哪些方面？
2. 信息安全、信息系统安全和计算机网络安全的内容各是什么？

6.4.2　学习计算机病毒防治知识

任务描述

理解计算机病毒的概念，了解计算机病毒的特点，掌握计算机病毒的防治方法。

知识准备

计算机病毒是一种人为蓄意制造的，以破坏为目的的程序。从1984年第一个病毒“小球”诞生以来，计算机病毒不断翻新，给计算机世界带来极大的危害，信息化社会正面临着计算机病毒的严重威胁。计算机病毒防治工作的基本任务是在计算机的使用管理中，利用各种行政和技术手段防止计算机病毒的入侵、存留、蔓延。

1. 计算机病毒的概念

《中华人民共和国计算机信息系统安全保护条例》关于计算机病毒的定义：计算机病毒，是指编制或者在计算机程序中插入的破坏计算机功能或者毁坏数据，影响计算机使用，并能自我复制的一组计算机指令或者程序代码。

2. 计算机病毒的特征

（1）传染性

传染性是指病毒具有把自己复制到其他媒体的特性。病毒自我复制的发生有两个前提：一是病毒装入计算机的内存，二是能够分配到 CPU 的处理资源。这就意味着，仅仅在磁盘上存在的病毒是无法进行自我复制的。

（2）寄生性

寄生性是指病毒具有依附其他媒体的特性。文件、扇区等媒体一旦被病毒传染，该病毒就会在其中寄生，从而使该媒体成为新的感染源，这种特征与医学上的病毒传染十分相似。

（3）潜伏性

潜伏性也称“隐蔽性”，是指病毒具有伪装能力，在其未发作时人们感觉不到它的存在。病毒程序为了潜伏，往往使用了较高的编程技巧，利用其短小、精练、伪装、欺骗及多变等特点，在未发作时隐蔽得很好，一般不易被人察觉，只有使用专用的检测软件或者具备系统知识的专业技术人员才能识别。

（4）触发性

触发性是指病毒一般都具有触发机制，当触发条件不满足时，病毒除了感染之外，无所作为，而触发条件一旦满足，则病毒将表现出其特异功能或破坏作用。触发条件主要有 5 种：

①利用日期触发。如臭名昭著的 CIH 病毒在每年的 4 月 26 日发作。

②利用时钟触发。如特定时刻、累计工作时间、文件存盘时刻等。

③键盘触发。如当用户按下预定单键、组合键或者击键次数达到预定数时发作。

④利用计算机内部的某些特定操作触发。如中断调用次数达到预定数等。

⑤由外部命令触发。

（5）表现性

表现性是指当触发条件满足时，病毒在其所在的计算机上发作，表现出特异的症状和破坏作用，所以也称“破坏性”。常见的病毒表现有：

①占用 CPU、内存等系统资源或将资源耗尽。

②使系统性能下降，如速度下降等。

③干扰系统的正常运行。

④干扰终端的输入/输出行为。

⑤攻击引导扇区、文件分配表、文件目录表、文件等系统数据区。

⑥格式化磁盘。

⑦改写主机板上的 BIOS 内容。

⑧拒绝网络服务。

（6）衍生性

衍生性是指病毒的品种具有繁殖后代的能力。当一种计算机病毒爆发或被查出之后，病毒制造者或者其他人往往会对其进行修改，改变其特征以迷惑查毒程序，以期继续危害计算机系统，从而形成了该病毒的后代或变种。

任务实施

1. 计算机病毒预防

计算机病毒层出不穷，给计算机用户带来很多麻烦。对于计算机病毒，要树立以预防为

主、清除为辅的观念。

①及时安装操作系统的安全漏洞和补丁程序。

②进行操作系统的安全设置，如用户权限设置、共享设置、安全属性设置等。

③定期进行全面查毒，尤其是作为触发条件的敏感日期。

④安装至少一种查杀软件、一种病毒防火墙、一种邮件防火墙并及时更新病毒库。

⑤使用移动存储介质时，应先进行查杀病毒操作。

⑥应随时保留一张无毒的、带有各种系统命令的启动盘。

⑦连网或接入因特网的机器一旦发现有病毒，应在第一时间拔掉网线或切断集线器、路由器等网络部件的电源，以免病毒继续传播。

⑧对从未用过或新购置的计算机，应先查毒后使用。

⑨不要随意打开可疑邮件及附件。

⑩做好硬盘分区表、引导盘的引导扇区等的备份。在重新启用曾有顽固病毒的硬盘之前，用专用工具将首磁道的所有扇区清零。

⑪做好系统和数据备份。

2. 计算机病毒检测

（1）手工检测

手工检测是指通过软件工具（DEBUG、PCTOOLS、NU 等）进行病毒检测。它的基本过程是利用工具软件对易遭病毒攻击和修改的内存及磁盘的有关部分进行检查，通过与在正常情况下的状态进行对比分析，判断是否被病毒感染。这种方法难度大、耗时长，但可以检测识别未知病毒，以及检测一些自动检测工具不能识别的新病毒，适用于专业用户。

（2）自动检测

自动检测是指通过病毒诊断软件来识别一个系统是否含有病毒的方法。这种方法可以方便地检测大量的病毒，但只能识别已知病毒，对未知病毒不能识别，适用于一般用户。

3. 计算机病毒清除

计算机病毒不仅干扰受感染的计算机的正常工作，而且会继续传播病毒、泄密和干扰网络的正常运行。计算机病毒清除可采用人工清除和杀毒软件清除。

（1）人工清除

可以使用正常的文件来覆盖被病毒感染的文件、删除被病毒感染的文件和重新格式化磁盘等。人工清除难度大，不适合一般用户。

（2）杀毒软件清除

利用反病毒软件专门对病毒进行防堵、清除，用户按照杀毒软件的菜单或联机帮助操作即可。该方法适于查杀已知的计算机病毒，要求用户对杀毒软件的病毒库进行及时更新、升级。国内外有很多杀毒软件，比较流行的有 360 安全卫士、腾讯电脑管家、360 杀毒、金山毒霸等。

腾讯电脑管家是腾讯公司推出的免费安全软件，拥有云查杀木马、系统加速、漏洞修复、实时防护、网速保护、、电脑诊所、健康小助手、桌面整理和文档保护等功能。

360 杀毒是 360 安全中心出品的一款免费云安全杀毒软件，整合了五大查杀引擎，包括国际知名的 BitDefender 病毒查杀引擎、Avira（小红伞）病毒查杀引擎、360 云查杀引擎、360 主动防御引擎及 360 第二代 QVM 人工智能引擎。

腾讯电脑管家、360 杀毒都可以在其官网下载，主界面如图 6-44 所示。

(a)

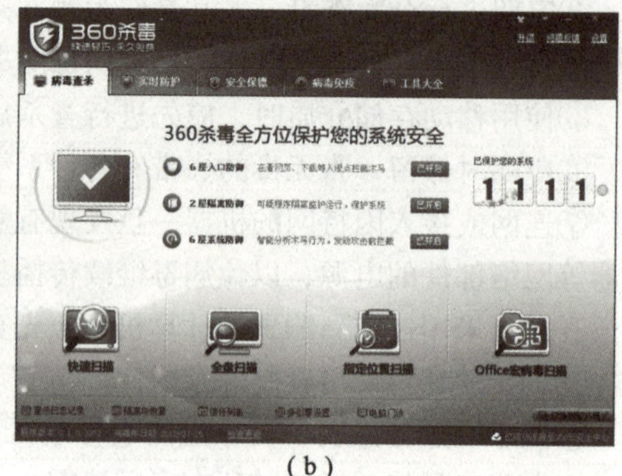

(b)

图 6-44　杀毒软件

(a)"腾讯电脑管家"主界面；(b)"360 杀毒"主界面

知识拓展

防火墙（Firewall）是指一种将内部网和公众访问网（如 Internet）分开的方法，它实际上是一种建立在现代通信网络技术和信息安全技术基础上的应用性安全技术、隔离技术。

1. 防火墙的定义

我国公安安全行业标准中对防火墙的定义为："设置在两个或多个网络之间的安全阻隔，用于保证本地网络资源的安全，通常是包含软件部分和硬件部分的一个系统或多个系统的组合。"

防火墙作为网络防护的第一道防线，位于内部网或网络群体计算机与外界网络的边界，限制着外界用户对内部网络的访问及管理内部用户访问。防火墙示意图如图 6-45 所示。

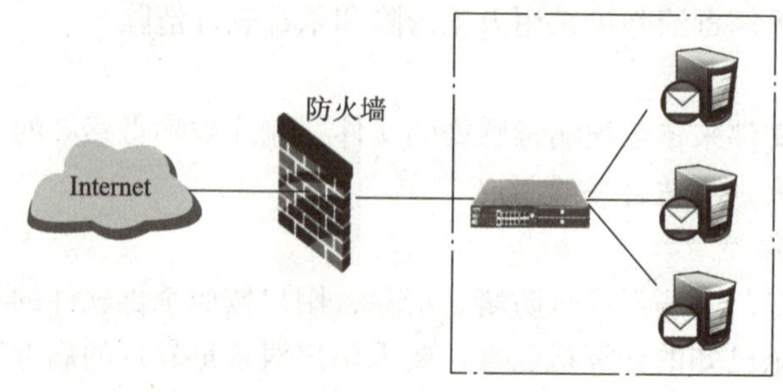

图 6-45　防火墙示意图

2. 防火墙的特性

防火墙是放置在两个网络之间的一些组件，防火墙具有通信都经过防火墙、防火墙只放

行经过授权的网络流量、防火墙能经受得住对其本身的攻击 3 个特性。防火墙主要提供 4 种服务：

①服务控制：确定可以访问的网络服务类型。

②方向控制：特定服务的方向流控制。

③用户控制：内部用户、外部用户所需的某种形式的认证机制。

④行为控制：控制如何使用某种特定的服务。

3. 防火墙的分类

防火墙的分类方法很多，可以分别从采用的防火墙技术、软/硬件形式、性能及部署位置等标准来划分。

①按防火墙软/硬件形式分类：软件防火墙、硬件防火墙、芯片级防火墙。

②按防火墙技术分类：包过滤型防火墙、应用代理型防火墙。

③按防火墙结构分类：单一主机防火墙、路由器集成式防火墙、分布式防火墙。

④按防火墙的应用部署位置分类：边界防火墙、个人防火墙、混合式防火墙。

⑤按防火墙性能分类：百兆级防火墙、千兆级防火墙。

实践提高

1. 什么是计算机病毒？如何预防计算机病毒？
2. 选择一款杀毒软件查杀病毒。

6.4.3　网络道德和法规学习

任务描述

开展网络道德教育，学习网络相关法规。

知识准备

网络道德是指人们在网络世界中应遵守的行为道德准则和规范。网络道德作为一种实践精神，是人们对网络持有的意识态度、网上行为规范、评价选择等构成的价值体系，是一种用来正确处理、调节网络社会关系和秩序的准则。由于网络的鲜明特点，使得网络道德除包含道德本质的含义外，还具有其自身的特点。

1. 自主性

即与现实道德相比，网络社会的道德显现出更少的强制性和依赖性，更多的是自主性和自觉性的特点与趋势。

2. 开放性

即与开放的、超时空的网络相联系，人们的网络道德意识、观念和行为也是超时空性的。

3. 多元性

即与传统社会的道德相比，网络社会的道德呈现出一种多元化、多层次化的特点和发展趋势。

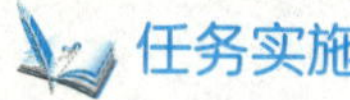

任务实施

1. 计算机系统的安全标准

计算机系统的安全标准是指各级组织或机关为计算机系统的安全而制定的技术标准，用于规范个人或组织在计算机系统安全领域方面的行为或行为方式。

国际标准化组织 ISO 于 1989 年制定出国际标准 ISO 7498 - 2—1989《信息处理系统开放系统互连基本参考模型第 2 部分》。其主要标准有加密标准、安全管理标准、安全协议标准、安全防护标准、身份认证标准、数据验证标准、安全评价标准、安全认证标准。

2. 信息系统的安全服务

1995 年，我国颁布的国家标准 GB/T 9387.2—1995《信息处理系统开放系统互连基本参考模型第 2 部分：安全体系结构》定义了信息系统的五大类安全服务，即鉴别服务、访问控制服务、机密性服务、完整性服务、抗抵赖服务。

3. 计算机系统的安全立法

为了从法律上约束和规范个人或组织在计算机系统安全方面的行为，各国和国际组织纷纷颁布计算机安全法规或发表相应报告。如：

1986 年，国际经合组织发表了《与计算机犯罪相关的法律政策分析》报告。

1984 年开始，美国联邦政府先后颁布了《非法使用计算机设备、计算机诈骗与滥用法》《联邦计算机安全处罚条例》等相关法律。

1990 年，英国通过了《计算机滥用条例》。

1994 年，我国颁布了《中华人民共和国计算机信息系统安全保护条例》，共 5 章 31 条。1997 年，公安部颁布了《计算机信息网络国际联网安全保护管理办法》，共 5 章 25 条。1999 年，国务院发布了《计算机信息系统安全保护等级划分准则》。

2017 年 6 月 1 日，《中华人民共和国网络安全法》正式实施，共 7 章 79 条。其是我国第一部全面规范网络空间安全管理方面问题的基础性法律，是我国网络空间法治建设的重要里程碑，是依法治网、化解网络风险的法律重器，是让互联网在法治轨道上健康运行的重要保障。

知识拓展

《公民道德建设实施纲要》明确指出："计算机互联网作为开放式信息传播和交流工具，是思想道德建设的新阵地。要加大网上正面宣传和管理工作的力度，鼓励发布进步、健康、有益的信息，防止反动、迷信、淫秽、庸俗等不良内容通过网络传播。要引导网络机构和广大网民增强网络道德意识，共同建设网络文明。"大学生在使用计算机和网络的过程中，要

严格恪守网络道德。

①树立正确的道德观，严格律已、严以修身、文明上网。

②遵守计算机使用规则，禁止未授权的访问。

③注意网络语言的使用，不攻击诽谤他人。

④坚持学术诚信，不窃取他人的成果。

⑤保护他人和个人隐私，禁止泄露组织和个人机密。

⑥禁止对其他实体的恶意攻击，不制作或传播有害信息。

⑦防范计算机网络攻击，不制作任意形式的计算机病毒。

⑧监督不道德的网络使用行为，举报或揭发网络恶意行为。

实践提高

1. 什么是网络道德？它有什么特点？
2. 结合自身实际，谈谈如何恪守。

小　　结

通过本项目的学习，了解计算机网络的定义、发展、分类及功能；了解 Internet、计算机网络的体系结构；了解计算机网络的组成；了解局域网特点、功能和类型；掌握 TCP/IP 协议；掌握 IP 地址的划分方法；掌握 Internet Explorer 的使用；掌握网络搜索引擎的使用和电子邮件的操作；了解计算机安全知识，掌握计算机病毒知识，了解网络道德及相关的法规。

习　　题

一、选择题

1. 网络协议是（　　）。

A. 数据转换的一种格式

B. 计算机与计算机之间进行通信的一种约定

C. 网络安装规程

D. 调制解调器和电话线之间通信的一种约定

2. 以下哪一个选项按顺序包括了 OSI 模型的各个层次（　　）。

A. 物理层、数据链路层、网络层、传输层、系统层、表示层和应用层

B. 物理层、数据链路层、网络层、传输层、会话层、表示层和应用层

C. 物理层、数据链路层、网络层、交换层、会话层、表示层和应用层

D. 表示层、数据链路层、网络层、传输层、会话层、物理层和应用层

3. IPv4 地址由一组（　　）的二进制数字组成。

A. 8 位　　B. 16 位　　C. 32 位　　D. 64 位

4. 把同种或异种类型的网络相互连起来，叫作（　　）。

A. 广域网　　B. 互联网　　C. 局域网　　D. 万维网（WWW）

5. 计算机网络的目标是实现（　　）。

A. 数据处理　　B. 信息传输

C. 资源共享和信息传输　　D. 文献检索

6. 一座办公大楼内各个办公室中的微机进行联网，这个网络属于（　　）。

A. MAN　　B. LAN　　C. GAN　　D. WAN

7. 在下面的 IP 地址中，属于 C 类地址的是（　　）。

A. 141.0.0.0　　B. 3.3.3.3

C. 197.234.111.123　　D. 23.34.45.56

8. 下列地址是电子邮件地址的是（　　）。

A. www.263.net.cn　　B. cssc@263.net

C. 192.168.0.100　　D. http://www.sohu.com

9. 信息安全包括（　　）。

A. 保密性、完整性　　B. 可用性、可控性

C. 不可否认性　　D. 以上皆是

10. 通常为保证信息处理对象的认证性采用的手段是（　　）。

A. 信息加密和解密　　B. 信息隐匿

C. 数字签名和身份认证技术　　D. 数字水印

11. 计算机病毒是一种（　　）。

A. 特殊的计算机部件　　B. 游戏软件

C. 人为编制的特殊程序　　D. 能传染的生物病毒

12. 计算机病毒主要破坏数据的（　　）。

A. 可审性　　B. 可靠性　　C. 完整性　　D. 可用性

13. 网络安全的基本属性是（　　）。

A. 机密性　　B. 可用性　　C. 完整性　　D. 上面三项都是

14. 下面不属于计算机病毒的特性是（　　）。

A. 传染性　　B. 突发性　　C. 可预见性　　D. 隐藏性

15. 关于预防计算机病毒说法，正确的是（　　）。

A. 通过技术手段　　B. 通过管理手段

C. 通过杀毒软件　　D. 通过技术手段与管理手段结合预防

16. 常见的网络信息系统不安全因素包括（　　）。

A. 网络因素　　B. 应用因素　　C. 管理因素　　D. 以上皆是

17. 属于计算机犯罪的行为是（　　）。

A. 非法截获信息　　B. 复制与传播计算机病毒

C. 利用计算机技术伪造篡改信息　　D. A、B、C 均是

18. 下列情况中，（　　）破坏了数据的完整性。

A. 假冒他人地址发送数据　　B. 数据在传输中被窃听

C. 数据在传输中被篡改　　D. 以上皆是

19. 下面关于防火墙的说法，正确的是（　　）。

A. 防火墙必须由软件及支持该软件运行的硬件系统构成

B. 防火墙的功能是防止把网外未经授权的信息发送到网内

C. 任何防火墙都能准确地检测出攻击来自哪一台计算机

D. 防火墙的主要支撑技术是加密技术

二、操作题

1. IE 的使用。

（1）在地址栏中输入中华人民共和国教育部（http://www.moe.gov.cn）、中央电视台（http://www.cctv.com）等网站的网址，浏览各网站主页。

（2）在人民网（http://www.people.com.cn）上查看新闻，访问 5 个省主页，添加到收藏夹。

（3）收藏浏览过的网站，对收藏夹中的网站进行分类整理。

（4）将百度主页（http://www.baidu.com）设为默认主页。

2. 搜索引擎的使用。

（1）应用“百度网页”，搜索 3 ~5 个著名旅游景点资料并保存。

（2）应用“百度图片”，搜索 3 ~5 个著名旅游景点图片，保存图片。

（3）应用“百度百科”，搜索 3 ~5 个专业术语，保存搜索结果。

（4）应用“百度音乐”，搜索 3 ~5 首歌曲，试听或下载歌曲，保存歌词。

3. 中文数据库的使用。

在中国知网或万方数据库上检索文献资料。

（1）检索本年度有关“计算机网络方面”的论文，下载被引用次数排在前面的 3 ~5 篇。

（2）应用百科工具，检索 3 ~5 个城市信息。

4. 电子邮件的使用。

在提供免费电子邮件服务的网站上，如网易（www.163.com、www.qq.com）等，申请免费电子信箱。

（1）利用电子信箱发送和收取电子邮件。

（2）按组分类整理邮箱的通讯录。

参考文献

［1］吕岩．计算机应用基础教程［M］．北京：中国电力出版社，2010.

［2］吕岩．计算机应用基础实训指导［M］．北京：中国电力出版社，2010.

［3］陈世红．计算机应用基础项目教程［M］．北京：北京理工大学出版社，2017.

［4］石忠．计算机应用基础［M］．北京：北京理工大学出版社，2017.